物業管理學

主　編　靳能泉、佘瀅、王躍
副主編　張俊浦、宋志金、楊帆

前　言

　　多年來,作者有幸參與了物業管理從出現到推廣,再到規範發展的教學、研究與實踐過程,並略有心得,從而編寫了本教材,希望該教材能對正確理解和認識物業管理,推動物業管理健康、規範和持續發展起到些許作用。

　　本教材廣泛吸收了一些物業服務企業的成功經驗和成熟模式,力求貼近物業管理工作實際和人才培養要求,注重物業管理理論對實踐的引領和指導作用,強調教、學、做、用、研的協調。本教材可作為物業管理及房地產管理、城市管理、公共管理和社區管理等其他相關專業本科生的教材或教學參考用書,也可作為物業服務企業培訓用書和物業管理從業人員自學用書,還可供物業管理愛好者或其他社會讀者閱讀,並為其后期學習提供理論支撐,為其職業發展奠定基礎。

　　對於教材中的不妥之處,懇請行家和讀者批評指正。

編　者

目　錄

第一章　物業管理概述

第一節　物業及物業管理 …… 1
一、物業的內涵 …… 1
二、物業管理的內涵 …… 11

第二節　物業管理者 …… 30
一、物業管理者的角色 …… 31
二、物業管理者的管理 …… 34
三、物業管理者的素質 …… 36
四、物業管理服務企業家 …… 42

第三節　業主及業主大會 …… 48
一、業主的界定 …… 48
二、業主的權利和義務 …… 49
三、業主的自治管理 …… 51
四、主大會與業主委員會 …… 54

第四節　物業管理與社區管理 …… 68
一、社區管理概述 …… 68
二、社區管理與物業管理的比較 …… 71
三、社區文化建設與物業管理 …… 74

第五節　物業管理的學科體系 …… 78
一、物業管理學概述 …… 78
二、物業管理學的特點及重要性 …… 80
二、物業管理學的研究內容 …… 84
三、物業管理學的學科體系 …… 86
專業指導 …… 88
實驗實訓 …… 90

物業管理學

第二章 物業管理基礎理論

第一節 建築物區分所有權理論 …… 91

一、區分所有建築物 …… 91
二、建築物區分所有權的特徵 …… 93
三、建築物區分所有權的內容 …… 97
四、物業管理權 …… 102

第二節 物業管理委託代理理論 …… 106

一、委託代理理論概述 …… 106
二、物業管理委託代理關係的產生 …… 111
三、物業管理委託代理關係的表現 …… 113
四、物業管理中的委託代理問題 …… 117

第三節 公共管理理論 …… 120

一、公共管理理論的基本界定 …… 120
二、物業管理中的公共管理理論運用 …… 132

第四節 公共服務理論 …… 133

一、服務與物業管理服務 …… 133
二、公共服務理論 …… 139
三、物業管理中的公共服務理論應用 …… 144

第五節 城市管理理論 …… 149

一、城市管理理論概述 …… 149
二、城市管理中的物業管理地位和作用 …… 153

專業指導 …… 156
實驗實訓 …… 165

第三章 物業管理市場概述

第一節 物業管理的市場化與物業管理市場 …… 166

一、物業管理的市場化趨勢 …… 166
二、物業管理市場的內涵 …… 170
三、物業管理市場的結構 …… 176

四、物業管理市場的功能 184

第二節　物業服務企業 185

　　一、物業服務企業概述 185
　　二、物業服務企業的組建 189
　　三、物業服務企業的組織機構 193
　　四、物業服務企業的社會責任 200
　　五、物業服務企業的業務內容 204
　　六、物業服務企業的品牌建設 205

第三節　物業管理市場的運行機制 208

　　一、物業管理市場的價格機制 208
　　二、物業管理市場的供求機制 209
　　三、物業管理市場的競爭機制 211

第四節　物業管理市場的管理與調控 213

　　一、物業管理市場管理概述 213
　　二、物業管理市場主體的管理 217
　　三、物業管理市場客體的管理 218
　　專業指導 221
　　實驗實訓 230

第四章　物業管理的基本程序

第一節　物業管理的前期介入 231

　　一、物業管理前期介入的含義 231
　　二、物業管理前期介入的作用 231
　　三、物業管理前期介入的方式及內容 233

第二節　物業承接查驗 237

　　一、物業驗收 237
　　二、物業的承接查驗 238

第三節　物業管理招投標 243

　　一、物業管理招投標的基本概念 243

二、物業管理招標 ······ **244**

　　三、物業管理投標 ······ **249**

　　四、物業管理開標、評標、定標 ······ **254**

第四節　物業管理方案設計與物業管理工作移交 ······ **255**

　　一、物業管理方案設計 ······ **255**

　　二、物業管理工作移交 ······ **259**

第五節　業主入住與裝修管理 ······ **259**

　　一、業主入住的程序 ······ **259**

　　二、裝修管理的程序 ······ **263**

第六節　前期物業管理 ······ **264**

　　一、前期物業管理的概念和特點 ······ **264**

　　二、前期物業管理的內容和注意事項 ······ **265**

　　專業指導 ······ **268**

　　實驗實訓 ······ **269**

第五章　管理規約與物業服務合同

第一節　管理規約 ······ **270**

　　一、管理規約的基本概念和特點 ······ **270**

　　二、管理規約的性質與作用 ······ **271**

　　三、管理規約的內容 ······ **272**

　　四、管理規約的生效、變更和效力 ······ **273**

第二節　物業服務合同 ······ **276**

　　一、物業服務合同概述 ······ **276**

　　二、物業服務合同的生效 ······ **279**

　　三、物業服務合同的效力 ······ **281**

　　四、物業服務合同與前期物業服務合同的關係 ······ **288**

　　專業指導 ······ **289**

　　實驗實訓 ······ **291**

# 第一章　物業管理概述

本章要點：本章涉及物業的內涵、性質、相鄰關係、物業與房地產和不動產的區分，物業管理的內涵、類型、原則、內容和作用，物業管理與社區管理，物業管理的產生和發展等。

本章目標：瞭解房地產、房地產業及其與物業管理的關係及物業管理的產生發展過程，掌握物業和物業管理的概念、內容、特性以及物業管理的原則，熟悉物業管理與社區管理的關係等。

第一節　物業及物業管理

一、物業的內涵

在物業管理過程中，物業是物業管理活動的物質載體，也是連接物業管理相關法律關係主體之間的介質。沒有物業，就沒有物業管理。所以，在介紹物業管理之前，我們首先要弄清物業的內涵。

（一）物業的概念

「物業」是一個半外來詞，由英文「Property」或「Estate」引譯而來，其含義為「財產、資產、擁有物、房地產」等；也是香港地方俚俗之語，意指單元性房地產，其含義是以土地及土地上的建築物形式存在的不動產。李宗鍔在《香港房地產法》中寫道：「物業是單元性房地產，一住宅單位是一物業，一個工廠是一物業，一農莊也是一物業。」

20世紀80年代初，伴隨物業管理從香港引入深圳，物業及其管理才逐漸被內地熟知，1994年《城市新建住宅小區管理辦法》的出抬，物業管理成為房地產管理的新模式而家喻戶曉。

關於「物業」概念的表述，國內各類著述的提法至少有幾十種，其中，頗具代表性的有以下四種：

（1）房屋及配套的設施設備和相關場地（《中華人民共和國物業管理條例》，以下簡稱為《物業管理條例》）。

（2）已建成並投入使用的各類建築物及其相關的設施設備和場地（原建設部物業管理培訓教材）。

（3）住宅區內各類房屋及相配套的公用設施設備及公共場地（《深圳經濟特區住宅區物業管理條例》）。

物業管理學

(4) 住宅以及相關的公共設施（《上海市居住物業管理條例》）。

綜合上述提法，一般將物業定義為已建成並投入使用的各類建築物及相關的設施設備和場地。這裡的「各類建築物」可以是一個建築群，如住宅區、工業區、學校、醫院等，也可以是單體建築，如一棟住宅樓、寫字樓、商業大夏、賓館、停車場等；「相關的設施設備和場地」是指與上述建築物相配套或為建築物的使用者服務的室內外設備設施、市政公用設施設備、文化娛樂設施設備和與之相鄰的場地、庭院、干道、空地等。物業是房地產開發的最終產品，也是物業管理的主體對象。

(二) 物業的要素

物業有住宅區（樓）、工業區、廠房倉庫、酒店公寓、購物中心、會所、教堂、監獄等多種類型，不論這些類型的具體形式是什麼，都有房屋、配套設施設備和相關場地三個基本要素。

1. 房屋

從建築學上講，需要區分構造物、建築物和構築物。

構造物是指採用一定的技術手段將各種物料按照一定結構連接成的整體，包括建築物和構築物。

建築物是指固定於土地上下，由頂蓋、梁、柱、牆壁等組成，供人居住或用於其他目的使用的構造物。房屋是建築物最基本、最主要的物質形態，是指用建築物料與外部空間隔開，可以容納人在其中活動的建築物。這裡的房屋特別界定為供人使用，不是一般意義上的含義（如不包括供其他動植物活動的房屋）。住宅、商場、工業廠房等都屬於房屋（通常情況下，人們習慣將房屋和建築物混用，統稱為房屋建築）。構築物則是指不直接供人在裡面進行生產和生活活動的構造物，如公路、鐵路、橋樑、涵洞、通道、水塔、菸囪等。

房屋區別於其他建築物形式有兩個明顯特點：一是通過頂蓋、梁、柱、牆壁等建築部位與外部空間隔開（全部或部分與外部空間相通的露天建築不是房屋）；二是供人使用（雖然與外部空間隔開，但不能容人活動的建築物如窯爐、水塔、雞舍等就不是房屋）。

2. 配套設施設備

配套設施設備分為配套工程設施設備和配套居住設施設備。

前者包括供電系統（高壓配電室、高壓自管戶、低壓配電室）、供水系統（高壓水泵房、二次供水系統、消毒水箱間）、弱電系統（π接室、電話交接間、寬帶機房、有線衛視信號間）、供熱系統（供熱管道、熱交換站、鍋爐房）、燃氣系統（燃氣管道、燃氣小室）、安防系統（消防噴淋、消防監控、消防菸感與溫感、有害氣體感應、攝像監控、紅外越牆監控、門禁及樓宇對講系統、排風排菸系統）、停車管理系統（車場智能管理系統、車場監控）、電梯系統、樓宇避雷系統等。

后者包括戶外健身場地、器材、噴泉、亭臺座椅、排水設施（雨水管、污水管、污水井道、化糞池）、停車場、停車庫（分機動車和非機動車）、會所、室內運動場館（健身房、游泳館等）、公共照明、園區燈、樓道燈、信報箱、等等。

隨著經濟社會的快速發展和人們物質文化生活水平的日益提高以及人們消費

2

觀念的不斷轉變，人們對物業配套設施設備的功能和種類也將提出更多、更高的要求，物業配套設施設備也會越來越複雜、越來越先進、越來越便利。

3. 相關場地

相關場地或叫相鄰場地、附屬場地，是指與物業緊密相關或相鄰，作為物業重要構件的庭院、道路、甬道、空地、綠地、綠化帶、花園等。

需要指出的是，物業主要是已建成並投入使用，供業主或租戶（用戶）居住或其他目的的房屋及其配套設施設備和相關場地；單體的建築物、一座孤零零的、不具備任何設施設備的房屋，都不是完整意義上的物業。物業功能的發揮、使用價值的實現，不僅取決於房屋的面積、結構和質量，而且取決於配套設施設備和相關場地的完備程度（當然還取決於后期對其實施的管理）。因此，這三者相互聯繫，相輔相成，缺一不可，共同構成完整的物業整體。其中房屋是物業最基本、最關鍵、最核心的要素，是其他兩個要素賴以存在的基礎和條件；后兩者是房屋功能的進一步延伸和有效保障。

（三）物業的管理區域

物業的管理區域，是物業管理的基本單位，是所管理的物業空間範圍。一般的，一個物業的管理區域即是一個物業轄區，可以是一塊區域、一定部門或一些單位。物業服務企業的物業管理區域可以是一個個物業管理項目的單獨個體或集合體，物業服務企業正式接管一個物業管理項目后，就成立相應的「管理處」或「項目部」對此區域實施管理。

對物業的管理區域有很多劃分方法。有的以管理規約的效力範圍來確定，有的以公共設施設備的獨立性來確定，有的以城市道路圍合而成的區域來確定，有的以自然街坊來確定，有的以實行封閉式管理的範圍來確定，還有的以社區中物業管理所涉及的領域來確定。可以說，物業的管理區域的確定，既是一個理論問題，也是一個現實問題；既是一個管理問題，也是一個法律問題。

無論採取哪一種方法界定，物業的管理區域的確定應當考慮以下幾個主要因素：第一，要有獨立的設施設備；第二，要有適度的建築規模；第三，要利於開展社區建設；第四，要便於對物業的管理和對業主（用戶）的服務。

（四）物業的類型

1. 根據物業使用功能劃分

根據物業使用功能劃分，可將物業分為居住物業、非居住物業和混合物業三種。

（1）居住物業：是指具備居住功能，供人們生活居住的建築，包括住宅小區、單體住宅樓、公寓、別墅、度假村等，當然也包括與之相配套的共用設施、設備和公共場地。

（2）非居住物業：是指那些不是以居住為主要功能的物業，包括商業物業、工業物業、教科文衛體物業、其他物業。

商業物業一般分為商服物業和辦公物業。商服物業是指各種供商業、服務業使用的建築場所，包括購物廣場、百貨商店、超市、專賣店、連鎖店、賓館、酒店、休閒娛樂場所等。辦公物業是從事生產、經營、諮詢、服務等行業的管理人

員（白領）辦公的場所，它屬於生產經營資料的範疇。這類物業按照發展變化過程可分為傳統辦公樓、現代寫字樓和智能化辦公建築等。當然，按照辦公樓物業檔次又可劃分為甲級寫字樓、乙級寫字樓和丙級寫字樓。這類物業的業主大都是以投資為目的，靠物業出租經營的收入來回收投資並賺取收益，也有一部分是為了自用。商業物業市場的繁榮與當地的整體經濟社會狀況相關，特別是與工商貿易、金融保險、顧問諮詢、旅遊等行業的發展密切相關。

工業物業是指為人類的工業生產活動提供使用空間的房屋，包括輕、重工業廠房和近年來發展起來的高新技術產業用房，相關的研究與發展用房及倉庫等。工業物業有的用於出售，也有的用於出租。一般來說，重工業廠房由於其設計需要符合特定的工藝流程要求和設備安裝需要，通常只適合特定的用戶使用。高新技術產業（如電子、計算機、精密儀器製造等行業）用房則有較強的適應性。輕工業廠房介於上述兩者之間。目前，在中國各工業開發區流行的標準廠房，多為輕工業用房，有出售和出租兩種經營形式。

教科文衛體物業主要是指影院、劇場、體育場館、學校、醫院等建築用房。該類物業絕大多數是為了社會公共利益而建造的，具有很大的社會公益性。也有一部分教科文衛體物業是純商業性質的，如私立學校、錄像廳、私立醫院、民營科研機構的辦公和經營用房。

其他物業是除上述類型以外的物業，有時也稱為特殊物業。這類物業包括賽馬場、高爾夫球場、汽車加油站、飛機場、車站、碼頭、高速公路、橋樑、隧道等物業。特殊物業涉及的經營內容通常需要得到政府的許可。

（3）混合物業：是指居住和非居住型物業混合在一起的物業。這種類型的物業，有些是由於城市開發建設過程中規劃不周而造成的，有些則是因其特殊需要而形成的，如學校內有校舍，同一小區內既有住宅又有商務樓等。

2. 根據物業經營性質劃分

根據物業經營性質劃分，可將物業分為生產經營性物業、生活消費性物業和社會公益性物業三種。

生產經營性物業：是用於生產經營，能為物業所有人或經營者帶來經濟利益的物業，如商住樓、商場、酒店、廠房、停車場等。

生活消費性物業：是指有償為人們提供居家消費，給物業使用者創造安居樂業環境的物業，如居住小區、公寓、賓館、健身房等。

社會公益性物業：是政府部門無償為社會公眾提供公共性服務或公益活動的物業，如慈善性用房、城市花園、免費公園、宗教用房等。

當然，這種區分不是很嚴格，有所交叉。如學校，公立學校可以是生活消費性物業和社會公益性物業，私立學校可以是生產經營性、生活消費性和社會公益性物業。

此外，物業還可按照所有權性質劃分為私有產權物業、公有產權物業（還可分為集體產權物業和國有產權物業）、共有產權物業（對公共部位和公共設施設備類產權）；按照物業的構成分為主體物業和輔助物業或附屬物業；按照地段或空間高度等也可劃分。隨著人類的生存環境和居住環境的生態型、和諧型發展，以及人們支付能力和消費觀念的根本變化，一些新型物業也得到不斷湧現和發展。如

涉及人居環境健康性、自然環境親和性、居住環境保護性、健康環境保障性的健康物業，具有相當於住宅神經的家庭內網絡、能夠通過這種網絡提供各種服務、能與地區社會等外部世界相連接等功能的智能物業，滿足高效低耗、環保節能、健康舒適、生態平衡的高質量居住要求的節能物業。

(五) 物業的性質

事物的性質是其本身區別於其他事物的本質特徵。物業是一種不同於一般商品的特殊商品，具有自身鮮明的屬性。

1. 物業的自然屬性

物業的自然屬性是物業的物理性質，與物業的物質實體或物理形態相聯繫，是物業社會屬性的物質內容和物質基礎。

(1) 二元性

它表現為物業的物質實體具有特定用途和明確歸屬的建築物及其所依附的土地，即一般物業多為土地與建築物的統一體，兩者分開或獨立存在，都不是物業。這是其他任何商品都不具備的特性，它決定了物業必然兼有土地與建築物兩者特有的各種性質。當然，不同物業的二元組成有所不同。例如，從總體上看，物業的建築面積與土地面積的比值在城市高於鄉村，在經濟、文化和商業中心高於重工業基地。同時需注意的是，中國和世界上大多數國家一樣都實行土地國有的法律制度，從此意義上說，土地本身不應是物業管理的對象，只有土地與房屋建築物連為一體成為一個獨立的物業管理區域的時候，才能成為物業管理的對象。

(2) 固定性

它表現為土地、建築物的不可移動性或位置的確定性。土地、建築物的位置一旦形成或存在，將會在較長期的使用中固定不變。值得一提的是，在現代建築技術裝備不斷提高的情況下，對建築物整體機械平移成為可能，雖然土地仍表現為不可移動性，但房屋建築物的固定性有所打破。因此，這裡所說的固定性，也只是一個相對概念。

(3) 耐久性

它表現為物業的建造時間、使用壽命都較長。尤其是物業中房屋所依附的土地，基本是永存的。而物業本身只要不是故意損壞或意外損壞，一般也可使用數十年，甚至成百上千年。當然，與此相比，物業具有有限性，即土地及其開發的有限，房地產開發所需的鋼材、有色金屬、木材、水泥、配套設備等不可再生資源的有限，經濟社會和技術水平發展有限。同時，物業壽命的長期性，也需要維護管理好，不然，其壽命也會很短，就如一些「豆腐渣」工程。

(4) 多樣性

它表現為建築物位置、構造、外觀、功能、類別、朝向、戶型套型、品種品質、規格式樣等方面，都至少有一處或多處的不同，正如人們所說「世上沒有完全相同的房屋」。這也是物業差異性的表現。

(5) 配套性

它表現為物業必須以各種配套設施設備和場所滿足人們的不同需要。物業配套越齊全，其功能發揮就越充分，就越能滿足人們生產生活需要。

（6）受限性

它表現為對物業的使用、支配等有政府及其相關法律法規的強制規定或制約。如政府基於公共利益需要，可通過相應的法律和政策限制物業的使用、轉讓（如亂搭亂建的限制、容積率或覆蓋率的限制等），也可對任何物業實行強制徵收。

2. 物業的社會屬性

物業的社會屬性是物業在生產、流通以及使用和維護等環節引起社會關係的產生、變更和終止的屬性，包括經濟屬性和法律屬性兩個方面。

（1）經濟屬性

物業的經濟屬性首先表現為它作為一種商品，具有一般商品所有的使用價值和價值屬性。物業的商品性是由物業的使用價值和商品經濟決定的，它具有幾方面的實質性內容：物業的價值和使用價值是通過市場交換得以實現的，物業的買賣、租賃、抵押，土地使用權的出租或轉讓，都是體現物業商品性的具體形式；物業的開發建築、經營管理都是市場經濟下的商品活動，必須遵循價值規律；物業的分配與消費，遵從等價交換的規則；參與物業生產、流通、消費的人與人之間的關係，本質上是一種市場經濟中的商品關係。

其次，物業的經濟屬性還表現為它在供應上的短缺性。這主要是因為土地資源供應的絕對短缺和建築資源供應的相對短缺。

再次，物業的經濟屬性還表現在它的保值性、增值性和投資性。物業保值和增值已成為共識，而其增值則是一種長期的趨勢，是在波動中上揚，呈螺旋式上升的態勢。同時，由於物業供給的有限性與人們需求的無限性，導致物業具有較大的投資價值。這也是在人口密集、可用土地較少和人口逐漸增大的大中城市，物業價值（價格）較高的主要原因。當然，也要注意物業有貶值的風險。

最後，物業的經濟屬性表現為宏觀政策上的調控性。由於物業的稀缺性，也由於物業是關係國計民生、社會穩定的民生大事、國家要事，更因為縮小貧富差距、杜絕囤積居奇和反對貪污腐敗等需要，政府對物業進行宏觀上的政策調控就很有必要。具體表現在土地資源的節約性有效開發和利用、城市規劃與房地產建設密切結合、物業建設相關法規的制定與協調、物業管理過程的規範化進程等，都需要政府通過制定有關土地、規劃、財政、金融、物價、民生等方面的政策、法令、法規和措施，從宏觀上調控物業建設的規模與速度、數量與質量、容積與佈局、高度與規格、類別與品質等。

（2）法律屬性

物業的法律屬性集中反應在物權關係上的多重性、可分性、相鄰性以及物業交易的契約性。

物業產權的多重性。在中國，物業產權是指物權人在法律規定的範圍內享有的房屋所有權和土地使用權。這種產權不僅是一項單項權利，而且是一個權利束，擁有佔有、使用、收益、處分等多項權能，形成一個完整的、抽象的權利體系。在這一權利體系中，各種權利可以以不同形式組合，也可以相互分離，單獨行使、享有。顯然，物業產權比其他商品產權的結構更為複雜。這種產權既包括對專有部分的專屬所有權，也包括對共有部分的共有權，還包括對公有部分的管理權。

物業產權的可分性。在物業產權中，各種權利可以通過某種特定的法律行為

以不同方式進行組合，產權人既可獨立行使對物業的產權，也可將其中的全部或部分權利轉移給他人。

物業產權的相鄰性。物業的相鄰性不以人的意志為轉移，天然具有客觀必然性。因為建設用地的相互連接或相互毗鄰就需要不同建築物之間相互連接或毗鄰，同一建築物內不同單元之間由於建築物結構的一體性也會相互連接或毗鄰，這就形成了對公共部位、公共設施設備產權的相鄰性。

物業交易的契約性。物業交易是指當事人之間進行以物業為標的物的購買、轉讓、抵押和租賃活動。物業的產權不僅是一種單項權利，而且是一個權利族。因此，在交易物業時，就必須通過契約的形式來約定交易中的有關事項（如交易方式、價格、權利義務等），減少或避免交易風險，保全物業產權。

(六) 物業與房地產、不動產的區分

「物業」「房地產」與「不動產」三個概念在業界經常提及，並不加區別地交換使用，足見三者之間關係的密切。

「房地產」有狹義和廣義概念。狹義的房地產是指房屋、屋基地以及附屬土地。這些附屬土地是指房屋的院落占地、樓間空地、道路占地等空間上與房屋、房基地緊密結合的土地。廣義的房地產是指土地、建築物及附屬物和固定於其上不可分離的部分，以及由此衍生的各種權益的總稱。這種權益是指權利、利益和收益，包括法律屬性和經濟屬性，它以房地產的自然屬性為載體。從法律意義上說，房地產本質上是指以土地和房屋作為物質存在形態的財產；從經濟屬性看，房地產是房產與地產的合稱，在生活資料方面屬於財產範疇，在生產資料方面屬於資產範疇。在此定義中，所謂「不可分離」是指不能分離，或者雖能分離但分離后會嚴重破壞房地產的功能、價值和完整性。不可分離部分包括為提高房地產的使用價值而種植在土地上的花草、樹木或人工建造的庭院、假山，也包括為提高建築物的使用功能而安裝在其上的水、暖、電、通風、消防、電梯等設備。

「不動產」一詞譯自英語「real estate」或「real property」，前者是指土地及附著於土地上的人工建築物和房屋；后者是指 real estate 及其附帶的各種權益。一般地認為，「不動產」是指不能移動或者移動后會使其價值、功能受到很大破壞的有形財產，包括土地及其定著物、物質實體及其相關權益。具體表現為房地產以及水壩、機場、港口、地下工程等構築物。因此，不動產是比房地產內涵更廣的概念。「房地產」由於其位置固定、不可移動，通常又被稱為不動產；可以說，「房地產」和「不動產」是同一語意的兩種不同表述，一般沒有本質區別。只是兩者的側重點不同：「房地產」傾向於表明這種財產是以房屋和土地作為物質載體，而「不動產」傾向於表明這種財產的不可移動性。

再結合前面對物業的界定，從中可以看出，「物業」「房地產」與「不動產」三個概念本質相同，具有內在的緊密聯繫；同時，也具有不同的內涵和外延，主要在於：

(1) 稱謂領域不同。就一般情況而言，「不動產」是民法慣用詞彙，在土地研究和土地經濟管理領域使用較頻繁。「房地產」則是經濟法和行政法及商事實務中較常用的稱謂。而「物業」僅僅是房地產領域中單元性的房地產概念的別稱，在

中國現在的多數漢語辭典中是查不到的，是粵港方言特別是東南亞地區和中國香港、澳門地區作為房地產或產業所有權的別稱或同義詞使用的。「不動產」和「房地產」在建設管理領域使用頻率較高。

（2）適用範圍不同。「房地產」與「物業」在某些方面可通用（如基於狹義房地產概念），但「物業」一般多指一個單項的「房地產」單位（如單項的房產、地產，是某個具體的群體建築物或單體建築物），一個獨立的物業管理區域（如「某物業小區」）或一種物業管理組織或機構（如「某物業服務企業」「某物業管理部」）。「房地產」除了可以指一宗具體的物業以外，還可指一個國家、地區或城市所擁有的房產和地產。「不動產」指依自然性質或法律規定不可移動的土地、土地定著物、與土地尚未脫離的土地生成物、因自然或者人力添附於土地並且不能分離的其他物。它包括物質實體和依託於物質實體上的權益。一般來說，「房地產」一詞涉及宏觀領域，泛指一個國家或地區的整個房地產，在宏觀經濟活動統計、分析、評估等領域慣用；「物業」是一個微觀概念，它一般是指一個單項的房地產，或一項具體的實物資產；「不動產」是一個特定概念，主要用於特定時間、特定事件或特定場所，如「遺產繼承」「權益設置與分配」等方面都需進行法律特殊規定和處理。從經濟活動環節看，「房地產」是市場、流通、消費中的「房地產」產品以及進入開發經營領域的「不動產」，很顯然「不動產」範圍大於「房地產」；「物業」是指進入具體消費領域的房地產最終產品，範圍最窄。

（3）概念外延不同。一般而言，「房地產」概念的外延是包括房地產的投資開發、建造、銷售、售後管理等整個過程。「物業」有時也可用來指某項具體的房地產，然而，它只是指房地產的交易、售後服務以及日常物業服務等階段或區域。「不動產」是包含房地產或物業在內的所有不能移動或者若移動則損害其價值或用途的財物。

（七）物業的相鄰關係

1. 相鄰關係的概念

所謂物業相鄰關係是指兩個或兩個以上相鄰物業的所有人或佔有人、使用人，在行使相鄰物業的佔有、使用、收益、處分權利時，相互之間應給予便利或接受限制而發生的權利義務關係。相鄰關係在實際生活中大量、經常地發生，且種類繁多，如相鄰土地使用、通行關係，相鄰用水、排水關係，相鄰通風、採光關係等。1986年通過的《中華人民共和國民法通則》第八十三條規定：「不動產相鄰各方，應當按照有利於生產、方便生活、團結互助、公平合理的精神，正確處理截水、排水、通行、通風、採光等各方面的相鄰關係，給相鄰方造成妨礙或者損失的，應當停止侵害，排除妨礙，賠償損失。」2007年3月16日由中華人民共和國第十屆全國人民代表大會第五次會議通過，並於2007年10月1日起施行的《中華人民共和國物權法》（以下简稱《物權法》），專門用「第七章相鄰關係」作出9條規定，把一些典型的問題在「民法通則」的基礎上加以細化，使可操作性進一步增強，準確把握了司法實踐中的爭議點，有利於解決常見的涉及相鄰關係的民事糾紛。可見，相鄰關係是法律直接規定的，而不是當事人約定的；相鄰關係的主體是兩個或兩個以上的不動產所有權人或使用權人，相鄰關係的客體是行使不

動產所有權或使用權所體現的利益，相鄰關係因種類不同而具有不同的內容。同時，相鄰關係產生的基礎是存在屬於不同主體的不動產，且不動產在地理位置上相互毗鄰。這裡的毗鄰既包括不同主體不動產的相互「毗連」，又包括不同主體的不動產的相互「鄰近」，比如上流水域和下流水域之間，即使不毗連但也形成相鄰關係。

「民法」關於相鄰關係的規定同樣適用於物業相鄰關係。物業相鄰關係的實質是對物業相鄰各方合法權益的維護和對相鄰各方行使權利的一定限制，保障相鄰各方正確行使其所有權或使用權，並防止受相鄰對方的侵害，要求各方在行使所有權或使用權時不得損害相鄰對方的合法權益。

2. 相鄰關係的主要內容和立法原則

（1）相鄰關係的主要內容

物業相鄰關係的主要內容可以從兩個角度劃分：

第一，根據物業主要物質構件是土地和房屋建築物來區分，物業相鄰關係包括土地相鄰關係和房屋建築物相鄰關係。

①土地相鄰關係

在中國，根據《民法通則》對相鄰關係的基本規定，《最高人民法院關於貫徹執行<中華人民共和國民法通則>若干問題的意見（試行）》具體規定了以下四種類型的土地相鄰關係：相鄰截水、排水、用水和流水關係，相鄰通行關係，相鄰防險關係，相鄰地界竹木歸屬關係。

相鄰截水、排水、用水和流水關係要求：a. 多方共臨水源時，各方均可自由使用水源。b. 對相鄰各方都有權使用的自然流水，應尊重流水自然形成的流向。例如，對由高地自然流向低地的水，高地的所有人或使用人有供給低地所有人或使用人部分自然流水的義務，而低地所有人或使用人對自然流水有部分用水權。c. 一方擅自堵截或者獨占自然流水，影響他方正常生產、生活的，他方有權請求排除妨礙，造成他方損失的，應負賠償責任。d. 相鄰一方必須使用他方的土地排水的，他方應當予以准許，但應在必要限度內使用並採取適當的保護措施排水，如仍造成損失的，由受益人合理補償。e. 相鄰一方可以採取其他合理的措施排水而未採取、向他方土地排水毀損他方財產，他方有權要求致害人停止侵害，消除危險，恢復原狀，賠償損失。f. 處理相鄰房屋滴水糾紛時，如有過錯的一方造成他方損害的，應當責令其排除妨礙，賠償損失。

相鄰通行關係要求：a. 土地與道路或者通道之間沒有適當的聯繫，土地所有權人或使用權人須通過周圍地才能到達道路或通道，形成了土地所有權人或使用權人的通行權。b. 對於土地所有權人或使用權人的通行權，周圍地土地所有權人或使用權人負有容忍通行的義務。c. 一方必須在相鄰一方使用的土地上通行的，應當准許其通行，因此造成損失的，應當給予適當補償。d. 對於一方所有的或使用的建築物範圍內歷史形成的必經通道，所有權人或使用權人不得堵塞，因堵塞影響他人生產、生活，他人有權要求排除妨礙或恢復原狀。e. 有條件另開通道的，可另開通道。

相鄰防險關係要求：a. 土地所有權人或使用權人進行生產經營時，應避免造成鄰地的損害。b. 土地所有權人或使用權人在挖掘土地或建築時，也不得使鄰地的地基發生動搖或危險，或使鄰地的工作物造成損害。c. 相鄰一方在自己使用的

物業管理學

土地上挖水溝、水池、地窖等或者種植的竹木根枝延伸，危及另一方建築物的安全和正常使用的，應分別情況，責令其消除危險，恢復原狀，賠償損失。

相鄰地界竹木歸屬關係要求：a. 土地所有權人或使用權人對鄰地竹木根枝逾越疆界的，除了對土地利用無妨害外，其有權要求竹木所有人在一定期間內將竹木清除，對竹木所有人在所要求期間內未清除的，其可自行清除越界的竹木根枝，並享有竹木根枝的取得權。b. 相鄰一方在自己使用的土地上種植的竹木根枝延伸，危及另一方建築物的安全和正常使用的，應分別情況，責令其消除危險，恢復原狀，賠償損失。

②房屋建築物相鄰關係

它是指相鄰的房屋建築物所有人或使用人之間，房屋建築物所有人或使用人與臨近的土地所有人或使用人之間，以及同一房屋建築物彼此毗鄰的房屋建築物單元所有人或使用人之間，由於不可量物侵入導致干擾或妨礙而發生的權利義務關係。它主要表現在不可量物和不可量物侵害兩個方面。

不可量物是指噪音、煤煙、震動、臭氣、塵埃、放射性元素等，因其一般情況下很難用常規方法對其質量或密度等做出準確的測量而得名。但是，伴隨技術手段的進步，噪音可以用分貝儀測量，粉塵濃度可以用粉塵採樣儀和粉塵濃度傳感器探測，電磁波強度可以用電磁波輻射檢測儀檢測等，因此該詞語及其概念只能是相對的。

不可量物侵入鄰人土地、房屋建築物時，必然造成干擾性妨礙或損害，此即為不可量物侵害。一般根據被侵害利益的性質、受侵害的程度、土地利用的先後關係、不同人的敏感程度、加害人的行為動機和社會價值、損害迴避的可能性等標準來判斷不可量物的侵入及其侵害情況。

在處理房屋建築物相鄰關係時，應遵循的基本原則有：不動產權利人棄置固定廢物，排放大氣污染物、水污染物、噪音、光、電磁波輻射等有害物質時，相鄰人有權制止；對輕微的不可量物侵入，相鄰人負容忍或承受的義務；對嚴重的不可量物侵入，相鄰人可以請求有關國家機關或人民法院予以保護。

第二，根據物業是單一性房地產來區分，物業相鄰關係包括相鄰通行使用關係、相鄰疆界關係、相鄰排水關係、相鄰環境關係等。

相鄰通行使用關係：一般而言，對樓梯、通道、停車場、道路等公用部位、公共設備及公共場地，相鄰各方均有通行和使用的權利，任何一方不得將其擅自占為己有或改變其用途。此外，相鄰各方負有共同維修的義務。若一方設置障礙影響相鄰方正常生活的，相鄰方有權要求其排除妨礙或恢復原狀；相鄰方因建築施工的需要而臨時占用相鄰對方的房屋或庭院，相鄰對方應予以方便。在物業管理範圍內，若有業主或使用人擅自損壞、拆除公用設施，並造成一定損失的，物業服務企業有權責令有關責任人予以賠償。

相鄰疆界關係：一般而言，未經相鄰他方同意，擅自超越界限建造房屋的，應當停止侵占並恢復越界部分的原狀。另外，一方因種植的樹木枝條超越界限影響相鄰方房屋的採光、通風或影響相鄰方房屋安全的，應當採取措施鋸掉越界的樹枝，或移栽他處。

相鄰排水關係：一般而言，共用同一排水系統的相鄰各方，不得任意破壞、

堵截或故意使污水流入鄰居房屋。若發生這種情況，相鄰他方有權請求停止侵害，並可要求其賠償相應的損失。

相鄰環境關係：一般而言，根據有關法律的規定，相鄰方在排放「三廢」（廢水、廢氣、廢渣）時，應嚴格按照環境環保法規定的標準進行，不得影響相鄰他方的正常生產和生活。若相鄰方實施了上述排放行為，相鄰他方有權要求其停止侵害，排除妨礙，採取相應的防護措施，並賠償損失。另外，相鄰一方在住宅小區內不得隨意發出超標的噪音，不得隨意踐踏或占用公共綠地，否則物業服務企業有權予以制止，並責令其限期整理。

（2）相鄰關係的立法原則

房屋建築物作為土地的附著物，不同的房屋建築物、同一建築物的不同部分分屬不同的所有者所有，因此，在不同的建築物之間、房屋的單元之間必然發生相鄰關係問題。作為物業所有者，權利人原則上可以對其所擁有的物業行使佔有、使用、收益和處分的一項或多項權利。但是，當其物業相鄰時，權利人完全按照自己的意志絕對自由地、排他地行使這些權利的話，則必然會對其相鄰人的權利產生影響，構成侵害，造成損害，引發相鄰人之間的糾紛或衝突，進而破壞物業產權秩序。為此就需要對相鄰關係進行立法，相鄰關係的立法精神即基於此。處理相鄰關係的原則在中國的《民法通則》和《物權法》中都一致明確為「有利生產、方便生活、團結互助、公平合理」四項內容。此外，「遵守法律、參照習慣、互相協作、共同協商，發揚社會主義道德風尚」等也是我們正確處理相鄰關係必須遵守的一些原則。

二、物業管理的內涵

（一）物業管理的含義

物業管理是什麼？有人說，物業管理是對物業的管理，是一種外管理、硬管理；也有人說，物業管理是專業機構和人員圍繞物業而必須改善和提高自身的管理和服務水平與能力，是一種內管理、軟管理；還有人說，物業管理是專業機構和人員對物的管理（硬管理）和對秩序的管理（軟管理）的結合。國際房產教育公司的創始人、美國的羅伯特·C.凱爾認為：作為專業的物業管理者，為業主提供物業服務；作為經濟學家的管理者，為業主制定物業保值、增值的目標和措施；作為業主的代理，為業主實現目標提供服務；從根本意義上說，物業管理就是根據合同為業主提供服務。這也就是中國2007年10月1日起施行的新《物業管理條例》，不少條款就把物業管理稱為物業服務（如第十六條第二款把「物業管理合同」稱為「物業服務合同」、第四十四條把「物業管理收費」稱為「物業服務收費」）的原因之一。可以說，物業管理就是房地產開發建設竣工后進入消費領域的一種服務活動。這種服務就其形態而言有兩種：一種是「硬服務」，即通過服務人員對個體業主的有效勞動來兌現承諾，滿足需求，實現廣大業主的共同利益；另一種是「軟服務」，即為業主提供各類物業管理的信息，包括物業的各類指導、法律法規的宣傳以及幫助業主調解物業管理矛盾。《物權法》明確規定：「業主可

以自行管理建築物及其附屬設施，也可以委託物業服務企業或者其他管理人管理。」「對建設單位聘請的物業服務企業或者其他管理人，業主有權依法更換。」

當前，業界對物業管理的界定基本是以新《物業管理條例》中的「物業管理」定義為準，即物業管理是指業主通過選聘物業服務企業，由業主和物業服務企業按照物業服務合同約定，對房屋及配套的設施設備和相關場地進行維修、養護、管理，維護相關區域內的環境衛生和秩序的活動。

(二) 物業管理的性質

在中國早期的物業管理實踐中，政府在行政法規中對物業管理的性質並沒有作出明確的界定，甚至對「物業管理」術語都沒有進行定義。在地方性法規和政府規章中，多是狹義理解「物業管理」，並且各自表述都有差異。雖然有多種多樣的物業管理定義，且表明了物業管理的主體、內容，但沒有闡明物業管理的性質，即管理的宗旨和方式、產品的性質等。房地產「三分建、七分管」，物業管理就屬於「七分管」，是房地產產業鏈中的重要環節。要確定物業管理的性質，必須先明確以下幾點：

(1) 按照社會產業部門劃分，物業管理屬於第三產業，是一種服務性行業。其宗旨是服務，寓管理、經營於服務之中，在管理、經營之中體現服務；其客體在於管理對象是物業，服務對象是物業產權人（業主）和物業使用人（用戶）。

(2) 物業管理不同於工業和農業，它不直接生產有形的物質產品，是以專業化的管理、社會化的服務和市場化的經營面對業主和用戶，可以加速房地產的生產、流通和消費，發揮物業的使用功能並延長物業的使用壽命，確保物業的保值增值，促進社會和諧穩定。

(3) 物業管理既區別於傳統的房屋管理，又與一般企業的管理不同。物業管理的推行就是因為要改變傳統房屋管理行政性、福利型的弊端，它採用有償服務、付費消費的方式，按照市場經濟的原則管理物業，服務業戶，並開展多種經營活動，以此維持企業的生存、發展和壯大。相對一般企業管理而言，物業管理始終與環境處在交流中，是開放型的管理、循環性的服務、綜合型的經營，是委託型、契約化的管理服務。

(4) 物業管理與酒店管理都是服務性行業，都有一套管理標準和規範，兩者呈現出一種融合趨勢。但是，與酒店管理不同，物業管理是對相對固定的對象提供較為長期的服務，其所管理的物業的產權是多元化的；服務者和被服務者之間不是以簡單的約定俗成方式而是以合同、契約、協議、規定等多種形式達成權利義務關係。

(5) 在大力發展建設社區的過程中，物業管理與社區管理關係緊密，是一種相互助推、相互支持、相互依賴的關係。物業管理必須在社區管理的框架內和指導下開展工作，按照社區的統一部署對有關業戶或居民安全的維護、文化的建設、治安的保障、罪犯的打擊、違規的處理等大力協助和支持。

目前的物業管理性質有兩種看法：物業管理是公共行政管理，物業管理是私人管理即經營性管理。前者以社會公共利益為導向，忽視物業區域業戶的公共利益，傳統行政管理、單位自管色彩濃厚，使「管」業戶的方式盛行；后者以企業

利益最大化為導向，私人管理特點明顯，使「壓榨」「詐欺」業戶的方式流行。這兩種觀點都有偏頗，對物業管理服務實際工作的影響較大。因此，根據上述理解，從區別企業管理和各種形式的私人管理出發，物業管理的性質界定在公共管理較好，因為物業管理重點是對公共部位、公共設施設備類公共產品進行管理，是對涉及公共利益的安全、治安、清潔、環境等的管理和服務，是由業主自治管理、自主管理和物業服務企業或專業公司的專業化管理以及單位管理、社區管理等形式協同作用的管理。

(三) 物業管理的特徵

物業管理是與房地產相配套的綜合管理，是與現代化生產方式和物業產權多元化格局相銜接的統一管理，是一種公共性、綜合性、即時性、持續性和長期性的服務，是與社會主義市場經濟體制、社會主義和諧社會相適應的社會化、專業化、市場化、規範化的管理。

1. 社會化

物業管理社會化的前提是物業產權的多元化以及物業產權的適當分離，是將分散的社會工作集中起來，統一進行管理，改變了過去多個產權單位、多個管理部門的多頭、多家管理；而現代化大生產的社會專業分工是實現物業管理社會化的必要條件。物業管理社會化有三個基本含義：一是物業的所有權人（代表）要到社會上通過招投標等方式選聘物業服務企業；二是物業服務企業要到社會上去尋找可以代管的物業；三是按照社會化運作程序、手續、方式等發揮物業的綜合效益和整體功能，體現出整個城市管理的社會化程度。

2. 專業化

物業管理的專業化，是指物業管理有專業的組織機構（物業服務企業或專業公司），有專業人才（機電、管道、消防、維修、安保等技術人員），有專業的管理服務設備設施和工具用具（保潔方面就需要有專業的保潔物料、保潔設施、保潔用具），有專業化的管理與服務（如科學、規範的管理措施與工作程序、現代管理科學和先進維修養護技術）等。物業管理專業化是現代化大生產專業分工的必然結果。因此，要求物業服務企業必須具備一定的資質等級、開展相關的質量認證、實施職業化管理，要求物業服務從業人員必須具備一定的職業資格、專業素養和執業水準。

3. 市場化

市場化是物業管理最主要的特點。在市場經濟條件下，物業服務企業的組建需要根據公司法等相關法規的規定進行，承攬業務需按招投標等方式進行雙向選擇，開展工作需以雙方認可的物業服務合同和物業管理市場的運行規則為條件。業戶有權選擇物業服務單位，物業服務企業必須依靠自己良好的管理、優質的服務和強大的經營能力取得市場地位，擴展業務範圍，增加綜合效益。這種通過市場進出機制、價格機制、競爭機制等所產生和實現的商業行為就是物業管理市場化，雙向選擇和等價有償就是物業管理市場化的集中體現。此外，物業服務企業在管理服務過程中還要處理好與公安、市政、街道、城管、社區、郵政、交通等行政事業單位的關係，加強協調溝通、增強物業管理共識共為，其本身也是一種

市場化。

4. 規範化

在物業管理中，國家法律法規對物業服務企業的成立、物業管理的專業技術規範、物業管理區域評優標準等都作出了明確規定，要求物業管理必須不折不扣遵守。比如，有別於一般委託合同的物業服務合同，既有統一範本，也在範本中對服務內容、標準、期限、雙方當事人的權利和義務、違約責任等方面都作出了基本規定。

（四）物業管理的功能

物業管理的功能是物業管理要素結構和機制對物業和業戶所輸出的功效和形成的作用，也就是物業管理「為什麼」和「做什麼」的問題。物業管理可以為業戶提供滿意服務，改善人居環境，延長物業使用壽命，確保物業使用功能，促進物業保值增值；可以為社會和國家促進房地產健康發展、就業再就業、社會和諧穩定、國家實力遞增；可以維持物業服務企業的生存發展與壯大，完成其使命履行其責任，維護其形象和榮耀。

一般來說，物業管理主要具有管理、服務、經營三大基本功能。

1. 管理功能

管理功能是物業管理的首要功能，包括基礎性管理和日常性管理、收益性物業的管理和非收益性物業的管理、單項管理和綜合管理等。從物業管理實際情況和發展趨勢看，物業管理更是一種現場管理、精細管理、細節管理、品質管理等。

2. 服務功能

21世紀以服務為導向，「滿意服務、忠誠客戶」成為企業的盈利模式。物業管理的社會化特徵就體現了服務功能的匯集，就需要物業管理圍繞物業的管理而充分發揮服務功能，解決與業戶關係密切的衣、食、住、行、用、行、樂等問題。具體而言，物業管理的服務功能就充分表現在不斷適應和滿足業戶在購物、旅行、交際、教育、體育、休閒、娛樂、就醫、學習、維修、安全等方面的不同需求，盡可能地提供出和提供好方便、快捷、優質的服務。

3. 經營功能

經營著重於經濟活動的總體和長遠規劃，是在整體、全局上決定方針、目標和要求等。物業管理的經營功能就是圍繞物業與業戶、管理和服務而開展的經紀、信託、仲介、營銷、租賃、諮詢、代理等業務。從物業管理的未來發展看，物業管理機構或組織必將是以開展廣泛的資產經營業務為主的一種社會經濟體（這裡的資產是最廣義的概念）。

（五）物業管理的類型、原則、內容與作用

1. 物業管理的類型

（1）根據物業類別分類

物業的類型按其使用特徵可以分為居住（小）區、工業廠礦、寫字樓、商業樓宇、高級商廈、會所、別墅等形式。相應的，其物業管理可以區分為：居住（小）區物業管理、工業廠礦物業管理、寫字樓物業管理、商業樓宇物業管理等形式。同時針對不同的物業管理，物業管理的內容和重點亦有所不同，如工廠（區）

的管理側重於確保水、電供應和區內道路的暢通，寫字樓宇的管理側重於電梯管理、消防安全和安全保衛等。

（2）根據物業的經濟性質分類

根據物業的經濟性質將物業分為收益性物業和非收益性物業，因而物業管理亦可劃分為收益性物業管理和非收益性物業管理。收益性物業主要是指經營性房屋，它通過房屋的經營實現其經濟價值，如酒店、寫字樓、商業樓宇、高級公寓等。

非收益性物業則主要指向業主和使用者提供效用、作為經營輔助設施或消費品而使用的房屋，如企業經營所必需的辦公樓宇設施、工廠廠房設施、倉庫設施以及住宅等。對於非收益性物業，物業管理的內容主要是管理和服務，目的在於保證物業的正常使用，為業主和使用者創造安全、舒適、清潔的使用和居住環境。對於收益性物業，物業管理的內容除了管理與服務外，更為重要的是代理業主對房屋進行經營，集管理、服務、經營為一體，其目的是保證業主能夠取得最好的經營效益，並使物業能夠保值、增值。

應當注意的是，收益性物業管理與非收益性物業管理的劃分並不是絕對的。有時非收益性物業，作為企業經營戰略計劃中的一部分，亦會出現購置、租賃、轉讓等經營內容。這裡的劃分，是根據對物業的整體觀察及其大的使用方向而確定的。

（3）根據物業服務企業的組建分類

根據物業服務企業的組建分類，可將物業管理分為單位型物業管理和市場型物業管理。前者有四種形式：一是由房地產開發企業投資設立的分支機構從事由上級公司開發建設的房地產項目管理。這類管理的最大優勢在於項目有保障，並對項目運行的全過程有所瞭解，便於與開發商協調工作。二是由房地產部門所屬的房管機構轉換為物業服務企業開展的物業管理。這類物業管理因企業轉制時間不長，行政色彩較濃。三是由大中型企業單位自行組建的物業服務企業進行的物業管理。因這類企業福利色彩較濃，所以此類物業管理屬於單位內部運作，缺乏競爭性。四是由街道辦事處或社區居委會組建的物業服務企業實施的物業管理。目前在一些社區和小區由街道辦事處或社區居委會採用的樓宇自治管理就是此種物業管理。

市場型物業管理是指按照公司法要求，由社會上的公司、個人發起組建成獨立的物業服務企業，並通過競爭取得物業管理權或經營權的物業管理形式。此種類型的物業服務企業較有活力，必須面向並適應市場，提供較好的服務方可生存。這類物業管理具有鮮明的市場化特徵，是今后的發展方向。

（4）根據開發商、物業業主和物業服務企業的關係分類

委託服務型物業管理，指房地產開發企業或物業業主選聘物業服務企業進行的管理，包括自用委託型物業管理和租賃經營型物業管理兩種類型。前者指房地產開發企業或物業業主將自有、自用物業委託物業服務企業進行的管理，適用於居住類物業及黨政機關和企事業單位辦公類物業；后者指物業服務企業受房地產開發企業或物業業主的委託，在實施物業管理的同時，負責招商宣傳、市場開發、交易諮詢、估價、合同簽署、收取租金等全部或部分租賃經營業務，多適用於商

物業管理學

場、寫字樓物業的管理。這種模式的優勢在於：經營、管理一體化，全方位滿足客戶需要，提高了對客戶服務的效率，拓寬了物業服務企業的利潤渠道，鍛煉和提高了物業服務企業員工的素質和能力等。

自主經營型物業管理，指房地產開發企業或物業業主自己設立物業管理機構，對自有物業進行管理的模式。物業產權上屬上級公司或該類企業，物業所有權和經營權是一致的，以創造良好使用環境或提高出租率為主要目標，適用於非居住物業，如商業大廈、辦公樓、寫字樓、工業廠房等的管理。自主經營型物業管理存在的弊端主要有：很難保障物業管理的質量，容易使開發商或物業業主陷入管理規模小、經濟效益低的尷尬境地，過多地分散了開發商或物業業主的精力等。

需要說明的是，上述分類不是絕對的，可以有仁者見仁、智者見智的觀點和說法。選擇這些物業管理的方式或模式之一種或多種，是房地產商、物業業主（代表）基本的民事權利。《物權法》《物業管理條例》等法律法規也只是從維護廣大業戶的合法權利、提高物業管理服務的質量和水平、規範物業管理行為和建立穩定的市場秩序等方面制定了相應的授權性、義務性或禁止性規定，沒有強迫要求房地產商或物業業主必須選用或放棄哪一種或哪些物業管理方式或模式。

2. 物業管理的原則

（1）權責分明原則

物業管理涉及政府、企業、業戶、社會公用事業部門等多個法律關係主體，存在業主大會、業主委員會等法律關係定位不明確的問題。因此，科學、合理、合法界定物業管理各方面的法律主體資格，明確各法律主體的權利與責任、職責與義務，就成為運轉高效、機制健全、和諧有序物業管理市場環境的基礎和前提，不能片面強調權利而迴避或拒絕履行義務。

在實際工作中，普遍存在片面權利意識的現象。如有些業戶認為物業服務企業是自己請來的「管家」或「傭人」，想讓你干就讓你干，想讓你干啥你就只能幹啥；不想讓你干，干得再好也得走人。有些業主隨意拓展物業管理的內涵和外延，認為物業服務企業收了錢，就應對業主的人身和財產承擔完全責任。個別物業服務企業和業主委員會也常常以「管理者」自居，動不動就對轄區內的物業和業戶加強管理，不允許做這做那，干擾業戶的工作、生活及自由，強制收費、隨意漲價等亂用權利的行為時有發生。這些都是違背權責分明的原則的。

（2）業主主導原則

業主主導，是指在物業管理活動中，以業主的需要為核心，將業主置於首要地位。業主主導原則是規範業主與物業服務企業間的關係，劃清業主與物業服務企業的地位、職責、權利和義務。這就需要在物業管理實踐中，物業服務企業必須以優質的服務產品、卓越的服務意識、高超的服務藝術讓業戶滿意。如微笑對待每一個業戶、對業戶親切友善、將每一位業戶都視為特殊和重要的人物，邀請每一位業戶光顧，為業戶營造一個溫馨的生活工作環境，用眼神表達對業戶的關心，精通物業管理服務技能等。因為業戶滿意，他將向 3~4 個人宣傳；業戶不滿意，他將向 9~11 個人宣傳。當然，在應用此原則時，應慎用「業戶是上帝」以及「第一條，客戶永遠是對的，第二條，如果對第一條有疑義，請參照第一條執行」的一般服務原則。

(3) 依法管理原則

物業管理牽涉面廣，涉及的法律條文也非常廣泛，物業管理遇到的問題十分複雜，離不開法律法規和制度規定的支持。因此，所有參與物業管理的各種主體，都應該樹立法律意識、法治觀念，嚴格依法辦事。同時，由於物業管理與業戶的工作、生活息息相關，所以，提高建立業主大會和業主委員會制度，動員和組織全體業戶主動參與和配合物業管理工作，形成物業管理議事、定價、決策、招投標等方面的民主、公平、競爭氛圍，也是依法做好物業管理的基本保證。

(4) 一體化服務原則

管理就是服務，物業管理具有管理的統一性和服務的綜合性特徵，並且有機地結合在一起。一體化服務原則就是在「一個相對獨立的物業區域，建立一個業主委員會，委託一個物業管理機構管理」的前提下，在對物業區域內的建築物、構築物、附屬設備設施、場地、庭院、道路以及公共活動中心、停車場等實施統一管理的過程中，為業戶提供各種統一的、全方位的、多層次的管理服務事項，包括車輛保管、房屋代管、代購商品、接送小孩等專項、特約、代辦、委託服務。這些服務既要達到一般服務業的要求，又有其自身的特殊要求；既要處處主動為業戶提供方便並使業戶感到舒適、滿意，又要按照高效、優質的標準來實施規範化服務、禮貌服務和微笑服務；既要以業戶為本開展多樣化、全方位、多功能的服務，又要針對不同年齡、不同性格、不同層次以及不同民族、國籍業戶的不同要求來開展豐富多彩、方式靈活、生動活潑的個性化服務。

(5) 多種效益統一原則

國家對物業服務企業單獨從事物業管理工作要求保本微利，但作為以盈利為目的的企業，物業服務企業仍然需要追求經濟利益和經濟效益的最大化，並在此基礎上和過程中，尋求經濟效益、社會效益、安全效益、環境效益、過程效益以及結果效益等的有機統一。因此，物業服務企業必須按經濟規律辦事，必須從早期介入開始就注重物業環境、居住生態、建築節能、低碳環保等，必須實施品牌戰略、名牌效應等。

3. 物業管理的內容

物業管理的範圍相當廣泛，物業類型各有不同，管理差異較大，且各有側重。但一些主要的管理與服務內容基本都會涉及，其管理主要體現在對物業本身的管理和對業戶的物業使用行為的規範、約束以及業戶及其他相關關係的協調等，其服務則體現在物業服務企業要通過自身紮實、有效的工作，維護並實現業戶合法權益，為業戶創造安全、舒適、整潔、和諧的工作環境與生活環境。由於物業管理是「管理」與「服務」的集合體，是通過對「物」的「管理」來實現對「人」的「服務」，因此，「物業管理」「物業服務」「物業管理服務」三個詞經常交替混同使用。物業管理的內容區分一般也就根據「服務」來界定，具體包括：

(1) 常規性的公共管理服務

這是物業服務企業面向所有業戶經常提供的最基本的管理和服務，是所有業戶都能享有與受益的。具體服務內容一般在物業服務合同中明確。因此，物業服務企業有義務和責任按時、按質地提供這類服務，業戶在享受這些服務時不需要再提出或作出某種約定。在物業管理區域內，這類服務具有非競爭性和非排他性，

物業管理學

是一種準公共產品，是物業服務企業的主營業務，是政府監管的重點。它主要有以下幾項：

①房屋修繕管理：房屋質量管理、房屋維修施工管理、房屋維修行政管理、房屋維修檔案資料管理、房屋裝修管理等。

②設備設施管理：給排水管理，電氣工程管理，燃氣設備和供暖、制冷、通風設備管理，消防設施管理，智能化系統管理，自動化設備管理，監控與安全設施管理等。

③環境衛生管理：保潔管理、綠化管理、排污管理、污染控制、防暑滅蟲、疾病控制等。

④公共秩序維護：治安管理、消防管理、車輛和交通管理、停車場管理等。

⑤公眾代辦性服務：代收水電氣費、代收有線電視費和網絡費等。

⑥物業檔案資料管理：物業開發文件與圖紙、物業產權產籍資料、物業布線圖、物業管理帳冊與表格及其他文字、圖表、聲像等資料。

⑦專項維修資金代管與使用服務。

⑧物業服務費收集與管理服務。

（2）維持性的專項管理服務

維持性的專項管理服務即物業服務企業維持自身生存發展、各方關係、社會和諧穩定等提供的管理與服務，包括物業服務企業的財務管理、人力資源管理、公共關係管理、市場營銷管理、社區文化建設、企業文化建設、企業品牌與品質管理等。這類管理服務主要立足物業服務企業自身，圍繞其對物的管理和對人的服務而展開，旨在樹立企業良好形象，擴大企業市場影響，增加企業知名度和美譽度。

（3）針對性的特色管理服務

①便民服務：是指物業服務企業為滿足絕大部分業戶的衣、食、住、行、用、遊、樂等需要而提供的各項管理服務，包括日常生活、商業金融、教科文衛體、經紀、代理、仲介、社會福利等方面的服務。如開辦洗衣店、補衣制衣店、飲食店、副食品市場、小五金商店、美容美髮店、洗衣店、儲蓄所、開設健身房、俱樂部、老年活動室、閱覽室、展覽廳，建設幼兒園、托兒所、托老所、中小學校，設立保健站、醫療診所、售票點等。

②特約服務：是指對少數業戶的特定需求提供相關服務，涉及房屋代管代售、家電維修、代聘保姆、車輛代管代駕、家政服務、代購商品和車船機票、接送小孩、室內管道疏通、找醫送藥、照看小孩和老人等。

（4）延伸性的綜合經營服務

向綜合經營方向發展是物業服務企業的一個發展趨勢。中國物業管理經過 30 年來的持續發展，現已呈現出明顯的綜合經營、多種經營態勢。當然，物業服務企業開展的綜合經營業務必須從屬於業主——物業管理，不能以副代主，不能脫離房地產后期管理的物業管理特性。從目前看，物業服務企業開展的綜合經營業務一般有：房屋置換、拆遷改建、房屋更新、室內裝修、建材經營、工程諮詢與監理、物業租售推廣代理、通信及旅遊安排、智能系統化服務、專門性社會保障服務、投資諮詢、餐飲服務等。今后，物業服務企業應圍繞房地產設計、開發、

建設、監理、銷售、租賃以及業戶的各種需要滿足廣泛開展各種服務，取得巨大綜合經營效益，促進物業管理的健康、科學發展。

上述四個方面的業務內容具有相互促進、相互補充的內在聯繫。其中，常規性的公共管理服務是物業管理的基礎工作，維持性的專項管理服務是物業管理的內在工作。任何物業服務企業都必須做對和做好這兩項工作，為企業的物業管理與服務夯實基礎。針對性的特色管理服務是物業管理基礎工作的進一步深化和拓展，是為了進一步滿足業戶需要、增加企業效益而必須開展的工作；延伸性的綜合經營服務是物業服務企業在對前面三項工作都做得到、做得好的前提下，根據企業自身實力和能力情況，順應社會需要和市場競爭來安排的一些附屬業務，是從屬於前三項業務的副業，物業服務企業不能盲目或應急性開展這方面的業務。

4. 物業管理的作用

物業管理的出現，顯示了強大的生命力和對經濟社會生活的影響力，對加快政府房管職能轉變、推動房地產市場開放改革、改善人們的生存環境、維護市場秩序、提高國民經濟總體效益等都產生了重大的積極作用。

（1）利於物業保值、增值

物業服務企業接管物業著手管理后，通過對物業進行及時、科學、合理的養護、維修、保養等，可以延長物業的物理壽命，降低物業的損耗速度，避免物業使用價值的超前損耗，並使物業的設備及功能等始終保持與社會發展同步，能夠延長物業的經濟壽命，最終起到了物業保值、增值的作用。

（2）利於提高人民群眾的生活質量與居住質量

「小康不小康，關鍵看住房。」人民群眾生活與居住質量的提高，既要依託住宅本身的質量，包括住宅規劃、設計、建設的水平與質量等；也要依託良好或優秀的物業管理來為人民群眾提供清潔、優美、舒適、安全的生活和工作環境；更要依託物業服務企業配合有關部門和社區組織積極開展的社區文化活動、休閒娛樂活動等來滿足人民群眾精神生活，呵護身心健康。

（3）利於房地產的深化改革和效益提高

物業管理就是在住房商品化條件下為適應住房產權多元化和管理社會化新格局而出現的一種新型房地產管理模式，是房地產經濟體制改革和住房制度改革不可缺少的配套工程。物業管理作為房地產活動的最終環節——消費環節，對前級環節有強烈反彈和刺激作用。它不僅使物業管理保值增值，更是消費者購置物業的重要因素，有提高房地產投資和經營效益、完善房地產市場的功能。

（4）利於促進城市管理與社會和諧

城市管理是現代政府的重要職責。物業小區是城市的縮影、城市的細胞，物業的容貌構成城市的整體形象，物業管理是城市管理工作系統的一個組成部分。物業服務企業開展的受託服務工作是政府市政管理工作的延伸補充。例如物業區域的環保、衛生、治安、交通等服務管理事項，實質上是政府市政管理在物業產權私有化的基礎上實現「私營化」。因此，物業管理的成效將影響一個城市的市政形象，促進城市管理的現代化進程。通過物業管理公共關係活動、社區文化活動、糾紛調解活動、矛盾排除活動等，可以確保物業區域的祥和平安，增進社區與社會的穩定和諧。

物業管理學

（5）利於增加勞動就業和繁榮第三產業

物業管理是勞動密集型服務行業，可以吸納眾多勞動力，提供和創造更多就業機會。同時，物業管理可以帶動裝飾建材業、建築維修業、家政服務業、園林綠化業等相關行業的發展，從而將有力推動第三產業及國民經濟的發展。

（六）物業的經營與物業的管理

1. 經營與管理

經營，是商品經濟特有的範疇，是指商品生產者以市場為對象，以商品生產和商品交換為手段，為了實現企業目標和使命，使企業的生產技術與服務管理等與企業的外部環境達成動態均衡的一系列有組織的活動。管理是計劃、組織、指揮、協調、監督關於實施企業方針、路線、目標和使命等一系列具體工作。

（1）經營與管理的區別。

①從產生來看：經營是隨著交換的發展而產生的，與市場相聯繫，是商品經濟的產物；管理是社會分工的產物，是勞動社會化的結果。

②從本質來看：經營是做決策，決定方針、目標和任務等，如確定生產什麼產品、什麼時候生產、怎麼樣生產等；管理是執行決策，是實現方針、目標和任務等，如進行人員配備、原材料採購、生產調度等。

③從性質來看：經營是戰略性的，側重於經濟活動的總體和長遠規劃，涉及企業的全局和整體之間的縱橫協調，關係到企業的存在和發展；管理是戰術性的，側重於支配現在的經濟活動，主要是企業內部的一些日常性的業務活動和內部協調工作。

④從活動內容來看：經營側重於外部，重點是對市場的調查瞭解，對國家的方針、政策和法律的認識和掌握；管理則側重於企業內部的日常事務活動，重點是保證企業內部的活動相互協調和穩定。

⑤從適用實效來看：管理適用於一切組織，是把事情做對，涉及制度、人才、激勵的問題，關乎效率和成本；而經營則只適用於企業，是選擇對的事情做，涉及市場、顧客、行業、環境、投資的問題，關乎企業生存和盈虧。

⑥從人員分工來看：經營多屬企業高層領導者的職責，如董事會等；管理則主要是企業中下層人員的職責，如經理、車間主任等，即在標準的公司制企業中由董事會聘請經理進行管理。

（2）經營與管理的聯繫。

經營是管理職能的延伸與發展，兩者是不可分割的整體。在市場經濟條件下，企業管理由以生產為中心轉變為以交換、流通過程為中心，甚至以消費過程為重點，形成管理就是服務的新理念和新手段，並融入企業多種經營中，從而使企業管理必然發展為企業經營管理。

2. 物業的經營與管理

（1）物業的經營與物業的管理的聯繫

物業的經營是圍繞物業的投資、開發、生產、銷售等做出的決策。當然這些進行物業投資、開發、生產、銷售的單位或組織，也需要內部管理，從而形成經營性的管理，如物業投資者對投資的管理，建設單位對營銷的管理。

物業的管理是圍繞物業的養護、修繕、保值增值等而開展的計劃、組織、指揮等活動。當然，以管理工作為主的物業服務企業也需要管理性決策，從而構成管理性的經營，如管理過程中的籌資決策、管理內容的仲介或經紀等經營性業務。

所以，物業經營與物業管理相互包含，互為促進，密不可分，但不能相互替代混用。

（2）物業的經營特點和內容

物業的經營也可理解為物業服務企業為了實現預期目標，確定實現目標的戰略和步驟，以商品生產和交換為手段，有意識、有計劃地進行的一系列經濟活動。相對於其他的商品經營，物業的經營難度和經營風險較大，經營政策性和專業性較強。

物業的經營所涉及的範圍非常廣泛，包含的內容也豐富多樣，根據不同標準可以進行不同的範圍和內容區分。按其活動發生過程的不同階段，可將其分為物業開發經營、物業流通經營和物業消費經營。物業開發經營包括對建築地段、房屋和配套設施的開發和再開發等系列環節；物業流通經營指物業的買賣、交換、抵押以及物業所有權、使用權等權利的出讓、轉讓等經濟活動；物業消費經營指包括物業使用、租賃、修繕、裝飾等方面的服務。按經營規模和經營形式可將物業經營分為專項經營、綜合經營、集團經營和跨國經營。專業經營是指僅從事某一方面、某一環節經營業務的形式，如房屋維修、環境保護、安全保衛等，其優點在於專業化程度高、經營項目單一、經營要素集中，利於在專業方面取得較好效益。綜合經營是指從事多項經營業務的形式，一般所說的物業管理開展的基本常規服務、專項服務和特約服務等就屬於此類，涉及一條龍式業務，回旋余地較大。集團經營是指具有雄厚經濟實力的企業集團所從事的房屋即基礎設施、配套設施的開發、工程管理、銷售租賃、物業管理服務等全面服務的形式，具有強大的競爭能力和抵禦風險的能力，易於取得良好經營效果。跨國經營是經濟發展國際化的必然結果，包括國際物業合資經營、合作經營以及國外物業投資、物業營銷和跨國物業諮詢服務等。

（七）物業管理的產生與發展

1. 物業管理的產生和發展

最早的物業管理起源於19世紀60年代的英國。當時的英國最早完成工業革命，催生並加速了工商業的發展和城市化水平的提高，大量農村人口湧入城市，造成城市住房供應的緊張。於是，有些開發商紛紛出資建造了一批簡易出租屋。由於人口密集程度越來越高，居住環境日趨惡劣，附屬設施設備嚴重不足，人為破壞和拖欠房租的現象日益普遍；而業主對損壞的設施設備維護又不及時、維修不得力，甚至處於無人管理的狀態，使得本來就很差的居住條件變得更加惡劣。這時，在英國第二大城市伯明翰有一位名叫奧克維亞·希爾的女士決定親自整頓其名下出租的物業，理順租賃關係。她首先修繕、改良了房屋的配套設施設備，改善了居住環境；然後制定了一套規範有效的辦理制度，要求租戶嚴格遵守，否則收回房屋，並向租戶提供他們所需要的生活服務。希爾女士的這種做法受到了其他業主的認可並紛紛效仿，也得到了政府的首肯，從而成為當時英國社會房屋管

物業管理學

理的主流模式，首開物業管理之先河。從那以后，一些物業業主幹脆請專人代為管理其物業，於是，物業管理逐漸發展成為一種社會化、專業化、企業化和經營型的行業，英國也專門成立了「皇家物業管理學會」，其會員遍布世界各地。至今，英國物業管理的整體水平也是世界一流的，其業務在傳統的房屋修繕、設備維修養護、保潔、綠化、保安以外，已經延伸到投資項目的可行性論證、物業功能佈局與劃分、市場行情調查與預測、目標客戶群認定、專門性社會保障服務、工程諮詢與監理、市場推廣、租賃和銷售代理等方面的全方位服務。所以，現在人們把希爾女士的做法視為最早的物業管理，英國也成了物業管理的發源地。

真正意義上的（現代）物業管理一般認為是19世紀末高層建築出現后才產生的。這類建築結構複雜、附屬設備多、科技含量高，其日常維修養護和管理工作量都比較大，要求管理人員具有較強的專業性、技術性。尤其是這些建築物往往不是一個或幾個業主所有，常常是數十個或數百個業主所有，誰來管理成為一個棘手的問題。於是，專業物業管理機構開始出現，他們應業主的要求，提供專業性、技術性的服務。隨著專業管理機構的增加，物業管理的行業組織逐漸形成。這種組織的形成，應歸功於芝加哥摩天大樓的一位業主兼管理者喬治·A. 霍爾特先生。他在管理中遇到了一些問題，希望和同行交流，於是舉行了一個宴會，邀請同行們參加。宴會的結果具有歷史的意義——世界上第一個專業物業管理機構——芝加哥建築物管理人員組織（Chicago Building Managers Organization，CBMO）誕生。

1908年，CBMO舉行了第一次全國性會議，宣告了世界上第一個物業管理行業組織的誕生。該次會議有75名代表出席。在以后三年中，CBMO先後在底特律、華盛頓、克利夫蘭舉行了年會，由此而推動成立了全世界第一個全國性的業主組織——建築物業主組織（Building Owners Organization，BOO）（1911年）。OBMO和BOO的成立，推動了美國物業管理的快速發展。之後在這兩個組織的基礎上組建了「建築物業主與管理人員協會」（Building Owners and Managers Association，BO-MA）。它是一個地方性和區域性組織的全國聯盟。后來，類似組織也在加拿大、英國、南非、日本、澳大利亞等國紛紛成立。於是，這個組織也就更名為「國際建築物業主與管理人員協會」（Building Owners and Managers Association International，BOMAI）。

今后，物業管理將不斷朝著現代化的方向持續發展，即不斷實現管理觀念的現代化、管理方式的程序化、管理標準的規範化、管理組織的網絡化以及管理手段的自動化。管理觀念現代化表現在信息觀念強、系統觀念強、經營觀念強；管理方式的程序化需要建立一整套完備的制度，使每一位管理工作人員都有章可循，照章辦事，由「人治」變為「法治」，全面提高企業水準；管理標準的規範化要求物業管理中必須建立一套規範化的管理標準，而且其標準要細化、量化，具有可操作性；管理組織的網絡化強調要確保物業管理的有序開展，必須建立網絡，以保證信息資源、人力資源、技術資源得到充分地運用，使物業管理服務質量大大提高；管理手段的自動化需要物業管理採用一些高科技產品及技術，如電視安全監控系統、電子通信系統、計算機管理系統、辦公自動化系統等，以使管理手段現代化。此外，還有管理機構的現代化，即需要物業服務企業和專業公司建立起

具有完善企業法人制度、科學組織制度、完整考核監督制度等特點和內容的現代企業制度；管理人員素質的現代化要求物業管理者的素質不僅要注重外「包裝」的更新，更要注重內在的文化修養，技術、業務素質與能力上都必須達到專業化、知識化、現代化要求。

2. 國外的物業管理

（1）美國的物業管理

①管理機構

公共房屋管理委員會：下設 34 個代理機構，最大的為紐約城市房管會。

行業管理機構，著名的有三個：一是國際設備管理協會（IFMA），成員主要為物業設施的管理人員；二是全國性的物業管理人員協會（IREM），負責培訓註冊物業管理師及相關從業人員，優化知識結構，培養職業道德；三是全國性的建築物業主與管理人員協會（BOMA），代表物業管理過程中業主與房東利益，加強業主與管理者之間的情感、理解和協作，為業主提供信息交流和諮詢服務。

物業服務企業：美國的物業服務企業多為私人開辦，但都有嚴格的設立條件，如企業必須領取營業執照，從業人員每隔 3~4 年必須接受近 50 小時的專門課程培訓教育，不同崗位從業人員必須取得專業崗位證書等。美國物業服務企業從業人員一般分為經理人員和操作人員兩個層次。公司內部機構一般設若干具體職能部門和專職負責人員。

②基本特點

管理契約化：物業服務企業和業主之間必須簽訂物業服務合同，明確雙方權利和義務，通過合同保障物業管理服務質量。

管理專業化：首先，開發商開發樓盤後一般不管理自己開發的物業，他們買下土地後，由財務公司做策劃，請項目建設公司建造，委託專業銷售商售房，然後找一家管理公司或業主進行管理，開發商的使命結束。其次，管理服務的日常事務，主要通過外包的方式，由專業性服務企業承包，物業服務企業起一個總調度和總負責的作用。因此，幾個人的公司可以管理幾百棟物業。專業化經營把管理服務搬上了生產流水線。據調查，紐約市各類外包合同總金額約 1,000 萬美元，約占全年物業管理總費用的 25%。

服務優質化：美國物業管理與服務的宗旨十分明確，即必須在市場競爭中以優異的管理和優質的服務求得生存與發展，建立嚴密的服務體系，創造舒適的居住環境，提高從業人員的素質。如為業主提供洗衣熨衣、看護兒童、護理病人、通報天氣、代訂代送報刊等服務，還要經常組織業主郊遊、聚餐，在樓宇大堂設置咖啡臺供業戶免費享用，甚至每天早上還免費擺出數樣早餐為匆忙上班族提供方便。

管理智能化：智能化大廈成為美國大型物業開發不可或缺的組成部分。它要求基本做到「5A」，即通信自動化（CA）、樓宇自動化（BA）、管理自動化（MA）、消防保安自動化（FA）、辦公室自動化（OA）。

長期的有效實踐使得美國物業管理水平位居世界先進水平。目前，美國有一大批精通物業管理的專業化人才，並實行了職業經理人制度。物業管理職業經理人在美國已成為一個新的社會階層，物業管理經理是一項受人尊重的職業，年薪

物業管理學

都在10萬美元以上，比一般大學教授工資還高。此外，美國物業管理收費均在物業服務合同中明確，合同之外收費是不允許的。各地收費原則上都必須以物業服務企業和業主之間達成的年度預算為基礎，並給予物業服務企業一定收費機動權。物業服務企業可以根據自己和業主之間的年度預算總額的百分比收取管理費，或根據利潤收取管理費。

（2）新加坡的物業管理

新加坡有著「花園城市」的美譽，國民的居住質量很高，這與其高水平的物業管理是分不開的。新加坡建造的住宅大部分是公共組屋（福利保障住房）和共管式公寓（私人住宅），小部分是獨立式、半獨立式的花園洋房。

①管理機構

建屋發展局：既是房屋的開發機構，也是負責實施物業管理的機構，實現了房屋建設與物業管理的一體化。它負責提供新加坡公共住宅的管理與維修服務，還行使政府組屋建設和住房分配職能，提供標準的、適合國民購買力的房屋。

市鎮理事會：負責管理公共住宅，是一個法人組織，成員至少6人，最多30人。業務上受建屋發展局的指導，又具備相對獨立性，主要職責是加強居民和政府的合作，讓更多居民參加該區的管理工作。

私人住宅管理理事會：新加坡的私人業主都擁有個別的分層地契，每個單位的購買者對於共有產業都有分享權；法令規定分層單位業主必須依法組建管理理事會，其目的在於更有系統及有規劃地負責大樓的保養與管理工作。

物業服務企業：無論是市鎮理事會還是私人住宅管理理事會，都通過委託物業服務企業來負責住宅的日常工作。新加坡的物業服務企業根據管理範圍設若干業務組，包括財務組、保養維修組、市場管理組、環境清潔組、園藝組和文書組，同時設監督部門，以監督各類法規的執行情況和接受住戶的投訴。

②基本特點

新加坡的房屋建設政府主導的特點非常明顯，物業管理工作很大部分由政府機構承擔，政府機構再將其工作的一部分發包給私人公司。

物業管理組織系統健全：新加坡物業管理統一由建屋發展局負責，該局的主席、副主席和6個委員由部長任命，下設行政與財務署、建設發展署、產業土地署、安置署、內部審計署。在全國設36個地區辦事處，每個辦事處管理2~3個鄰區單位，約10,000~15,000套房屋。

法制建設與管理制度完善：政府制定了許多法律規範，包括《市鎮理事會法令》《地契分層法令》《土地使用權法案》《住戶公約》《防火須知》等。對物業服務企業從業資格、管理人員培訓、小區管理委員會成立等都有詳盡規定。

堅持以人為本、重視鄰里和睦：新加坡政府提倡家庭和美、尊老愛幼、鄰里和睦的倫理道德。政府在住宅政策方面鼓勵多代同堂，在住房上為子女與父母同住提供優惠。自1989年3月起，規定每個居住區各種民眾居住比例，在人口構成上實行多民族雜居，防止社會隔絕。

資金來源廣泛：政府每年提供一定的資金作為實施安居計劃和物業管理出現赤字的補貼；由建屋發展局從售房、租房利潤中提取一定比例的資金作為物業管理基金，以保證物業的正常運行；建屋發展局從其下屬物業管理處主管的商業中

心的商務服務收費中提取一定資金作為物業管理單位或公司資金來源的補充；物業服務企業根據建屋發展局制定的收費標準，按單元向業主、使用人收取物業管理費。

（3）日本的物業管理

在日本，居民都通過租賃和購買兩種方式來解決住房問題。在這些住房中，絕大部分為公寓住宅，少部分為獨立住宅，因此其物業管理主要是實行的公寓物業管理模式，具體採用委託管理、自主管理和兼容式管理三種形式，其中前兩種為主要形式。其主要特點有：

①物業管理法律基礎較好

日本物業管理的基本法律是《區分所有權法》，對諸如業主與業主大會、業主委員會的產生，業主與物業服務企業的關係等作出了規定。2000年12月8日，日本頒布專門的物業管理法律——《關於推進公寓管理規範化的法律》，對物業管理進行了較為全面的規定，如規定業主不得以物業管理不力為由拒交物業管理費，如果拒交，物業服務企業有權請求法院強制執行；也規定物業服務企業不得採用停水斷電的方式對業主實施制裁等。

②對從事物業管理的企業、人員要求較高

物業服務企業均須領取特別的經營許可證才能從事物業管理，如規定應事先在國土交通省準備的公寓管理者登記簿登錄，登錄有效期為五年；期滿後必須重新登錄，否則不得經營物業管理。而物業管理人員必須經過一定的考試，並取得資格后才能擔任管理職務。

③物業管理社會環境較好

日本民眾的私權意識、等價交換意識較強。這種意識反應在物業管理上有兩點：一是公眾積極參與物業管理，二是業主接受花錢買服務的管理形式。

④物業服務企業的專業化程度較高

這表現為管理水平齊整、設施設備先進、維修技術高超等。

⑤物業管理行業協會發揮作用較大

在日本有「高層住宅管理協會」「全國大樓管理協會」「電梯管理協會」等，每個協會都有自己的刊物，還組織編寫培訓教材或出版有關物業管理的書籍。

日本物業管理收費一般包括管理費、維修公積金、公益金、管理組合費、泊車與裝修等專項服務費。

3. 中國的物業管理

（1）中國物業管理的發展概況

①香港物業管理

第二次世界大戰后，當時的香港一方面因戰火摧殘造成大量房屋嚴重殘損短缺，另一方面則因大量人口由大陸湧入，使香港人口劇增而產生大量住房需求。於是伴隨房地產開發的加快使大型樓宇不斷增加，並有房地產發展商分層、分單元出售或出租。這種人口密集、業權分散的狀況直接造成了公共生活環境混亂、社會治安惡化、一些矛盾糾紛激增且突出等嚴重問題。於是，一些大樓的業主和使用人開始聘用「看更」進行夜間巡邏負責治安保衛工作，從而出現了物業管理的萌芽。

香港比較成熟的物業管理是在20世紀50年代，當時政府在實施「公共房屋計劃」過程中，通過聘請房屋經理為籌劃和管理好成批的公共樓宇和屋村而從英國把專業的物業管理正式引進來。1970年《多層大廈（業主立案法團）條例》的頒布，使香港物業管理更臻完善，物業管理水平進一步提高。進入20世紀80年代，香港政府倡導的「良好大廈管理」，鼓勵大廈小業主積極參與大廈的管理事務，並於1987年成立了「私人大廈管理諮詢委員會」，專門為多層大廈業主立案法團及大小業主提供諮詢服務。1989年又成立了「香港物業服務企業協會」，該協會既可代表物業服務企業發言，也可對同行企業進行監督。至此，香港的物業管理得到了更為全面、深入的發展。

香港住房制度由三個部分組成：一是公共屋村（簡稱公屋或屋村），由政府出資建造，以優惠價格出租給低收入家庭（在香港居住7年以上方可申請輪候）；二是居者有其屋（簡稱居屋），由政府建造並成套出售給收入較高家庭的完整社區住宅，現已成為香港一大基本物業類型；三是私人樓宇，由房地產開發商開發，出售給高收入家庭的私人住宅，是香港另一大物業類型。香港物業管理機構主要有香港房屋委員會與房屋署、房屋協會、業主立案法團和樓宇互助委員會以及物業服務企業。其物業管理的特點在於按物業性質分類管理、物業管理法規全面完善、締造社區精神、專業服務社會化程度高、重視物業服務人員素質和能力、物業管理現代化強等。

②深圳物業管理

中國內地的物業管理最早誕生於深圳。20世紀80年代，深圳特區借鑑國外及香港的先進經驗，並結合本地實際，在一些涉外商品房管理中首先推行了專業的物業管理模式，並於1981年3月10日成立了第一家涉外物業專業服務公司——深圳市物業服務企業。這標誌著深圳涉外商品房實施統一管理的開始，也是深圳物業管理行業的產生，從而使得傳統的福利型、行政型房屋管理體制得以向專業化、經營型的物業管理體制轉軌。從此后，深圳物業管理大膽起步，於1985年設立住宅局，1993年成立物業管理協會，1988年頒布《住宅區管理細則》，1994年頒布《深圳經濟特區住宅物業管理條例》等。法制化、專業化、市場化和社會化是深圳物業管理成功的保證，為深圳創建國際花園城市和人居環境建設的可持續發展奠定了堅實的基礎。

中國物業管理經過在香港、深圳的實踐帶動，於20世紀80年代中期在沿海開放城市和一些經濟發達地區的省會城市得到了陸續發展。進入20世紀90年代后，伴隨住宅建設的迅猛發展和傳統房屋管理方式的弊端日益呈現，物業管理逐步被證明是房屋管理的最佳模式。1989年9月，建設部在大慶市召開了第一次全國住宅小區管理工作會議，正式把小區管理工作提到議事日程。1994年3月，建設部頒布33號令《城市新建住宅小區管理辦法》明確指出，住宅小區應逐步推行社會化、專業化的管理模式，由物業服務企業統一實施專業化管理。這標誌著物業管理體制最終得到政府的確認、支持和推廣，從而正式確立了中國物業管理的新體制和新方向。

1995年5月，在深圳召開了全國物業管理工作會議，會議總結了以往的成功經驗，並提出了今后幾年的發展任務：建立業主委員會並發揮其作用，推行招投

標機制以引導扶植規模化經營等。會后,各地根據會議精神,全面展開住房體制改革,大量組建物業服務企業,積極開展從業人員培訓,不斷加強行業管理。專業的物業管理已被社會廣泛接受,地方性物業管理法規相繼出抬。2003年6月8日,國務院頒布了《物業管理條例》(國務院令第379號),標誌著中國物業管理進入了法制化、規範化發展的新時期。2007年3月16日頒布、10月1日實施的《物權法》以及2007年8月26日通過的10月1日實施的《國務院關於修改〈物業管理條例〉的決定》(修訂),從而使中國物業管理活動全面納入法制化軌道,更加完善了物業管理法律規範體系。

　　中國物業管理的發展與國家的房改和住房商品化密切相關,在其三十多年的探索和實踐中,有著很多艱難困苦;與物業管理發達國家相比的差距仍較大。國內物業管理呈現出南方、經濟發達地區、沿海城市、大城市開展早、發展快,而北方、經濟不發達地區、內陸城市和中小城市推進較慢等不平衡的特點。這些都是今后物業管理發展必須高度重視和重點關注的。

(2)中國物業管理發展成就

①物業管理的社會認識度和認可度極大提升

　　經過三十多年的發展,中國物業管理在人們生活與工作中的地位愈加鞏固,對中國經濟社會發展的推動作用日益顯現,逐步為全社會所認可和認同。物業管理在改善人居工作環境、增加社會財富累積、維護社區和諧穩定、提高城市管理水平、解決就業再就業問題和推動國民經濟增長和社會建設等方面已經成為一支重要的生力軍,成為一種可以動用的有生力量。全社會關注物業管理的建設、參與物業管理的改革、助推物業管理的發展,物業管理付費消費的觀念得到認同,高品質生活需要高端物業管理和服務的理念深入人心,物業保值增值離不開優質物業管理服務的看法已成共識。物業管理的美好時代已然來臨。

②物業管理的專業化和規範化已成格局

　　從1994年建設部下發《城市新建住宅小區管理辦法》開始,國務院及其相關職能部門就制定了一系列有關物業管理方面的法律規章制度和文件,各省(區)市也連續出抬了相應的或配套的物業管理實施辦法或意見,各物業服務企業結合自身實際和發展需要制定和完善了內部管理制度、服務標準、操作規程;從而在全國形成了良好的物業管理法制環境、人和環境和共為環境,極大地促進了物業管理行業穩健、規範發展。同時,通過明確要求新建物業和新建小區推行物業管理制度,改變了新建物業和小區面貌一年新、二年舊、三年破的狀況;通過環境整治、完善配套、轉換機制、理順關係等,舊住宅區逐步推行了物業管理。尤其是在物業管理行業引入競爭機制,採用公開招投標方式選聘物業服務企業、確定物業管理項目,通過制定實施《中華人民共和國招投標法》(2000年)、《前期物業管理招標投標管理暫行辦法》(2003年)、《中華人民共和國整體招投標法實施條例》(2012年)等推行業主和物業服務企業互相選擇的新機制,進一步促進了物業管理的專業化和規範化發展與建設。

③物業管理的行業規模和管理水平不斷提升

　　目前,從商品房到經濟適用房、房改房,從外銷商品房到內銷商品房,從住宅物業到收益性物業、特種物業,從小型配套到大型公建,從單門獨院到大型社

第1章

區、從單一類型物業到綜合性建築等不動產的絕大多數領域都已採用物業管理。物業服務也覆蓋到社會服務業務的各個方面，包括房屋及相關設施設備的維修養護、環境美化、綠化園藝、保安保潔、家政服務、建材家用、信託仲介、諮詢培訓等內容以及市場化物業服務與機關、企事業單位后勤社會化物業服務等領域。據不完全統計，中國物業服務企業已有6萬多家，從業人員300多萬，過去幾年裡每年有20萬~30萬的新增就業人員加入，深圳等物業管理發展較快、較好的地區物業管理覆蓋面已達90%以上。與此同時，為適應業主乃至社會對物業管理服務需求的不斷增長，90%以上的企業都注重管理品質和服務品牌的培植和運用，從簡單的專項服務到整體的綜合性服務，從行為規範到服務標準，從服務理念到發展戰略，從傳統管理到創新服務，從客戶管理到客戶滿意，從單項的物業服務到綜合的資產經營管理，物業管理行業都在不斷發展中創新，在持續創新中發展，管理服務的品質和品牌意識已完全深入從業者心中，落實到從業者工作中，從業者的整體管理水平和行業整體的管理水平不斷翻新和提升，贏得了政府、社會和廣大業主的良好讚譽。

④物業管理的社會貢獻和效益創造顯著增強

無論是作為生活資料的居住物業，還是作為生產資料的辦公、工商業物業及其他物業，良好的物業管理與服務能夠明顯改善居住環境和生活品質，提高工作效率和生產效能，促使物業保值增值，進而推進社會財富的增長、社區小區的和諧穩定、城市管理水平的提高和社會建設的全面深入。而且，快速發展的物業管理行業，是現階段中國城鄉剩餘勞動力的重要就業途徑，今后也將伴隨著房地產業的快速發展和物業管理覆蓋率的不斷提高而成為吸納新增就業勞動力的重要渠道。

物業管理行業受經濟週期波動影響較小，在城鎮化加快進程和服務業變革發展的過程中，物業管理所創造的經濟效益、社會效益、生態效益等十分明顯，並有進一步增強的趨勢。

(3) 中國物業管理發展的趨勢

中國物業管理的未來發展，既需理性作出中國物業管理仍處於初級發展階段的基本判斷，也需抓住行業發展的國內國際新機遇，創造性地開展工作，積極探索和走出一條有中國特色的物業管理發展道路。

①物業管理的專業化、法制化、規範化發展

任何產業的發展都離不開政府的支持，而政府扶持的關鍵是制定符合市場規律和產業發展要求的科學、合理、系統的政策法規體系。由於認識到物業管理在國民經濟、城鎮建設社區管理中的地位和作用，政府肯定會以成熟的行業法規、條例為基礎，出抬和完善系列物業管理法規政策，使行業發展有法可依，徹底實現法制化、規範化。

物業管理的發展必將走向專業化。這種專業化既體現在物業管理本身需要有專業的機構和人員去實施，如清潔、綠化、設備維護等可由物業服務企業獨立實施或外包服務后實施，也可由專業化公司去實施；也體現在一些管理服務項目與活動需經過專業的認證、專業的決策和專業的作業，如前期物業管理、物業管理方案、物業服務合同、物業管理招投標、物業管理應急預案等。

②物業管理的股權化、市場化、品牌化發展

目前，在一些經濟較發達地區，特別是沿海一帶，一批物業服務企業進行了經營者員工持股制的試點，結果顯示優勢明顯：一是理順了產權關係，增強了物業服務企業經營決策的獨立性與自主性；二是使經營者、員工與企業以產權為紐帶結盟形成了牢固的利益共同體，增強了企業凝聚力；三是將一部分消費資金籌集並轉化為企業的生產資金，以增強企業的經濟實力。總而言之，企業的綜合實力增強了，才有資本參與市場競爭。可以預料，採取股權化將是改變目前企業資金不足、力量不強的一個重要方式。

同時，股權化本身就是企業走向市場化的一種模式。此外，物業管理的市場化還指物業管理本身的開放性、競爭性、國際化、現代化，以及物業服務企業面向市場通過招投標承攬業務、管理和服務的優質優價與形式內容的多樣化、生存發展的優勝劣汰、收費價格的放開與靈活等。這既是市場經濟的必然產物，也是物業管理社會效益、經濟效益和生態效益提高進而造血功能增強的必需和基礎。

當然，物業管理在股權化和市場化過程中，必然和必須地要進行品牌培育、建設和發展，要以自己獨特的品牌優勢進入市場，競爭取勝。因為品牌是物業管理的軟實力，是物業服務企業的管理能力、技術能力、服務水平、企業文化等方面的綜合反應。萬科在各地都建有「城市花園」，其物業管理運作都圍繞如何實現「城市花園」的鮮明個性特徵而展開，盡顯品牌樓盤的魅力和物業管理的品牌化。

③物業管理的智能化、網絡化、規模化發展

在「互聯網+」時代，人們的工作、生活與通信、信息、網絡的關係越來越密切，也改變了傳統住宅的佈局和建構。智能化家用、智能化設施、智能化小區、智能化社區等成為21世紀物業發展的主流；網絡化管理、網絡化服務、網絡化交易、網絡化對話等成為新世紀物業管理和服務的主宰。防盜系統的設置、照明控製系統的完善、樓宇設備自控系統的處理、公共廣播系統、小區管線系統、停車場管理系統、家庭智能化等先進技術和手段在物業管理中的普遍使用，將極大地改變人們的思想觀念和行為習慣，對物業管理從業人員也提出了較高的挑戰。如何充分高效地利用物業管理的智能化為業戶服務？如何將社區中的需求與系列基礎設施的功能統一起來？這就需要物業管理實現網絡化，如網上發布通知，網上接受和處理投訴報修，網上進行費用帳單速遞與催交等，以達到設備的應用管理、人的管理和為業戶服務高效統一。在此過程中，那些管理技術先進、服務質量優秀和資金實力雄厚的物業服務企業可以兼併其他一些管理服務低下的企業，或者通過企業間的聯合，形成物業管理的規模效益。這是市場經濟發展的客觀要求，也是物業管理走向市場化、社會化、規範化、品牌化的必然需要。

④物業管理的區域化、高端化發展

今后的物業管理將打破現在只對成片開發並達到一定規模的住宅區、工業區和單體規模較大的辦公樓、酒店等進行管理和服務的局限，形成以城鄉的街、段、路、里、號等為前提條件，以城鄉規劃的自然區域為基礎，以利於生產、工作和方便生活、便於管理為原則，以提高城鎮整體管理水平為目的而設定若干個物業區並對其加強管理的物業管理新格局。在這種新格局下，物業管理遍布城鄉規劃的各個角落，克服了以前的物業管理只在城市、只在相對成片和集中的物業區域

的不足；並使物業管理的層次通過對高檔住宅區、別墅區、寫字樓、商廈和賓館等高端物業的管理而得到提升，積極融入與國外品牌物業服務企業搶占國內高端物業的競爭行列中。

物業管理行業和企業形成時間不長，文化底蘊不足。今后，物業管理行業和企業必然和必須注重和強化物業管理文化的發展和建設，把它作為培育整個行業和所有企業凝聚力、向心力和競爭力的系統工程來抓實、抓好。

⑤物業管理的研究化、危機化和創新化發展

近年來，雖然從原建設部住宅與房地產業司、中國物業管理協會到各地物業管理主管部門和協會都十分重視物業管理的理論研究，特別是《物業管理條例》出抬后還表現十分活躍，出現了《中國物業管理》《建設報》《中國房地產》《中國房地產報》《中國房地產信息》《深圳物業管理》《上海物業》《現代物業》《海南物業管理》《重慶物業管理》《廣州物業管理》等刊物，以及一大批研究成果。但是，作為指導物業管理實踐和發展的理論研究仍然遠遠滯后於物業管理的實踐，必須在今后進一步強化和推動。

危機管理是當今社會和現代企業管理的重要內容，不容忽視或輕視。物業管理中不可避免地會遇到地震、火災、水災、強臺風等自然災害，碰到搶劫、盜竊，煤燃氣泄漏，突然停水、停電、停氣，高空墜物傷人，外牆清洗摔傷自己或砸傷路人等突發事件。這就需要物業管理中必須注重危機管理，以高度的危機意識、科學的預警方案及時有效地化危為安、減災防害，最大限度地維護業戶權益和企業利益。並要有居安思危意識、防微杜漸思想，要敢於並善於迎接來自各方面的挑戰，增強自己的生存危機感、發展憂患感。

物業管理三十多年的發展所形成的一體化管理、管家式服務、顧客滿意戰略、零干擾服務、首席顧問制、無人化管理、短距離服務等，就是物業管理的理論和實踐上的一些創新成果。未來物業管理要在專業化、法制化、規範化、股權化、市場化、品牌化、智能化、網絡化、規模化、區域化、高端化、研究化和危機化等方面有著更好、更快的發展，更加需要不斷地、全面地創新經營理念、服務內容、操作手段、實踐技巧、管理方法、執業質量等。

第二節　物業管理者

知識經濟時代和學習型社會，需要一大批有知識、能學習的人才，人才資源已成為各國、各組織高度關注並進行激烈爭奪的戰略資源，並逐步向人力資本轉化。物業服務對企業來說，人才是其最寶貴的資產和財富，在市場競爭中起著核心競爭力的關鍵性作用。因此，物業服務企業必須抓好人才的吸引、錄用、保留等工作，必須在人才的能力發展、結構優化和層次提升，乃至企業戰略目標和願景的盡快實現等方面多下苦功夫。

一、物業管理者的角色

物業管理需要在「以人為本」的原則指導下建立和發展一支職業型、服務型和應用型人才隊伍。這支隊伍的人才類型總體上分為管理類和技術類，具體可以細分為行政管理、營銷管理、客服管理、社區管理、經濟管理、工程、維修、文秘、開發等類別。而這些人才實際上都可統稱為物業管理者，即從事物業管理工作的所有人員。

1. 物業管理者

管理是一個組織在一定環境中實現其目標而由管理者實施計劃、組織、指揮、協調、控製等，其中的管理者就是從事並負責對組織內的資源進行管理的人員。美國著名管理學家彼得·德魯克在《有效的管理者》一書中把管理者定義為：在現代組織裡，如果知識工作者憑藉他的職位和知識，對某項貢獻負責，而該貢獻又實際影響到組織能否履行職責並取得成果，這樣的知識工作者就是一位「管理者」。據此而論，管理者就是負責某項貢獻（工作）的人，是各階層的當權者；一個組織每一個崗位或職責上的人員都可稱為管理者，尤其是在「管理就是服務」的理念下，組織內的所有人都可以是相應崗位或職責上的管理者。物業管理者也就可以指物業管理組織內從事物業管理、提供相關服務的各種崗位或職責上的人員，包括物業服務企業和物業管理主管部門、行業協會等直接或間接從事物業管理工作的人員。一般主要針對物業服務企業來談物業管理者，下面的類型也主要就此而論。根據2001年勞動和社會保障部頒發的《物業管理員（師）國家職業標準》的規定，從事物業管理職業的物業管理者共設兩個等級，即物業管理員和物業管理師。其中，物業管理員為國家職業資格四級，物業管理師為國家職業資格二級。

2. 物業管理者的類型

通常，我們可以按照物業管理者在管理隊伍中的層次以及所從事的物業管理內容來劃分其類型。

（1）按物業管理者的層次來劃分

按照物業管理者在物業服務企業的地位與層次，或者按照物業管理者在物業管理中發揮的作用是組織還是實施，以及組織或具體實施的層次來劃分，主要有以下類型：①高層物業管理者。高層物業管理者是指物業服務企業的決策層，包括總經理、副總經理、總會計師、總工程師、總經濟師等。高層物業管理者的職責主要是制定物業管理的經營管理思想和目標，確定物業管理過程中的經營發展戰略；進行重要的人事安排；主持企業日常工作，定期召開中層物業管理者會議，研究和布置工作；考核中層物業管理者的管理業績等。②中層物業管理者。中層物業管理者是指物業服務企業的中級管理層，包括行政、財務、工程、機電維修、環境衛生、保安、人事等部門的負責人或正副經理。中層物業管理者的職責主要是組織執行高層物業管理者所做出的決策和大政方針。為此，他們必須制定相應的次級管理目標和實施方案，充分合理地利用部門資源實現公司經營管理目標，並負責監督和協調基層管理者的工作，及時向高層管理者匯報本部門的工作。

③基層物業管理者。基層物業管理者是指物業服務企業的初級組織者，主要是指企業的主管、組長的一級的管理人員。基層物業管理者的職責主要是按中層物業管理者的指示來組織、指揮和從事物業管理的具體工作。④崗位物業管理者。崗位物業管理者是指物業服務企業中從事具體的管理與服務的一線人員，主要包括物業管理員、保安員、水暖工、電工、鍋爐工和清潔工等。崗位管理者直接面對業主和使用人並提供服務，是物業管理與服務的最終執行者和實現者。

(2) 按物業管理者所從事的工作內容來劃分

按從事的工作內容，可把物業管理者劃分為以下類型：①行政管理者，是指計劃和處理物業日常工作的有關人員，尤其是負責日常工作的高級管理者。②工程管理者，是指總工程師及工程管理部門的有關技術人員，主要負責物業管理區域內的相關工程事務的處理。③事務管理者，通常被稱為管理部職員，一般與人力資源和社會保障部認定的物業管理員對應。其職責主要是負責物業管理區域內物業管理的日常運作，如接受客戶投訴，投遞分發客戶郵件，監管公共區域的清潔、綠化與設施運行，協助保安、消防，協助催繳管理費等。④保安管理者，是指保安部門的工作人員，其主要職責是負責處理各類突發事件，確保物業管理區域的治安與消防安全。⑤財務管理者，是指物業服務企業財務管理部門的工作人員，其主要職責是規劃和籌集資金，安排和監督資金的使用，控製和反應資金耗費，核算和考核經營管理成果等。⑥人事管理者，是指物業服務企業人事管理部門或人力資源管理部門的工作人員。其主要職責是根據企業發展的需要制訂人力資源計劃，招聘、選擇、培訓和合理使用新的員工，建立合理而有效的業績評估、晉升、獎勵、懲罰以及報酬制度等。⑦其他管理者。除以上物業管理者之外，還包括其他工作人員，如后勤供應管理者、公共關係管理者等。他們的任務主要是做好輔助性的工作。

3. 物業管理者角色的定位與作用

物業管理者角色的定位與作用是指物業管理者以其作用、作為及其報酬在整個社會經濟體系中的表現及其在人們心目中的評價，同時指在物業服務企業中物業管理者所扮演的角色和所起的作用。

(1) 物業管理者是物業管理乃至房地產業發展的推動者

房地產作為不動產，是最基本、最重要的生產要素和生產資料，它與國民經濟的各行各業、千家萬戶都有著密切的關係。房地產業作為一個獨立的行業，在國民經濟和社會發展中起著重要的作用。作為房地產售後服務的物業管理，是影響房地產業發展的重要因素。優良的物業管理，是房地產營銷的重要構件；而優秀的物業管理者是造就優良的物業管理的重要條件。

(2) 物業管理者是社會財富的創造者和社會秩序的維護者

物業，作為一種社會財富，通過物業管理者的養護管理，可以擴大其使用率，延長其使用期，從而實現社會財富的保值和增值。同時，物業管理者通過各種服務，為居民、客戶創造有序、舒適、高效的生活及工作環境，客觀上維護了社會的正常秩序，創造了優良的居住文明。

(3) 物業管理者是專門從事現代服務和現代管理的代表者

一方面，物業管理者是以服務業主、使用人為一切管理的出發點和終結點，

並通過不斷努力,最大限度地讓業主、使用人滿意,以此作為工作的最高追求。這種服務和管理,有別於傳統的房地產管理,也是物業管理者廣受重視的主要原因。另一方面,物業管理者面對不斷變化的物業環境和人際關係,只有具備各種專業知識,方能適應管理與服務的需要,物業管理者因此成為具有專業知識的一個群體。

(4) 物業管理者是第三產業中通過出售智力和勞務來獲取報酬的服務者

物業管理屬第三產業。物業管理者把智力、經驗、勞務凝聚在日常的管理和服務中,以此獲得相應的報酬。經歷和經驗越豐富,其報酬越高。由於物業管理是微利行業,不會由此誕生所謂的「未來巨富」。但由於物業管理行業比較穩定,而且是新行業,機會較多,因此成為許多年輕人向往的朝陽行業。

(5) 物業管理者是物業管理關係的協調發展者

物業管理涉及政府及相關職能部門、房地產開發企業、業戶或居民、社區居委會或街道辦事處、社會組織等外部關係和物業服務企業內部各部門、各人員之間的關係。因此,物業管理者不論擁有多少、多大權力和處於什麼地位,也不論權利的正式、非正式和地位的高低與核心或邊緣,他們都必然和必須地從事大量的有關人際關係方面的工作和事務,包括與企業內外、與下級同級的接觸和交往,與業主、客戶和政府有關部門的交流和溝通,與外界聯繫與合作及其相關的談判簽約促銷,與業主委員會和主管部門的工作匯報與意見建議報送和反饋等,以此協調和發展良好的物業管理和諧關係。

(6) 物業管理者是物業管理資源的整合利用者

物業管理資源除了物業本身、業戶之外,還有各種信息流、商品流、物流等。因此,物業管理者必須對這些現存的或潛在的資源進行有效整合,合理利用,包括根據計劃和需要決定給有關部門調配人力、資金等資源,以此充分發揮各種資源的功效。尤其在信息資源的整合利用上,每一個管理者既是一個信息發源地、傳感器,也是一種信息接收機、處理器,更是一種信息存儲中心、互換平臺和優化通道。這就需要物業管理者具有較強的信息收集、分辨、處理、交流、傳播能力,做到收集的信息準確可靠、發布的信息真實有效、流轉的信息客觀通暢等,減少信息交流障礙、無效傳播、失真擴散。

(7) 物業管理者是物業管理服務的經營決策影響者

每一個物業管理者處於各自的崗位,承擔和履行相應的職責,不可避免地面臨一些或大或小,或宏觀或微觀,或整體或局部,或長遠或短期的經營決策,如物業服務收費標準的調整、電梯維修規程的修正、保潔時間的重調、臨時換班等。通過自身決策的實施或影響性作用,使物業服務企業的理念、宗旨、策略得以實現,整個物業管理工作井然有序。

物業管理者在實際工作中認識並扮演好上述角色,才會真正知道自己何以為、以何為,才能在愛崗敬業、以身作則、團隊作用、無私奉獻中干好工作,做好本職、盡好責任;才能熱愛物業管理,忠實於企業,忠實地履行管理合同,更好地為業戶提供滿意的服務,解決好管理與服務過程中遇到的重大問題,並通過自身的行為影響和吸引他人為完成物業管理願景和企業既定目標而努力。

二、物業管理者的管理

(一) 物業管理者管理的內容

1. 人力資源管理部的工作內容

人力資源管理的核心內容即選擇合適的人才放在合適的崗位上，實現人人有事做，事事有人做。物業服務企業可設置人力資源管理部，負責企業人才的引進、招聘和外出培訓，以及內部部門間人力資源的統籌協調、分工負責、績效考核等工作，服務於以人為本的核心競爭力培育和發展戰略。

(1) 負責落實國家和主管部門有關人力資源和社會保障方面的政策、法規和文件。

(2) 負責制定人力資源管理的相關文件，包括企業統一的員工手冊、工作任務書、崗位職責等。

(3) 負責建立人才開發與儲備體系，做好企業人才的招聘、錄用、保留、發展與解聘等工作，合理有效地調配好人力。

(4) 負責編製員工培訓計劃，組織協調員工培訓教育管理工作。

(5) 負責員工薪酬、人事等檔案資料的建立、調整與管理。

(6) 負責制訂激勵計劃或方案，做好員工考核與獎懲工作。

(7) 負責監督企業社會保障體系的建立、健全和應用。

(8) 負責為企業提出人力資源管理方面的合理化建議，實現人才興企、人才強企的目標。

2. 物業管理者的招聘和解聘

物業服務企業要按照發展戰略及人力資源規劃的要求，招聘優秀、合適的人才進入企業，貢獻企業，解聘合同到期不願或不能留任以及合同未到期而違反國家或企業規定的人才。

(1) 物業管理者的招聘

物業服務企業必須嚴格按照公開、公平、公正以及能力與崗位要求匹配、內部調配與外部招聘結合等原則，全面考查、擇優錄用人才。在招聘前，先由用人部門綜合考慮企業發展戰略和物業類型特點、面積大小、管理要求以及業戶特點等因素提出招聘申請，上報企業人力資源管理部；再由人力資源管理部匯總各用人單位提出的用人申請，編製整個企業的人才招聘計劃，並明確招聘的條件、原則、程序、渠道、方式、時間、經費、地點、工作人員等內容，在報企業最高管理層審核確定同意後，發布招聘信息，接受應聘者諮詢和申請。完成這些前期工作後，對收到申請的應聘者進行初審，對初審合格的人員按照預先設計的招聘計劃要求分別進行初試、復試和最后面試，對面試通過的人員予以通知、組織簽約和工作初步安排，試用與正式錄用等。在員工辦理入職手續後，由人力資源管理部門對新員工進行職前崗前培訓，對培訓前七天考察期後符合工作要求的新員工，企業與其簽署試用協議，試用期一般為三個月。如新員工不符合工作要求或提出終止考察，則雙方終止試用；如新員工在試用期因表現不佳或不符合工作要求的，

經核准后可予以辭退。試用期滿（或未滿但表現較突出）的新員工可填寫《轉正考核表》申請轉正（或提前轉正），經考核合格確認後由人力資源管理部門發出《轉正通知書》；對考核不符合企業要求者，將視情況予以辭退或延期轉正。

（2）物業管理者的解聘

物業服務企業人才解聘與其他企業一樣，也有辭職、辭退和資遣三種情況。辭職是指人才（員工）要求離開現任職位，與企業解除勞動合同，退出企業工作的人事調整活動。它是人才的正當權益，企業應予以尊重。人才辭職的原因是多方面的，包括個人原因、薪酬原因和管理原因等。人才辭職時應提前30天以書面形式通知企業，並辦好工作移交和個人財物的清理，完清相關手續。辭退是物業服務企業給予人才的最嚴厲的懲罰，也是一種勞動合同的終止。企業應像關心招聘那樣關心人才辭退，必須慎重考慮，恰當使用，避免隨意性和長官意志。資遣是企業因故提出與人才終止勞動合同的一項人事調整活動。它不是人才過失原因造成，而是根據企業經營管理需要，主動與人才解除勞動合同。

3. 物業管理者的考核與獎懲

考核與獎懲是建立現代企業制度、完善人才激勵機制、明晰企業價值取向、實現企業戰略目標的重要保證，是物業服務企業一個重要而複雜的問題，其運作成功、順當與否，會很大程度上影響到企業的生存與發展。

（1）物業管理者的考核

物業管理者的考核是一種正式的人才評估，它通過系統的方法、原理來評定和測量人才在崗位工作中的履職盡責行為和效果，是出於正確把握人才崗位工作適應性、績效度和職業化情況的基本目的。

物業服務企業的人才考核必須按照人才個體崗位工作表現及其績效與團隊績效相關性的原則，注意分析和用好考核指標的信度與效度、關注考核標準和方法的規範性與可操作性等。同時，可以分崗位、分工作、分時間、分職責等進行分類考核，確保考核能為人才的正常流動和評價、企業現有和潛在人才的開發和管理、人才個體和團體的自主開發和創新發展、人才職業生涯的規劃和評估等提供依據。比如，物業服務企業項目經理或管理處主任的考核應以工作效果為主，以年度為週期，以企業總經理為組長的考核領導小組進行考核等；物業管理員的考核一般以工作行為為主，重在過程考核，以半年或一個季度為週期，以項目經理或管理處主任為組長的考核領導小組進行考核等；操作層人員的考核一般以個性特徵（如個人品質、溝通技巧、忠誠度、工作主動性和責任心等）為主，以一個月為週期，由操作層主管負責初次考核，並報項目經理或管理處主任核准等。

（2）物業管理者的獎懲

物業服務企業應建立和實行有效的獎懲制度，並以精神鼓勵和思想政治教育為主，物質獎懲為輔，以此獎勵先進，處罰落後，充分調動各類人才的積極性和創造性，提高企業工作效益和經濟效益。在制訂和執行獎懲方案或計劃時，應堅持注重行為結果、兼顧行為過程相結合，獎罰分明，懲前毖後相結合，統一領導、分級實施相結合等原則，要有科學的考核和貢獻評價指標體系、嚴格的考核制度和正確的考核方法、效用性和公平性兼容的處罰手段，不斷創新獎勵方式，務求懲罰的合理、適當和靈活。

4. 人力資源管理的評估

人力資源管理評估是對人力資源管理整個工作和所有活動的成本—效益測量，並與企業相關方面的歷史資料、同行資料和目標資料等進行比較。通過這種評估，用以證明人力資源管理部門的存在價值和貢獻，評判企業人力資源的優勢和不足，並實現人力資源的優勢互補，達成生產力改進、工作生活質量提高、產品服務水平提升、組織變革優化完美、組織文化豐富多彩等目標，從而不斷促進企業履行社會責任、增強競爭性和持續力。

對人力資源管理的評估，一般可以採用的主觀標準有：來自人力資源管理部的合作水平，直線主管對人力資源管理部的評判觀點，人力資源管理部處理問題或傳達政策時的速度和效果、開放度和實用性，一般人才對人力資源部門和人員的信任和信息，人力資源管理部向其他部門提供服務及其信息質量的比率、向高層和對外提供信息和建議質量的比率，業戶對人力資源管理工作的可信度、滿意度和支持度等。同時客觀標準有：人力資源管理部的戰略對牽頭部門或有關人力資源經營計劃等的支持程度、配合程度，人力資源管理部及其人力資源管理工作目標任務完成的效率、效果和效益，人力資源預算執行情況等。

三、物業管理者的素質

(一) 物業管理者的素質要求

素質一詞本是生理學概念，指人的先天生理解剖特點，主要指神經系統、腦的特性及感覺器官和運動器官的特點。后經過不斷發展而用於不同領域，形成不同理解，也就有了不同的觀點，但不論如何界定素質，它們都有一點是共同的，即素質是以人的生理和心理實際作基礎，以其自然屬性為基本前提的。如果把素質定義為是個體在先天基礎上通過后天的環境影響和教育訓練而形成起來的順利從事某種活動的基本品質或基礎條件的話，那麼素質就應是個體在社會生活中思想與行為的具體體現。具體可包括思想品德、文化水平、體魄心理、能力資質、才干技藝等。物業管理者是人際交往的主體和對象，需要具有管理物、服務人、經營財的德商、智商、情商、膽商、逆商、財商、心商、志商、靈商、健商等，以較高的綜合素質做好物業管理服務工作。下面只從三個方面進行簡單說明：

1. 物業管理者的職業道德

職業道德包括人們在職業生活中與職業活動相關聯的職業認識、職業情感、職業意志、職業信念、職業行為、職業習慣等，主要包括職業思想、行為規範和行為準則三大方面。它是評價從業人員的職業行為善惡、榮辱的標準，對該職業的從業人員具有特殊的約束力。就物業管理者來說，一般應遵守以下職業道德規範：

(1) 愛崗敬業

愛崗就是安心本職工作，敬業是愛崗的昇華。愛崗敬業具體包括五個方面：①責業，也就是說物業管理者對自己所從事的職業要有一定的責任心，要有對本職工作認真負責的態度和精神，要培養迅速、準確、細緻與周到的工作作風。「責

業」是物業管理者最起碼的職業要求。②廉業，就是要求物業管理者在「責業」的基礎上，在職業活動和職業交往中，為了保證本職業的整體利益和根本利益而要廉潔自律。這是物業管理者應當具備的基本職業道德。③勤業。物業管理者在職業活動中，要勤奮努力地學習和工作，以期更好地實現自己的職業利益，這就是「勤業」精神。這是物業管理者需要具備的較高層次的職業道德精神。④敬業。即物業管理者在「責業」「廉業」「勤業」的基礎上，在職業活動中，逐漸形成的一種對自身職業崇敬的心理。⑤愛業。「愛業」精神是物業管理者在「敬業」精神的基礎上產生的。它不僅表現為物業管理者對自身從事的職業具有的崇敬心理，而且表現為對物業管理職業深厚的熱愛之情。這是物業管理者最高的職業道德境界。

（2）誠實守信

物業管理行業和物業服務企業的整體形象主要取決於該行業、該企業內物業管理者的普遍信用和誠實程度。要想在物業管理市場中爭取到有利的競爭地位，要想最大限度地維護企業的利益，物業管理者就必須樹立誠實守信的良好形象。具體來說，包括三個方面：①實事求是。如在參與物業管理投標時，對自己企業的實際情況，要實事求是地介紹。②堅守承諾。有些物業服務企業在投標時承諾得很好，可到中標後的實際管理中，就把承諾拋之腦後，結果在管理服務的消費者心目中喪失了信譽，也喪失了信任。③恪守合同。物業服務企業中標獲取管理業務後，要與招標單位簽訂物業服務合同。物業管理者要嚴格按照合同向住戶或客戶提供質價相符的管理服務，根據服務合同處理一切物業管理問題或糾紛。

（3）辦事公道

遵紀守法、堅持原則是辦事公道的指導思想。物業管理者是物業管理工作的決策者、組織者或具體執行者，代表企業同業戶及各相關單位接觸與聯繫。要做到辦事公道，首先必須記住自己的職責範圍，不能超越本人的職責範圍濫用職權，一切都要根據相關的物業管理法律法規、政策制度辦事。同時，物業管理者還必須堅持原則，客觀地處理各項工作，包括用戶和用戶之間的糾紛和需求，不能因為個人關係或私人利益而厚此薄彼或產生偏差。

（4）服務業戶

物業管理者必須牢記服務群眾、服務業戶這個宗旨。始終不要忘記自己服務者的角色，要淡化或消除管理者的角色和意識，要全心全意服務業戶，尊重業戶。要按照物業管理的相關程序，按規定的時間，組織或具體實施完成物業管理服務工作。在與業戶或消費者進行職業接觸時，要始終樹立管理就是服務的觀念、技術服務觀念、忠誠服務觀念等，以不卑不亢、謙虛謹慎的職業態度，平等地與業戶或消費者交往；要真心地徵求業戶的意見，真誠地為他們服務；要站在業戶的立場上設身處地考慮問題，想業戶之所想，急業戶之所急，盡心盡力地維護業戶的利益。

2. 物業管理者的知識結構

知識結構是指管理者所掌握的與管理和服務相關的知識構成。具備一定的知識結構，是管理者承擔管理任務的基礎和條件。就目前的情況來看，物業管理者至少要具備以下的知識結構：

(1) 管理學知識

管理學是專門研究管理活動的基本規律和一般方法的科學，對具體領域或具體行業的特殊管理活動帶有普遍意義。物業管理者掌握管理的基本原理和方法，如計劃與組織、領導與指揮、組織與控製等，對物業服務企業的內部管理，對物業及其業主、使用人的管理與服務等均會有很大的幫助。

(2) 建築工程結構知識

物業是建築工程結構知識的結晶。建築工程結構問題，直接影響到物業的使用和維修，而物業的使用和維修是物業管理的重要內容。因此，物業管理者掌握、瞭解房屋結構方面的知識是十分必要的。

(3) 機電設備知識

先進、合理、完備的智能化、多樣化的綜合性設備系統，如閉路電視、自動報警、中央空調、全電子電腦電話、微波通信、信息高速公路等，是現代物業的有機組成部分，它只有與物業協調一致，緊密配合，才能保證充分發揮物業的功能和作用。因此，房屋設備管理是物業管理不可缺少的重要內容。物業管理者必須十分熟悉和瞭解房屋設備及其管理的內容和方法。

(4) 法律知識

物業管理是物業服務企業與業戶之間具有契約關係的服務性行業。大量的法規規定了業戶和管理者的權利、權益、義務和責任。物業管理者只有在遵守法規的前提下才能有序地進行。可以說，物業管理者的任何言行都必須以物業管理法律、規定為依據。因此，物業管理者懂法、守法是對其作為從業人員的基本要求。

(5) 心理學知識

由於在物業服務企業內部及廣大的業戶之間存在著大量的人際關係問題需要處理，因此，物業管理者必須掌握管理心理學、社會心理學、顧客（業主）心理學等方面的知識，方能在日常的管理與服務過程中遊刃有餘，從容應對。

(6) 綜合知識

現代物業本身就是一個綜合體，是建築、人群、環境的有序統一。因此，物業管理者必須熟悉公共關係、工商時事、商場運作、房屋仲介等方面的情況和法律，以便在業戶需要的時候為其提供令人滿意的服務。

3. 物業管理者的能力結構

物業管理者要想把管理與服務的決策和設想付諸實踐，要想在複雜的物業環境中進行有效的管理，實現管理目標，使業戶和物業服務企業都能滿意，就必須使自己在掌握基本知識、方法的同時具備必要的管理技能。物業管理者應具備的能力包括：

(1) 創新能力

不斷創新，是超出業戶期望值，使管理與服務日臻完善的重要途徑。一個優秀的物業管理者經常可以在日復一日、看似平常的管理與服務中提出新的設想、方案，並能在管理過程中不斷解決新問題，使業戶能不斷感受到物業管理者盡心盡力的服務，並享受到其中帶來的舒適感和超值感。

(2) 決策能力

決策能力是一種綜合能力。物業管理者要做好決策，必須做到「三個善於」：

①善於判斷。善於判斷是指在錯綜複雜的情況下具有預見性，能判斷出事態發展的因果關係；在出現某些緊急意外問題而無法從容請示、協商時，能當機立斷，並勇於負責。②善於分析。善於分析是指物業管理者能透過現象發現問題，抓住關鍵，分清輕重緩急，權衡利弊得失，從而提出中肯的意見和建議。③善於創造。善於創造是指物業管理者對新事物、新情況敏感，思路開闊，不因循守舊，善於提出新設想、新方法。

(3) 組織指揮能力

物業管理者要善於運用物業服務企業的力量，綜合協調人力、物力、財力，充分調動所有成員的積極性，充分發揮人、財、物的作用；善於影響帶動其他員工，有一定的號召力，特別是通過做思想工作，激發員工的工作熱情。

(4) 社會活動能力

物業服務企業既有對內的管理與服務，又有對外的各種社會聯繫。因此，物業管理者必須具有較強的社會活動能力，尤其要善於瞭解對方（業主、下屬、客戶等）的情況和需求，站在對方立場上想問題，力求客觀、公正、公平。

(5) 自制能力

物業管理者經常面對各式各樣的業主，這些業主經常以各式各樣的問題來質詢管理者，甚至有不遵守合同規約、無理取鬧者。這種情況要求管理者多聽、多記，同時克制自己的情感，沉著老練，在弄清楚問題的真相後，一切以管理與服務的有關規定為準繩，心平氣和地面對業主的質詢，並做好必要的解釋疏導工作。只有保護了絕大多數業主的利益，即便是個別業主的過分要求未能滿足，管理者也可以問心無愧。

(6) 技術能力

一方面，技術能力是指物業管理者通過以往經驗的累積，以及新學到的知識，運用現代管理原理和現代物業管理方法、技術、手段去進行領導和管理的能力；另一方面，技術能力是指物業管理者必須掌握的屬於自己管理範圍內所需要的技術與方法，如工程部經理要懂得設備的維護與保養方面的知識與方法。相對而言，層次越低的物業管理者就越需要具有這種技術能力。

(二) 物業管理者的素質培養

1. 物業管理者素質培養的意義

培養物業管理者的素質具有十分重要的意義。首先，培養物業管理者的素質可以提高物業服務企業的工作績效。物業服務企業的各項工作都是由各個崗位的物業管理者來完成的，他們主導著企業各項工作的運作，物業管理者的素質關係著整個物業服務企業的管理水平，通過提高物業管理者的素質可以提高物業服務企業的工作效率，進而提高物業服務企業的工作績效。其次，培養物業管理者的素質可以增強物業服務企業的凝聚力。通過提高物業管理者的素質，可以使他們獲得更多工作成就感，進而滿足他們的自我實現的需要，這樣就能增強他們對企業的凝聚力。最後，培養物業管理者的素質對提升整個物業管理行業的管理水平有一定的幫助作用。物業管理行業是由各個物業服務企業組成的，各個物業服務企業積極培養物業管理者的素質，對於提升整個行業的管理水平有一定的幫助

作用。

２．物業管理者素質培養的內容

物業服務企業不同類型的人員其素質要求是不完全相同的。但一般來說，物業管理者都應具備的基本素質和要求有：

（１）政治素質

物業管理者在開展物業管理工作時，一定要本著對國家、行業、業主、企業負責的精神，嚴格遵守現有的法律法規，時刻想著社會穩定，想著服務群眾，按照法規辦事。

（２）品德素質

物業管理者要有良好的思想品德，特別是要有較高層次的職業道德修養，也就是要有愛崗敬業、誠實守信、辦事公道、服務群眾和奉獻社會的精神。

（３）業務素質

合格的物業管理者首先應具有較高的業務素質，也就是說，要有所從事的專業崗位的必備知識和相應工作能力。

（４）文化素質

物業管理者應接受良好的教育，知識面要寬，接受信息、快速反應的能力要強，要瞭解一定的經濟學、美學、法學、社會學等學科知識。

（５）審美素質

物業管理者的審美素質，是較高層次的素質。審美素質能夠幫助物業管理者更好地為業戶服務，最大限度地滿足業戶的精神需求。

（６）身心素質

身心素質也就是生理素質與心理素質，具體表現為物業管理者的健康體魄、旺盛的精力，儀表端莊、熱情大方，知難而進，不怕挫折等。

３．物業管理者素質培養的形式

（１）學歷教育

學歷教育主要指通過繼續教育獲得物業管理的知識和技能，並取得相應的學歷。

（２）開展培訓

開展培訓包括崗前職前培訓、在崗在職培訓兩種。前者是為新加入者或新任職者提供的基本上崗或入職知識和基本操作技能培訓，涉及企業規章制度、員工手冊、員工行為規範、企業發展史、企業經營理念、企業組織機構、員工精神和道德、消防安全知識、物業管理基礎知識等內容。后者專門針對物業管理者的工作要求而進行，包括工作技能、管理技巧、形體語言等內容，採用崗位培訓、業餘學習、專題培訓、晉升培訓、外派培訓、脫產進修等形式。

前兩種主要是針對理論知識方面的培訓，一般可採用講授法、視聽法等完成。要採用「請進來、內外結合」的培訓方式。授課人可以是本公司的，也可是外單位的。

（３）實踐培養

對物業管理者的實踐培養主要是指安排物業管理者深入物業管理實際工作進行鍛煉、訓練等實踐活動而提高其綜合素質的一種培養方法。一般可採用的方法

主要有：

第一，管理工作擴大化。管理工作擴大化即進行職務輪換，從橫向擴大管理者的工作範圍。由於不同的管理職位有著不同的能力要求和特點，通過職務輪換，可以使管理者全面瞭解管理企業各相關職位的管理知識和業務特點，全面提高物業管理者的能力。

第二，管理工作豐富化。管理工作豐富化是從縱向擴大管理者的工作範圍，充實管理者的業務知識，提高其管理能力。在物業服務企業，不同管理層次的管理工作內容和特點是很不相同的。通過職務的升降，擴大物業管理者的工作面、接觸面和管理面，可以豐富和提高物業管理者處理業務、溝通人際關係的能力。

第三，設立副職。通過設立副職，一方面，主要管理者充分發揮傳、幫、帶的作用，用實際行動去影響和訓練副手，使之對管理工作有親身的體會；另一方面，主要管理者可以向各國授權和委派工作任務的方法考察副職是否具有相應的管理能力和培養前途。值得一提的是，設立副職是許多物業服務企業儲備培養人才的重要方式。在沒有新管理項目的情況下，精心羅致年輕的可造之才，使其在比較成熟的項目上充任副職，接受鍛煉和考察，一旦企業承接新項目，即可派往任職，全面負責新項目的管理工作，而其空出的副職又可填補新人，從而形成良好的人才培訓機制。

第四，研討會或案例討論會。一些物業服務企業定期在一定層次的物業管理者當中召開工作會議，研討管理與職務中的典型案例，目的是啓發參加者的思維，鍛煉他們思考問題、分析問題和解決問題的能力。有進取心的管理者可從中獲得很大的啓發和收穫。

第五，異地任職。異地任職是將管理者派往不同地區、不同類型項目任職，提高管理者的綜合管理能力。管理者長期在一個項目、一個層次上擔任管理工作，在思維定勢、行為方式方面容易形成慣性，其創新能力、工作銳氣容易被消磨，而且不同地區、不同類型的項目在管理內容、管理難度等方面呈多樣性，對管理者來說是一個新的考驗。有鑒於此，一些物業服務企業定期調換管理者，既挖掘和保持管理者的創新潛力和工作銳氣，又可全面鍛煉管理者。異地任職的培訓方法，一般適應於管理項目較多的大型物業服務企業培訓其高級管理人員。

第六，情景模擬。情景模擬除用於人員招聘外，還可用在對人員的培訓上，即讓培訓對象身臨其境地分析、解決問題。一般可採用：公文處理法，即讓培訓對象在一定時間內完成若干公文的批閱；角色扮演法，即讓培訓對象扮作企業中的某一角色來處理事情；管理游戲法，即培訓對象參與並完成事先設計好的精妙游戲而感悟其中的管理思想和方法；無領導小組討論，即讓培訓對象圍繞事先給定的主題自由展開討論，從中觀察每個人不同的人際交往能力、領導能力、說服能力、表達能力等；學徒制，即讓培訓對象在一位經驗豐富的師傅帶學下提高素質。

第七，技能競賽。刻苦學習和鑽研業務是對物業管理者的基本要求。為促進物業管理者學習新技術、熟悉新方法、瞭解新動態、掌握新技能，可以通過開展服務禮儀競賽、維修技術競賽、企業策劃案競賽、業戶接待和報修處理競賽、園林藝術競賽等多種競賽活動來推動學習氛圍的營造、學習技藝的比拼，最終形成

競爭力強的學習型企業和學習型員工。

四、物業管理服務企業家

物業服務企業是構建誠信社會、責任社會、和諧社會與小康社會的一支不可或缺的重要力量，肩負著創造優美、安全、持續發展的人居環境，提升業主生活品質度和工作舒適度，實現有關方面共贏互促等光榮使命，承擔著社區建設、城市管理、綜合治理、文明示範、科技進步、社會發展等神聖責任。而其中的企業家，將起到關鍵性作用。物業管理經常與人打交道，對人多於並重於對事，因此，從某種意義上說，物業服務企業就是企業家化的結果，物業管理服務企業家將隨著工業化、城鎮化、農村現代化而不斷凸顯其地位、彰顯其作用。

（一）物業管理服務企業家的素質

物業管理服務企業家的素質是支撐企業家完成企業使命和社會責任的個體條件和前提條件，要求具備一般企業的企業家的素質，如知識、技能、經驗、智慧、心理、品質等，以及一個物業管理者應有的素質。可以說，物業管理服務企業家的素質是這兩方面素質的有機結合與綜合體現。當然，不同的企業家在這些素質表現和應用方面會各有側重，不可能達到十全十美、面面俱到。

（二）物業管理服務企業家的職責

關於企業家的職責，不同的學者有不同的看法，不同的企業處於不同的發展階段、不同的社會制度及不同的地域等，其職責要求和內涵也不一樣。因此，很難有一個統一的職責標準。如果從實際營運角度看，物業管理服務企業家應具有以下職責：

1. 行使決策

根據股東大會或董事會的授權與要求，對企業的經營活動做出相應決策並作出規劃，制定戰略，確保企業穩定發展，盡量實現決策零失誤率、零延誤率。

2. 完成計劃

根據規劃和戰略制定經營目標，擬定年度實施方案，確保年度經營計劃超額完成。

3. 組織協調

擬定企業組織機構方案，定編定崗，定人定責，開展考核評價，加強組織氛圍和管理環境建設，進行對話溝通，協調內外關係等，保證企業各部門、各人員職責明確，密切配合，組織有效運作。

4. 業戶滿意

建立健全企業質量管理體系和服務評價體系，制定企業工作標準和規範，保證提供符合企業要求和業戶滿意的管理與服務，業戶滿意率達到90%以上，滿足率實現100%。

5. 人才管理

制定人才引進、錄用、培訓、晉升等相關制度，充分挖掘員工潛能，不斷提高員工素質和能力，讓合適的員工進入合適的崗位，從事合適的工作，確保人力

資源的合理使用和優化配置，促進企業的可持續發展。骨幹員工穩定率不低於90%。

6. 完善流程

根據物業管理的基本特點和物業服務企業的業務實際，制定和完善企業的運作流程和操作規範，保證企業的有序運作和績效的不斷提高。流程可操作性實現100%。

(三) 物業管理服務企業家的成長

企業是企業家的產物，而企業家的來源、企業家的個性、企業家的價值觀、企業家的成長速度就決定了這家企業的發展方向、發展速度、發展規模。物業管理服務企業家需要有一個良好的培育環境和成長機制。

1. 物業管理服務企業家的成長與物業經理人制度

物業管理服務企業家的成長途徑有很多，但由於中國物業服務企業，特別是現有大型物業服務企業的企業家，其成長受到房地產開發企業的經營管理環境影響，因此，物業管理服務企業家的成長困難，數量較少。雖然《物權法》第八十一條規定：「業主可以自行管理建築物及其附屬設施，也可以委託物業服務企業或者其他管理人管理。」同時《物權法》和《物業管理條例》也提出「分業經營」的思想。但是，目前，一方面物業服務企業很難脫離房地產開發企業的控制而真正實現獨立自主經營，另一方面現行的物業經理人制度缺少市場化制度保證。即或是2005年12月1日起施行《物業管理師制度暫行規定》要求「物業管理項目負責人應當由物業管理師擔任」（第二十八條），然而又同時指出「物業管理師只能在一個具有物業管理資質的企業負責物業管理項目的管理工作」。也就是說，物業管理師只能在現有的物業服務企業中擔任內部的經營管理工作，並不能獨立執業。

同時，現行物業管理實踐中，也並不存在業主可以委託「其他管理人管理」的這種機會，只能期待由物業管理師支撐的類似於「物業服務所」或有法人地位的「業主自治社」的出現，或者允許物業管理師被物業服務企業之外從事物業服務業務的組織聘用的情形出現。所以，討論物業服務企業家成長路徑問題還只能從物業經理人制度建立與運行這個側面進行。

2. 物業經理人制度及作用

企業家的價值體現有賴於兩個解構進程：一是通過房地產開發與物業管理分業經營來體現物業服務企業的價值，進而體現企業家的價值；二是通過物業服務企業家市場及營運來實現，這又取決於物業管理經理人制度的建立與運行。

(1) 物業管理經理人制度的內涵界定

職業經理人（Professional Manager）是指以企業經營管理為職業，深諳經營管理之道，熟練運用企業內外各項資源，為實現企業經營目標，擔任一定管理職務的受薪人員。其概念有兩層含義：其一，經理的職業化。市場經濟的發展使企業經營管理成為科學性、專業性極強的社會職業，有其專業化的職業體系與行為規範；其二，作為職業經理，將其工作視為職業生命，有相應的社會角色標準與壓力約束，在社會選擇機制作用下不僅追求物質利益的滿足，更重要的是體現一種職業文化與職業精神。職業經理人作為高層次的人力資本的所有者，從資本的所

有者手中換取了掌握和支配企業財產的權利。職業經理人的形成是市場經濟、現代企業發展的需要，自20世紀70年代以來，在市場經濟較發達的國家迅速成長，對社會經濟的發展起到了重要的推動作用。

中國還沒形成職業經理人的評估機制，沒有職業經理人統一的評判標準，沒有形成真正意義的職業經理人市場。就目前國內企業界而言，真正意義的職業經理人階層並沒有形成，即使在數量上達到一定的規模，也不一定就能形成一個階層，這是強調一個質的概念。

物業管理職業經理人執業資格制度起源於美國。150多年前美國經濟高速發展催生了物業管理職業經理人職業資格制度的產生。經過多年實踐，業界大多數認同物業管理職業經理人是職業化的管理者，不是一種官銜，而是一種風險性職業。與其他行業職業經理人相比，物業管理職業經理人必須具有感召業主的能力，必須熟知多個知識領域，具備判斷運作能力。物業職業經理人可描述為：經政府認證，行業註冊，具有物業管理任職資格，能夠全面執掌數個物業項目，有專業的技能，忠誠於職業，具有領導企業團隊及業主團隊能力的管理者。物業管理職業經理人制度能評價物業管理者的能力，是激發物業管理者的內動力，能促進行業的發展。

在物業管理領域，美國、日本、歐盟以及中國的港臺地區等已建立了完備的物業管理專業人員職業資格制度。目前，國際上的物業服務企業已陸續進入中國物業管理市場。現階段中國物業管理還處於擴張型發展時期，與從業隊伍在數量的快速增長相比，物業管理從業人員的整體專業素質卻滯后於行業的發展。突出表現在稱職的職業經理人匱乏，現有部分管理人員在專業知識、職業道德、業務水平和組織協調能力等方面都與承擔的職責不相適應。建立並實施符合國際慣例的物業管理專業管理人員職業資格制度，有利於吸納國際高層次的物業管理專業人才。同時，將激勵國內物業管理專業人員提高執業水平，為國內物業服務企業參與國際競爭奠定基礎。因此，中國物業管理行業引入職業經理人制度非常必要。

（2）物業管理經理人制度的作用

建立和推行物業管理職業經理人制度的具體措施，就是實施物業管理師制度。該制度的推進對物業管理市場化、規範化、職業化具有重要的積極作用。

第一，它有利於提高物業管理經理人隊伍素質並實現物業管理隊伍的職業化，從而提高行業社會地位。目前，物業管理經理人隊伍普遍存在年齡偏大、文化偏低、素養偏差的狀況，物業管理從業人員非職業化現象十分普遍，這嚴重制約了物業管理的發展和物業服務企業競爭力的提高。在服務業全面放開、現代服務業加快發展的時代背景下，要想改變現狀，重要途徑就是實行職業經理人制度，實現物業管理隊伍的職業化。通過職業經理人的職業化及其帶來的專業化，既有利於調動經營者積極性，提高企業管理水平，實現企業效益增長，進而達到提升行業地位的目標；又有助於穩定員工隊伍，激勵並培養專業人才，最終在從業人員中形成職業化氛圍。

第二，它有利於物業服務企業的產權改革和專業化發展，有效提高社會資源利用率，增強企業和行業競爭力。在知識經濟時代，企業人力資本是指職業經理人和技術創新人。重視和承認人力資本的價值，實際上就對「誰出資誰擁有企業

產權」的理念進行了修正。因為人力資本的回報不應是勞動的收益——工資，而應是產權的收益。從國外物業管理職業經理人制度的實施來看，物業服務企業的人員一般不多、一般不設專業部門。它通常以一個註冊的物業管理職業經理人為核心，其他人員圍繞其工作，他們通常只有幾個人，負責根據業主要求，聯繫並安排社會專業的維修公司、清潔公司、綠化公司進行日常和特殊的管理事務，實際上是一種「服務代理集成商」的模式。而要實現這一模式，使這一模式得以成功，最關鍵的還是在於這個系統的集成者如何。如果這個集成者不懂得業務性質、業務流程和特點，就無法對可能出現的問題作出準確的判斷，也不能給分包方以正確的指導和到位的監管，必然會降低管理效率。因此，推行嚴格的職業經理人制度，培養職業化管理骨幹，逐步打造一批有眼光、有能力、敢冒險、勇於創新的物業管理職業經理人隊伍，才能通過人才的專業化逐步實現行業專業化，進而達到提升行業整體競爭能力的目的。

第三，它有利於推進物業管理行業的市場化，提升物業管理服務質量。將職業經理人作為一種制度引入物業管理行業後，必將引發業內企業治理結構的變化。目前物業管理行業內大部分企業，還是單一的總經理負責制或務虛的董事會下的總經理負責制，對於企業的自主決策、自主經營是嚴重的束縛。將過去那種以企業所有者和經營者的關係界定為中心的治理結構轉向以貨幣資本與人力資本的相互關係界定為核心的新的治理結構，對於物業服務企業按照市場規律和現代企業制度要求實現自主經營、自主決策、自我發展都將產生良好的促進作用。推進職業經理人制度，以此作為快速改變長期困擾行業發展的一個關鍵性突破口，使那些優秀的品牌企業能夠實施現代企業制度並得以健康發展，對於培育成熟的物業管理市場、提高物業管理行業的管理服務質量等都有著十分重要的現實意義。

第四，它有利於規範物業管理活動和物業管理師執業。當前，從物業管理行業的整體發展情況看，由於各級政府的高度重視，不管是建章立制方面，還是社會各界的重視程度，都逐步得到了加強和提高。但是，任何制度和規定都需要從事這項工作的人來具體地貫徹和執行，這就對從事物業管理活動人員的素質和能力提出了更高要求；否則，再好的制度和規範都難以得到深入貫徹。開展物業管理師考試和資格認定，將從根本上解決這一問題。按照《物業管理師制度暫行規定》的要求，獲得物業管理師資格，除了具備一定年限的從事物業管理工作的專業經歷外，還必須參加全國統一考試，取得「中華人民共和國物業管理師資格證書」，並依法註冊取得「中華人民共和國物業管理師註冊證」。這樣的職業准入門檻，確保了物業管理師的基本素質和能力。相信隨著這支隊伍的不斷發展和壯大，並通過他們所發揮的示範和引領作用，各級政府所頒布的有關物業管理方面的制度和規範，都將進一步得到貫徹和落實，長期困擾物業管理行業發展的各類有章不循、有令不禁的不規範行為都將逐步得到解決。換句話說，培育一批物業管理師，就是把物業管理領域的專業人才，納入全國統一職業准入系列，有利於物業管理行業的長遠發展，有利於構築物業管理行業的人才高地，最終得益的將是廣大物業服務企業和廣大居民、業主。一個擁有數量可觀的物業管理專業人才的物業服務企業，必將具備相對強大的核心競爭力，必將能夠通過規範、一流的服務贏得聲譽、市場，從而塑造企業良好的社會形象。

3. 完善物業管理職業經理人制度的基礎條件

由於中國現代企業制度改革的根基不牢，法律法規建設相對滯后，物業管理職業經理人制度缺乏實施的土壤，因此在實施物業管理職業經理人制度之前，首先要創造好基礎條件。

(1) 營造有利於執行職業經理人制度的氛圍

實施職業經理人制度，要以樹立正確的思想觀念為基礎，營造有利於該制度推行的環境和氛圍。

要強調企業內部員工的差異性。平均主義分配不利於對員工積極性的鼓勵。而職業經理人制度強調，普通勞動者的收益是勞動收入，是工資；人力資本是資本，除工資外還應獲得資本的收益，即在經理人的激勵因素中引進年薪、股權、期權等。

要強調企業的目標是追求效率。企業沒有絕對的公平，企業的公平應體現在對同等崗位薪資的對等和晉升機會的平等上，企業追求效率與利潤第一也決定了它的利益分配必然採取效率至上的原則。這才是人本管理和能本管理，才更有利於調動大多數人的積極性和創造性。

要樹立明確的作為「社會人」的觀念。「社會人」最本質的特徵就是承認個人在社會上的職能定位，進而行使自己的權利和義務。這種觀念的樹立有利於界定個人與社會的關係，進而理性地接受和履行社會所賦予個人的各項義務。物業管理職業經理人，不管是受雇於物業服務企業或者業主委員會，還是作為諮詢顧問聽命於事務所，在行使各職位賦予的權利的同時，都必須遵守社會道德規範和行業道德準則，既維護業主利益，又推進社會的和諧統一。

(2) 開展統一的註冊認證和資質管理

實行物業管理職業經理人制度，要有一套科學規範的職業經理人資質評審和認證制度並嚴格執行，有必要設立統一的註冊認證機構，通過准入審核和註冊、營運監督和復驗等加強職業經理人和物業服務企業的資質管理。從發達國家和地區物業管理的經驗看，行業協會、仲介組織和社會團體在職業經理人制度的實施中可以起到十分重要的作用，而政府只是從宏觀層面上進行調控和指導。物業管理協會、住建部、人社部等組織和部門應嚴格區分各自的職責，建立既相互協作又相互監督的有機組合。在分工上，由住建部制定職業經理人註冊認證的相關政策，負責資格考試的命題工作以及對註冊許可證進行審批；而人社部則主要協助住建部建立職業經理人的執業標準，對經理人執業過程中出現的權責不一等違規現象進行監管；物業管理協會則負責職業經理人的考試培訓工作，教材的編寫、發行，協調地方協會的培訓和考試工作。

(3) 制定嚴格的法律法規

物業管理涉及諸多的權利，包括開發商與物業服務企業、業主、業主委員會之間，也包括業主委員會與物業服務企業之間，還包括物業服務企業與政府主管部門之間，等等。因此，加快物業管理的立法步伐，是保障行業健康發展的當務之急，也是推進物業管理職業經理人制度的重要制度環境。

4. 物業管理職業經理人制度的實施實現

(1) 加快職業經理人制度的法規建設。市場經濟是法制經濟。物業管理作為

新興產業，整個行業面臨較大的發展機遇和空間，客觀上要求有較好的制度規範保障整個行業的健康發展。國家應當通過立法手段，全面建立物業管理方面的職業資格准入制度，特別是要明確作為職業資格制度中較高層次的職業經理人制度，要重點建立對物業管理職業經理人這一精英階層的激勵機制和約束機制，使他們既能享受到法律對其合法權益的保障，又必須對其違法行為承擔法律和社會的責任。這包括：以契約為基礎，建立先進的符合現代企業發展的利益機制，分清所有者與職業經理人的權利和義務，使之有發揮才幹的良好空間；以業績評價為依據，建立職業經理人從業經歷披露制度，通過建立職業經理人的從業檔案，使企業能選擇到貨真價實、符合自身發展需要的職業經理人。一句話，要落實資格認證制度，迫切地需要建立起行業內的信用體系，盡快制定各項法律法規和行業道德規範。這不僅有利於物業管理職業經理人制度的推行，也有利於行業對物業服務企業的規範管理。

（2）加強行業協會對行業的管理作用。美國政府的行政機構中沒有專門的物業管理部門，政府對物業管理行業的規範一般只通過立法和司法實現。但在美國，有一個簡稱 IREM 的行業組織，IREM 對美國物業管理的行業進行全面管理。其手段主要是通過對從業人員資格管理、對物業服務企業的資質管理和遊說立法實現的。IREM 的一項主要工作內容是培養物業管理職業隊伍，如培訓和鑒定從業人員的資質、頒發註冊物業經理（Certified Property Manager，CPM）和註冊物業公司（Accredited Management Organization，AMO）證書等。為了保持物業管理資質的社會價值，IREM 嚴把資質關，目前美國只有 CPM 不到一萬人，AMO 三百多家。CPM 註冊物業經理是美國物業管理的支柱，其資質的取得必須經過一套嚴格的程序：申請人須目前正從事物業管理工作，符合法定工作年限，有相應的學歷，向 IREM 提出申請后，取得預備 CPM 資格，預備期一般為五年；申請人還須按照 IREM 設計的一套考核制度，通過包括物業維修管理、人力資源管理、多用途物業的推銷和租賃、房地產的財務及其策略、物業管理效能評估、物業投資環境評估和物業管理計劃寫作等多門課程的學習考核，修滿學分后，才能獲得相應資格。從申請到獲得資格，有一套嚴格規定，因而只有較高學歷和敬業執著的人獲得。而一旦獲得就能進入高收入階層。因此，美國的註冊物業管理經理人通常是從事物業管理時間普遍較長的人獲得。據統計，CPM 平均從事物業管理的時間達 20 年，而且時間越長，待遇越高，IREM 還設立 30 年、40 年服務獎，鼓勵以物業管理為終生職業。這些又促使 CPM 更加珍惜榮譽，更加執著於職業道德規範。可見，實行職業經理人制度，最重要的是要有一套科學規範的職業經理人資質評審制度並嚴格執行，以保證整個職業經理人隊伍的素質。這就要求行業協會加強行業自律，制定一套科學可行的行業標準和服務規範，為建立物業管理職業經理人制度作準備。

（3）完善職業經理人的聘任機制和評價體系。建立職業經理人制度的方向是形成經理人市場，實現物業管理行業職業經理就業的市場化運作，包括選擇的市場化、流動的市場化、評價的市場化、收入的市場化、約束的市場化。讓市場決定職業經理人的價值，以市場化手段來催生職業經理人制度。這其中，有兩個方面的問題需要解決，一是聘任機制的建立，二是業績評價體系的完善。聘任機制

的核心是價格機制，也就是職業經理的市場定價問題，這就需要形成一個公開、公平的競爭環境。業績評價機制的形成則主要取決於企業所有者，但業績評價不是一件簡單的事情，作為所有者既要瞭解其總體經營業績，又要瞭解資產變動情況。只有業績評價準確客觀，才能最大限度調動職業經理人的積極性，促進企業發展。

此外，在註冊認證、教育培訓、風險控製、執業行為、績效考評等方面都需要制定制度、強化執行、規範運行、注重實效。

第三節　業主及業主大會

一、業主的界定

(一) 業主的概念範疇

1. 物業業主

「業主」一詞作為日常生活概念，本身含義複雜，既可統指投資者、無形資產所有者或公司制企業的股東，也可指物業的所有權人、建築物區分所有權人。在中國古代，業主還是對不動產所有權人、典權人和永佃權人的稱謂，如清朝的褚人獲在《堅瓠十集·攬田》中這樣寫道：「崇明佃戶攬田，先以雞鴨送業主，此通例也。」《儒林外史》第十六回：「我賭氣不賣給他，他就下一個毒，串出上手業主拿原價來贖我的。」《二十年目睹之怪現狀》第九十四回：「（懷寧縣）便傳了地保，叫了那業主來，說明要買他祠堂的話。」中國物業管理中的業主在中國港澳地區，人們通常把開發商稱為「第一業主」，俗稱「大業主」，而把購買建築物單元的人稱為「第二業主」，統稱為「小業主」，並由香港傳入內地得到人們的逐漸熟悉和接受。2007年出抬的新《物業管理條例》第六條中規定「房屋的所有權人為業主」，中國《物權法》在建築物區分所有制度中採用了「業主」概念。最高人民法院2008年向社會公布的《關於審理建築物區分所有權糾紛案件具體應用法律若干問題的解釋（徵求意見稿）》第一條也對「業主」的範圍進行了明確規定。

在業主概念中，要清楚「房屋」的指代，不能將其簡單地理解為「建築物」，它一般不包括已經建成、用於出售或出租但尚未售出、租出的物業。根據物業所有權狀況，業主可以分為公房業主和私房業主。公房業主是指房屋的所有權人為國家及其授權經營管理公房的部門或單位以及集體組織。私房業主是指房屋的所有權歸個人私自所有及若干人共有，它包括獨立所有權人和區分所有權人兩方面。獨立所有權人是指某一土地上的房屋屬於同一業主，可以是一個自然人，一般是一個團體或組織，多見於非居住物業，如寫字樓、別墅區等。區分所有權人是指若干業主區分某一土地上的同一房屋，而各自擁有其專有部分，並就其公共部分擁有相應的所有權，多見於居住物業，如一幢樓或一個小區有數十、數百甚至數千業主。

在物業管理中，業主基於對房屋的所有權享有對物業的相關共同事務進行管

理的權利，這些權利有些由單個業主享有和行使，有些只能通過業主大會或業主委員會來實現。因此，業主既是業主個體自治法律關係的主體，又是業主團體（業主大會、業主委員會）自主法律關係的構成主體。業主取得所有權包括購買、接受捐贈、繼承遺產，以及作為債權人收回被抵押物（房屋）等合法形式。

2. 物業使用人

物業使用人是指不擁有物業的所有權，但通過某種形式（如簽訂租賃合同等）而獲得物業使用權並實際使用物業的人，也習慣稱為用戶，與物業業主一起合稱為業戶。

物業業主和使用人必須分開，不能混同。物業業主是物業的所有權人，對物業享有佔有、使用、收益、處分的全部權利；而物業使用人是物業的承租人或只是實際使用物業（沒有物業所有權）的其他人，只享有物業的佔有、使用或一定條件的收益權（如轉租的租金收入），沒有處分權（如買賣與處置）。當然，物業使用人的基本權利和義務受到業主與其簽訂的合同約束，並作為物業實際使用人而成為物業管理服務的對象，也應享有物業管理服務合同約定的相應權利和義務。

二、業主的權利和義務

（一）業主的權利

（1）從建築物區分所有權的角度講，按照《物權法》的規定，業主享有的權利有以下幾項：

①業主對建築物內的住宅、經營性用房等專有部分享有所有權，對專有部分以外的共有部分享有共有和共同管理的權利。

②業主對建築物專有部分享有佔有、使用、收益和處分的權利，這是所有權的四項權能，其中使用權是所有權的靈魂，而處分權則是所有權的最終體現。

③業主對建築物專有部分以外的共有部分享有權利。

④相鄰權。相鄰權是與相鄰關係並存的相對權利，是房屋相鄰各方在使用自己的房屋對相鄰的其他方應給予的便利或接受的限制而發生的權利關係，相鄰權是對所有權的限制。行使相鄰權，處理相鄰關係的原則是有利於生產、方便生活、團結互助、公平合理。

（2）根據《物業管理條例》規定，業主在物業管理活動中享有下列權利：

①按照物業服務合同的約定，接受物業服務企業提供的服務。簽訂的物業服務合同具有法律效力，雙方必須嚴格遵守，不得違背。業主支付了物業服務合同規定的物業服務費等，就有權享受服務。

②提議召開業主大會會議，並就物業有關事項提出建議。業主大會由物業區域內全體業主組成。作為業主大會的成員，業主有提議召開業主大會會議的權利。《物業管理條例》第十三條規定：「經20%以上的業主提議，業主委員會應組織召開業主大會臨時會議。」業主有權對物業管理區域內相關事項向業主委員會、物業服務企業提出諮詢，並就物業管理相關事項提出建議。

③提出制定和修改管理規約、業主大會議事規則的建議。管理規約、業主大

会议事规则是规范业主之间权利和义务关系及业主大会内部运作机制的基础性规约，事关全体业主的共同利益，一旦通过并宣布生效，就对物业管理区域内全体业主都具有约束力。当业主认为有必要制定或修改现有的管理规约、议事规则时，有权提出制定或修改建议。

④参加业主大会会议，行使投票权。业主对物业管理区域内重大事项的决定权是通过参加业主大会会议，在会上行使表决权的方式来实现的。只要具有业主身分，就具有了参会权和投票权。

⑤选举业主委员会委员，并享有被选举的权利。在物业管理活动中，业主行使权利的主要代表就是业主委员会，业主可以通过参加业主大会，在业主委员会委员选举中享有选举权和被选举权。

⑥监督业主委员会的工作。业主委员会是业主大会的执行机构，从事著事关业主切身利益的相关工作。为了避免业主委员会委员滥用业主大会赋予它的职权，防止其侵害业主利益，督促其更好地履行职责，业主有权监督业主委员会及其委员的工作情况。如可以对业主委员会的工作提出批评和建议，有权知晓业主委员会的运作情况，瞭解业主委员会所作出的各项决定及理由，查询业主委员会保存的档案文件，制止业主委员会不合法、不合规的行为并要求其纠正等。

⑦监督物业服务企业履行物业服务合同。它包括监督物业服务企业履行合同的情况并提出批评与建议，监督物业服务企业的管理服务质量水平，监督物业服务企业物业服务费的使用情况，监督物业服务企业是否违法、违规操作并要求其改正等。

⑧对物业管理区域内的共用部位、共用设施设备和相关场地的使用、收益情况享有知情权和监督权。物业共用部位、共用设施设备及相关场地与业主所拥有的物业不可分割，业主对其享有占有、使用、收益和处分的权利。物业服务企业和业主在管理使用共用部位、共用设施设备和相关场地以及利用其增加收益的过程中，既不能侵犯业主的合法权益，又需要让业主享有知情权和监督权，甚至收益权。

⑨监督物业共用部位、共用设施设备专项维修资金的管理和使用。专项维修资金是为了保证物业的维修和正常使用，依照国家规定募集并建立的专门性资金，它属于全体业主所有；其收取、使用、统筹、代管等各个环节都必须受到业主的严格监督，以防止被挪用、被贪污、被损失。

⑩法律、法规规定的其他权利。除上述之外，业主还享有法律法规规定的其他权利，如在物业受到侵害时，有请求停止侵害、排除妨碍、消除危险、赔偿损失的权利；有权对有关物业维护、使用等规章制度、报告提案进行审议，有权为维护自己和他人合法权益进行投诉和控告等。

(二) 业主的义务

(1) 从建筑物区分所有权的角度讲，按照《物权法》的规定，业主履行的义务有以下几项：

①业主行使权利不得危及建筑物的安全，不得损害其他业主的合法权益。

②业主不得违反法律法规以及管理规约，将住宅改变为经营性用房，如将住

宅改變為經營性用房的，除遵守法律法規以及管理規約外，應當經有利害關係的業主同意。

③業主不得以放棄權利而不履行義務。

④業主轉讓建築物內住宅、經營性用房，其對共有部分享有的共有和共同管理的權利一併轉讓。

（2）按照《物業管理條例》規定，業主在物業管理活動中，業主應當履行以下義務：

①遵守管理規約、業主大會議事規則的義務。物業管理規約是業主承諾的，對全體業主都具有約束力，是物業管理區域內物業的使用、維護及其他管理方面權利義務的行為準則，全體業主都有遵守的義務。業主大會議事規則就業主大會的議事方式、表決程序、業主投票權確定辦法、業主委員會的組成和委員任期等事項作出約定，是實施物業管理服務的重要規章制度，因此全體業主都有遵守的義務。

②遵守物業管理區域內有關物業管理服務方面的各項規章制度的義務。物業管理區域內物業共用部分和共用設施設備的使用、公共秩序和環境衛生的維護等方面的規章制度，都是為了保障物業的正常使用，保護全體業主根本利益的，每個業主都有遵守的義務。

③執行業主大會的決定以及業主大會授權業主委員會作出的決定的義務。業主大會是在物業管理活動中代表全體業主，維護業主合法權益，決定涉及業主共同利益事項的組織。其行為應當由組成業主大會的全體業主共同承擔。業主大會所作出的決定，代表了全體業主的意願和要求，因此，作為每個業主都必須執行，這是最基本的義務之一。業主委員會是業主大會的執行機構，執行業主大會授權業主委員會作出的決定，同樣是每個業主的義務，也是維護業主自身合法權益的基本要求。

④按照國家有關規定交納專項維修資金的義務。要確保物業共用部位、共用設施設備的正常使用，在發生問題時能得到及時維修，以保障業主的人身和財產的安全，就必須保證專項維修資金能夠及時到位。因此，業主按時、按規定交納專項維修資金是業主的義務。

⑤按時交納物業服務費的義務。物業服務費用是維持物業共用部分、共用設施設備正常使用的維護運行保養，以及維護物業管理區域內的秩序、環境等的費用。其對物業的保值、增值有著重要的作用。如果物業服務費不能及時到位，就使物業得不到應有的保養和維修，就會造成服務質量的下降，就會損害全體業主的根本利益。因此，按時交納物業服務費是每個業主應盡的義務。

⑥法律法規規定的其他義務。

三、業主的自治管理

在物業管理中，一個成熟理性的業主應具備三種意識：自權意識、自治意識、自律意識。這三種意識濃縮了業主在物業管理過程中的權利和義務，是業主獲取和保障應得利益，規範和約束自身行為，監督和配合物業服務企業的理論基礎。

自權意識就是業主個體、集體（業主委員會）、全體（業主大會）要清楚明瞭自身和他方有何權利，怎麼行使權利，如何維護利益等。業主個體的權利前已述及，業主集體和全體的權利將在第四節詳述。這裡只談業主的自治意識和自律意識。

（一）自治意識

業主自治管理是指物業管理區域內的全體業主基於建築物區分所有權，依據法律法規的規定，根據民主的原則建立自治組織、確立自治規範、自我管理本區域內物業及相關方面的一種基層治理模式。它是相對於物業服務企業的專業管理來說的，是業主發揮主觀能動性，以積極主動、占主導地位的方式來管理自己所在的物業區域。廣義的業主自治管理是業主對物業專有部分和共有部分的使用、經營和管理做出決定的行為，包括業主對個人所有物業的治理，對多方共有物業的維護，對小區公共事務的決策等。它所採用的方式可以是直接從事物業管理服務工作和間接參與專業組織開展的物業管理服務活動，前者如業主聯合起來進行自治管理，或者雖然還保留物業服務企業，但是業主的自治管理可以占主導地位；后者就是一般意義上的物業管理，以物業服務企業為主，業主參與和配合物業管理服務工作。狹義的業主自治一般指廣義概念中的前一種方式，這就要求業主的素質較高，能夠團結統一，如當前有些小區由社區居委會指派的樓宇自治管理就是這種方式。

不論怎麼理解業主自治管理，也不論業主自治管理採用哪種方式，業主都可享有如下的自主權：

1. 接受服務權

它指業主根據合同或約定，有權接受自治組織（如樓宇自治組織）或專業組織（如物業服務企業）提供的服務。

2. 提議權（請求權）

它指有權提議召開業主大會會議，建議物業管理有關事項的做法或開展。

3. 議事權

它指有權建議制定和修改管理規約、業主大會議事規則。

4. 參與權和投票權

它指有權參加物業管理區域內事關業主自身利益和全體業主公共利益的各項活動或工作事項，有權參與業主大會及投票表決集體討論事項。

5. 選舉權與被選舉權

它指有權宣講和被選舉為業主委員會委員或業主代表。

6. 知情權和監督權

它指有權知曉物業公共部位、公共設施設備和相關場地的使用情況、物業服務費和專項維修資金的收支情況、物業管理服務工作開展情況等，並享有監督權，監督物業服務企業履約情況、業主委員會工作情況、其他業主守約情況等。

7. 法律法規規定的其他權利

它指在其他法律法規中對公民權利的規定，業主也應享有，如業主對已得到履行的房屋買賣合同和房屋產權證所確定面積享有所有權，對走道、門廳等共有部分及根據同一系列合同出售的小區內的草坪、道路等享有區分所有權等。

業主自治管理是基於建築物區分所有權而產生的權利，物業管理區域內全體業主都有權享有。業主自治管理是人民群眾進行自我教育和自我管理的實踐形式，其組織形式是業主大會和業主委員會，其宗旨和目的是維護全體業主的共同利益，必須在民主決策、民主監督的原則指導下規範運行，健康發展。

(二) 自律意識

1. 業主的自律意識

自律，指在沒有人現場監督的情況下，通過自己要求自己，變被動為主動，自覺地遵循法度，約束自己的一言一行。自律並不是讓一大堆規章制度來層層地束縛自己，而是用自律的行動創造一種井然的秩序來為我們的學習生活爭取更大的自由。

業主的自律意識是實現業主自治和業主自權的保證。業主自律主要是指業主要遵守業主大會通過的管理規約以及有關規章制度，服從物業管理服務的自治組織和專業組織的正常管理，合理使用物業，承擔相應的費用，約束自己行為。它的實質是業主在行使和維護自己的權利的同時，不得損害和侵犯社會公眾和他人的合法利益。

業主自治強調的是業主的權利及其實現，業主自律強調的是業主的義務承擔和自我約束，兩者相輔相成，缺一不可，偏廢不得。

2. 業主的自律管理

(1) 業主主體意識

在物業管理活動中，建立業主自我約束、自我管理的自律機制是貫徹《物業管理條例》的重要工作之一，關鍵是要從以下幾個方面增強業主的主體意識。

第一，責任意識。業主是房屋產權的所有者，他們不僅是物業管理的服務對象，同時也是物業管理的重要責任主體。在物業管理的活動中，他們在擁有權利的同時又必須履行有關義務；他們有權參與制定、修改業主公約，但同時也有履行公約的責任；他們有權參加業主大會，行使投票權，同時也有執行業主大會決議的責任；他們在監督業主委員會工作、監督物業服務企業履行合同的同時，也有責任遵守物業管理區域內的有關規章制度。業主責任的落實，關係到物業管理的健康運行。因此，在貫徹《物業管理條例》的過程中，要切實加強這方面的宣傳和教育。

第二，消費意識。物業管理服務活動既是物業服務企業提供專業化管理和服務的經營性活動，又是業主花錢買服務的住房消費行為。要在業主中進一步樹立「誰受益，誰付費」「付多少錢，享受與付費水平質價相符的服務」及「根據自己的消費水平，選擇確定相應的物業管理服務」的消費意識，以確保物業管理費的收取，維持物業管理活動的正常開展。

第三，規約意識。物業管理涉及多個業主，業主之間既有個體利益，也有共同利益，單個業主的個體利益，應當服從大多數業主的整體利益。管理規約是規定業主在物業管理區域內涉及業主共同利益的權利與義務的自律性規範，是業主對物業管理區域內一些重大事務的共同性約定，是多個業主之間形成的共同意志和行為準則。管理規約應當對有關物業的使用、維護、管理、業主的共同利益，

業主應當履行的義務、違反公約應當承擔的責任等事項作出約定，對全體業主具有約束力，只有所有業主共同遵守，才能建立物業管理服務活動的正常秩序。

第四，合同意識。業主與物業服務企業之間是建立在合同基礎上的民事法律關係，業主大會作出決定後，業主委員會應當與物業服務企業訂立書面的物業服務合同。物業服務合同應當對物業管理事項、服務質量、服務費用、雙方權利義務、專項維修基金的管理與使用、物業管理用房、合同期限、違約責任等內容進行約定。物業服務合同是解決業主與物業服務企業糾紛的最直接依據，是業主維護權益的基礎，當然，業主自身也必須遵守合同的約定。

(2) 業主自律機制

在強調增強業主體意識的同時，還必須建立起有效的業主自律機制。《物業管理條例》在界定了業主、業主委員會和業主大會的權、責、利的基礎上，強調了業主大會的作用。明確規定了重大問題要經業主大會討論決定；業主大會作出的決定對物業管理區域內的全體業主具有約束力。業主權責一致的實現，很大程度上依賴於民主協商、自我管理。利益平衡的業主自律機制的建立健全，依賴於業主大會制度的推行和對重大問題的民主決策及共同執行。因此，業主大會制度的建立健全是建立業主自律機制的關鍵，也是物業管理服務工作的難點，需要在實踐中累積更多的經驗，以推動業主自律機制的建立，促進物業管理的健康有序發展。

總之，業主的自律管理，就需要業主以一個物業管理服務消費者的身分加強自身素質培養和消費意識轉變，使自己成為一個成熟而理性的物業管理服務接受者和消費者；需要業主增強法律意識，自覺遵守物業管理區域內管理規約、物業服務合同及國家和地方相關法律法規，依法保障自身和其他業主的合法權益不受損害和侵犯，爭做一個有法可依、有法必依、執法必嚴、違法不究的知法者、守法者、護法者和「執法者」；需要業主強化公眾意識、整體觀念和全局思想，強調個人利益服從集體全體利益，少數人意志服從多數人意志，確保物業管理區域內的長期和諧、穩定、安全和幸福，成為和諧小區、幸福家園的建設者和守護者；需要業主加強責任感、敢於擔當、樂於奉獻、勤於履責、甘於貢獻，協同其他業主共同做好物業管理服務工作，實現物業管理服務的使命和目標。

四、主大會與業主委員會

(一) 業主大會的內涵

業主大會是在物業所在地的區、縣人民政府房地產行政主管部門和街道辦事處（鄉鎮人民政府）指導下，由同一個物業管理區域內全體業主組成的，代表和維護物業管理區域內全體業主在物業管理活動中的合法權益的業主自主管理組織。

1. 業主大會的特點

(1) 業主大會的組成人員是物業管理區內全體業主，物業的承租人和其他實際使用人（不具所有權）以及與業主共同居住的親屬不能成為業主大會的成員，但他們可以列席業主大會，沒有實質的權利，也不承擔實質的義務，沒有表決權和選舉權。當然，如他們受業主委託參加業主大會，則享有發言權、表決權，同

樣不享有被選舉權，不能成為業主委員會委員。

（2）業主大會應當代表和維護物業管理區域內全體業主在物業管理活動中的合法權益。業主大會必須依照國家法律法規和政策規定以及管理規約等約定，實施自我管理、自我約束的行為，不能組織與物業管理活動無關的活動。

（3）業主大會是業主自治管理組織，是業主自治的最高權力機構和決策機構。同一個物業管理區域內的業主，應當在所在地區、縣人民政府房地產行政主管部門和街道辦事處（鄉鎮人民政府）指導下成立業主大會，選舉業主委員會。業主大會自首次會議召開之日起成立。但是，只有一個業主，或業主人數較少且經全體業主一致同意，決定不成立業主大會的，由業主共同履行業主大會、業主委員會職責。

2. 業主大會的性質

業主大會是由業主對物業自行管理或委託管理過程中成立的維護物業管理區域內全體業主合法權益的組織，是對物業的管理和公共利益的維護的一種自治、自助行為機構。它不同於物業服務企業進行的專營性質的管理服務，也不同於專門負責轄區內進行物業行政性管理和工作指導的地方政府所設立的物業管理工作行政部門。業主大會基於其性質、宗旨、組成人員、運作機制的不同而區別於其他對物業進行管理、指導、監督的組織或機構，具有民主性、自治性和代表性的特徵。

（1）業主大會是民主性組織

業主大會的成員地位是平等的，人格是獨立的，能夠根據自己的意願或判斷發表建議，提出看法，表達意見等，任何組織和個人不能制止、干涉、阻撓其行使正當權益。

（2）業主大會是自治性組織

業主大會的成員在物業管理活動中根據自我服務、自我管理、自我教育、自我約束的原則，自主、自動、自覺地履行應盡的各種義務，承擔相應的社會責任，自發、自由地行使相應的權利，共同維護物業管理區域內的公共秩序、環境衛生、安全穩定、和諧文明，共同助推物業管理活動的有效開展和物業的保值增值、壽命延伸、功能健全。

（3）業主大會是代表性組織

業主大會由全體業主組成，是為實現對物業的有效管理、對物業管理區域內的共同事項作出決定而形成並起作用的。因此，它將代表和維護物業管理區域內全體業主在物業管理活動中的合法權益，實現對全體業主共同利益事項的決定和管理。業主大會作出的決議（決定）應當是全體業主利益的反應，而不僅僅是個別業主利益的反應。即時業主大會作出的決議（決定）並沒有經過全體業主一致同意，甚至有時還會受到個別業主的反對，但只要符合業主大會議事規則，那麼這種決議（決定）就代表了全體業主的利益。

3. 業主大會的設立

《物業管理條例》規定，一個物業管理區域成立一個業主大會。物業管理區域的劃分按照前面所述及的應考慮物業的共用設施設備、建築物規模、社區建設等因素，具體辦法由省、自治區、直轄市制定。

4. 業主大會的職責

《物業管理條例》對業主大會的職責作了如下規定：

(1) 制定、修改管理規約和業主大會議事規則。

管理規約是業主集體自治管理組織的「小憲法」，是在業主集體自治管理轄區內從事與物業管理有關活動的業主、單位和其他人員所應共同遵守的「總章程」。業主大會議事規則是業主共同決定制定的用以規範業主大會組織與行為的法律文件，是業主、業主大會及業主委員會均應遵守的。管理規約和業主大會議事規則的訂立，是以特定業主集體的名義，由該業主集體組成的業主會議依據一定程序、運用一定技術，為體現本業主集體在物業管理方面的共同自治意志所進行的，制定、修改、補充、廢止具有特定適用範圍和組織紀律效力的物業管理自治行為規範的活動。

(2) 選舉、更換業主委員會委員，監督業主委員會的工作。

業主委員會是一個業主維護自身合法權益，行使業主自治權的常設機構。選舉出業主委員會的組成人員是業主大會的一項重要職權，行使好這一職權，認真推選出真正能維護業主利益的業主委員會成員，業主權利的行使才有保障。業主大會有權選舉、決定和罷免本自治管理組織實體（即業主委員會）的組成人員。對於以上人員，業主會議有權依照規定的程序予以罷免。選舉業主委員會組成人員並非是每次業主大會的例行職權，這一職權一般是在首次業主大會和換屆時行使。至於撤換業主委員會的組成人員，只要有必要，確因個別組成人員不稱職，任何時候的業主大會（包括臨時業主大會）都可行使這一職權。

同時，業主大會應當監督業主委員會的工作，有權改變或者撤銷業主委員會不適當的決定。業主大會的常設辦事機構是業主委員會。業主大會賦予業主委員會行使物業管理自治職權的權利，同時也應該監督、審核、評議其行使職權的狀況，進而決定是否延長其任期或行使撤換其成員的權利。業主大會行使監督業主委員會工作的權利，一般是採取聽取業主委員會工作報告的方式。在業主大會召開例會時，業主委員會應該進行總結，作出工作報告，將其所進行的各項自治管理工作向業主進行詳細的報告，對財務狀況進行匯總說明，並應接受業主的質詢，作出回答。作為業主大會成員的每一名業主，在平時也可以監督業主委員會的工作，提出自己的意見，並在業主大會中進行處理。

(3) 選聘、解聘物業服務企業。

(4) 決定專項維修資金使用、續籌方案，並監督實施。

(5) 制定和修改物業管理區域內物業共用部位和共用設施設備管理使用、公共秩序和環境衛生維護等方面的規章制度。

上述三項，是本自治管理轄區內涉及業主共同利益的重大事項，理應由業主大會決定。

(6) 法律、法規或者業主大會議事規則規定的其他有關物業管理的職責。

由於業主生活複雜多變和持續發展，因而很難完全預料可能出現的業主自治管理的新問題，也難將業主會議的職權列舉周全無遺。為便於業主大會處理新出現的重大問題，對業主大會的職權採用列舉加概括兜底的規定方法確有必要，可以給業主大會對這些新問題行使職權上提供法規和管理規約依據。例如：物業的

大修及公用設備設施的更新大修；建造新的公用設施，如噴泉、娛樂室等；電力增容；鋪設新的線路；其他需要業主分攤費用的事項；業主委員會的經費籌集方式、來源和標準；業主委員會成員是否獲取報酬，酬金標準、來源；大型活動的開展等。總之，物業管理區域內重大管理事項都必須由業主大會討論決定或審批通過。業主大會認為業主委員會的決定不當時，可予以撤銷。

(二) 業主大會會議

業主大會行使職權是通過召開業主大會會議進行的。

1. 業主大會召開的原則

（1）業主大會會議召開的形式：業主大會會議分為首次業主大會會議、業主大會定期會議和業主大會臨時會議三種形式。定期會議是指依照法律法規以及管理規約、業主大會議事規則的規定一般每年召開一次，且多在第一季度（便於審查批准本年度物業管理計劃及預算和前一年度的物業管理決算）。因此，定期會議也稱為年度會議。臨時會議有時也稱為特別會議，經20%以上的業主提議，或發生重大事故、緊急事件需要及時處理的，或業主大會議事規則或管理規約規定的其他情況出現時，業主委員會應當及時組織召開業主大會臨時會議。對於業主委員會不履行召開業主大會臨時會議義務的，業主可以向物業所在地街道辦事處、鄉鎮人民政府提出協助要求，街道辦事處、鄉鎮人民政府應當協調組織召開。

業主大會會議召開可以採用全體大會和代表大會的形式。全體大會是全體業主參加並組織召開的大會，一般以具有投票權的業主參會為準。業主人數較多時，可以以幢、單元、樓層等為單位，推選業主代表參加業主大會會議，形成業主代表大會；並由業主代表在會議召開前3日內就業主大會會議擬討論的事項書面徵求其所代表業主的意見，凡需要表決的，業主的讚成票、反對票和棄權票均需經本人簽字，由業主代表在業主大會會議投票時如實反應。在實際工作中，有時業主委員會或物業服務企業甚至街道辦事處、鄉鎮人民政府和房地產行政主管部門也會召集部分業主代表召開一些會議，就一些物業管理服務事項或問題等徵求意見或建議、商談交流增進共識，協調磋商調解糾紛，座談協商解決矛盾等。這種座談、協商、洽談性質的會議不是一般所指的業主大會會議，因它沒有完全按照業主大會規程規定的所有條款和程序進行操作。

業主大會會議可以集體討論和書面徵求意見的方式。兩種方式各有利弊。集體討論的會議可以讓業主進行充分陳述和深入討論，更容易形成相互之間都比較理解和接受的決定，但是需要場地，並對時間有要求等，成本較高，操作麻煩。書面徵求意見工作難度小，成本低，但由於缺少交流，往往容易出現有些業主對業主大會會議形成的決定不能理解和接受的現象，有時很難積極執行會議決定。在具體工作中，業主委員會可以根據具體情況確定會議形式。

如果業主大會會議採用代表會議的形式，則代表的投票權也存在兩種形式：一種是全權代表其所代表的業主行使投票權，另一種是代表僅能行使自己原有的投票權，其作用相當於其他業主的一個聯繫人。由於物業服務活動直接關係到每一個業主的切身利益，業主大會會議將對物業管理服務活動的重要事項作出決定，因此，每一位業主親自參加投票較合適，第一種方式不可取，可能引來糾紛。按

照規定，業主可以書面委託他人（包括業主代表）參加業主大會會議，如果業主充分信任他人和選出的代表，也可完全通過授權讓他人和代表獲得投票權，而不一定親自參會。在《業主大會規程》中對代表權限明確定為第二種方式。

(2) 召開業主大會會議的人數：無論採用哪種召開形式，都應當有物業管理區域內專有部分占建築物總面積過半數的業主且總人數過半數的業主參加。

(3) 業主大會會議參會人的要求：業主應積極參加業主大會會議，因故不能參加時，業主可以委託代理人參加業主大會會議，但必須辦理委託手續。不滿十八周歲的業主可以由其法定代理人出席。

(4) 業主大會會議作出決定的人數：業主大會決定重大事項，應當經專有部分占建築物總面積 2/3 以上的業主且占總人數 2/3 以上的業主同意；決定一般事項，應當經專有部分占總建築面積過半數的業主且占總人數過半數的業主同意。當然，一般事項和重大事項的確定可以由《業主大會議事規則》進行規定。比如，有的地方把決定使用和統籌專項維修資金和改建、重建建築物及其附屬設施，制定和修改業主大會議事規則和管理規約、選舉或更換業主委員會委員、選聘或解聘物業服務企業等規定為重大事項，此外的其他事項為一般事項。

(5) 業主大會會議的其他要求：業主大會會議應於召開前 15 日內通知到全體業主（業主代表），業主委員會應將會議通知及有關材料以書面形式在物業管理區域內廣告。住宅小區的業主大會會議，還應同時通知相關街道辦事處、鄉鎮人民政府。業主大會會議應由業主委員會作書面記錄並存檔，業主大會的決定應以書面形式在物業管理區域內及時公告。

2. 首次業主大會會議

(1) 首次業主大會會議召開的條件

首次業主大會會議召開一般要求至少具備下列其中之一條件：公有住宅出售專有部分達到建築總面積的 30% 以上，或新建商品住宅出售專有部分達到建築總面積的 50% 以上，或本物業管理區域內第一套住宅實際交付業主使用已滿 2 年。

同時要求建設單位應及時告知物業所在地的區、縣人民政府房地產行政主管部門和街道辦事處、鄉鎮人民政府，並向其報送相關資料：物業管理區域證明、房屋及建築物面積清冊、業主名冊和入住率告知書、建築規劃總平面圖、交付使用共用設施設備的證明、物業服務用房配置證明等。

(2) 首次業主大會會議的程序

①推薦召集人，召集業主提出成立申請

當首次業主大會會議召開的條件滿足後，業主 5 人以上聯名可向該小區所在的街道辦事處或鄉鎮人民政府書面提出申請，填報《首屆業主（代表）大會籌備小組成立申請表》，開展首次業主大會會議籌備組成立工作。這些申請人員作為臨時召集人，一般按照占業主總人數 5% 以上或者專有部分占建築物總面積 5% 以上的標準進行確定。

②成立籌備組

住房和城鄉建設部「關於印發《業主大會和業主委員會指導規則》的通知」（建房〔2009〕274 號）第九條規定，符合成立業主大會條件的，區、縣房地產行政主管部門或者街道辦事處、鄉鎮人民政府應當在收到業主提出籌備業主大會書

面申請后60日內，負責組織、指導成立首次業主大會會議籌備組。

首次業主大會會議籌備組由業主代表、建設單位代表、街道辦事處、鄉鎮人民政府代表和居民委員會代表組成。籌備組中業主代表的產生，由街道辦事處、鄉鎮人民政府或者居民委員會組織業主推薦。籌備組應當將成員名單以書面形式在物業管理區域內公告。業主對籌備組成員有異議的，由街道辦事處、鄉鎮人民政府協調解決。

建設單位和物業服務企業應當配合協助籌備組開展工作。籌備組成員人數應為單數，其中業主代表人數不低於籌備組總人數的一半，籌備組組長由街道辦事處、鄉鎮人民政府代表擔任（組長不具有表決權）。其中有表決權的籌備組成員人數應為單數，業主代表人數不低於籌備組總人數的一半。

③籌備組公告及成立

籌備組應當將成員名單、分工、聯繫方式等內容以書面形式在物業管理區域內顯示位置公告。籌備組自公告之日起成立。

④建設單位向籌備組報送材料並錄入相關信息

建設單位應當自籌備組成立之日起7日內向籌備組提供業主名冊、業主專有部分面積、建築物總面積等資料。其中的業主名冊、面積清冊是比較重要的資料，是決定業主大會業主表決權的重要依據。同時，根據相關規定，建設單位還應按照有關規定將相關信息錄入公共決策平臺。通常這個平臺由當地建設主管部門負責管理，便於對物業服務企業和業主進行相關管理。

⑤籌備組開展相關工作

第一，制定首次業主大會會議召開方案，確定會議召開的時間、地點、形式、內容及表決規則。

第二，參照政府主管部門制定的示範文本，聽取業主和相關人員的意見、建議，結合本物業管理區域內的實際情況，擬定《管理規約（草案）》《業主大會議事規則（草案）》《業主委員會章程（草案）》。

第三，確認並公示業主身分、業主人數以及所擁有的專有部分面積，確定業主在首次業主大會會議上的投票權數。業主投票大致有兩種計算方式：一是以業主所擁有的物業權利份額或建築面積來計算，每一份業權擁有一個投票權。如有的地方規定，各類建築物面積按10平方米計算為一票，不足10平方米的，5平方米及以上的計算為一票，不足5平方米的不計票。二是不區分業主擁有物業的份額，每個業主都有相同的投票權，如有的地方規定按一戶一個投票權進行計算。有的地方為避免大業主享有較大的投票權，防止少數業主任意左右業主大會決議的情況出現，規定當任一業主的投票權占參會業主投票權的1/5以上時，其超過1/5部分不予計算投票權。

第四，協商確定業委員會委員候選人產生辦法及名單、首次業主大會會議表決規則，制定業主委員會委員選舉辦法。

第五，做好首次業主大會會議召開的其他準備工作。

上述籌備工作應當在首次業主大會會議召開15日前以書面形式在物業管理區域內的顯著位置公告7日。在公告期間，業主可以提出建議或意見，籌備組應當作好記錄或答復；在公示期滿后7日內，結合業主提出的建議或意見進行修改，確定

擬提交表決的內容。

第六，籌備組成員每人享有一票表決權（組長除外），但籌備組的業主代表不能委託代理人參加籌備工作會議；籌備組作出決定應當經籌備組中擁有表決權的過半數成員同意。成員進行表決時應當在決議上簽字，註明同意、反對或者棄權。持保留意見的成員不簽字的，不影響決議的效力。

第七，籌備組應當對會議進行書面記錄，籌備組組長應當對表決及會議記錄予以簽字確認；籌備相關費用應由建設單位承擔，包括參會人員開支、場地費用、材料費用等（建設單位應將費用支出明細予以保留並作為已盡該項義務的證明）。

第八，籌備組應當自組成之日起 90 日內完成籌備工作，組織召開首次業主大會會議。

⑥首次業主大會會議的召開

首次業主大會會議主要任務和內容是審議通過業主委員會章程、管理規約和議事規則，選舉產生業主委員會委員。具體程序有：

第一，大會籌備組介紹會議籌備情況；

第二，大會籌備組介紹業主委員會候選人情況；

第三，審議、通過業主委員會議事規則、管理規約和業主委員會章程；

第四，選舉產生業主委員會委員；

第五，審議、通過其他物業管理重大事項。

除了基本內容外，可以根據小區實際情況通過一些其他決議，如監事會的設置與組成、專項維修資金的應急支取預案、自治小區的自行管理方案與應急保障措施等。因為召開一次業主大會的手續比較繁瑣，增加表決項，提高表決效率是非常有必要的。如果在首次業主大會沒有選舉，還需要再次召開業主大會表決，則非常麻煩。

⑦首次業主大會會議資料的備案

第一，業主委員會備案。業主委員會自選舉產生之日起 30 日內，向物業所在地街道辦事處、鄉鎮人民政府備案並提交籌備組出具並由組長簽字的業主大會成立和業主委員會選舉情況的報告，業主大會決議、管理規約、業主大會議事規則、業主委員會章程，業主委員會組成人員基本情況及委員分工情況等相關材料。街道辦事處、鄉鎮人民政府應在備案後 7 日內將備案材料抄送區縣房屋行政主管部門，同時將有關情況書面通報物業所在地公安派出所、社區居民委員會。業主委員會憑街道辦事處、鄉鎮人民政府出具的備案證明，向區、縣公安分局申請刻制業主委員會印章。業主委員會備案的有關事項發生變更的，應依照規定重新備案。

第二，業主大會登記。經業主表決同意，可以辦理業主大會登記。業主委員會到市縣（區）房屋行政主管部門辦理業主大會登記；業委會憑登記證明，向區縣公安分局申請刻制業主大會印章。

⑧業主大會的成立

首次業主大會會議應於會議結束 3 日內公告會議中作出的決定，時間不少於 7 日。業主大會自首次業主大會會議表決通過管理規約、業主大會議事規則、業主委員會章程，並選舉產生業主委員會之日起成立。

(三) 業主委員會的概念與性質

1. 業主委員會的概念

收到區、縣級市物業行政主管部門的備案意見，業主委員會成立。

業主委員會是按照法定程序經業主大會會議中的業主（或代表）選舉產生，並經房地產行政主管部門登記，代表全體業主對物業管理區域實施自治管理的組織，是業主行使共同管理權的一種特殊形式。

業主委員會是業主大會的執行機構和常設工作機構，在業主大會的授權下開展工作，代表和維護物業管理區域內全體業主的合法權益，是物業管理服務中的重要參與主體和法律關係主體。其合法權益受到國家法律保護，其宗旨是代表業主的利益，維護業主的合法權益，支持配合和監督物業服務企業的工作，共同創造一個良好的生活工作環境。

2. 業主委員會的相關關係

（1）業主委員會與業主（代表）大會的關係

兩者都是由業主組成的業主自治機構，都是業主參與和實現民主管理的組織形式，都要接受房地產行政主管部門的監督、指導和管理。業主（代表）大會不是一個常設機構，只在管理規約規定的時間召開會議，平時並不持續行使職權。而業主委員會是它的常設機構，兩者有上下級關係，業主委員會應當向業主（代表）大會負責並報告工作。

（2）業主委員會與物業服務企業的關係

兩者在物業管理服務過程中實現業主自治與專業化管理相結合的管理體制，共同管理一定範圍的物業。兩者之間是一個委託與受託、聘用與受聘、監督與被監督、被服務與服務關係。兩者在法律地位上是平等的，具有作為合同當事人雙方之間的平等法律關係、作為消費者與經營者之間的平等法律關係，不存在統治與隸屬、管理與被管理、領導與被領導的關係。當然，雙方也是一種合作關係，共同致力於最大限度地對物業實施專業化管理。

（3）業主委員會與居民委員會或社區居委會的關係

兩者之間是指導與被指導的關係。居民委員會或社區居委會是一種居民自我管理、自我教育、自我服務的基層群眾性組織，主要辦理政府交辦的事項，辦公經費和場所等一般也由政府解決，其實是一個準政府機構或者是最基層的政府（組織），其工作性質是一種行政管理行為。《物業管理條例》規定：在物業管理區域內，業主大會、業主委員會應對積極配合相關居民委員會或社區居委會依法履行自治管理職責，支持其開展工作，並接受其指導和監督。在物業管理服務活動中，業主大會、業主委員會的會議召開和作出的決定應告知居民委員會或社區委員會，並聽取其建議；業主大會、業主委員會應配合公安機關，與居民委員會或社區居委會相互協作，共同做好維護物業管理區域內的社會治安等相關工作。當然，由於兩者面對的人群經常出現交叉甚至重合，在社區服務和管理上也存在一定程度的交叉或重合。因此，融合處理好兩者之間的關係，還需在實踐中繼續探索。

3. 業主委員會的性質

(1) 國外對業主委員會性質的界定

德國模式：不具有法人資格。該模式認為業主委員會只是業主大會的執行機構，它沒有獨立的責任財產，不是獨立的民事主體。此團體是住宅所有權人共同體，不具備權利能力，因而不具有法人資格。權利義務主體為單個的住宅所有權人，而非住宅所有權人共同體。立法以德國的《住宅所有權法》為代表。但德國學術界認為，該住宅所有權人團體性質上屬於具有部分權利能力的特別團體。即該團體可以借區分所有權人會議與管理人而成為有行為能力的組織體，可以從事訴訟行為。德國現行住宅所有權法規定，住宅所有人通過契約結成住宅所有人共同體即管理團體，而非法律強制成立。

法國、新加坡模式：具有法人資格，與法人無區別。該模式賦予其依法享有法人資格，具有民事行為能力和民事權力，依法獨立享有民事權利，承擔民事義務的權利。在實體權利能力、行為能力和當事人能力方面與法人均無區別。《法國住宅分居所有權法》規定，如果有兩名以上擁有建築物不同部分的區分所有者，即應存在區分所有權人管理團體。而且，該兩名以上區分所有權人全體於法律上系當然構成團體，並各自成為該管理團體的構成員。該團體性質上屬於享有法人資格的團體。其與公司相同，有法律上的行為能力，能實施法律行為，並能進行訴訟活動。依此可知，法國在立法上認為，全體業主當然構成具有法人資格的業主團體。據新加坡現行法的規定，區分所有權人管理團體在登記官的「區分所有權一覽書」上登記的同時就自動設立。該管理團體性質上屬於具有法人資格的實體，且具有永續性。該管理團體可以締結任何契約，或就有關涉及共同所有財產的任何問題，承擔訴訟的原告或被告。

美國模式：具有判例實務的法人資格。美國傳統法律及現行法制並不承認業主委員會具有法人資格，但隨著形勢發展及法律學說的推動，美國法院在20世紀70年代通過判例承認該組織具有法人資格。至今，業主委員會的法人資格已於美國判例實務上獲得普遍承認。

從世界各國立法及實務的情勢看，業主委員會具有明顯的法人化共同傾向。因此，可得出如下結論：一是立法上大多數國家或地區都承認和支持成立業主委員會來解決區分所有權人有效管理其共有財產的問題；二是不論業主委員會是否具有法人資格，它都是作為一個民事主體存在的，具有當事人能力，能以自己的名義起訴或應訴。而筆者更偏向於美國模式，它能夠使業主委員會行使職權與維護業主合法權益在理論和實踐中達到平衡。

(2) 中國關於業主委員會性質的爭論

中國理論界和實務界一直存在著爭議，歸納起來，主要有三種不同觀點：

①業主委員會屬於獨立的社團法人

具體理由如下：

第一，按照《物業管理條例》和其他相關規定，業主委員會是經過房地產管理部門註冊登記的有形實體組織，它有自己的章程。

第二，現實中中國絕大多數業主委員會都有相當數量的財產和活動經費。

第三，業主委員會完全獨立於各個業主，享有擬制資格，能夠獨立行使民事

權利，承擔民事責任，如對外簽訂合同，進行訴訟等。其行為和決策的后果應由自己承擔，其效果不能直接歸於各個業主。

②業主委員會屬於享有獨立訴訟主體資格的非法人組織

具體理由如下：

第一，業主委員會經過業主大會或業主代表大會選舉產生，是經房地產行政管理部門核准登記成立的，具有合法的地位，有一定的組織機構和營運財產，應該屬於《民事訴訟法》所說的「其他組織」。

第二，業主委員會雖然不具有法人資格，但作為一個合法組織，並非各個業主的簡單聚合，有一定的組織性和穩定性，並且長期固定存在，就應可以行使民事權利，承擔民事責任，在民事糾紛、爭議中享有獨立的訴訟權利，有獨立的訴訟主體資格。

第三，業主委員會不是法人，沒有獨立的擬制資格，其行為的后果、責任應由全體業主共同承擔。

③業主委員會是既非法人，也無獨立訴訟主體資格的一般組織

具體理由如下：

第一，業主委員會既不從事經營活動，業主也不交納款項給業主委員會運作。所以業主委員會並沒有自己獨立的財產，不享有《民事訴訟法》中「其他組織」的獨立訴訟主體資格，更不能成為法人。

第二，當在實踐中涉及糾紛訴訟事務時，應由全體業主授權於業主委員會，由其作為全體業主代表參加民事訴訟活動，行使訴訟的權利，其訴訟活動的結果也直接歸於全體業主。

目前，中國《物業管理條例》並沒有明確規定業主委員會的法律性質，業主委員會雖有備案制度，但這種備案並不意味著業主委員會主體資格的確定。通過法律揭示，尤其是通過對業主委員會的職責和性質的分析，可以判斷業主委員會既非法人組織，也無獨立訴訟主體資格，只是業主自我管理、自我教育、自我服務的社會性自治組織。因此，在民事訴訟中，應由全體業主授權其代表全體業主參加民事訴訟活動，其訴訟的結果也直接歸於全體業主。

(三) 業主委員會的設立和組成

1. 業主委員會的設立

業主委員會由業主大會選舉產生，經向物業所在地的區、縣人民政府房地產行政主管部門備案後開始成立並開展工作。

2. 業主委員會委員的組成

(1) 業主委員會委員人數

業主委員會委員應為單數，一般為 5~15 名，經業主大會決定可以適當增減。但最低不得低於 5 名，最多不得超過 20 名。業主委員會設主任 1 名，副主任 1~2 名，主任副主任在業主委員會委員中推選產生。業主委員會應當聘請執行秘書 1 名，負責處理業主委員會的日常事務工作。業主委員會主任、副主任和執行秘書一般為專職，也可兼職。業主委員會選舉產生時，應注意發揮街道辦事處、居民委員會、社區居委會、公安派出所以及有關部門和單位的作用。

(2) 業主委員會委員的資格

《業主大會規程》中規定了業主委員會委員應當符合的條件是：本物業管理區域內具有完全民事行為能力的業主，遵守國家有關法律法規，遵守業主大會議事規則、業主公約，模範履行業主義務，熱心公益事業，責任心強，公正廉潔，具有社會公信力，具有一定組織能力，具備必要的工作時間。

同時規定，業主委員會委員資格終止的情形有：因物業轉讓、滅失等原因不再是業主的，無故缺席業主委員會會議連續三次以上的，因疾病等原因喪失履行職責能力的，有犯罪行為的，以書面形式向業主大會提出辭呈的，拒不履行業主義務的，其他原因不宜擔任業主委員會委員的。

業主委員會委員資格終止的，應當自終止之日起3日內將其保管的檔案資料、印章及其他屬於全體業主所有的財物移交業主委員會。

業主委員會的委員也可聘請一些熱心公益、責任心較強、熟悉物業管理服務工作、具有一定組織能力和必要工作時間的居民委員會、社區居委會、派出所等有關單位人員作為特別委員。業主委員會委員不得兼任本物業管理區域內物業服務企業的工作，物業服務企業成員是物業管理區域內的業主的，也不得擔任本區域內的業主委員會委員。

(四) 業主委員會的工作運行

1. 業主委員會的公約

業主委員會章程、管理規約、服務手冊和物業服務合同統稱為物業管理的公眾制度，是物業管理中的重要公約。與此類似的公約還有車輛出入與管理辦法、居民安全手冊、公共衛生手冊、公用設施使用須知、綠化管理維護辦法等。此處先就業主委員會章程和服務手冊進行說明，管理規約和物業服務合同見本書第六章。

(1) 業主委員會章程

業主委員會章程是從業主自治要求出發，是規範業主委員會及其成員之間處理內部事務的行為準則，是一種綱領性文件。業主組織和個人及其規章制度必須與之保持一致。它一般包括以下內容：

①總則。它主要說明「章程」的宗旨、依據，業主委員會的法律地位等原則性問題。

②業主委員會機構總體規定。它主要說明業主委員會機構的組成、產生、職責、工作及會議制度等。

③業主委員會的常設機構規定。它主要說明業主委員會常設機構的權利義務、主要負責人的職位設置、產生程序、工作人員的聘用、負責人和工作人員的身分等。

④業主委員會常設機構的制度規定。它主要說明業主委員會常設機構的日常運作程序和規則，相關的工作制度和會議制度等。

⑤業主委員會常設機構成員的規定。它主要說明業主委員會常設機構成員的權利和義務、身體健康狀況、任期和素質等方面的要求。

⑥其他。這部分包括業主委員會經費的來源和使用、工作場所的標準、專兼

職工作人員的酬金標準等。

（2）服務手冊

服務手冊是由物業服務企業制定的，一般包括的內容有：轄區物業範圍、位置、名稱、管理者提供的服務種類和標準、物業服務收費的標準、方式和時間、業主應遵守的規定，公共設施設備的適應、維修和管理規定，物業服務企業各部門提供管理服務的內容、電話以及接受、處理投訴的規定等。

2. 業主委員會會議

（1）基本規定

業主委員會應自選舉產生之日起 3 日內召開首次業主委員會會議，選舉產生主任、副主任、執行秘書。業主委員會應當按照業主大會議事規則的規定及業主大會的決定召開會議，至少每半年召開一次；但經 1/3 以上業主委員會委員提議或業主委員會主任認為有必要的，也可召開業主委員會特別會議；每次會議召開前 7 日內，書面通知全體委員，明確告知會議召開的時間、地點、議題。業主委員會會議由主任召集和主持；主任因故不能履行職責，可以委託副主任召集和主持，並作好書面記錄，由出席會議的委員簽字後存檔。業主委員會會議應當有過半數委員出席，作出的決定須經全體委員人數半數以上同意。業主委員委員不能委託代理人參加會議。業主委員會的決定應以書面形式在物業管理區域內及時公告。業主委員會會議的召開，可以邀請政府有關部門、街道辦事處、居民委員會、社區居委會、公安派出所、物業服務企業、用戶代表列席，但不具表決權。

（2）會前公告

業主委員會應當於會議召開 7 日前，在物業管理區域內公告業主委員會會議的內容和議程，聽取業主的意見和建議。

①有下列情況之一的，公告時間不得少於 15 日：關於物業專項維修資金使用的建議；關於調整物業管理服務費的建議；選聘或者解聘物業服務企業的建議；關於決定召開臨時業主大會會議的決議；關於罷免委員的建議；其他涉及物業管理區域內部分或全體業主利益的重大決議。

②如果有下列情況之一的，還須經全體委員過半數以上簽字：關於物業專項維修資金的使用和續籌方案的建議；關於調整物業管理服務費並提交業主大會表決的建議；根據業主大會的表決及有關法規的規定，採取何種方式選聘物業服務企業的決議；對物業服務企業制訂的年度管理服務計劃初審並提交業主大會表決的建議；關於決定召開臨時業主大會會議的決議；關於罷免委員的建議；向市、區、縣物業管理主管部門的投訴；其他涉及物業管理區域內部分或全體業主利益的重大決議。

3. 業主委員會的職責

（1）召集和主持業主大會，報告物業管理的實施情況。除首次業主大會會議外，以後每年召開的年度業主大會會議均由業主委員會籌備、召集和主持。遇有特殊情況，業主委員會有權依照有關規定召集和主持業主大會臨時會議。會議期間，業主委員會應當向業主大會報告物業管理區域內物業管理的實施情況。

（2）代表業主與業主大會選聘的物業服務企業簽訂物業服務合同。業主委員會應依據國家有關物業管理方面的法律法規和政策規定以及管理規約的約定，採

用公開招標、邀請招標方式選擇具有相應資質的物業服務企業。選聘、續聘或解聘物業服務企業，需經業主大會討論通過，業主委員會才能與物業服務企業簽訂、變更或解除物業服務合同。

(3) 及時瞭解聽取業主、物業使用人的意見和建議，監督和協助物業服務企業履行物業服務合同。業主委員會可以根據物業服務合同和上年度工作計劃，聽取廣大業主和使用人的有關意見並及時向物業服務企業反應，監督、檢查物業服務企業的工作落實情況，審核物業服務企業所做的年度財務決算報告。同時對業主開展多種形式的宣傳教育活動，監督並積極協助、支持和配合物業服務企業的工作，嚴格履行物業服務合同，以保障各項目標的實現。

(4) 監督管理規約的實施。督促業主遵守物業管理法律法規和政策規定，遵守管理規約及物業服務合同的約定。

(5) 業主大會賦予的其他職責。它包括組織修訂管理規約、業主委員會章程，審核專項維修資金的籌集、使用和管理以及物業管理服務費用、標準及使用辦法，接受政府有關行政主管部門的監督指導，執行政府行政部門對本物業管理區域的管理事項提出的指令和要求，調解物業管理服務活動中的矛盾、糾紛等。

4. 業主委員會的日常工作

業主委員會的日常工作應根據業主委員會章程確定，一般包括：

(1) 瞭解和掌握物業管理區域內「物」和「人」的基本情況。它包括物業管理區域內的法務建築面積、建築結構、產權結構、基礎設施、配套設施設備、交通消防、社會環境、公共秩序以及每位業戶等基本情況。

(2) 組織實施選聘物業服務企業的招標活動。根據規定招標選聘物業服務企業，並向業主大會報告，經通過後與物業服務企業簽訂物業服務合同。

(3) 提出物業服務企業續聘建議。對現有物業服務企業的工作作出全面、公正、客觀的評價，並向業主大會匯報，提出是否續聘的建議。

(4) 代表業主大會監督、管理和使用專項維修資金。按照專戶存儲、專款專用、分戶立帳、按戶核算的原則管理和使用物業專項維修資金，協助物業服務企業制訂物業管理區域內的年度房屋維修計劃、設備更新改造計劃、公共設施維修養護計劃等，並提請業主大會討論決定。

(5) 宣傳、教育、督促業戶自覺遵守管理規約以及物業管理區域內的各項管理制度，協調業主之間、業主和用戶之間、業戶和物業服務企業之間以及其他物業管理關係人之間的關係。

(6) 協助物業服務企業對物業管理區域內的管理服務工作開展，包括道路、場地、車輛行駛和停放以及廣告設置等方面，對違章違約不聽勸阻的業主和行為有責任規勸，並及時通報給物業服務企業。

(7) 做好業主委員會的內部管理。起草制定和修訂管理規約和有關管理制度，建立健全工作制度和會議制度，做好辦公經費的籌集、使用和管理和辦公用房的設置管理以及委員的增補換屆工作等。

(8) 建立工作檔案。它包括業主大會、業主委員會的會議記錄，業主大會、業主委員會的決定，業主大會議事規則、管理規約和物業服務合同，業主委員會選舉及備案資料，專項維修資金籌集及使用帳目，業主及業主代表的名冊，業主

的意見和建議等。

（9）業主委員會應當建立印章管理規定，並指定專人保管印章。使用業主大會印章，應當根據業主大會議事規則的規定或者業主大會會議的決定；使用業主委員會印章，應當根據業主委員會會議的決定。

（10）開展有利於業戶身心健康的各項有益活動，努力創建文明、和諧、安全小區。

業主大會、業主委員會作出的決定違反法律法規的，物業所在地的區、縣人民政府房地產行政主管部門，應當責令限期改正或撤銷決定，並通告全體業主。在物業管理區域內，業主大會、業主委員會應與公安機關與居民委員會或社區居委會相互協作，共同做好維護治安、維護穩定等工作，應積極配合居民委員會或社區居委會依法履行自治管理的職責，並支持其工作，接受其指導和監督。業主大會、業主委員會作出的決定，應當告知居民委員會或社區居委會，認真聽取其建議，爭取其支持。業主大會、業主委員會應當依法履行職責，不得作出與物業管理服務無關的決定，不得從事與物業管理服務無關的活動。

5. 業主委員會委員的任期及調整

根據國家住建部《業主大會和業主委員會指導規則》的規定，業主委員會任期不超過五年，可以連選連任。在業主委員會任期屆滿前2個月內，業主委員會應當開展換屆選舉工作，並將換屆選舉工作的準備情況報告街道辦事處或鄉鎮人民政府以及區、縣物業管理主管部門。如果業主委員會在規定時間內不組織換屆選舉工作的，所在區、縣物業管理主管部門應責令該業主委員會組織換屆選舉工作；逾期仍不組織的，由所在地街道辦事處或鄉鎮人民政府協助組織換屆選舉工作。若因參加業主大會議的業主未能達到法定人數等客觀原因未能如期換屆改選的，業主委員會仍應繼續履行職責，直至新一屆業主委員會產生為止。

新一屆業主委員會產生后10日內，原業主委員會應當將印章、檔案資料以及財物等移交給新一屆業主委員會。

當業主委員會委員缺員超過三分之一的，業主委員會應當召開業主大會會議增補業主委員會委員。業主委員會未組織增補工作的，區、縣物業管理主管部門應當責令業主委員會限期組織增補，逾期仍不組織增補的，由所在地街道辦事處或鄉鎮人民政府組織召開業主大會增補。

分期開發的物業經已入住過半數投票權的業主申請，在分期開發期間成立臨時業主委員會。新一期物業的業主入住后，應當增補業主委員會委員，增補的候選人從新一期物業的業主中推舉。增補委員的數量根據新增投票權數占已有投票權數的比例計算，但增補后的業主委員會委員總人數不得超過20人。增補工作完成后，原臨時業主委員會報經區、縣物業管理主管部門備案后，自動轉變成為正式業主委員會。

在業主委員會任期內，如果委員出現空缺時，應當及時補足。業主委員會委員候補辦法由業主大會決定或者在業主大會議事規則中規定。業主委員會委員人數不足總數的二分之一時，應當召開業主大會臨時會議，重新選舉業主委員會。

第四節　物業管理與社區管理

一、社區管理概述

(一) 社區的概念和特點

1. 社區的概念

「社區」一詞源於拉丁語，意思是共同體和親密的夥伴。社區概念的提出始於德國社會學家滕尼斯（Tonnies F）。他在 1887 年的《社區與社會》(community and society) 一書中，將人類群體分為兩種類型，即社區與社會。社區的德文為 Gemeinschaft，它是指與 Gesellschaft（社會）相對立的一種傳統的精神狀態、生活方式和組織形態。社區研究起源於歐洲，發展於美國，而后影響到中國。社會學家們從不同角度對社區進行了定義，韋伯、杜爾凱姆、齊美爾、沃思、帕克、帕森斯、阿莫斯等都對社區發表過具有代表性的論述。如美國社會學家羅密斯認為，社區和社會是有區別的，社區是自生的，而社會是結合的；社區是同質的或異質共生的，而社會則是異質的；社區是相對封閉的、自給自足的，而社會則是相對開放的、相互依存的；社區往往是單一價值取向的，而社會則是多元價值取向的；社區是人們感情和身分的重要源泉，而社會則是人們理性和角色的大舞臺。

國內對社區的研究始於 20 世紀 30 年代初，費孝通先生在翻譯滕尼斯的《社區與社會》時，將英文單詞「Community」翻譯成「社區」，后來被許多學者引用，並逐漸流傳下來。從 20 世紀 80 年代中期開始，城市社區成為許多學科學者研究的對象。1984 年，費孝通先生對社區的表述為：「社區是若干個社會群體或社會組織聚集在某一地域裡形成的一個在生活上相互關聯的大集體」。社會學家鄭杭生認為，社區是進行一定活動、具有某種互動關係和共同文化維繫力的人類生活群體及其活動區域。方明在他的《社區新論》一書中指出，社區是指聚集在一定地域範圍內的社會群體和社會組織，根據一套規範和制度結合而成的社會實體，是一個地域社會生活共同體。社會學家袁方在 1990 年也指出：社區是由聚集在某一地域內按一定社會制度和社會關係組織起來的、具有共同人口特徵的地域生活共同體。當然我們應該明確學者眼中的社區與中國社區建設中提到的「社區」有所區別，后者具有更強的操作性。2000 年 11 月，中共中央辦公廳、國務院辦公廳轉發的《民政部關於在全國推進城市社區建設的意見》中指出，「社區是聚居在一定地域範圍內的人們所組成的社會生活共同體」；同時該文件還明確了城市社區的範圍，「目前城市社區的範圍一般是指經過社區改革后作了規模調整的居民委員會的轄區」。

雖然國內外學者對社區的概念理解各有側重，對社區的定義也是公婆占理，但對社區的地域性卻是基本認同的，無論對社區作出怎樣的解釋，都不能否定社區的地域性特點。據此，可以認為，社區是指由相當居民組成的，依賴一定資源生活其中的，具有內在活動關係、文化維繫力和成員歸屬感的區域性生活共同體。

2. 社區的要素和特點

（1）社區作為一定的地緣性群體和區域性社會，具有五個基本要素

人口要素。它指由一定規模、數量、分佈狀況和類型構成的人口，是構成社區的最主要因素。他們是社區生活及其物質財富、精神財富的創造者，是社區社會貢獻的承擔者，因而構成社區的主體。

地域要素。它指為城市干道所分割或自然界限所包圍，具有生存發展的硬件設施、相對獨立和穩定的地域。社區地域面積的大小在一定程度上影響著人們的生活狀況，社區地理環境的好壞、自然條件的優劣對於社區的發展水平和速度有重要影響。目前中國社區的地域範圍往往被界定在以街道、馬路、河道、地界等自然地理或人為區劃等來規定的行政區域。相對於地域要素來說，社區還有區位要素，是社區內部的人口及其活動的空間分佈，如自發形成的菜市場、集市、體育運動場、文化娛樂場所等，甚至一些特定的功能分區，如工業區、商業區、住宅區和娛樂區等。

結構要素。社區由一些群體和組織所構成，如家庭、鄰里、商業、學校、醫院、民間團體、政府機關、管理機構等。其中管理機構是最重要的結構要素，因為沒有一定的管理機構，任何社區都不可能成為嚴格有序化的社會生活共同體。

社會心理要素。群體對個體的行為產生決定性的影響，形成共同的生活方式、行為規範和心理取向。社區成員對本社區具有歸屬感和認同感，產生參與群體的集體意識和行為。

社區文化要素。社區文化是社區成員在長期的共同生活中積澱而成，是社區成員共享的價值觀念、行為規範、風俗習慣等的總和。各具特色的社區文化是一個社區區別於另一個社區的重要標誌，也是許多社區能夠成為相對完整和獨立的社會實體的一個條件。社區是社區文化的生存地、生產地和傳播地，社區文化是社區成員在社區社會實踐中所構建的各種生活方式或樣式，是具有本社區特色的精神財富及其物質形態成果。

（2）社區具有四個方面的顯著特點

社區是一個社會實體。社區是一個小型社會，不僅包括一定數量和質量的人口，而且包括由這些人口所構成的社會群體和社會組織；不僅包括一定的地域，而且包括人們賴以進行社會活動、發展社會關係的生產資料和生活資料。它包括了社會有機體的最基本內容，是宏觀社會的縮影。

社區具有多重功能。與目標和功能單一的社會組織不同，社區的功能是多方面的，包括經濟功能、政治功能、文化功能、服務功能、凝聚功能、穩定功能、發展功能、社會管理和社會整合功能等。社區功能的多重性是由社區內容的多樣性和社區居民需求的多元化決定的，也是社區作為社會實體的一種反應。但不管社區功能怎樣，每一個社區都具有各自的共同利益、共同文化、共同價值觀等共同性以及地域性、共同聯繫和社會互動的共性因素。

社區是人們參與社會的基本場所。由於社區是最基本的社會生活共同體，是絕大多數社會成員的生活基地，人們的基本社會活動大都是在本社區範圍內進行的。社區還是人們參與政治生活的基本場所，政治生活中的選舉或推選、政治決策的貫徹或落實，都需要基層的社區及其居民的積極參與和支持。社區作為人們

生活的基本場所決定了它必須具有相應的活動空間與設施,成為社區的依託或物質載體。

社區是發展變化的。社區是人類活動的產物,是隨著社會的發展而發展的。社區的發展變化源於社區內人們居住或工作的變化、社會對社區認識和社區功能發揮的變化、城市規劃建設或社區建設的變化等。

3. 社區的類型

根據社區內占主導地位的活動或社區發揮的主要功能,把社區分為經濟社區、政治社區、文化社區、軍事社區等。這種社區也叫專能社區,是人們從事某些專門活動而形成於一定空間的聚集地,如上海浦東新區的路家嘴金融貿易區、外高橋保稅區、孫橋現代工業園區等。

根據社區的形成方式把社區劃分為自然社區和法定社區。自然社區是人們在生產生活中自然形成的村落和聚集地,如農村的自然村落、自然鎮,以及因重大工程而大規模搬遷的居民聚集地。這類社區成員的血緣、親緣、地緣關係密切,宗教勢力較大,鄉規民約和宗族家法構成社區的約束要素之一,成為維護、管理社區的一支重要力量。法定社區即通常所說的地方行政區,如城市中的各行政區、街道所轄的地域範圍所形成的社區,農村中的鄉、鎮、村等行政單位所轄的地域範圍形成的社區等。法定社區由一級政府或政府授權的派出機構來充當占主導地位的管理主體,負責協調社區內的其他管理主體,並對社區進行綜合管理。

根據社區所處的地理區域,將社區劃分為農村社區、集鎮社區、都市社區和城鄉結合部社區。農村社區是以從事農業生產為主要謀生手段的農民所形成的區域範圍。社區成員的同質性強,其社會心理受家庭或家族影響大,結構要素較簡單,物質條件較薄弱。目前的新村和新農村綜合體所呈現的就是此類社區。集鎮社區或小城鎮社區,是由生活在集鎮或小城鎮範圍內,不以從事農業勞動為主的人群所形成的區域範圍。它的人口要素與城市接近,結構要素和社會心理要素與農村社區的特徵類似,物質要素則介於這兩類社區之間。都市社區即城市社區,是在城市區域內由各種從事非農業勞動的人群所組成的區域範圍。其特徵表現為:人口密集、異質性強,成員關係既複雜又松散,其心理受社區組織和社區外的環境影響大,結構要素複雜,物質要素齊全,管理水平較高。城鄉結合部社區是在城市及其交界處的農村區域內的人群組成的一種特定社區。因受城鄉之間特定的空間擴展因素與空間過程的影響,其地域、人口、結構和社會心理、文化等表現出一定的過渡性,社區各要素、景觀及功能的空間變化梯度大、人口混雜度高、異質反差明顯,各種不同職業類型、不同生活方式、不同信仰、不同價值觀念、不同需求以及不同心理文化素質的人群相互形成強烈的對比與共存,管理十分困難。

此外,還可根據人口數量、地域面積等,把社區分為巨型社區、大型社區、中型社區、小型社區、微型社區。由於網絡的廣泛運用和作用,還有一種網上社區,是指由網民在電子網絡空間進行頻繁的社會互動形成的具有文化認同的共同體及其活動場所。

一般所說的社區多指都市社區,即在現代城市裡具有一定共同利益關係的人們,在同一地域內共同生活的有機體。它具有鮮明的城市特點,如地域的獨立性

漸趨模糊，居民需求對外部的交通、通信和服務有更強的依賴性，人口密度調整適當，年齡結構老化，社區管理機構或服務組織多元化，社區成員的歸屬感和參與度增強等。這也是所有社區發展的方向，即按照都市社區的設置方法和建設模式發展各類社區，讓每個社區都能在社會需求滿足、社會參與面擴大、社會文化建設、社會互助等方面發揮重要作用。

(二) 社區管理的概念和特點

1. 社區管理的概念

社區管理是當前使用非常頻繁的一個詞，但是由於人們所處的歷史條件、文化傳統不同，也由於社區的結構、功能、發展水平不盡相同，社區的內涵和外延不是一成不變的。一般說來，社區管理是指社區內部的各種機構、團體、組織或居民，為了維持社區的正常秩序，促進社區的發展和繁榮，滿足社區居民物質和文化活動等特定需要對社區的各項公共事務和公共事業進行的一系列自我管理或行政管理活動。社區管理的概念是在社會主義市場經濟體制初步建立的背景上提出來的，是國家經濟、政治體制改革的產物，它彌補了改革中出現的許多管理缺位。隨著政府部分社會職能的轉歸和企業社會職能的逐步剝離，社區作為承接載體，在社會事務中發揮著越來越重要的作用。

2. 社區管理的特點

社區管理具有下面五個特點：一是社區管理的範圍是指社區改革後作了規模調整的居民委員會轄區，有時為了論述方便，社區管理的範圍也會擴展到街道轄區；二是社區管理的主體是多元化的，它不但涵蓋了社區內的政府機關、政府派出機構、事業單位、群眾性組織、企業等，還包括廣大的社區居民；三是社區管理的內容包括社區服務、社區環境、社區治安、社區教育、社區文化、社區經濟、社區衛生等各項公共事務和公共事業；四是社區管理既指社區居民的自我管理，也指正式組織對社區事務的行政性管理；五是社區管理的最終目的是滿足社區居民的物質和精神文化需要，全面提高社區居民的生活質量和居民素質，促進社區經濟、社會、文化的整體發展。

二、社區管理與物業管理的比較

(一) 社區管理與物業管理的區別

1. 參與管理的主體不同

參與社區管理的主體包括社區範圍內的政府組織、企事業單位、社團組織和居民委員會或街道辦事處等。其中，居民委員會或街道辦事處是社區管理的直接管理主體和實施主體，屬行政性管理主體；而參與物業管理的主體是物業的業主，以及接受業主委託的專業化物業服務企業，由業主構成的業主大會行使決策權，而具體事務由物業服務企業來管理，屬經濟性管理主體。

2. 管理的性質不同

社區管理是國家管理社會生活、群眾管理社會生活和社會管理社會生活相互交融的基礎性社會管理。具體而言，社區管理是在街道辦事處領導下的行政性管

理和在街道辦事處組織引導下，社區內有關單位和居民共同參與的圍繞人的社會生活而實施的管理。政府行為在社區管理中起著主導作用，因而社區管理具有明顯的行政性。而物業管理是社會化、企業化、專業化管理，它是在業主的委託下圍繞「人的居住環境」而實施的管理，是一種由現代化的物業服務企業實施的完全市場化、商業化的活動。

3. 管理的內容不同

社區管理與物業管理在管理內容上均具有綜合性，但綜合性的內涵卻不同。社區管理包括了更為廣泛的內容，不僅包括「人的居住環境」，而且包括「人的社會生活」，如計劃生育、婚姻家庭、鄰里關係、衛生保健、商業網點、科技教育、就業安置、老齡工作等。而物業管理以「人的居住環境」的管理為主要內容，即以物業為核心的各類專業化管理與服務內容為主，如各類房屋及附屬設備設施的維修養護、物業環境的治安保衛、消防管理、清掃保潔、綠化管理、停車場管理等。在條件允許的情況下，也會開展一些專項服務和特約服務。

4. 社會地位不同

社區管理是通過它自身的機構——居民委員會、街道辦事處等來進行的，因此凡是涉及社區內的一切公共事務和公共事業都要聽從和積極參與居委會、街道辦的協調，物業管理同樣也要聽從和積極參與有關的協調活動。

5. 運行方式不同

社區管理以行政管理、互助管理的運行方式來實施管理。街道辦事處和社區居委會與社區內有關單位組織的關係是一種縱向的組織和被組織、協調和被協調、指導和被指導、監督和被監督的關係。社區有關單位組織之間則是橫向的互助關係、協作關係、支持配合關係。而物業管理主要以業主自治管理與專業化物業管理相結合的運行方式，如成立業主委員會選聘物業服務企業，簽訂委託管理服務合同，由物業服務企業提供有償服務，業主及業主委員會實施監督等。

6. 管理資金的來源不同

社區管理需要配備相應的機構與人員，需要在社區範圍內開展工作，因而必須要有充足的資金來源保障。社區管理的資金主要依靠政府的撥款，同時也可以開闢多元化的資金籌集渠道，如社會和企事業單位捐助等形式。而物業管理是一種商業化的服務活動，其資金來源主要是業主所支付的物業服務費。

（二）社區管理與物業管理的聯繫

1. 物業管理與社區管理的指導思想和建設目標一致

兩者都以「物質文明、精神文明、社會文明、生態文明」建設為內容，以加強城市管理和創新社會管理為重點，以管理區域為載體，按照一定的規範，通過管理和服務開展豐富多彩的活動，推動社會發展與進步。兩者都是以人為本，服務於社區居民，全面提高居民的居住質量和生活質量，營造穩定、安全、舒適、健康的良好環境，促進社會的和諧發展。

2. 物業管理是社區管理的基礎和內容

社區管理是一個大的系統，許多內容都需要依託物業管理來進行，如文教衛生管理、市容秩序管理、市政設施管理、社會治安管理、環境保護管理、計劃生

育管理、老齡人口管理、流動人口管理、鄰里關係以及房屋管理等。物業管理所從事的保安、保潔、綠化、房屋與設施設備維修養護等工作，正是社區管理中衛生、治安、環境等最基本的職能範疇。因此，物業管理必須服從於社區管理的總體安排。如果我們用更直觀的圖形來表示的話，可以把社區管理和物業管理畫成兩個同心圓，社區管理在外，物業管理在內。

3. 物業管理和社區管理互為影響

物業管理主要從「管物」入手，對小區內的房屋、設備設施、場地等進行日常的維護保養，為社區內的居民創造安全、整潔、舒適、優美、方便的生活和工作環境。這種良好的環境為社區管理的開展奠定了物質基礎，使居民可以有更多的精力參與社區事務。而社區管理則從「管人」入手，建設文明社區，讓社區居民生活得到改善，並逐步提高居民的文明素質，培育良好的社區環境和社區參與意識，為物業管理的正常開展創造條件。物業管理在社區管理中組織和參與開展形式多樣、健康有益的社區文化活動，不僅有利於豐富居民的精神文化生活，而且有助於促進鄰里和睦，增強業戶的認同感和歸屬感，推動社區管理的健康有序開展。而社區建設得好、社區功能完善、居民素質提高、各主體自覺履行職責，這有助於物業管理制度的有效遵守和執行，有助於業戶自律機制的建立和完善，有助於矛盾和糾紛的減少，物業管理自然事半功倍。另外，雖然流動人口管理、計劃生育、勞動就業等不屬於物業管理服務的範圍，但在政府授權和有償服務的前提下，物業服務企業協助政府有關部門完成一些輔助性工作，客觀上推動了社區管理。

4. 物業管理的發展給社區管理提出了新的要求

在中國經濟改革過程中，物業管理異軍突起，成為城市經濟中的新興產業。同時，隨著單位住宅區的減少和社會住宅區的迅速增加，居民物業逐漸由原來的靠單位管理轉變為依賴物業管理，原來的「單位人」也開始向「社區人」轉化。但是，目前的社區管理模式屬於政府導向型的管理模式，它主要是以城市區級人民政府下派的街道辦事處為主體，在居委會、仲介組織、社會團體等各種社區主體的共同參與配合下對社區的公共事務、社會事務等進行管理，屬於自上而下的管理，政府行為偏多。這種模式在實踐中存在兩種不良現象：一方面是有些社區不願把有償性服務放到市場，與專業化服務的物業服務企業爭利，甚至向物業服務企業攤派任務與資金，不利於設服務的規範化，影響了社區治理的實效和質量；另一方面是一些物業服務企業在社區管理中大包大攬，越位承擔了一些本該街道辦事處或社區組織協調的工作，一些企業則對有關社區組織依法開展的活動不予配合或支持，社區管理和物業管理「兩張皮」的問題突出。杜絕這些不良現象存在的關鍵就在於克服社區管現有模式的弊端，釐清社區組織和物業服務企業的職責，強化相互之間的協調配合。

同時，物業管理服務的需求主體不是單個的業戶，而應能代表業戶整體利益的業主大會或業主代表大會組織，需要具有高度自主自治意識和積極參與意識的業戶參與物業管理各項事務。如果社區管理現有模式不改變和創新，必然導致管理松散無序的社區大量存在，業主大會或業主代表大會組織將無從談起，業戶對於物業服務企業的監督以及矛盾的相互協調就無法正常進行，容易形成矛盾糾紛

長時間得不到解決的局面。因此，物業管理的發展，需要社區管理在組織對外建設、內涵外延建設上下功夫，要遵循「以人為本、服務居民、資源共享、共駐共建、責權統一、管理有序、擴大民主、居民自治、因地制宜、循序漸進」的原則，真正實現社區居民自我管理、自我教育、自我服務、自我監督以及管理有序、服務完善、環境優美、治安良好、生活便利、人際和諧的新型現代化社區。

物業管理和社區管理的關係，就如《論語》中的一句話「和而不同」。兩者不能等同，相互之間既不能取代，也不能分離，而是相輔相成、相互促進、相得益彰。社區管理要幫助物業管理創造好的發展環境，物業管理也要在社區管理中積極參與、提供服務，通過協調和配合，以實現社區內人與人、人與環境、人與社會的協調發展。

(三) 社區管理與物業管理的結合

居住區物業管理納入社區管理，實現社區管理與物業管理的結合，是深化城市基層管理體制改革的一項重要內容。兩者的結合既是社會經濟發展的必然要求和客觀需要，也是社會管理創新和物業管理提升的重要內容和基本步驟；既為物業管理奠定了良好基礎，又為社區管理提供了有效載體；既有利於城市基層管理體制和運行機制的創新，又有利於物業管理的健康發展。兩者必須明確各自定位，避免職責重疊和越位，建立溝通機制、增強互信互助和友好、擺正角色履好責、避免衝突和糾紛，內強素質和能力，配合協調共發展。尤其是物業服務企業，應充分發揮作為社區公共事務管理的責任主體作用、滿足業戶需求的服務主體作用、社區行政事務管理的輔助單位作用、社區精神文明建設的助推主體作用、社區建設的信息平臺作用。

三、社區文化建設與物業管理

(一) 社區文化的內涵與社區文化建設的功能

1. 社區文化的內涵

如果把人類文化比作一棵大樹，各國民族文化就是它的樹干，而社區文化就是它的枝葉。社區文化是整個社會文化的一個重要組成部分。對於社區文化的定義國內尚無一致的說法，當前主要有「生活方式說」「社區特色說」「文化活動說」「群眾文化說」「廣義狹義說」等不同的定義。我們比較讚同這樣的定義：社區文化是社區成員精神活動、生活方式和行為規範的總和，包括社區居民的思維方式、價值觀念、精神狀態、風俗習慣、公共道德等思想形態，以及學習、交往、娛樂、健身、休閒、審美等日常活動，具有開放性、地域性、多元性、歸屬性等特徵。

根據社區文化的定義，我們對社區文化有如下幾點理解：

一是社區文化並非單純指一些娛樂性的群眾活動，而是一種整體性的社區氛圍，如同一個企業的企業文化一樣，對這個群體裡的所有人均起著渲染和影響作用。隨著觀念的不斷發展，社區文化反應了小區的生命力，關係到房子的升值和保值，不僅可以增加業主對樓盤的忠誠度，而且堅定了潛在消費者的購買信心。

二是社區文化的基本載體是全體業主、住戶。他們的生活模式、價值取向、道德觀念、行為方式等最終決定了一個社區文化的面貌。文化與社區不能割裂。文化是在一定的空間範圍和時間向度上生成的，社區是文化的土壤，社區結構的形成依賴於文化的制約，文化的孕育和傳承又存在於社區的社會活動和生活工作之中。

三是社區文化是一種活動，其方式很多，可以運用傳播文化的工具和康樂設施，如影劇院、文化站、圖書館、電視廣播等方式開展聯絡感情的活動；可以通過創建文明單位、文明家庭、文明市民、文明小區、文明樓宇等開展相關活動；可以組織各類體育比賽、文藝表演、音樂沙龍、戲劇票友聯誼會以及特定節假日慶祝。

四是社區文化離不開一定的形態而存在，這種形態可以是物質的、精神的，也可以是物質和精神的結合，主要包括精神文化、物質文化、制度文化、環境文化、行為文化等。

五是社區文化的建立是一個長期的過程，一種高雅的社區文化的形成，是發展商、管理機構及業主、住戶共同努力的結果，與整個小區設計、開發、銷售的各個環節緊密相關，也只有在建築設計、物業管理、營銷及廣告方面都要有一個整體的以人為本的思路，才可能體現出物業和業主的特色，滿足人性中對文化的追求，照顧到人們對於所居住物業的精神需要，進而形成小區特有的文化氛圍和格調。

2. 社區文化建設的功能

隨著中國城鎮化進程的加快，社區文化在整個社會生活中的地位和作用越來越突出。由於社區文化貼近群眾、貼近生活、貼近現實，因而其功能是很多其他形式的文化難以取代的。充分發揮社區文化的功能，為社區發展營造良好的文化氛圍，是社區工作的重要內容，也是中國特色社會主義文化建設的一個重要方面。

社區文化建設的功能主要體現在以下幾個方面：一是教育功能。通過科學文化知識的廣泛傳播，社區文化建設能夠為居民提供豐富的精神食糧，從而提升人們的精神境界，幫助人們樹立正確的世界觀，用科學精神武裝自己，正確看待自身與自然和社會的關係，提高精神免疫力，自覺抵制各種錯誤思想和迷信邪說，形成科學、健康、文明的生活方式。二是陶冶塑造功能。在社區文化建設中，通過愛國主義、集體主義和社會主義教育，能夠培養人們熱愛國家、熱愛集體、熱愛社會主義的情懷；通過社會公德、職業道德和家庭美德教育，能夠培養人們愛崗敬業、忠於職守、樂於奉獻和關心他人的高尚精神；通過文明單位、文明小區、文明街道、文明窗口、文明樓組以及「五好家庭」的創建活動，能夠為社區生活營造良好的文化氛圍。三是親和凝聚功能。社區文化建設能夠強化人們的社區意識，使人們具有強烈的社區認同感和歸宿感，從而增強社區成員之間的親和力和凝聚力。四是娛樂健身功能。社區文化建設以形式多樣、內容豐富的文娛體育活動充實著居民生活，並通過居民的廣泛參與來提高人們的審美情趣，增強人們的身體素質。五是整合穩定功能。中國社會正處於轉型時期，諸多因素的相互碰撞必然導致許多社會矛盾和問題。社區文化建設對於化解這些矛盾和問題，維護社會穩定，具有重要作用。

(二) 社區文化建設與物業管理的關係

社區文化建設的主體是社區居民，包括業主和用戶。構建一個文明、進步的社區文化是大多數業戶的內在需要，營造一個協調、和諧的居住環境是業戶們的共同心願。物業服務企業受業戶的委託對社區管轄下的物業區域進行管理，並服務於生活、工作其間的社區居民（包括業戶），因而社區文化建設與物業管理必然具有緊密的關係。社區文化建設與物業管理的關係可以從下面三個方面來理解：

1. 社區文化影響物業管理和物業服務企業的發展

社區文化是創造良好的人文環境和滿足社區成員文化需求的重要手段。同時社區文化是實施物業管理的潤滑劑。社區文化是一種手段，通過社區文化活動的開展，可以使物業管理水平更高，效果更好。因此，社區文化在內容和形式上與物業管理有所聯繫，因為管理有文化內涵，而文化內涵又可以反向推動管理水平躍升。同時，社區文化的建設對物業服務企業的發展也將產生重大的積極作用，它有於物業服務企業鍛造品牌與核心競爭力，有利於培養業主對物業服務企業的忠誠度，有利於提高物業服務企業的市場美譽度，有利於在小區中架起社區文明的「橋樑」，有利於社區意識和共同的社區價值觀的形成，促進小區人際關係的融洽和小區社會的和諧。

2. 物業服務企業是社區文化建設的主要推動者

首先，建設有鮮明特色的物業管理小區的社區文化，已經成為物業服務企業核心競爭力的標誌之一，為物業服務企業所重視。其次，物業管理小區中的社區文化形成，需要物業服務企業大量的資源投入。最後，物業服務企業是物業管理區域內社區文化建設的直接組織管理者，主導著小區文化建設過程、內容和方式。

3. 社區文化建設是物業管理為業主提供的一項重要的增值服務

一所物業擁有良好的生活方式、文化氛圍和文化底蘊，會使該物業的品牌知名度和美譽度得到更進一步的提升，給物業注入一種強大的文化內涵。而這種文化內涵將成為物業的「靈魂」，成為該物業的特有標誌。文化是巨大的無形資產，當這種無形資產轉移到物業之中，就會帶來物業的增值。

(三) 物業管理開展社區文化建設的原則與方法

1. 物業管理開展社區文化建設的原則

物業管理被譽為新生活方式的「領航者」。物業服務企業開展社區文化建設應該堅持一定的原則：一是老與少相結合。老與少相結合是指社區文化建設應該抓住老人與兒童這兩個群體，帶動中青年人參與社區文化活動。二是大與小相結合。這裡說的「大」是指大型的社區文化活動，需經過專門的精心策劃組織，參與者眾，影響面廣，如體育節、藝術節、文藝匯演、入住儀式、社區周年慶等；「小」是指小型的社區文化活動，是指那些常規的。三是雅與俗相結合。所謂雅與俗相結合，是指社區文化活動應當注重社區成員不同層面的需求，既有陽春白雪的活動，又有大眾化的活動。當然，社區文化之雅也不能曲高和寡，那樣會失去文化的群眾基礎；俗也不可以俗不可耐，那樣會導致社區文化的畸形發育。所以，社區文化的開展一定要做到雅俗共賞，不溫不火。四是遠與近相結合。這裡言及的「遠」是指組織開展社區文化建設要有超前的意識，要有發展的眼光，要有整體的

目標;「近」是指要有短期周密的安排,落實和檢查。社區文化對塑造社區精神、引導生活方式等方面具有極其重要的作用。

除了上述幾個原則之外,社區文化活動還要做到教與樂相結合,虛與實相結合,內與外相結合等。

2. 物業管理開展社區文化建設的方法

社區文化建設是一項長期的、綜合性的系統工作,是以優良的物業管理為基礎而產生的,物業管理開展社區文化建設要有一定的科學方法為基礎。

首先,創建社區的優良環境。努力營造社區文化環境是開展社區文化活動的前提。優良的社區文化環境可以從兩方面入手:一方面是建立社區文化制度。為規範物業管理,物業服務企業必須制訂出一系列科學、可行、有效的規章制度並付諸實施,要與業主簽訂各種公約和協議,明確雙方的責任、權利和義務,以約束雙方在社區裡的活動行為。另一方面要善於處理人際關係。物業管理者必須細緻地對待每一項管理工作,盡可能不出現錯誤或失誤。注意妥善處理業主的投訴和業主之間的矛盾,不要讓業主感覺到物業服務企業是在「管理著他們」,而應該讓業主感到物業服務企業是在很好地「管理物」,又在很好地「服務人」。

其次,瞭解社區文化的特色。在籌劃社區文化活動之前,應對社區文化的特點和本區域的社區文化特色作充分細緻的調查瞭解和分析,適時地開展社區文化活動。根據社區文化的特點既可以經常開展一些文學藝術、體育比賽、科技知識、節日慶祝等活動,也可以開展一些送生日賀卡、為特需戶辦理應急事項、讓業主體驗做一天物業管理人、參觀大廈機房設備等親情式的社區文化活動。在活動開展過程中要注意體現計劃組織與自願參加相結合、專業人士與廣大群眾相結合、分散與集中相結合、日常與節假日相結合等。這樣才能有助於在社區內營造一個人人關心和熱愛這個生活環境的良好社區文化氛圍。

再次,因「時」、因「人」適宜地開展社區文化活動。開展社區文化活動必須以可行的社區文化活動計劃和實施方案為前提。在活動前按計劃從軟件和硬件兩方面做好充足的準備工作:軟件方面需制訂方案、程序、內容、時間並派發通知、宣傳、聯繫相關部門等工作;硬件方面需準備活動的工具、材料、地點、設備、設施、人員安排等。此外,時機的選擇也很重要,這是社區文化活動成功舉辦的保證。作為管理者要盡量站在業主的立場上去考慮問題,例如在傳統節日(中秋節、春節、端午節等),現代節日(母親節、父親節、植樹節等),時尚節日(聖誕節、情人節、光棍節等)舉辦社區文化活動,就很有意義和作用。開展社區文化活動,不僅要注重時間性、知識性、娛樂性、趣味性,做到雅俗共賞,還要顧及年齡、性別的差異。例如根據老年人普遍比較怕孤獨,怕社會生活隔離的現實情況建立完善老年活動中心;針對少年兒童的假期生活開設有益於少年兒童的趣味場所,為孩子營造一個健康、積極向上的活動場所等。

最後,進行社區文化活動總結。物業管理者要把社區文化建設的經驗教訓進行總結,為社區文化建設提供建議和參考。另外把社區文化活動辦得活潑生動,有聲有色,物業服務企業還可以此為契機向各種媒體大力宣傳本社區,樹立管理公司良好的企業形象,讓社會各界有更多機會瞭解企業的物業管理水平,為企業創造無形的財富,使企業更好地謀求未來發展。

第五節　物業管理的學科體系

一、物業管理學概述

(一) 管理與物業管理

從前面可知，物業管理是物業服務企業圍繞物業而進行的系列管理活動，集中表現為對物業服務企業自身的管理、對物業本身的管理和對物業區域內秩序的管理三個方面。其中對物業服務企業自身的管理包括對物業服務企業的機構設置、職能劃分、人員配用以及資金資產、信息檔案、公共關係、活動組織、方案策劃等方面的管理，是物業管理的主要面和基礎面，是物業服務企業實現物業管理高效運作的根本前提和重要保證。對物業本身的管理是物業管理最主要的內容，包括對各類物業的維修和保養、設施設備的檢修和養護等，旨在維持物業良好的運行狀態，改善物業的使用功能，延長物業的自然壽命，方便業戶的工作生活，這也是物業管理的基本職責。秩序管理包括安全管理、車輛和道路管理、環境綠化管理以及人的行為管理等，是一種人和物相結合的管理。

管理是人類的基本活動之一，它滲透入現代社會人類活動的方方面面。管理的目的是實現預期目標，管理的本質是協調，管理的對象是人、財、物和信息等資源，管理具有計劃、組織、領導、協調、控制等職能，管理必須遵循分工協作、指令統一、公平公正、利益協調、穩定性與靈活性相結合等原則。物業管理同樣體現著管理的基本原理和要求，管理的職能、原則、方法等都在物業管理中有所體現，並貫穿於物業管理始終。比如，管理的計劃職能要求物業管理中應在調查物業區域實際情況，確定預期目標和發展方案的基礎上制訂出諸如企業財務計劃、人事工作計劃、房屋設備養護維修計劃、環境衛生計劃、安全保衛計劃等方面的戰略計劃（長期計劃）、戰術計劃（中期計劃）、行動計劃（短期計劃）以及常規計劃（日常計劃）、例外計劃（特別計劃）等。管理的其他職能和方法都可運用於物業管理實踐中，從管理實踐中概括和總結出來的管理原則、思想同樣構成了物業管理的基本框架，並為其建設和發展指明了方向。換句話說，物業管理和其他管理一樣，都得遵循管理的基本原理、基本規律和基本方法。我們研究物業管理時離不開管理這塊基石。當然，物業管理作為一門相對獨立的學科，其自身也有特殊性，必須結合實際地全方位把握好物業管理的普遍性和特殊性，使物業管理學逐步走向完善和成熟。

(二) 物業管理學的產生

物業管理是社會經濟發展到一定水平的必然產物，物業管理從傳統的房地產行業獨立出來已是不爭的事實，但至今對物業管理學科「是什麼」「為什麼」「做什麼」的基本面還很不清晰，這也就成為物業管理實踐和人才培養的亂象之源。因此，伴隨房地產業的快速發展和房地產管理的變革轉型，克服房地產開發普遍存在的「重建設、輕管理」問題，鞏固房地產業已形成的巨大社會財富，實現房

地產開發產生的各類物業的保值增值，就需要在轟轟烈烈的物業管理實踐中不斷總結經驗，廣泛開展研究，盡快形成理論成果，豐富和發展物業管理學科，並及時用於指導物業管理實踐和物業管理人才培養。

理論產生於實踐。物業管理學作為一門新學科的產生，是社會經濟發展的客觀反應，是市場經濟和行業實踐發展的客觀要求。物業管理學科的產生，是隨著房地產的商品化、房地產業的復甦和房地產市場的發展而逐步產生並漸趨成熟的。改革開放和社會主義市場經濟的確立，為中國房地產業和物業管理業開闢了廣闊的前景。

綜合中國國情和管理現狀，研究房地產開發建設、房地產商品流通以及在房地產商品消費過程中管理與服務活動的規律與特點，特別是研究物業管理理論、學科範圍所涉及的一系列問題，使實際中大量豐富的感性材料，經過概括、總結、歸納，上升為理性認識，變成理論化、系統化的知識，已經成為物業管理行業廣大實際工作者和理論工作者的歷史使命。中國物業管理學作為一門新興的學科，將在穩步發展中走向成熟。

(三) 物業管理學的學科性質

物業管理作為房地產管理的重要組成部分已有幾十年的歷史，但物業管理學作為一門獨立的學科的建立和發展尚為時不久，而中國的物業管理學研究才是近幾年的事情。要界定物業管理學科屬性，必須認清物業管理理論產生的兩個前提，解決物業管理學科區別於其他學科的性質及物業管理學科屬性兩個層面的問題。

1. 物業管理學產生的前提

物業管理學產生的兩個前提是物業管理實踐和物業管理學科獨特的方法論。

最早的物業管理起源於19世紀60年代的英國，現代意義上的物業管理在20世紀初期的美國形成並發展起來，專業性物業管理機構的出現和物業管理行業組織的誕生是其重要標誌。中國物業管理歷經三十多年的發展，物業管理專業機構和行業組織發展迅速，物業管理法規政策不斷建立完善，物業管理宣傳研究如火如荼，這些都為物業管理實踐提供了政策支持、行業自律和理論指導，推動了物業管理行業的持續發展和經驗總結，也為物業管理學的產生提供了豐富的經驗、資料，奠定了堅實的實踐基礎。同時，獨特的研究方法和研究對象決定了物業管理學科存在的理論價值，並成為物業管理學科作為管理學科分支的理論前提。物業管理學科研究的物業管理和物業服務活動是一種獨立於房地產開發的管理服務活動，是從管理角度介入研究建成投入使用的房地產產品的基於建築物區分所有權不可分割性而產生的公共設施設備和公共事務的管理與服務問題。這種物業管理和物業服務活動是客觀存在的，是不斷適應居民和社會生活水平變化的動態活動，是在社會主義市場經濟前提下進行的，是需要與使用幾十甚至上百年的物業相伴而在的、順勢而為的。因此，探尋其中的內在聯繫，找到其中的規律，在發展變化中解答物業管理和服務的理論與實踐問題，借鑑不同時期的國內外管理理論和方法以及物業管理服務前期實踐的各種經驗，形成具有本土特色的物業管理學科體系，應是物業管理學科獨立存在的價值和方法論前提。

2. 物業管理的學科屬性

關於物業管理學科屬性的理解，國際上沒有統一的定義。國際建築研究與建築文獻委員會（CIB）對營運階段的物業管理（FM）從經濟學、環境學、社會學及營運的角度對物業管理工作內容進行了系統歸納。國際物業管理協會（IFAM）也作了類似的定義：物業管理的任務是協調工作場所與人和組織的工作，它集成了經營管理、建築科學、行為科學和工程科學的知識和經驗。國內理論界和實業界比較多地從經濟學角度解釋物業管理學科性質。如葉天泉（1996）就認為，物業管理學是房地產經濟學的一個分支學科，它以經濟學的原理來研究物業管理問題，即物業管理的運動規律及其所體現的經濟關係。也有學者持不同看法，如黃安永（2002）在談到物業管理學科性質時指出，「物業管理是一門多學科知識綜合運用的新學科」，「從大學科目錄來講有行政管理學、心理學、公共關係學、經濟學、系統工程學、法學」。國內早期物業管理實踐中也沒有對物業管理的性質作出明確的界定，甚至物業管理術語都無明確定義；后來在政府行政法規（如《物業管理條例》）中對物業管理進行了界定。但這些定義同國際上定義方法一樣，只說明了物業管理內容的兩個方面，即物業工程技術管理和物業公共事務管理，都沒有闡明物業管理的學科性質。中國從20世紀90年代中期開始在高等教育學科專業設置上設計了物業管理專業，許多學校也開設了大專以上的物業管理專業層次，但有的在工民建專業下延伸，有的在房地產經營管理專業下拓展，有的在工程學科下掛靠，有的在工商管理類專業中發展，甚至還有在地理及環境學科中設置。這種五花八門的做法，顯然是對物業管理學科屬性不確定的動盪狀態的反應。

據此，結合物業管理的根本屬性是公共管理，物業管理學科的基本屬性也就只能是公共管理學科性質，即應從公共管理角度研究物業管理基本關係、基本活動及其規律；同時從經濟學角度研究物業服務企業經營管理及其利用物業區域公共資源和企業內部資源，提高經營性服務的一般方法和基本規律。這種學科屬性的界定在國內外一些研究中也有火花般的閃現。如美國學者羅伯特·C.凱爾等就認為經營性業務只是「物業管理中的特殊機遇」而已，同時認為物業管理者的具體職責就有「作為社區成員的管理者」和「業主利益促進者」兩項。他們也指出了「政府控製、干預」對物業管理領域的影響，以及「倫理道德」的遵守。較早研究物業管理的中國學者王青蘭在對物業管理作出「服務性」專業的性質的界定的時候，指出了物業管理的經營方針是「保本經營、服務社會」。這些觀點除了都說明物業管理的公共管理性和私人管理性外，還把公共利益、倫理道德和公共管理放在首要的或重要的位置，只是沒有區分基本屬性和從屬屬性罷了。

二、物業管理學的特點及重要性

物業管理學是一門系統地研究物業管理關係建立、物業管理活動開展的普遍規律、基本原理和一般方法的科學，是物業管理實踐的理論成果。其理論來源包括管理學、經濟學、法學、心理學、公共關係學、社會學、保險學等眾多學科。物業管理理論則是從物業管理實務中概括出來的物業管理知識的系統的結論。而物業管理實務就是物業管理的實際工作，包括物業管理的實際工作內容、工作程

序、工作方法和工作要求等，是關於物業管理工作的程序和實踐技能知識的總和，它強調的是如何具體地做好物業管理的每一項具體工作。

(一) 物業管理學的特點

三十多年來，物業管理在中國已經逐步形成了一個嶄新的行業。物業管理實踐的深入和實務的發展，為物業管理理論研究提供了現實可能性，也使其具有十分重要的現實意義。作為一門新學科，毋庸置疑，中國物業管理學的產生是社會經濟發展的客觀反應，是市場經濟與行業實踐發展的客觀要求。物業管理學的產生是隨著中國房地產的商品化、房地產業的復甦與房地產市場的發展而逐步產生的。

結合中國國情和管理現狀，研究房地產開發建設、房地產流通、房地產消費以及在房地產消費過程中管理與服務活動的規律與特點，特別是研究物業管理學科範圍所涉及的一系列問題，使實踐中大量豐富的感性認識，上升為理性認識，已經成為物業管理行業廣大實務工作者和理論工作者的歷史使命。因此，要研究物業管理學就必須研究房地產商品在進入消費過程后的管理與服務活動的性質和特點，這也是中國物業管理學的性質和特點。這些性質和特點主要表現在以下幾個方面：

1. 綜合性

物業管理學涉及管理學、房地產經濟學、房地產營銷學、房地產投資學、房地產金融學、建築學、政治經濟學、心理學、保險學、社會學、公共關係學、法學、財政與稅收學、信息科學等諸多學科，是一門綜合性很強的學科。

2. 服務性

物業管理是房地產生產、流通、消費的一個重要組成部分和有機延伸，是物業經濟壽命中經濟效益、社會效益、環境效益和心理效益的重要保障，體現了自身的服務功能。也就是說，物業管理是一種服務型的管理。從管理角度來說，它是對物業統一的全面的管理，而這種統一的全面的管理要通過全方位的綜合服務來體現，要寓管理於服務中。管理也是服務，服務也是管理，管理是物業管理的本分，服務是物業管理的靈魂。這是由物業管理的性質所決定的。因此，物業管理學是一門服務性很強的學科。

3. 技術性

物業管理涉及房屋規劃設計、投資預算、監理、接管驗收、房屋維護與修繕、設備維修、電話通信、安全保衛、清潔衛生、綠化建設、環境美化、財務管理、微機技術等許多內容，由此決定了物業管理學具有自身特色的學科技術性。

4. 規範性

物業管理需要法規來調整人們在物業管理行為過程中形成的權利和義務關係。憲法中關於住宅、城市管理、經濟管理、公民權利等方面的規定及原則，既是中國物業管理法律的最重要組成部分，也是中國物業管理法立法的根本依據和指導思想。目前中國已經頒布了《物業管理條例》，各省、市、自治區也在國家條例的總框架下制訂結合地方特點的物業管理條例。這些條例出抬的時間都不長，都不是一套完整、系統、超前、實用的物業管理法的法律規範體系，這與物業管理實

踐發展特別是理論的研究都有直接的關係。因此，只有盡快建立中國特色的物業管理學，指導實踐於物業管理法立法，才能使中國物業管理走向法制化道路。

5. 文化性

物業管理的服務對象都是具有一定的文化背景、文化心理的人，其管理與服務活動的過程和效果必然受到諸如歷史、社會、民族、國度、地域、群體、個人等各方面文化因素的影響與制約。從社會心理學、民俗文化學等多種多樣的層面和角度進行廣泛、細緻的研究，對物業管理學來說，將是十分必要而大有裨益的。因此，物業管理學帶有濃厚的文化性。

物業管理學所具有的以上特點不是彼此孤立、各不相關的，而是相互聯繫，並貫穿於整個學科體系之中的統一整體。

(二) 物業管理學的重要性

1. 提高中國物業管理水平的迫切需要

(1) 中國的物業管理是朝陽產業，在不久的將來會有巨大的發展

21世紀將從根本上改變人們現有的物業管理觀念、運作方式及其產業結構。從當前科學技術發展的趨勢來看，21世紀的物業將是高科技、高智能化的產物，必將從根本上突破20世紀的建築局限，建築形式將有質的飛躍，建築藝術將更大程度上向人性化方向發展，科技應用將無所不在，進而徹底改變人類的生活、工作方式和管理模式。因此，物業管理在21世紀也將向高科技與高智能化方向發展，物業管理從業人員對此必須有充分的心理準備、素質準備和知識準備，以迎接即將來臨的嚴峻挑戰。

(2) 中國的物業管理與發達國家和地區相比較，還有很大的差距

總的來說，中國的物業管理起步較晚，水平較低，特別是與發達國家和地區之間尚有很大的差距。例如，有一個外國考察團到深圳後，說深圳建築多姿多彩，可惜大廈管理跟不上，內部設施運行不良，有失修破損的感覺。美國一大學房地產管理教授格林·黑格說：「在中國旅行時，一些只不過三五年的樓房，看上去像有二十多年了。」與此相反，瑞士有不少「第二次世界大戰」前的住房，既保持了傳統的建築風格，又具備了嶄新的內部設施；新加坡的住宅區，每5~7年就要進行一次粉刷裝修、更新設施，以保持全新的面貌；香港的大發展商都組建有自己的物業服務企業，使自己建造的物業長期保持良好狀態，以增強社會信任感，招徠顧客，促進銷售。

(3) 中國的物業管理從業人員的素質亟待提高

中國的物業管理從業人員的知識、技術、經驗等素質，還遠不能適應當前的物業管理發展狀況。他們當中接受過物業管理專業教育的人才寥若晨星；全國高等院校中有很少的學校設立了物業管理專業；物業管理的各類培訓也在一定程度上流於形式。這種局面如果不迅速加以改變，勢必嚴重影響和制約中國物業管理事業的進一步健康發展。

2. 培養物業管理人才的重要途徑

培養物業管理人才，有兩種途徑：一是實踐。現實生活中豐富的物業管理實踐活動是產生與培養物業管理人才的重要途徑。二是理論。只有在理論的指導下，

實踐才能向廣度和深度拓展，才能成為自覺的改造活動，才能獲得不斷的發展與完善。因此，物業管理理論的學習與研究，是我們培養物業管理人才的又一重要途徑和手段。中國的物業管理需要產生一大批具有相關專業知識的從業人才，尤其是高質量的中高級物業管理人才，以適應物業管理發展的需要。

3. 物業管理健康發展的必然要求

歷史發展到今天，物業管理所面臨的各種新情況、新問題層出不窮，由此產生的種種矛盾也在社會生活中日益凸顯，一些模糊認識已經使物業管理走了不少彎路，亟須解決的首要問題便是物業管理立法。只有這樣才能保障物業管理的健康發展，而立法的基礎之一便是建立中國特色的物業管理學學科。

物業管理是社會經濟發展到一定水平的必然產物，物業管理學則是物業管理實踐發展到一定程度的必然產物。中國物業管理一方面在許多大中城市已具備相當規模，創造並累積了豐富的實踐經驗；另一方面，作為冉冉升起的朝陽產業，物業管理在全國的發展瓶頸仍然是體制不完善、法規不健全、觀念較落後、糾紛較頻繁、發展不平衡，並且存在管理手段落後、力量薄弱、經費困難、操作困難、處境困難等大量問題，就連深圳也不例外。不僅如此，21世紀物業管理還將面臨更大的發展，迎接更大的挑戰。完善管理體制，健全法律制度，培育市場機制，推動學科建設，一系列艱鉅而複雜的現實重任落在了物業管理實務工作者和理論工作者的肩上。

隨著物業管理市場的發展與成熟，物業服務企業必須建立並遵守行業的游戲規則，減少對政府的依賴。政府對物業管理行業的管理，也必須從過去單純地以行政手段管理為主，轉變到以法律手段管理為主，綜合運用法律手段、經濟手段、技術手段、行政手段實行行業管理。在物業管理理論研究領域，必須提倡「百家爭鳴、百花齊放」，拋開門戶之見、等級觀念，知無不言、言無不盡，言者無罪、聞者足戒，有則改之、無則加勉的良好學風，從而使物業管理的理論與實務有一個健康發展與成長的寬鬆環境。當然，任何事物的發展都不是一帆風順的，都要經過艱難曲折的發展歷程，物業管理的理論研究更是如此。列寧說：「沒有革命的理論，就不會有革命的運動。」物業管理的實踐活動也絕不能離開物業管理理論的指導而盲目發展。這就使物業管理學科的建設被刻不容緩地提上了重要日程。中國的民族特色和三十多年中國物業管理發展的歷史軌跡，都要求我們從物業及物業管理，物業管理與房地產經營，物業管理市場、企業、人員、基本原理、服務質量、高科技、公共關係、社區文化建設等方面，著手創建具有中國特色的物業管理學。的確，中國物業管理發展到今天，無論從實務還是理論，都已經有了新的內涵和獨特的外延，我們再去照搬外國的東西，不僅不會促進中國物業管理的健康發展，恰恰相反，會使中國的物業管理誤入歧途。我們必須總結中國物業管理的成功經驗和失敗教訓，合理借鑑國外及中國香港等地區的物業管理理論和管理經驗，開創中國物業管理學科建設燦爛的未來。

二、物業管理學的研究內容

(一) 物業管理學的研究對象和內容

1. 物業管理學的研究對象

　　一門學科的建立，其研究對象的內涵應是本學科領域內所具有的自身內在矛盾的特殊性。矛盾存在於千差萬別與千變萬化之中，不同的事物各自所包含的矛盾，同一事物所包含的各種矛盾，同一事物的不同發展階段所包含的矛盾等，都各有其特殊性。如：房地產開發與建造矛盾不同於開發商售后保修服務的矛盾，短期售后服務的矛盾又不同於房地產長期消費中的矛盾，房屋所有權與使用權一致性的矛盾不同於所有權與使用權分離的矛盾等。只有通過認真地觀察與分析矛盾的特殊性和掌握各個矛盾的特殊本質，才能科學地認識事物在不同階段各不相同的內在運動規律，進而找到解決矛盾的正確理論與方法。這正是一門新學科建立與形成的前提。科學地解決房地產流通與長期消費（使用）過程中的矛盾，解決「重建設，輕管理」的矛盾和建管脫節的矛盾，是全面推行與社會主義市場經濟相適應的房地產管理體制，建設社會化、專業化與企業化的物業經營管理機制的重要課題。研究建立物業管理學科的首要問題，就是在探索中尋求與明確物業管理學科的研究對象、體系與方法。

　　一門新學科的形成，應該具有區別於其他學科的特定的研究對象和內容。《矛盾論》中指出：「科學研究的區分，就是根據科學對象所具有的特殊的矛盾性。因此，對於某一現象的領域所特有的某一種矛盾的研究，就構成某一門科學的對象。」物業管理學作為一門新興學科，它的研究對象所具有的特殊矛盾，主要是房地產商品的價值實現之後，進入房地產消費（使用）過程這一特定經濟領域的特殊矛盾的經濟關係及其運動規律。眾所周知，房屋和土地是人類賴以生存和發展的基本物質基礎。隨著經濟的增長、科學的進步和社會的發展，房地產已經成為商品，並進入千家萬戶。房地產業的興起，為中國住房制度改革帶來了生機與活力。傳統的住房公有制在市場經濟體制下發生了根本性變化，房屋產權關係逐漸由原來單一的國家所有向多元化轉變，產權分散的比例越來越大；在觀念更新的同時，房地產已經成為財產，圍繞房屋與土地的所有權、使用權產生的經濟關係也日益複雜。隨著城鎮規劃和成片住宅小區建設的迅速發展，房地產開發、建設、交付使用后，對居住小區在消費（使用）過程中的諸多管理與服務，已經失去過去那種傳統職能作用。房地產業在流通領域的終止和物業在消費（使用）領域的開始，恰恰反應了這兩個學科所具有的特殊矛盾性。這樣，就為房地產消費（使用）這一特定領域認識和研究物業經營和管理活動的特殊的經濟關係及其運動規律提供了客觀條件，也就從實踐到理論為物業管理學科的產生與建設提供了客觀條件，因而也就從實踐到理論為物業管理學科的產生與建設提供了客觀基礎。

　　物業管理學的研究對象是十分廣泛而且紛繁複雜的，它不僅包括房屋維修、完善房屋使用功能和延長建築物、構築物預期壽命等方面的研究，也包括物業管理活動開展的法制化、規範化研究，還包括物業市場、投資、產權關係、人與環

境、綜合經營、社區公共關係和文化建設等諸多社會經濟文化活動及其相互關係與運動規律的研究。所以，物業管理學作為社會服務行業而與房地產業相區別的上述內容，就是物業管理學科的主要內涵，即物業管理學科的研究內容涉及物業、物業管理及其相關範疇、物業管理理論和方法、物業管理環境與市場、物業管理關係與體制、物業分類管理、物業管理評價等。

2. 物業管理學的研究內容

根據物業管理學研究的對象而論，物業管理學研究的內容包括物業管理的基本範疇、基本原理、基本內容、基本關係、基本制度和基本方法等。它主要有以下幾個方面：

（1）物業、物業管理及其相關範疇

物業管理活動和物業管理工作均離不開物業管理基本範疇的界定，如物業、房地產、物業管理、服務、合同、業主及業主委員會等。沒有這些基本範疇界定，必將造成物業管理的混亂。

（2）物業管理基本理論

物業管理基本理論是物業管理理論體系中的基礎力量、主導理論，包括物業管理學科性質、物業管理產權理論、物業管理服務理論、物業管理委託理論等。

（3）物業管理方法

物業管理的方法基礎是管理方法。它離不開管理的職能、環節和程序等，尤其需要現代管理方法的廣泛應用，如虛擬管理方法、戰略管理方法、團隊管理方法、質量管理方法、項目管理方法、關係管理方法、談判溝通方法和心理學方法等。

（4）物業管理關係

圍繞物業管理活動或工作的開展與展開，物業、業戶物業服務企業等必然要與各有關方面培育、維護和發展關係。如物業服務企業就與房地產開發企業、物業主管部門、政府和社區、業戶等相互之間發生著行政管理、經營管理、自主管理、和合管理等關係。

（5）物業管理市場

物業管理活動或工作中各種關係的建立，往往是通過市場實現的。要促進物業管理活動或工作的健康、持續進行以及物業管理市場的繁榮，就必須研究物業管理市場的內涵和特點、體系和體制、現狀和未來、主體和客體、規則和規範等。

（二）物業管理學的研究任務

從上述物業管理學的研究對象可以看出，物業管理學的研究任務應該包括：以各類物業的封閉式管理與服務為基點，研究、認識在物業長期消費（使用）過程中廣泛而又多樣的社會化管理與服務的需求運動規律，研究、認識物業與環境使用功能的不斷完善，研究、認識使物業社會化、專業化和企業化的經營與管理實現良性運作的物業管理模式等。

另一個重要任務就是物業管理學科的比較研究。國外物業管理實踐發展時間比我們長，不同視角的理論文獻數量比我們豐富，質量也比較高。通過比較研究，不僅能夠在實踐上讓我們繞開陷阱，少走彎路，更重要的是能夠拓展我們的研究

視野，增加學科交叉研究的內容，深化我們的研究成果，較快地完善我們的研究理論體系。

(三) 物業管理學的研究方法

物業管理學的基本研究方法主要有以下四種：

1. 唯物辯證法

唯物辯證法是研究物業管理學的基本方法。研究具有中國特色的物業管理學，一定要堅持運用辯證唯物主義的觀點和方法，在紛繁複雜的諸多矛盾中尋求符合客觀實際的正確認識，這樣才能發現物業管理內部的本質聯繫，從而在學科建設的實踐中找到符合物業管理特點的解釋問題的途徑。由於物業管理是一門獨具學科體系的新興學科，有其特殊的研究對象和領域，在運用唯物辯證法解釋物業管理的現象與矛盾時，應結合國情而不宜照搬不適用於中國的某些西方物業管理理論。我們必須看到國家制度與體制上的差別，建設具有中國特色的物業管理學。

2. 系統方法

每一單元性物業都是一個系統，同時又是從屬於一個更大系統的子系統。從物業管理的角度來說，系統一方面是指一個實體，另一方面是指一種方法。所謂系統方法，即用系統的觀點來研究和分析物業管理活動的全過程。系統方法要求我們瞭解和把握系統的特性，從中找出系統的特點，並據以研究、分析和解決物業管理中的各種問題。

3. 理論演繹方法

在物業管理學科，理論演繹的方法也是比較重要的。它基於現有學科理論，與其他學科的發展緊密結合，衍生出新的研究邊界，拓展研究視界。特別是要不斷強化對物業管理中的人的行為與選擇的解釋能力。

4. 實證方法

在具體應用宏觀調控與微觀管理相結合、靜態管理與動態分析相結合、定性研究與定量分析相結合等方法的同時，既要注重理論演繹的方法，更要特別注重實證方法的研究與應用。所謂實證法，簡而言之，就是實踐證明的方法。在物業管理的現階段，由於大量的不規範形態的存在，僅僅採用理論演繹方法去聯繫眾多感性材料，往往會出現理論脫離現實的情形。因此，只要有可能，就應該強調實證方法的應用，使之有助於對現實問題的分析和物業管理基礎性研究的開展。通過各有關數據的收集、整理，基本情況與過程的描述，以及更多的案例分析，為進一步的理論闡述與研究提供事實基礎。所以，在學科研究方法上，只重視理論探討而忽視實證分析，常常無法得出令人信服的結論。理論來源於實踐，實踐又是檢驗真理的唯一標準。只有把實證分析置於理論演繹之中，才能使理論具有普遍意義。

三、物業管理學的學科體系

物業管理學作為一門獨立於房地產經營管理的消費經濟和管理服務學科，理應在學科創建之初即把物業管理學科體系納入學科建設。儘管尚有一定的難度，

但是從學科建設的整體性出發，考慮到物業管理與相關學科的滲透性，以及物業管理學科自身的研究對象具有廣泛相容性等特點，在建設物業管理學科的同時，不失時機地構建學科體系，對學科體系的框架進行基礎性研究將有益於學科體系的內在聯繫和發展。否則，就談不上研究、認識和運用房地產商品在消費過程中的運動及其規律，而且物業管理中的產權關係、產權轉讓、物業使用功能、環境等方面的矛盾也無法解決。只有把物業管理學科的研究昇華到形成學科體系理論的高度來認識，才能把握物業管理學科建設的多層次性，做到以學科理論體系為先導，指導與完善物業管理向專業化、社會化、規範化和企業化的轉換。

以物業管理學科的建立和物業經營與管理的初具規模為契機，把物業管理學科體系納入我們的視野，盡快建立起符合中國國情、具有中國特色的物業管理學科體系已勢在必行。物業管理學科體系應由一系列具體而又各具獨立性的專業化經濟技術內容組成。黃安心（2009）在《物業管理原理》一書中對物業管理學科體系的建設提出「一個核心理論、兩個營運理論、三大層次理論序列、四個理論作用的管理領域」的觀點值得借鑑。從中也可看出，不管是把公共事務管理理論作為物業管理的核心理論、把業主自治管理理論和委託代理理論作為物業管理的兩個營運理論，把物業管理基本理論系列、環境治理理論系列、物業管理方法系列作為物業管理的三大層次理論序列，還是把業主自治管理、專業物業管理、物業社區管理和物業行政管理等作為物業管理的四個理論作用的管理領域，物業管理學科體系是一種有理論、有方法、有技術的完整科學體系。因此，本書還是參照林廣志和甘元新主編的《物業管理學》中的觀點，將物業管理學科體系的構件分成三個部分：

（一）物業管理學的理論學科體系

物業管理理論學科研究物業管理方面的共性問題，構築指導物業管理實踐的理論基礎，或對物業管理實踐進行理性的分析、歸納和總結得出具有普遍性和規律性的認識與結論。學科的任務就在於揭示客觀規律，建構理論體系，借以指導實踐、驗證應用。這類學科的內容可以涵蓋物業和物業管理的基本界定、物業管理可資作用的理論支撐、物業管理實操中的理論指導、房地產經營與管理理論、物業管理的財務會計理論、物業管理學科史及中外物業管理比較等。

（二）物業管理技術學科體系

物業管理技術學科研究物業區域內各種房屋、建築物、設施設備、相關場地的維修、養護以及安全、環衛、秩序維護和保障的技術或方法，如建築構造與圖紙、房屋維修保養、家庭裝飾設計與施工、家電維修技術、庭院綠化與花卉技術、安全保衛、防盜防火防害等。

（三）物業管理服務學科體系

物業管理服務學科研究物業管理服務過程中的職業道德與修養、職業化行為及職業化管理、宣傳交際與溝通交流、行為養成與規範、文化建設與文明準則等。公共關係學、管理溝通、領導藝術、職業道德、談判技巧等就屬於此類學科研究的內容。

專業指導

一、相鄰關係導讀

（一）《物權法》相關規定

《物權法》第七章「相鄰關係」規定：

第八十四條 不動產的相鄰權利人應當按照有利生產、方便生活、團結互助、公平合理的原則，正確處理相鄰關係。

第八十五條 法律、法規對處理相鄰關係有規定的，依照其規定；法律、法規沒有規定的，可以按照當地習慣。

第八十六條 不動產權利人應當為相鄰權利人用水、排水提供必要的便利。

對自然流水的利用，應當在不動產的相鄰權利人之間合理分配。對自然流水的排放，應當尊重自然流向。

第八十七條 不動產權利人對相鄰權利人因通行等必須利用其土地的，應當提供必要的便利。

第八十八條 不動產權利人因建造、修繕建築物以及鋪設電線、電纜、水管、暖氣和燃氣管線等必須利用相鄰土地、建築物的，該土地、建築物的權利人應當提供必要的便利。

第八十九條 建造建築物，不得違反國家有關工程建設標準，妨礙相鄰建築物的通風、採光和日照。

第九十條 不動產權利人不得違反國家規定棄置固體廢物，排放大氣污染物、水污染物、噪聲、光、電磁波輻射等有害物質。

第九十一條 不動產權利人挖掘土地、建造建築物、鋪設管線以及安裝設備等，不得危及相鄰不動產的安全。

第九十二條 不動產權利人因用水、排水、通行、鋪設管線等利用相鄰不動產的，應當盡量避免對相鄰的不動產權利人造成損害；造成損害的，應當給予賠償。

（二）相鄰關係案例

案例 1　關注相鄰關係日常糾紛問題

案例簡介：

申某住在某小區 25 號樓 10 單元 703 房間，他的鄰居住戶夏某住在 702 房間。自 2001 年 6 月起，夏某把該房出租給別人。租戶每天都在 703 房間和 702 房間門前丟大量的飯盒、報紙等垃圾，並且租戶在晚上總傳出刺耳的音響聲，直到深夜，吵得申某一家無法在晚上看書、學習或入睡。申某多次向夏某和租戶提出意見，都沒有見效。后經人指點，認為物業服務企業簽訂了服務合同，有維護小區工作、生活環境正常的義務，承擔管理責任，物業服務企業出面調解更加合乎情理。申某便要求物業服務企業維護其生活環境正常狀況。

后物業服務企業出面協調。租戶說：「我在自己家裡，有自由自在生活的權利，你們誰也管不著，你物業服務企業只管外面的事就行了。」租戶依舊我行我素，

物業服務企業也幫不了忙。申某認為以物業服務企業沒有盡管理職責，遂向有關行政部門投訴。

練習任務：

物業服務企業應如何處理此糾紛？有什麼法律依據？

案例2　關注裝修過程中的相鄰關係糾紛

案例簡介：

方先生購買的房子是頂樓，而且贈送了一塊大約15平方米的露天平臺，於是他購買了一只產於墨西哥的占地近12平方米、可容納近10噸水的巨型浴缸。剛開始，他是想在樓頂平臺上建一個私人「露天浴場」享受一下「異國情調」。可「好事」卻被物業服務企業阻止了。后來方先生把浴缸用纜繩吊到自己的屋內安裝，但又被物業服務企業的人阻止了。方先生一氣之下將物業服務企業告上了法庭。

練習任務：

面對裝修過程中引發的相鄰關係糾紛，應該如何處理？

二、物業管理法律責任的歸責類型

在物業管理法律責任體系中，不同行為的歸責基礎即追究法律責任考慮的歸責要素是不盡一致的，因而使歸責條件存在一定的差別，表現為不同的歸責原則。根據歸責原則的不同，可將物業管理法律責任的構成劃分為不同的歸責類型。主要有三種歸責類型：

（1）過錯責任類型。凡是因實施了違法行為而致人損害者，如果不能證明自己主觀上沒有過錯，就被推定為有過錯並承擔相應的法律責任。過錯的性質和程度，反應著行為人對自己行為的認識水平。法律要求每一位具有行為能力的主體能夠理性地預見自己行為的后果，並對自己的行為后果負責。過錯責任類型具備一般歸責四要素。按過錯責任歸屬何方主體的情況不同，可分出侵害人過錯責任、受害人過錯責任和侵害人、受害人雙方過錯責任三種具體類型。如果受害人本人對受損害也有過錯的，則可減輕侵害人的責任。

（2）無過錯責任類型，又稱嚴格責任類型。只要行為人作出特定侵權行為或違約行為而造成損害結果，不論其主觀有無過錯，即使無過錯仍應當依法承擔法律責任。這種責任類型適用於產品責任、某些特殊侵權責任和合同違約責任。《中華人民共和國合同法》第一百零七條對違約責任的原則規定就是無過錯責任原則。無過錯責任的優點突出表現在涉及無過錯責任的訴訟中，舉證責任倒置和抗辯事由受嚴格限制，原告只需向法庭證明自己受損害的事實存在和該損害與被告相關，或者只證明被告未履行合同義務的事實，不要求舉證證明被告有過錯，也不要求被告證明自己對於不履行義務或作出侵權行為無過錯，免去了證明過錯有無的困難。被告只能舉證證明原告未受損害、受損害是原告自己的行為或第三人的行為所導致的，或者損害是不可抗力造成的，但不得單純證明本人無過錯而要求免除責任，從而加強了對受害人的保護，也方便裁判，節省訴訟成本。對於合同關係而言，違約責任是由合同義務轉化而來，本質上是出於當事人雙方約定，不是法律強加的，法律確認合同拘束力，在一方不履行時追究違約責任，不過是執行當事人的意願和約定而已。不履行合同與違約責任直接聯繫，兩者互為因果關係，

違約責任採用無過錯歸責原則，有利於促使當事人嚴肅對待合同，有利於維護合同的嚴肅性，增強當事人的責任心和法律意識。由於物業管理中存在大量的服務合同關係，因而掌握無過錯責任類型的法理知識，對物業管理關係各方都是十分必要的。

（3）公平責任類型，又稱衡平責任。凡是當事人對發生的損害都沒有過錯，也沒有作出違法行為，但受害人要求有關當事人承擔民事責任的，法院依據《中華人民共和國民法通則》第一百三十二條規定，可以根據實際情況，按照公平合理原則由當事人分擔民事責任。

上述資料來源：http://www.cavtc.net/hkxy/jpkc/wyfg/zxxx/wljc/200904/t20090408_2408.html。

實驗實訓

1. 調查本地物業管理發展情況，可圍繞物業管理主管部門設置、物業服務企業分佈、物業管理的社會認可度、人們對物業管理的看法或認識、物業服務企業員工情況等方面開展調查，並撰寫1,000字以上的調查報告。

2. 調查當地物業管理者在職業道德、知識結構和能力結構等方面的現狀，指出其中的問題或經驗，提出合理化建議。

3. 一般認為，物業管理是房地產進入消費領域後的后期管理，據此而論的物業管理就是一種「售后服務」，那麼你認為物業管理學科是歸入「管理學」還是「服務經濟學」。請組織討論，並將自己的觀點形成文字（800字以上）。

第二章　物業管理基礎理論

本章要點：本章主要介紹了建築物區分所有權，物業管理委託代理理論，業主自治與業主自律以及業主與業主委員會的相關知識。

本章目標：本章主要通過對物業管理的基本理論的介紹，使學生掌握物業管理的相關基礎知識。同時，教師在教學過程中，應將理論聯繫實際，讓學生能對理論有更好的把握。

第一節　建築物區分所有權理論

一、區分所有建築物

（一）區分所有建築物的概念

1. 建築物的概念

建築物的概念可以分為廣義和狹義兩種。其中廣義的建築物是指人工建造的所有建造物，包括房屋和構築物。其中房屋指由圍護結構組成的能夠遮風擋雨，供人們在其中居住、工作、生產生活、娛樂、儲藏物品或進行其他活動的空間場所，如住宅、公寓、宿舍、辦公、商場、賓館、酒店、影劇院等。構築物是指房屋以外的建造物，人們一般不在其中進行生產生活活動，如菸囪、水井、道路、橋樑、隧道、水壩等。廣義的建築物具有以下性質：第一，不可位移性。建成后的建築物坐落位置、結構類型、建築朝向都是固定不變的。第二，產權邊界複雜性。一般資產的產權邊界是比較清楚的。單項資產的產權要麼是所有權，要麼是使用權、租用權等，但在評估中經常遇到同一幢建築物具有多重產權屬性的情況，如公私同幢、私私同幢等，或表現為同幢房產中部分具有所有權，另一部分體現為租賃權。第三，功能變異性。多數資產功能通常是固定不變的，使用價值將隨改變而消失。但建築物不同功能改變反而會提高其使用價值，如商業區的廠房、車間改造，臨街工業用房改造成商業用房等。

狹義的建築物僅指房屋，不包括構築物。

2. 區分所有建築物的概念

隨著各國城市化進程的加快，城市地價日益高漲，土地利用開始向立體化方向發展，出現了大量多層、高層或超高層建築物。這些建築物造價較高，完全由一個人擁有的可能性越來越低，於是就需要將其內部進行空間劃分，隔離出一種四周及上下閉合、具有可以單獨居住或使用的建築空間。這些獨立區分的空間就

是習慣上的「住房單元」或類似於「住房單元」的建築物計量單位（套）。房屋需求者買到這些「住房單元」，就產生了多個所有人共同擁有一個建築物、個體所有人只對建築物的一個單元享有所有權的情況。這種由兩個或多個所有人共同擁有的建築物就是區分所有建築物，這種對區分所有建築物要明確每個個體所有人應享有的建築物所有權的現象就是建築物區分所有。

（二）區分所有建築物的類型

在物質形態上，區分所有建築物表現為異產毗鄰房屋，即指不同所有人擁有、共有結構相連、梁柱牆走廊和公共設施設備共用的房屋。

（1）按使用性質分類，可以把建築物分為居住建築、公共建築、工業建築、農業建築四類。其中居住建築是指供家庭或個人較長時期居住使用的建築。公共建築是指供人們購物、辦公、學習、醫療、旅行、體育等使用的非生產性建築，如辦公樓、商店、旅館、影劇院、體育館、展覽館、醫院等。工業建築是指供工業生產使用或直接為工業生產服務的建築，如廠房、倉庫等。農業建築是指供農業生產使用或直接為農業生產服務的建築，如料倉、養殖場等。

（2）按層數或總高度分類，可分為低層住宅、多層住宅、中高層住宅、高層住宅、超高層建築五類。

這裡說的房屋層數是指房屋的自然層數，一般按室內地平正負0以上計算。採光窗在室外地平以上的半地下室，其室內層高在2.20米以上，不含2.20米的，計算自然層數。假層、附層（夾層）、插層、閣樓、裝飾性塔樓以及突出屋面的樓梯間、水箱間，不計層數。房屋總層數為房屋地上層數與地下層數之和。

其中樓層在1~3層的稱為低層住宅，在4~6層的稱為多層住宅，在7~9層的稱為中高層住宅，10層及以上且總高度超過24米的稱為高層住宅。如果建築總高度超過100米的，則稱為超高層建築。

（3）按建築結構分類，可以分為磚木結構建築、磚混結構建築、鋼筋混凝土結構建築、鋼結構建築四類。

建築結構是指建築物中由承重構件（基礎、牆體、柱、梁、樓板、屋架等）組成的體系。

磚木結構建築，這類建築物的主要承重構件是用磚木做成的，其中豎向承重構件的牆體和支撐柱都採用磚砌，水平承重構件的樓板、屋架採用木材。這類建築物的層數一般較低，通常在3層以下。古代建築和20世紀五六十年代的建築多為此種結構。

磚混結構建築，這類建築物的豎向承重構件採用磚牆或磚柱，水平承重構件採用鋼筋混凝土樓板、屋頂板，其中也包括少量的屋頂採用木屋架。這類建築物的層數一般在六層以下，造價低，抗震性差，開間和進深及層高都受限制。

鋼筋混凝土結構建築，這類建築物的承重構件如梁、板、柱、牆、屋架等，是由鋼筋和混凝土兩大材料構成。其圍護構件如外牆、隔牆等是由輕質磚或其他砌體做成的。特點是結構適應性強，抗震性好，耐久年限長。鋼筋混凝土結構房屋的種類有框架結構、框架剪力牆結構、剪力牆結構、筒體結構、框架筒體結構和筒中筒結構。

鋼結構建築，這類建築物的主要承重構件均是用鋼材構成，其建築成本高，多用於多層公共建築或跨度大的建築。

（4）按建築物的施工方法分類，可以分為現澆現砌式建築，預制、裝配式建築，部分現澆現砌、部分裝配式建築三種。

這裡說的施工方法是指建造建築物時所採用的方法。

現澆現砌式建築。這種建築物的主要承重構件均是在施工現場澆築和砌築而成。

預制、裝配式建築。這種建築物的主要承重構件是在加工廠制成預制構件，在施工現場進行裝配而成。

部分現澆現砌、部分裝配式建築。這種建築物的一部分構件（如牆體）是在施工現場澆築或砌築而成，一部分構件（如樓板，樓梯）則採用在加工廠制成的預制構件。

（5）按建築耐久年限分類，可以分為一至四級。

一級是指可以使用 100 年以上，主要是具有歷史性、紀念性、代表性的重要建築物，比如人民大會堂、人民英雄紀念碑等。

二級是指可以使用 50~100 年的重要的公共建築，就是在當地比較標誌性的建築，比如鳥巢、水立方等。

三級是指可以使用 25~50 年的比較重要的公共建築和居住建築，比如日常居住的住宅等。

四級是指只能使用 15 年以下的簡易建築和臨時建築。這些主要是指單位和個人因生產、生活需要臨時建造使用而搭建的結構簡易，並在規定期限內必須拆除的建築物、構築物或其他設施，比如鐵皮房、油氈房、窩棚、遮陽棚、房頂棚屋、棚架、工棚、菜農、果農搭建的臨時棚屋等。總之臨時性建築不採用現澆鋼筋混凝土等永久性結構形式。

二、建築物區分所有權的特徵

（一）區分所有權建築物制度的產生發展

1. 西方區分所有權建築物制度的發展歷史

建築物區分所有權是工業革命和城市化的產物。在原始社會，由於生產力水平低下，人們只能居住在巢洞或岩洞裡，故不能形成建築物區分所有權的概念。建築物區分所有權概念的萌芽一般認為是在人類文明之始的奴隸社會。在奴隸社會，由於生產和交換的發展，大量人口集聚，城市得以形成，為滿足城市人口居住和經營的需要，公元前兩千年的古巴比倫產生了類似於現代區分所有權建築物的建築形態。根據一些學者的考證，考古出土的公元前 434 年的一份房契中就已經有建築物區分所有的記載，這標誌著建築物區分所有權的正式萌芽。在羅馬法中，是否存在建築物區分所有權是有爭議的。有學者認為，建築物區分所有權制度是在羅馬法時期最早出現的。因為英語中的「區分所有」（Condominium）一詞來源於拉丁語「共有」（Coownership），但反對者認為，羅馬法規定了「一物一權」主

義的原則，更重要的是其確認了建築物所有權屬於建築物所附著的土地的所有人或地上物屬土地所有人的原則，所以並不存在建築物的區分所有權問題。其后的日耳曼法，曾經形成所謂的「階層所有權」，在某種程度上承認了建築物區分所有權，但並不完整。建築物區分所有權作為一種特殊的物權形式和解決高層樓宇所有權歸屬的特殊法律制度產生於19世紀。自19世紀上半期開始，英國、法國、義大利、瑞士等國先后進行了工業革命，加速了城市和工業中心的發展和住房的嚴重匱乏。伴隨建築材料設備和施工技術的進步，各國政府開始重視並致力於高層建築的建設，以緩解日益激烈的住房供求矛盾，提高土地資源的利用率；從而就出現了多個業主或承租人共同開發或使用同一樓宇的現象，也相應帶來了多個建築單元的高層建築所形成的多元化產權結構產生的錯綜複雜的管理問題，因此，要求建立建築物區分所有權法律制度的呼聲隨之高漲。1804年，《法國民法典》第六百四十四條「一座房屋的數層分屬於數個所有人」的規定，形成了所謂的樓層所有權的概念，開創了近代民法建立建築物區分所有權制度的先河。此后，義大利、葡萄牙、西班牙、瑞士以及中國等先后建立了建築物區分所有權法律制度。20世紀以來，兩次世界大戰對原有建築物進行了極大破壞，但同時又存在人口激增並紛紛湧向城市而造成住宅問題更加嚴峻的情況。對此，各國政府積極利用科學技術進步為建築物立體化發展提供有利條件，或重新審視和修正已有的法律制度，或創設新的理論體系和法律體系，促進了建築物區分所有權制度的發展。

2. 中國區分所有權建築物制度的歷史沿革

在中國，漫長的奴隸社會、封建社會和半殖民地半封建社會中，房屋被代表統治集團利益的人所有，普通貧民單獨擁有房屋也是少數，建築物所有權區分沒有必要和可能。新中國成立以后的很長一段時間裡，城市房屋主要實行公有制度，居住者僅僅享有房屋的使用權，而沒有所有權，因此不可能產生建築物的區分所有制度。之后，自20世紀80年代后期開始推行住宅商品化改革開始，大量的多層商品樓拔地而起，越來越多的城鎮居民擁有了自己的房屋，而且大量集中在住宅小區內，業主的建築物區分所有權已成為私人不動產物權中的重要權利，形成了建築物區分所有的實際存在。1989年11月21日建設部發布了《城市異產毗連房屋管理規定》，其中第二條規定：「本規定所稱城市異產毗連房屋，系指結構相連或其有共有、共用設備和附屬建築，而為不同所有人所共有的房屋。」這實際上承認了建築物區分所有的概念，但該規定對建築物區分所有權的規定是極不完備的。隨著住宅商品化和建築業的進一步發展，區分建築物的所有者之間越來越多的問題產生了，為解決各種產權糾紛，調整各個所有者之間的關係，中國於2002年開始，歷經8次審議，最終於2007年通過《物權法》，並於當年10月1日施行。在《物權法》中，肯定了建築物區分所有權存在的價值，並在第六章專門規定了業主的建築物區分所有權，包括建築物內的住宅、經營性用房等專有權，共有和共同管理權，小區車庫車位的歸屬，業主委員會的職能，業主和物業服務機構的關係等方面。《物權法》有利於明晰建築物的區分所有權，更加充分地保護了業主的權利，對中國建築物區分所有權制度建設奠定了良好基礎，在物業管理法律建設上實現了歷史性突破。隨著中國經濟社會的快速發展和住房制度改革的不斷深入，多人共同擁有一幢建築物的現象將越來越普遍，區分所有權人因房屋而發生的糾

纷或矛盾不可避免，僅靠中國民法通則中的相鄰關係規定來解決所有區分所有權問題既不現實，也不可能，更不適需。因此，發展和充實建築物區分所有權理論、建立和完善建築物區分所有權法規，勢在必行，任重道遠。

(二) 建築物區分所有權的概念

1. 理論基礎

對於建築物區分所有權的概念，歷來存有爭議，主要有一元論說、二元論說、三元論說等觀點。

一元論說，又稱一元主義。它又可分為「專有權說」和「共有權說」。專有權說，最早為法國學者在解釋法國民法典第六百六十四條時提出。他認為，建築物區分所有權是指區分所有人對建築物的專有部分所享有的所有權（專有權），並得到臺灣學者史尚寬先生和日本著名學者我妻榮先生等支持。在法制上，專有權說為立法所肯定，首先始於1804年法國《民法典》第六百六十四條所謂「建築物之各樓層屬於不同所有人」的規定。《日本建築物區分所有權法》也採取了專有權說，該法第二條第一項規定：「本法上的『區分所有權』，是指依照前條的規定，以建築物的部分為標的所有權而言（此應除去第四條第二項中所規定的共有部分）。」共有權說，最早為法國學者普魯東與拉貝在解釋民法典第六百四十四條規定時，針對上述法國學者之專有權說而提出的。該說以集團性、共同性為立論精神，將區分所有建築物整體視為全體區分所有權人之共有，認為建築物區分所有權是指區分所有人對建築物的持份共有權。瑞士《民法典》採取共有權說，該法典第七百一十二條之第一項規定：「樓層所有權，即建築物或樓房的共同所有權的應有份。」

「二元論說」，建築物區分所有權，是指數人區分所有一建築物時，各所有人對其獨自佔有、使用的部分享有專有所有權，並對全體所有人共同使用或數個所有人之間共同使用的部分享有共有所有權的一種複合物權。由梁慧星教授任負責人的中國物權法研究課題組編寫的《中國物權法草案建議稿》（以下簡稱《建議稿》）便採納了這種「二元論說」。該建議稿在第九十條作了如下表述：「建築物區分所有權，是指數人區分一建築物而各專有其一部，就專有部分有單獨所有權，並就該建築物及其附屬物的共同部分，除另有約定外，按其專有部分比例共有的建築物所有權。」這種學說的不足之處在於，忽略了基於區分所有權人之間的團體關係而產生的成員權為區分所有權的一項權能。建築物區分所有權之所以產生，必須是兩人以上對某一建築物區分所有。在區分所有建築物上，區分所有權人相互間的關係極為密切，各區分所有權人在行使專有部分權利時，不得妨礙其他區分所有權人對其專有部分的使用，不得違反全體區分所有權人的共同利益，從而使各區分所有權人之間形成一種共同關係。為維持這種共同關係的健康發展，全體區分所有權人必然結成區分所有權人團體，由該團體直接管理或委託他人管理區分所有建築物的共同事務，而此種管理的結果直接關係到區分所有權人專有部分所有權和共用部分所有權的享有。由此可見，作為這一團體成員所擁有的成員權是建築物區分所有權不可分割的一部分。

「三元論說」為德國學者貝爾曼所倡導，並被德國現行《住宅所有權法》所全

盤採納。根據該法，區分所有權系由三部分構成：供居住或供其他用途之建築物空間上所設立的專有所有權部分、專有所有權人共用建築物上所設立的持分共有所有權部分及基於專有部分與共用部分不可分離所產生的共同所有人的成員權。支持「三元論說」的日本學者丸山英氣教授認為，區分所有權，應理解為對專有部分的所有權、對共用部分的共有持分，以及成員權的三位一體的複合物權。三元論說是在二元論說基礎上提出的，較為全面地反應了建築物區分所有權的實質，具有很大的代表性。

2. 基本界定

從上觀之，「三元論說」似乎更全面地反應了建築物區分所有權的概念。事實上，建築物區分所有權應當是包含專有部分所有權、共有部分所有權和成員權這三項權能的複合物權。其中，專有所有權是基礎。從某種意義上說，共有所有權和成員權是依附於專有所有權而存在的，區分所有人取得專有所有權，自然就應取得共有所有權和成員權。區分所有權人轉讓其專有部分時，共有所有權和成員權被認為一併轉讓。這三項權能不可分割，如果作為繼承或處分的標的，應將三者視為一體。因此，參照「三元論說」來界定建築物區分所有權的概念就是指數人區分一建築物時，對各自的專有部分有單獨所有權，就該建築物及其附屬物的共用部分按一定比例享有共有所有權（除另有約定外），並基於區分所有人之間的團體關係而擁有成員權。可見，建築物區分所有權實際就是上述專有所有權、共有所有權和成員權的總稱或組合。

因中國關於建築物所有權制度的研究較晚，故以法律條文的形式明確了建築物區分所有權的概念。中國「物權法」採用了「三元論說」，該法第七十條規定：「業主對建築物的住宅、經營性用房等專有部分享有所有權，對專有部分以外的共有部分享有共有和共同管理的權利。」根據這條法規的規定，建築物區分所有權的性質是一種特殊的複合性不動產所有權，是關於專有部分的專有權、共有部分的共有權以及因共有關係而產生的管理權（成員權）三者的結合。此三者相互依賴，相互配合，相互制約，構成了不可分割的一個整體。其中，專有權指業主對專有部分享有的自由使用、收益及處分的權利；共有所有權指業主依據法律、合同以及業主公約，對建築物的共有部分所共同享有的權利；成員權，屬業主成員權的範疇，指業主基於一棟建築物的構造、權利歸屬及使用上的密切關係而形成的作為建築物管理團體之一成員而享有的權利和承擔的義務。

在建築物區分所有權構成的三要素中，專有所有權具有主導性，共有所有權具有從屬性和不可分割性，專有所有權和共有所有權是建築物區分所有權的內部權利，共同管理權則構成它的外部權利。三者之區別在於，內部權利主要是基於財產共有而發生的關係，為建築物區分所有權中之「物法性」因素，而作為外部權利的共同管理權不僅僅是單純的財產關係，更重要的是一種管理關係，因而構成建築物區分所有權中之「人法性」因素。

（三）建築物區分所有權的特徵

建築物區分所有權是現代法律體系中一種特殊的複合型不動產所有權形式，與一般不動產所有權相比，具有如下特徵：

1. 集合性與主導性

構成建築物區分所有權的三項要素即專有所有權、共有所有權（還有土地使用權）和共同管理權是集合在一起的，是一種權利組合或權利束、權利系。而一般不動產所有權僅指權利主體對不動產享有佔有、使用、收益和處分的權利。在建築物區分所有權的三個組成部分中，建築物區分所有權人對專有部分的所有權占主導地位，沒有建築物區分所有權人對專有部分所有權，就無法產生專有部分以外的共有所有權和共同管理權。權利人對專有部分的所有權的權利範圍決定了其對共有部分的共有權和共同管理權；在建築物區分所有權人進行登記時，只需要對其專有部分的所有權進行登記，而共有部分的共有權和共同管理權則不單獨登記。

2. 整體性與一體性

建築物區分所有權的專有所有權、共有所有權和共同管理權三項權利必須結合為一個整體，不可分離。在轉讓、處分、抵押、繼承其權利時，必須將此三者視為一體，不得保留其一或其二而轉讓、處分、抵押、繼承其他權利。他人在受讓區分所有權時，亦即必須同時取得結為一體的三項權利。同時，在同一棟建築物上，不能既設定區分所有權，又設定一般所有權。要設定區分所有權，必須將整棟建築物都區分為專有部分和共有部分，並設定相應的專有部分和共有部分持分權，否則在權利歸屬和利益分配上將發生混亂。

3. 多重性與複雜性

由於建築物區分所有權由專有所有權、共有所有權及共同管理（成員）權所構成，因而區分所有權人的身分具有多重性，即專有所有權人、共有所有權人及成員權人（業主）。而在一般不動產所有權，其權利主體身分只能是單一的，要麼作為所有權人，要麼作為共有權人，而不得同時具有所有權人和共有權人的雙重身分。同時，傳統的不動產所有權內容，即主體間的權利義務關係比較單一。建築物區分所有權的內容，即主體間的權利義務關係非常複雜，主要表現為三個方面的權利義務關係；一是權利主體作為專有權人的權利義務關係；二是權利主體作為共有權人的權利義務關係；三是權利主體作為共同管理團體（業主大會、業主委員會）成員的權利義務關係。這三方面的權利義務關係經常互相交織，更顯現它的複雜性。

三、建築物區分所有權的內容

隨著人口增長和城市化進程加快，現代物業管理產生於業主不僅獨立享有專有空間而且還存在共有或公用部分，產生於物業之間相結合成為一個整體或相互關聯的整體。對於這種既有自有部分，又有共有公用部分的物業權屬，即稱之為區分所有。區分所有是一個複合型所有權，它既區別於獨有，又區別於共有。在每一個業主均擁有特定建築空間的所有權意義上，業主享有獨立的所有權，但同時，因建築物和土地不可分割及其共有設施的存在使得每一個業主必須負擔共有部分的維護。在這個意義上區分所有權人義務要比一般獨立所有權人的義務更加複雜。

（一）建築物區分所有人的專有權

1. 建築物區分所有人專有權的含義

建築物區分所有人的專有權，即業主的專有權，是指區分所有權人對專屬於自己的、由建築材料組成的、在構造上和使用上具有獨立性的封閉建築空間所享有的所有權。中國《物權法》明確規定，業主對其建築物專有部分享有佔有、使用、收益和處分的權利。可見，建築物區分所有權的所有人對其專有部分享有單獨所有權，可以自由使用、收益、處分，並排除他人干涉。

具體說來，業主對建築物內的住宅、經營性用房等專有部分可以直接佔有、使用，實現居住或者營業的目的；也可以依法出租，獲取收益；還可以出借，解決親朋好友居住之難，加深親朋好友的親情與友情；或者在自己的專有部分上依法設定負擔，例如，為保證債務的履行將屬於自己所有的住宅或者經營性用房抵押給債權人，或者抵押給金融機構以取得貸款等；還可以將住宅、經營性用房等專有部分出售給他人，對專有部分予以處分。

2. 建築物區分所有人專有權的客體

建築物區分所有人專有權的客體，是指在構造上及使用上可以獨立，且可單獨作為所有權標的物的建築部分。也就是說，專有權的客體或者範圍必須是在使用上具有獨立性、構造上形成單獨空間的房間整體，而不應當是構成房間的材料表層或中心線以內的部分。不能獨立使用的建築空間上不能設定專有權，在結構上自然供全體或部分所有人使用的共有部分也不能設定專有權。

關於建築空間的界定，即劃分專有部分之間、專有部分與共有部分之間以及專有部分與建築物外部之間的界限，學界存在空間說、壁心說、最后粉刷表層說以及壁心和最后粉刷表層混合說。比較而言，壁心和最后粉刷表層混合說較為科學合理。因為空間說雖然符合專有權客體的實際狀況，反應了建築物區分所有權的特徵，但由於把牆壁、地板、天花板等境界部視為共有部分，則區分所有人欲粉刷牆壁或在牆壁上釘圖釘，在地板上鋪地磚，均應經其他所有人的同意，始得為之。如果真以此說，則必然給區分所有人的生活帶來不便，也與社會實情不符。壁心說雖然符合交易習慣，但在境界壁內往往埋設著維持整棟建築物正常使用所必需的各種管線，如果可以憑區分所有人自由使用或變更之，那麼，很難進行對整棟建築物的維護與管理，顯然不夠妥當。最后粉刷表層說雖然彌補了空間說和壁心說的不足，但卻忽視了當前區分所有建築物以壁心為界線的交易習慣。

3. 建築物區分所有人專有權的內容

建築物區分所有人專有權的內容包括專有權人的權利和義務兩部分。

（1）專有權人的權利

專有權人的權利，實際上就是建築物區分所有人的專有權利，主要是在法律、法規和管理規約的規則調控之下，對建築物之專有部分行使佔有、使用、收益和處分的積極權能以及排除他人非法干涉的消極權能。可以說，專有部分作為所有人享有單獨所有權的部分，在權能上與一般的不動產所有權基本相同。當然，專有權的行使必須正當且符合交易習慣，例如，當行使處分權能之時，不能將專有部分和共有部分人為分離，應該尊重建築物區分所有權的整體性，將專有部分和

共有部分一併處分。根據《物權法》的規定，業主轉讓建築物的住宅、經營性用房，其對共有部分享有的共有權和共同管理的權利一併轉讓。

（2）專有權人的義務

專有權人的義務，實際上就是建築物區分所有人的專有義務，歸納起來主要有下列幾項義務：第一，尊重建築物區分所有權的性質以及建築專有部分的自身性質和用途，按照本來的用途使用專有部分，不得擅自改變本來用途。第二，正當維修和改良的義務，即專有權人如果對專有部分進行維修和改良，必須遵循正當性，不得破壞建築物的安全及外觀，不能妨礙建築物整體的正常使用以及違反各個區分所有人的共同利益。第三，容忍他人行使專有權的義務，即建築物區分所有人都有行使專有權的權利，當區分所有人正當使用、維修、改良其專有部分時，其他區分所有人有容忍的義務，不得阻礙和妨害。例如，其他區分所有人因維護、修繕其專有部分或設置管線，必須進入另外所有人的專有部分時，該專有部分的所有人無正當理由不得拒絕。《物權法》規定，業主行使權利不得危及建築物的安全，不得損害其他業主的合法權益。

（二）建築物區分所有人的共有權

1. 建築物區分所有人共有權的含義

建築物區分所有人的共有權，即業主的共有權，是指建築物區分所有人依照法律法規或者管理規約的規定，對建築物的共有部分所享有的佔有、使用和收益的權利。中國《物權法》明確規定，業主對建築物專有部分以外的共有部分，享有權利，承擔義務；不得以放棄權利為由不履行義務。可見，建築物區分所有人對建築物之共有部分享有共有權，且共有權利與共有義務是不可分割的。

具體說來，業主對專有部分以外的共有部分享有共有權，即每個業主在法律對所有未作特殊規定的情況下，對專有部分以外的走廊、樓梯、過道、電梯、外牆面、水箱、水電氣管線等共有部分，對物業管理用房、綠地、道路、公用設施等共有部分享有佔有、使用、收益或處分的權利。但是，如何行使佔有、使用、收益或處分的權利，還要根據《物權法》及相關法律法規和建築區劃管理規約的規定。同時，業主對專有部分以外的共有部分的共有權，還包括對共有部分共負義務，並依據《物權法》及相關法律法規和建築區劃管理規約的規定。可見，在物權法理論上，可以將業主的共有權分為法定共有權和約定共有權。前者主要是根據法律法規規定產生的共有權，后者則主要是根據建築區劃的管理規約產生的共有權。

2. 建築物區分所有人共有權的客體

建築物區分所有人共有權的客體，是區分所有建築物的共有部分。所謂共有部分，是指區分所有的建築物內構成不同房間的共同材料或結構由兩個以上的區分所有人共同使用的部分以及不屬於專有部分的建築物及其附屬物。它主要包括三個部分：建築物的基本構造部分，如支柱建築物頂、外牆、地基等；建築物的共有部分及附屬物，例如樓梯、走廊、門廳管道設備；僅為部分所有人共有部分，如各層之間的樓板、相鄰牆壁等。

對此，中國《物權法》對建築區劃內的附屬設置歸屬專門作出規定，建築區

劃內的道路，歸業主共有，但屬於城鎮公共道路的除外。建築區劃內的綠地，屬於業主共有，但屬於城鎮公共綠地或者明示屬於個人的除外。建築區劃內的其他公共場所、公用設施和物業服務用房，屬於業主共有。關於車位與車庫的歸屬，《物權法》規定，建築區劃內，規劃用於停放汽車的車位、車庫應當首先滿足業主的需要。建築區劃內，規劃用於停放汽車的車位、車庫的歸屬，由當事人通過出售、附贈或者出租等方式約定。占用業主共有的道路或者其他場地用於停放汽車的車位，屬於業主共有。

3. 建築物區分所有人共有權的內容

建築物區分所有人共有權的內容包括共有權人的權利和義務兩部分。

（1）共有權人的權利

共有權人的權利，實際上就是建築物區分所有人的共有權利。歸納起來，區分所有人對共有部分享有以下權利：第一，共用部分的使用權。各區分所有人對整個建築物的共用設施部分，都有按照該設施的作用和性能進行使用的權利，該使用權原則上不因單獨所有權的大小而有大小之別，例如乘坐電梯、經過走廊、上下樓梯等。第二，共有部分的收益權。各區分所有人按其單獨所有權占整個建築的比例，對建築物的共用部分的所生利益享有收益權。第三，共有部分的改良的權利。在不違反建築法、城市規劃法、環境保護法等公法強制性規定的前提下，各區分所有權可以按一定的方式行使共同意志，對建築物的共用部分進行修繕改良。第四，共有部分的排除妨害的權利。第三人或某個區分所有人在對建築物的共用部分的使用時違反通常的使用方法或損壞共用部分或對他人的共有權形成妨礙時，任何區分所有人均有權制止、排除妨害。上述行為對某一特定區分所有權人專有部分的權利構成妨害時，特定的區分所有人有權請求損害人停止侵害、排除妨害。

（2）共有權人的義務

共有權人的義務，實際上就是建築物區分所有人的共有義務。歸納起來，建築物區分所有人就共有部分承擔以下義務：第　，依共用部分本來的用途和通常的使用方法進行使用。第二，各區分所有人對共用的門廳、屋頂、樓道、樓梯、地基等共有、共用的部分應共同合理使用，任何一方不得多占、獨占，各所有人另有約定的除外。第三，未經其他所有人的同意或所有人會議決議通過，不得改變共有部分的外形或結構。第四，各所有人以及全體區分所有人使用共用部分不得違反法律強制性規定。第五，分擔建築物共用部分的管理、維護、修繕費用。分擔的原則是在該共用部分所涉及的使用範圍內，由該範圍的各區分所有人按其專有部分在該範圍內所占的比例分擔。

（三）建築物區分所有人的成員權

1. 建築物區分所有人成員權的含義

建築物區分所有人的成員權，又稱為建築物區分所有人的管理權，是指全體所有人基於專有權和共有權關係組成的一個團體，每一個所有人作為該團體的一員所應擁有的權利和應承擔的義務。中國《物權法》規定，業主對建築物內的住宅、經營性用房等專有部分享有所有權，對專有部分以外的共有部分享有共有和

共同管理的權利。可見,《物權法》確立的建築物區分所有權是包括管理權在內的「三元論」建築物區分所有權,即除了專有權和共有權之外,還包括管理權,即成員權。

具體說來,業主的管理權包括按照《物權法》及相關法律法規或者建築區劃管理規約的規定,自行管理或委託物業服務企業或其他管理人管理建築物及其附屬設施,設立業主大會、選舉和更換業主委員會成員,制定或者修改業主大會議事規則和建築物及其附屬設施的管理規約,選聘和解聘物業服務企業或者其他管理人,籌集和使用建築物及其附屬設施的維修資金,改建和重建建築物及其附屬設施等。

2. 建築物區分所有人成員權的客體

建築物區分所有人成員權的客體,是指建築物區分所有人在行使業主管理權、履行業主管理義務的過程中所指向的對象。根據《物權法》的規定,業主對下列事項有管理權利:①業主大會的設立與業主委員會的選舉、更換事項;②業主大會議事規則和建築區劃管理規約的制定和修改事項;③物業服務企業和其他管理人的選聘、解聘和監督事項;④建築物及其附屬設施的改建、重建事項及其維修資金的籌集和使用事項等。

3. 建築物區分所有人成員權的內容

建築物區分所有人成員權的內容包括成員權人的權利和義務兩部分。

(1) 成員權人的權利

成員權人的權利,實際上就是建築物區分所有人的管理權利。按照中國《物權法》規定,歸納起來,作為區分所有人的業主,享有以下權利:

第一,設立業主大會和選舉業主委員會的權利。中國《物權法》規定,業主可以設立業主大會,選舉業主委員會。地方人民政府有關部門應當對設立業主大會和選舉業主委員會給予指導和協助。

第二,重大事項表決權。根據《物權法》的規定,下列事項由業主共同決定:①制定和修改業主大會議事規則;②制定和修改建築物及其附屬設施的管理規約;③選舉業主委員會或者更換業主委員會成員;④選聘和解聘物業服務企業或者其他管理人;⑤籌集和使用建築物及其附屬設施的維修資金;⑥改建、重建建築物及其附屬設施;⑦有關共有和管理權利的其他重大事項。其中,決定第⑤和第⑥項應當經專有部分占建築物總面積的三分之二以上的業主且占總人數三分之二以上的業主同意;決定其他事項,應當經專有部分占建築總面積過半數的業主且占總人數過半數的業主同意。

第三,請求權。業主管理權中的請求權包括撤銷業主大會或業主委員會決定的請求權、共有資金分配請求權、建築物收益分配請求權以及訴訟請求權。《物權法》規定,業主大會或者業主委員會作出的決定侵害業主合法權益的,受侵害的業主可以請求人民法院予以撤銷。建築物以及附屬設施的維修資金,屬於業主共有,經業主共同決定,可以用於電梯、水箱等共有部分的維修。建築物以及附屬設施的費用分攤、收益分配等事項,有約定的,按照約定;沒有約定或者約定不明確的,按照業主專有部分占建築物總面積的比例確定。此外,業主對侵害自己合法權益的行為,可以依法向人民法院提起訴訟。

第四，其他管理權。它主要包括知情權、自主管理權、委託管理權、更換管理人權和監督權等。《物權法》規定，建築物及其附屬設施的維修資金的籌集、使用情況應當公布。業主可以自行管理建築物及其附屬設施，也可以委託物業服務企業或者其他管理人管理。對建設單位聘請的物業服務企業或者其他管理人，業主有權依法更換。物業服務企業或者其他管理人根據業主的委託管理建築區劃內的建築物及其附屬設施，並接受業主的監督。

（2）成員權人的義務

成員權人的義務，實際上就是建築物區分所有人的管理義務。它主要有：一是執行業主大會或者業主委員會的決定或決議。業主大會或者業主委員會的決定或決議，是管理團體的集體意志，對於全體成員都有約束力。二是遵守法律法規和管理規約。三是接受、服從管理人以及管理服務人的管理。四是支付共同費用。共同費用是用於建築物共同管理必須發生的費用，包括物業服務費、維修基金等。

四、物業管理權

在物業管理實踐中，建築物區分所有權理論的實際應用，集中表現為物業管理權及其具體運用。

（一）物業管理權的性質

關於物業管理權及其性質，目前有以下五種比較具有代表性的學說：

1. 行政管理權說

它認為物業管理權產生於房管所的管理權，而房管所是當時的行政機關，其行使的物業管理權是代表國家或集體而為的管理權，是一種公權力。雖然房管所逐漸轉變成物業服務企業，但其管理物業的職能沒變，因此性質還是一種行政管理權。這種學說是不能成立的，因為現在物業服務企業行使的物業管理權是發生在平等主體之間，基於合同關係而產生的，不帶任何行政公權力的性質。

2. 債權說

它認為物業管理權是物業服務企業基於與小業主之間簽訂的合同而獲得的權利，是所有小業主共同授予的一種權利，顯然屬於債權。此外，還有一種觀點認為是一種帶有物權性質的債權，因為這種債權具有排他性，類似於房屋租賃權。

3. 集體權說

它認為物業服務企業是各個小業主將自己對物業或公用部位所享有的所有權集體讓渡，是若干個所有權的集合體，類似於集體所有權。

4. 限制物權說

它認為物業不是物業的真正所有權人，物業管理權是不具有完整的所有權權能，僅有佔有和使用等權能，不能用之收益和處分。

5. 區分所有權說

在區分所有權物業中，業主以成員權人的身分參與物業區域的共同事務的管理，如參加業主大會並投票參與決策，選舉產生業主委員會等，體現了「業主主權」。但絕大多數情況下，物業公共事務管理活動往往是以委託物業服務企業進行

專業物業管理來實施的。這裡管理權與產權發生了分離，業主享有的是基於產權的管理權，即「業主公共事務管理權」，它是權力之源。而作為委託的代理人的物業服務企業所擁有的管理權是基於物業服務合同的委託而產生的權力，是從屬權力，是市場交易后發生的管理權讓渡。除此之外，物業服務企業還可以基於社會建設的公共需要從「政府授予」那裡獲得一些權力。

(二) 物業管理權的本質

1. 物業管理權不是一般意義上的行政管理權

雖然物業管理權來源於原來的房管所的職能，但隨著房地產和市場經濟的發展，物業服務企業無論從性質上還是從職能上都發生了很大的變化。因此，物業服務企業所行使的物業管理權其內涵和性質都較房管所的物業管理權有了很大的差別。目前的物業管理權，其法律基礎是物業服務合同，而合同作為一種契約，屬於私法的範疇。因此，物業管理權本質上是一種民事行為，物業管理法律關係的設立、變更和消滅，從根本上應取決於當事人的意識自治，而不是政府權力。故將物業管理權歸為行政管理權的學說是不成立的。

2. 物業管理權不是單純的債權、集體權和限制物權

物業管理權不是一種權利，而是一種權限。權利與權限都可以基於合同關係而產生，權利擁有者和權限擁有者都具有「有權」從事某項行為的外觀，在權利與權限都是基於合同產生的情形中，權利人與義務人、權限擁有人與授權人都居於互為合同相對人的地位。這些都是易於混淆權利與權限之間區別的原因。但是，權利與權限只是在形式上存在某些相似，在本質上則是根本不同的。

第一，權利的行使是為了權利人自己的利益，而權限的行使是為了授權人的利益。根據物業服務合同，物業服務企業行使物業管理權，不是為了自己的權益，而是為了全體業主的權益，可見物業管理權不是權利而是權限。

第二，權利可以自主放棄，而權限不能自主放棄。當個別業主與全體業主利益發生衝突時，如果物業管理權是一個限制物權，物業服務企業就可以自主放棄其權利，即放任個別業主的不當行為而不加阻止。但是根據物業服務合同，物業服務企業如果放任個別業主的不當行為，就構成了違約。既然物業服務企業不能自主放棄物業管理權，該物業管理權就不是一個權利而是一個權限。

第三，權利不能被合同相對人撤銷，而權限可以為授權人撤銷。合同權利主體的相對人是合同義務人，合同義務人只能依約履行義務以保障權利人實現其權利，而不能將權利人的權利撤銷。基於合同獲得權限的合同主體的相對人是授權人，授權人可以隨時撤銷其授權，即將授予他人的權限予以收回。在物業服務合同關係中，業主可以根據合同，有權增加、減少或撤銷對物業服務企業的授權。在業主撤銷授權時，物業服務企業就不得再行使物業管理權，因而物業管理權屬於權限。

通過以上對權利和權限的比較分析可以看出，擁有物業管理權雖然也有權實施一定的行為，但由於其並不具備權利的屬性，故本質上並不是一種權利，而應屬於一種權限。既然物業管理權不屬於權利，則就根本談不上債權、集體權以及限制物權等說法。故認為物業管理權屬於債權、集體權、限制物權的學說都是不

科學的。

3. 物業管理權是一種「雙重權力」

本書認為物業管理權應有廣義和狹義的區分，廣義的物業管理權是指對物業實施管理的各項權力，包括業主對物業專有部分的管理權、用戶對物業使用部分的管理權以及專門機構和人員對物業公共部位、公共設施設備的管理權，包含了公共管理（業主自治、行政管理）和私人管理（物業服務企業、開發建設單位）兩大權限。這是因為，業主主權是根本，業主大會或業主委員會是物業管理的最高自治主體，它是基於區分所有權建築的不可分割性而產生的旨在維護業戶利益和維持正常物業區域社會經濟關係的物業業主自治組織，是一個準公共組織（區別於有特定含義的政府和非政府組織）。政府是一個為物業管理服務活動提供宏觀管理政策的管理者，對物業所在區域有著相當的行政管理權；在一些單位直管所屬物業的情況下，這些單位也具有較大的物業管理權。雖然從物業建成投產使用後與業主的關係來看，開發建設單位與業主只是基於房地產商品交易而發生關係，開發建設單位不構成物業服務產品交易的一方，不是物業管理者無權介入物業管理服務活動，即使其擁有控股物業服務企業，也不存在開發商干涉物業服務企業經營管理活動的正當邏輯。但是，開發建設單位在物業建成之前、之中和之後的一段時間內，對物業擁有不可推卸的管理權。物業服務企業在專業化、市場化、社會化、規範化的物業管理體制下，接受業戶委託，成為行使約定的有限物業管理權的市場主體，是從屬於業主的管理主體，是直接而全面實現公共事務管理權的物業管理服務主體。

狹義的物業管理權是指后者，是一種兼容「業主公共事務委託管理權」和「準行政管理權」的「雙重權力」，本書所指物業管理權即作狹義理解。按照區分所有權理論，物業產權具有可分解性，即物業的各項權利，如狹義的所有權、佔有權、支配權、使用權等可以分解開來，分屬於不同主體。這種分解包括物業權能行使的可分工性和利益的可分割性，即包括物業管理經營權、管理權在內的物業產權可以將其經營權、管理權與其他權力相分離。因此，業主公共事務委託管理權是物業服務企業管理權的主要來源，物業服務企業接受業戶委託，簽訂委託服務合同，以業主公約或管理規約為依據，體現業戶集體意志的委託服務合同，就物業服務企業承擔該項物業管理有關的權利、義務、關係逐項作出明確規定。任何業戶都必須接受和服從於公約、規約和合同的約束，若有違犯就得承擔相應責任。同時，政府公共行政委託管理也是物業服務企業管理權的來源，它實質是由政府行使的物業小區公共管理權力，在委託或分派給物業服務企業後而形成的。任何一個功能齊全的物業區域都包括各種基礎性的設施設備，這些設施設備原本就該屬於政府市政工程或壟斷經營事業，都由政府設立或授權的專業部門來管理。這些原本由政府專業部門管理的公共物品，政府基於物業服務企業的進入與存在而以分割管轄範圍的方式進行了移交。為便於區分，可把這種經分割而作出的政府部門授權稱作「準行政管理權」。不管是業戶還是政府，授權都必須明確、具體、職責清晰、準確，否則可能會發生物業服務企業濫用權力、損害業戶利益的行為。

(三) 物業管理權的實現

1. 實現的法律基礎

《物權法》第二條規定，物權是指權利人依法對特定的物享有直接支配和排他的權利，包括所有權、用益物權和擔保物權。與物權由法律直接賦予定義、具有強烈排他性、是一種法定權利不同，物業管理權不是一個法定的概念，沒有法律賦予的定義，其具體內容只能由法律、物業服務合同或管理規約的具體條款來界定。由此界定的物業管理權是指物業服務企業按照業主或使用人委託從事物業管理服務時，依據法律規定和物業服務合同等約定而享有的檢查、控製和執行的權利。

物業管理權基於業主公約、管理規約和物業服務合同等而產生，可以對業戶的民事權利產生一定的約束和限制。在物業管理關係中，業主處於委託人的地位，物業服務企業處於受託人的地位，物業服務企業為了處理物業管理服務事務，就有必要獲得業主即委託人的授權，即獲得物業管理權，據此從事與物業管理有關的事實行為（如保安、清潔等）和法律行為（如代業主行使物上請求權等），在獲得業主的特別授權的情況下，也可以代理業主從事訴訟活動（如代理業主通過訴訟阻止他人對物業的侵害）等。物業服務企業根據法律法規確定的物業管理權，可以稱為「法定物業管理權」，主要如《物業管理條例》第四十六條的規定，「對物業管理區域內違反有關治安、環保、物業裝飾裝修和使用等方面法律法規規定的行為，物業服務企業應當制止，並及時向有關行政部門報告」。而根據合同或協議等約定條款確定的物業管理權，可以成為「約定物業管理權」，則應由依法簽訂的物業服務合同、管理規約、配套的物業管理手冊、個別業戶服務協議等文件的各項條款來確定。

物業服務企業與業主之間的物業管理關係，包括物業服務企業和個別業主的合同關係，如代收水電費、為個別業主提供特殊服務，以及和全體業主的合同關係，如維持共有部分的使用功能和使用秩序，維持小區安全、衛生和綠化等。一般是后者，即物業服務企業是受全體業主的委託，為了全體業主的利益而處理物業管理服務事務。業主在購房時與物業服務企業簽訂物業管理公約，與其說是與物業服務企業訂立一個獨立的物業服務合同，不如說是加入一個既已存在的由全體業主與物業服務企業之間訂立的物業服務合同關係。由於物業服務企業對建築物共用部分的物業管理權是全體業主授予的，因此，當個別業主權利與全體業主權利發生衝突時，個別業主應服從物業服務企業的物業管理權，但這種服從不是服從物業服務企業的權利，而是服從全體業主的權利。

2. 實現的具體方式

在中國，由於住房福利化走向商品化的時間不長，計劃經濟體制下的某些思維方式和習慣做法尚未根本改變，人們尊重私權的意識和私權自治與自保意識還普遍不強，因此，明確物業管理權的法律性質，既有利於物業管理相關立法建設的順利進行，也有助於業主、物業服務公司及政府主管部門等充分認識和正確處理自身在物業管理關係尤其是法律關係中的角色定位和權限範圍。

物業管理權的實現方式實質就是如何將業主所有權通過各種有效方式進行表

達和體現。在市場化條件下，這種實現方式體現為企業化的專業物業管理形式。企業化實現方式使專業物業管理服務活動的私人管理特點明顯，但這種企業化和私人管理必須以業主公共事務管理權委託的方式進行，並始終堅持於開展公共事務管理委託業務，積極和努力地維護物業區域公共設施設備的正常運行、公共場所的正常秩序、公共部位的環境衛生、公共利益的持續保全，從而實現企業化管理的高效率，促進社區和諧穩定以及業主（用戶）、企業和其他利益相關者共享共贏。

要切實實現好物業管理權，業主應明確物業管理權作為一種私權，物業服務企業是授權行使該項權能，應以維護廣大業主的利益為出發點，而不能損害業主利益；應更好地監督和要求物業服務企業行使其物業管理權，並更好地維護自身的合法權益。物業服務企業不能隨便放棄該權能，必須在做好日常物業管理服務的同時，制定增進物業區域公共利益的政策，遵循公共服務的規律和規範，嚴守經營性業務服從於公共性服務業務的原則，確保業主集體委託的管理目標的實現。政府等行政管理部門應從物業管理領域適度退出，徹底轉變管理方式和職能，從傳統上的微觀、直接管理轉向宏觀、間接管理，認真定位和履行好在制定相關管理市場准入制度、培育經理市場、監督物業服務企業、對違法違規行為進行處罰、並對業主自治機構的組建提供指導和協助等方面的職能，促進中國物業管理制度趨向完善，使物業管理市場不斷規範。

第二節 物業管理委託代理理論

一、委託代理理論概述

（一）委託代理的含義及其法律特徵

1. 代理的概念和特徵

代理是代表他人從事某項活動，是指代理人在代理權限內，以被代理人的名義實施民事法律行為，由此產生的民事權利和義務及后果直接由被代理人承擔的民事關係。

在代理關係中，主體有代理人、被代理人和相對人。沒有相對人則不能發生代理關係。代理人以被代理人的名義與相對人（第三人）發生民事關係時，代理人與被代理人之間的代理關係才能實現。物業管理實踐中，可以認為代理人是物業服務企業，被代理人是業主或業主委員會，相對人則是專業公司，如房屋維修公司、設備維修公司、保安公司、保潔公司、綠化公司或園藝公司等。物業服務企業與各個專業公司簽訂各種合同，以滿足被代理人的需求。此外，分散業主和使用人也可被認為是相對人。物業服務企業代表業主委員會或業主與分散業主或使用人簽訂房屋使用合約或公共契約，以規範分散業主或使用人的使用行為。

代理在法律活動中具有以下四個特徵：

（1）代理活動必須是具有法律意義的行為，行為符合合同的約定和國家法律

法規的要求。

「代理」一詞在社會生活中運用極其廣泛，凡是代替他人實施某種行為的情形，都可以被稱之為「代理」。但民法上的代理是專指代理民事主體為意思表示的法律現象。因此，只有設立、變更或終止被代理人與第三人之間的民事法律關係的行為，才是民法上的代理行為。

(2) 代理人以被代理人的名義實施民事法律行為。

代理的這一特徵是由代理制度的目的所決定的。代理人與第三人為民事法律行為，其目的並非為代理人自己設定民事權利義務，而是基於被代理人的委託授權或依照法律規定，代替被代理人參加民事活動，其活動產生的全部法律效果，直接由被代理人承受。因此，代理人只能以被代理人的名義進行活動。

代理的這一特徵，是代理與「行紀」的重要區別。行紀行為又稱信託行為。在行紀行為中，行紀人受委託人的委託，用委託人的費用，以自己的名義為委託人從事購買、銷售及其他商業活動，因其活動系以自己的名義進行，故相對於第三人而言，其活動的后果只能直接由行紀人自己承受，然後再依委託合同的規定轉移給委託人。也就是說，行紀人的活動不能形成代理的三方關係。例如，某甲將自己的電視機委託寄售商店出售，寄售商店即以自己的名義將之售與某顧客，然後將收取的價款扣除有關費用後，轉交委託人。在這一行紀行為中，寄售商店以自己的名義與顧客訂立買賣合同，並向顧客履行合同義務。顧客與委託人之間，不發生任何法律關係。

(3) 代理人在被代理人授予的代理權限內實施代理行為。

代理制度的重要特點，在於代理人在代理關係中具有獨立的法律地位。代理人進行代理活動不得超出被代理人授予的或者法律規定的代理權範圍，但代理權範圍只是確定了代理人活動的基本界限，在這一界限範圍之內，代理人必須維護被代理人利益的需要，根據實際情況，向第三人作出意思表示或接受第三人的意思表示。也就是說，代理人在代理活動中必須根據自己的判斷作出獨立的決定。例如，某乙受某甲的委託，代理某甲購買住房。在購買房屋的過程中，某乙必須自己決定向誰購買、購買何種具體的房屋、以何種具體的價格和條件購買等等。因此，代理人在代理關係中是獨立的民事主體，要為自己的行為向被代理人承擔責任。如果代理人因為疏忽大意而使其代理活動造成了被代理人的損失，代理人必須向被代理人承擔賠償責任。

(4) 被代理人對代理行為過程及結果承擔民事責任。

代理的這一特徵是由代理制度的作用所決定的。代理是被代理人通過代理人的活動為自己設定民事權利義務的一種方式，因而代理人在代理權限範圍內所為的行為，與被代理人自己所為的行為一樣，其法律效果應全部由被代理人承受。其中包括：

第一，代理行為所產生的民事權利歸被代理人享有，所產生的民事義務歸被代理人承擔。此外，代理行為所取得的其他利益也歸屬於被代理人。

第二，代理人的代理活動產生的不利後果應由被代理人承受。代理人在代理活動中為第三人造成的損害，應首先由被代理人對第三人承擔民事責任。但是，如果對不利後果或損害的造成，代理人有過錯的，被代理人有權追究代理人的民

事責任。

《民法通則》第六十四條規定：「代理包括委託代理、法定代理和指定代理。」物業服務企業提供的管理服務是一種委託代理。

2. 委託代理的含義

委託是指受託人以委託人的名義為委託人辦理委託事務，委託人支付約定報酬（或不付報酬）的活動。委託代理是指代理人在被代理人的委託和授權下產生的一種代理行為，因委託代理中被代理人是以意思表示的方法將代理權授予代理人的，故又稱「意定代理」或「任意代理」。民事法律行為中的委託代理，可以用書面形式，也可以用口頭形式；法律規定用書面形式的，應當用書面形式。

從委託方的組成看，委託代理有兩種情況：一是單獨代理，即代理權屬於一個業主的代理，如單個業主委託物業服務企業提供的特約服務；二是共同代理，即代理權屬於兩個及以上的業主的代理，如多個業主委託業主委員會選聘物業服務企業以及委託企業對公共部位、公共設施設備進行管理的代理。

從經濟學角度看，委託代理的前提是委託人和代理人都是理性的。委託人的理性表現為對委託活動或事項有理性的認識和判斷，所委託的活動或事項將增加其利益，或減少其損失；代理人是理性的，他能理性選擇委託人和相關的委託活動或事項，並從委託代理中獲得報酬或好處。委託關係之所以存在，就是因為代理人能解決委託人在生產、生活、工作中自己不能解決或處理不好的事務。例如，對缺乏物業管理知識的人，可以委託物業服務企業辦理有關物業管理諮詢服務事務；對缺乏法律知識的人，可以委託律師或熟悉法律的人提供有關法律服務事務等。

3. 委託代理的法律特徵

現代意義的委託代理的概念最早是由羅斯提出的：「如果當事人雙方，其中代理人一方代表委託人一方的利益行使某些決策權，則代理關係就隨之產生。」委託代理是最主要的代理種類。中國《民法通則》關於代理的條文主要是圍繞委託代理規定的。委託代理具有以下特徵：

第一，委託代理是基於委託人的委託授權而產生的。委託授權在委託代理中具有決定性的意義。這一特點使委託代理與法定代理、指定代理區別開來，后兩種代理都不是基於當事人的授權產生的，而是由於法律的直接規定或指定機關依職權進行指定而形成的。這是委託代理最本質的特徵。

第二，委託代理主要發生在經濟領域，在商業、貿易、經營等市場行為中得到廣泛的運用，是直接服務於市場經濟的。例如，企業可以委託他人代其銷售產品，委託他人代其簽訂合同，委託他人代為參加訴訟，等等。法定代理則主要發生在以自然人為主體的家庭關係領域；指定代理主要發生在特定的幾種場合，例如，為未成年人指定監護人。當然，委託代理也可以發生在具有特定社會關係的當事人之間。

第三，委託代理中的代理人，既可以是公民個人，即自然人，也可以是取得法人資格的代理機構。前者如企業職員受企業法定代表人的授權委託，代理企業與第三人簽訂經濟合同，或如甲公民受乙公民的委託代其購買一套住房；后者類型很多，如進出口代理商、保險代理商、廣告代理商等。非專門的代理機構的法

人單位，也可以接受委託進行代理行為。例如，甲公司受乙企業委託在一次展銷會上與一廠家簽訂一份買賣合同，甲公司並不是專門的代理機構，但它簽訂的合同也是有效的。市場經濟越發達，流通越活躍，交換越頻繁，專業性的代理機構也就越重要。可以說，市場經濟的發展是離不開這一特定行業的。

第四，委託代理絕大多數是有償的。專業代理機構都是以盈利為目的的，有償服務是其經營的本質特徵。企業職員受企業法定代表人的委託，代理企業簽訂合同或進行其他有法律意義的行為，也是有償的，當然這種有償可能是通過增加獎金或其他方式而實現的。公民個人之間的代理可以是有償的，也可以是無償的，取決於雙方的協議。法定代理和指定代理則都是非有償的，因為法定代理和指定代理是基於代理人與被代理人之間的特定社會關係而由法律直接規定或由相應的指定機關的指定形成的，它既是一種權利，同時也是一項義務，不可能以營利為目的。

4. 委託代理關係

委託代理關係是指市場交易中，由於信息不對稱，處於信息劣勢的委託方與處於信息優勢的代理方，相互博弈達成的合同法律關係。委託代理關係起源於「專業化」的存在。當存在「專業化」時就可能出現一種關係，在這種關係中，代理人由於相對優勢而代表委託人行動。

按照詹森（Iensen）和威廉·麥克林（William Meckling）定義，委託代理關係是指這樣鮮明或隱含的契約，根據這個契約，一個或多個行為主體指定雇用另一些行為主體為其提供服務，並根據其提供的數量和質量支付相應的報酬。還有一些經濟學家，如普拉特和澤克好瑟對委託代理關係表達得更為簡樸直接，認為只要一個人依賴於另一個人的活動，那麼委託代理關係就產生了。撥米和米恩斯等經濟學家對委託代理關係作了進一步研究，指出委託人與代理人在激勵與責任方面的不一致性或者矛盾以及信息不對稱，代理人有可能背離委託人的利益或不忠實委託人意圖而採取機會主義行為，發生道德風險和逆向選擇，於是隨之而產生的委託代理成本問題困擾著委託代理關係的良好運行。

委託代理關係賴以形成的基本條件為：

（1）市場交易中，存在兩個或兩個以上相互獨立的行為主體，他們在一定約束條件下各自追求效用最大化。

（2）市場交易的參與者均面臨不確定性或風險，為減少或避免這種不確定性或風險而需要採取合作的方式。

（3）市場交易中的參與者掌握的信息處於非對稱狀態，或者處於不同的環境、地位等。

委託代理關係通常以合同的形式加以確認。委託代理問題的表現可以按照合同簽訂前後分為兩大類：

第一，逆向選擇。這是在合同簽訂前發生的委託代理問題。為了研究信息不對稱問題，經濟學將商品（產品或服務）分為兩大類——搜索商品和體驗商品。搜索商品的質量信息可以在消費之前進行判斷（比如普通的服裝），消費者只要付出較少的搜索成本（比如觀察、詢問等）就可以判斷產品質量。而體驗商品的質量在消費之前無法充分判斷（比如去餐廳就餐、聽音樂會、髮發等），消費者不僅

要付出搜索成本，還要在支付產品價格之后才有可能判斷其質量。通常而言，服務行業所提供的服務，由於其生產和消費必須在生產者和客戶的互動中同步完成，都具有體驗商品的特徵。搜索商品通常少有信息不對稱的問題，而體驗商品的信息不對稱問題就比較嚴重。物業管理服務同樣是體驗商品。在體驗商品的交易中，生產者（如物業服務企業）掌握著消費者（如業主）不瞭解的信息，交易時就會導致逆向選擇，即劣幣驅逐良幣。其典型案例是在舊車市場上，由於買主不瞭解舊車真實質量的好壞，只願意支付最低價格，從而質量高的舊車難以出售。

　　第二，道德風險。這是在合同簽訂后發生的委託代理問題。由於信息不對稱，委託人無法監督代理人的實際工作質量，從而給予相應的報酬，那麼代理人就有可能偷工減料，特別是在委託人不易察覺的地方，以較少投入來獲得自身利益的最大化。

　　（二）委託代理理論概述

　　委託代理理論是制度經濟學契約理論的主要內容之一，是過去30多年裡契約理論最重要的發展之一，是20世紀60年代末70年代初一些經濟學家深入研究企業內部信息不對稱和激勵問題發展起來的。委託代理理論的中心任務是研究在利益相衝突和信息不對稱的環境下，委託人如何設計最優契約激勵代理人。委託代理理論從不同於傳統微觀經濟學的角度來分析企業內部、企業之間的委託代理關係，它在解釋一些組織現象時，優於一般的微觀經濟學。委託代理制度不僅是一種民事法律制度，而且還是一種經濟制度。

　　（1）委託代理作為民事法律制度起源於羅馬法中的合意契約，合意契約先產生於萬民法，后被納入市民法，是最典型的誠信關係。它產生在古典時期，是羅馬人與外邦人頻繁交往的結果。合意契約中包括買賣、互易、租賃、行紀、委任和合夥。其中「委任」是指「當事人約定一方為他方處理事務而不收報酬的合意契約」。但是，羅馬法上委任的無償性也不是絕對的，帝政時期准許提起承認特別報酬的請求程序。委任契約中有一種叫互惠委任，是為委任人及受任人雙方利益而訂立，實質上類似有償契約。

　　1804年頒布的法國民法典在第三編「取得財產的各種方法」的第十三章中規定了委任。該章將委任與代理混而不分。第一千九百八十四條規定「委託或委任書」為一方授權他方以委託人的名義為委託人處理事務的行為。委任如無相反的約定時，為無償的。與羅馬法中的委任對比，法國法中的委任有以下特點：①法國民法中的委任包涵了代理的內容並明確使用了代理的概念。第一千九百九十五條規定：「以同一證書選任的數個受任人或代理人，僅在有明白記載的限度內相互間負連帶責任。」②由於委任與代理混而不分，法國法中的委任的概念明文規定受任人「以委任人的名義」為委託人處理事務，也就是委任必須伴有代理。③委任可以是有償，在無相反約定下，為無償。④對委任的種類、受託人的權限、委託人與受託人的義務和委任的終止，都作了較為系統的規定。法國法中的委任反應了資本主義上升時期社會經濟生活有了較高的水平，立法技術有了很大進步。對委任與代理各方當事人的權利義務的具體規定，說明委任與代理關係在社會生活中適用範圍的廣泛性。

1896年頒布的德國民法典（以下所說德國民法均指此法典）將委任規定為各種債的關係的一種。第六百六十二條規定：「因接受委任，受任人負有為委任人無償處理委託事務的義務。」德國民法典中的委任與法國民法典的委任相比，其根本區別在於德國民法典將委任與代理嚴格區分開，在總則部分將代理和代理權作為法律行為一章中單獨一節，首創了代理制度。反應在委任的定義上，法國民法典強調受任人必須以委任人的名義處理事務，而德國民法典並不要求受任人必須以委任人的名義處理事務，而是可以以委任人的名義處理事務，也可以以受任人的名義進行。德國民法中的委任只規定委任人與受任人之間的關係，不涉及第三人。在代理和代理權部分則規定：「代理人於代理權限內，以被代理人名義所為的意思表示，直接為被代理人和對被代理人發生效力。」（第一百六十四條第 i 款第一項）「如以他人名義為意思表示的意思不明確時，應視為以自己名義所為的意思表示。」（第一百六十四條第二款）上述規定說明是否以被代理人名義的意思表示，是認定是否形成代理關係的關鍵。

　　德國法中委託與代理相區別，分別立法的規定，是以德國法學家關於代理權授予及基本法律關係理論為指導的。在此以前，理論上認為委任代理（又稱意定代理）是委任關係的外部行為，代理、代理權授予和委任契約屬同一意義。后來德國學者認為委任與代理並存並非必然，有委任而無代理和有代理而又無委任的情況均有發生。代理權的授予是產生代理權的直接根據。代理權授予是基於委任、雇傭、承攬和合夥等法律關係而進行的。這些法律關係，對於授權行為，則為基本法律關係。在此理論基礎上建立了代理法律制度。德國法關於委任與代理的關係的立法與以往的立法相比較為科學。德國民法典關於委任與代理的理論與立法影響頗廣，日本、瑞典、丹麥、挪威、芬蘭、波蘭、義大利、希臘、捷克、蘇俄及舊中國的民法均採納或參照了它。

　　（2）委託代理作為經濟制度產生於20世紀30年代，美國經濟學家伯利和米恩斯因為洞悉企業所有者兼具經營者的做法存在著極大的弊端，於是提出「委託代理理論」。委託代理理論以理性的經濟人為分析起點，認為委託代理問題產生的根源在於兩方面：首先由於理性的經濟人追求自身利益而非他人利益的最大化，委託人與代理人的利益不可能完全一致。代理人追求自身利益最大化，而非委託人利益最大化。其次由於信息不對稱，導致委託人無法充分瞭解和監管代理人的行為，此時代理人就有可能為了滿足自身利益而損害委託人利益。只要這兩個前提成立，委託代理問題就不可避免。

二、物業管理委託代理關係的產生

　　不論什麼物業，都離不開維修、養護和管理，都需要圍繞維修、養護和管理而開展各種相關服務和經營。從本質上說，物業的維修、養護和管理應由擁有物業所有權的業主自行負責，但具體實踐中卻無法付諸實施，必然要求社會化、專業化物業管理來統一負責。由此就客觀需要業主委託、專業機構或人員受託的委託代理機制引入物業管理服務實踐中。

(一) 人們在社會分工體系中具有不同的職業角色,是物業管理委託代理關係產生的社會基礎

在社會分工日益細化的條件下,每個人都從事著不同的職業崗位,但都不可能熟悉或精通所有職業崗位的工作。物業管理是一種新興的職業,還可按照社會分工進行更專業、更具體的分類,但不論怎樣進行職業崗位設計,物業管理工作都涉及若干不同專業的知識,物業管理的技術性和操作性都較強,其服務性和專業性的要求都很高。物業檔次越高,設施設備越完善,沒有受過專業訓練的普通業主越不可能自行管理,現代社會所有權與管理權的分離,本質上就是為了保證專業性工作的質量,通過社會化大生產保證工作質量並降低工作成本。同時,因為物業管理工作不僅僅要完成各專業的勞務工作,更重要的是完成對所有專業工作的組織管理以及客戶關係的管理,從而實現其「對人服務」的核心功能。物業管理不僅是勞動密集型行業,更是管理密集型行業。如果業主自行分包物業管理中各個專業工作,實際就是要求業主承擔起物業服務企業對勞務工作的計劃、組織、協調和監督等工作。這些工作對於非專職的業主來說並不容易。由於專業知識和精力所限,很可能業主自行管理的成本遠大於委託專業管理人管理的成本。

由此而論,並不是每個業主都能做好物業管理的各項工作,業主整體也很難把物業管理做得統一、規範,業主自治或自管物業在現行經濟社會條件和法律框架下仍缺少可操作性。這就需要作為業主或用戶的每個人不得不將其所擁有的物業進行適當放權,以委託的方式讓權給一些專業組織和人員。委託代理關係由此產生,如果讓那些非物業管理專業人士去從事物業管理工作,勢必是沒有效率的,必將存在極度的不經濟性。

(二) 業戶對物業管理服務商品日益增長的需求是物業管理委託代理關係產生的經濟基礎

在日常工作和生活中,業戶對物業管理服務商品呈現出多方面、高層次、豐富化的廣泛需求,一般的「四保」(保安、保潔、保修、保綠)服務既是基本和基礎的需求,也是不斷擴展著、深化著、延伸著的需求,形成了數量、品質、特色、個性等全方位的多面需求。此外,業戶還可能在小區(社區)文化娛樂、健康休閒、出遊觀光等方面具有特殊的需求,以此陶冶思想情操、豐富精神世界、增加快樂感和幸福度。這些需求在獨立的自我實現滿足之餘,業戶往往也想感受一下集體或群體的需求。為此,也需要業戶通過委託代理關係,將一些需求的滿足方式和渠道交由專業的機構和人員來統一安排,使分散的業戶得以集聚,並以各種積極、有效的活動或其他方式進行共同需求建設,從而滿足業戶的另類需求和趨高需求。

(三) 物業及其管理本身的技術性、規範性和專業化特點是物業管理委託代理關係產生的物質基礎

隨著科學技術的進步和升級,物業的結構和技術日益複雜和高端,物業管理手段和方式需要更高、更強的操作專業性、應用規範性,物業服務的科技含量不斷增加和創新,這都離不開物業服務企業更加專業的管理和服務,都需要業戶適度將物業的部分權力交由物業服務企業代理發揮作用。

（四）物業管理分開經營和分業經營的實踐是物業管理委託代理關係產生的制度基礎

物業管理實踐中，業戶為了使物業保持一個良好的狀態，使物業保值增值、物業環境更加舒適、生活品位更高，就需要對物業及其區域進行清潔、綠化、安保、消防、樓宇自動化等工作。這種工作的開展和展開，可以有兩種情況：

第一種情況：業戶分別聘請園藝工、清潔工、維修工、保安員，購買空調機電設備、安裝自動化裝置等，形成分開經營。這就需要與多家企業或個人進行談判、交易。這種方式雖然直接，但是缺少集體談判機制，單個業主面對管理服務供應商會因信息不對稱而成為弱者，價格往往會很高；同時在沒有規模的產品及服務交付條件下，固定成本攤銷少也會導致價格提高。雖然獲取信息的渠道和途徑較多，搜尋信息的成本可能減少，但不能消除，且信息整理、篩選的成本減少的可能性也不大。這種情況對於獨立別墅或單一業主的物業有一定價值或優勢，但對建築物區分所有權人就不適用。這些業主需要的物業管理服務不僅僅是「四保」等「硬件」的管理，更多是公共秩序管理、關係維護、文明建設、精神和心理需求等「軟件」的服務。

第二種情況：引入物業服務企業實施分業經營，將大大降低業戶管理的複雜程度。按照科斯理論，業戶只需要與物業服務企業簽訂一個合同，不必與多家專業公司（如保潔公司、保安公司、園林綠化公司、電梯公司、機電公司等）簽訂一系列繁雜眾多的契約。這樣就由一個契約替代了一系列契約、一個較長期限的契約替代了若干個較短期的契約，談判和簽約的成本就可大大節省。這種方式既有利於降低交易成本，又有利於簡化業戶對供應商的管理難度，便於監督和控製。中國《物業管理條例》也提倡房地產開發企業與物業管理「分業經營」。《物權法》第十八條規定：業主可以自行管理建築物及其附屬設施，也可以委託物業服務企業或者其他管理人管理。物業服務企業或其他管理人，被統稱為專業管理人。在以社會化專業分工為基礎的現代化社會中，業主實施物業管理的主要模式是委託專業管理人。

因此，委託管理制在物業管理服務活動中存在的重要前提就是「分開經營」和「分業經營」，而「分開經營」和「分業經營」的前提又是物業管理服務供應商和工商業營運商看到物業及其管理服務的獨立營運所創造的更多價值。

實際上，無論是委託專業管理人還是由業主自行組織物業管理工作，只要物業管理工作不由業主親自完成，就形成了事實上的委託代理關係。

三、物業管理委託代理關係的表現

物業管理關係是一種典型的民事法律關係。從最微觀的層面看，物業管理關係僅僅是業主與物業服務企業之間的關係。然而，業主數量眾多以及建築物區分所有權的存在，客觀上決定了業主只能通過業主大會、業主委員會表達自己的意願，故而又產生了業主與業主委員會、業主委員會與物業服務企業之間的關係。房地產開發企業在物業管理中發揮著重要作用，同時，房地產行政主管部門、居

民委員會在物業管理中的作用也同樣不可小覷。此外，圍繞著物業管理活動，保安公司、煤氣公司、電梯公司、環衛公司等也與業主發生著或近或遠的關係。然而，除業主、業主大會、業主委員會和物業服務企業外，其他單位均不是物業管理所直接涉及的主體。因為，物業管理的權利來源於業主，在由業主區分所有的物業管理區域中，業主通過業主大會形成統一的意見，由業主大會委託物業服務企業提供物業管理服務；業主大會設立業主委員會負責具體工作的執行；物業服務企業的管理服務可以通過本企業員工提供，也可以將其中一部分委託給其他專業公司來提供。最終，物業管理服務由物業服務企業和專業外包商或員工直接面對業主提供。

由此可見，在物業管理活動中，主要存在三個層次的委託代理關係：一是（成立業主委員會時）業主大會委託業主委員會執行日常工作；二是業主或業主大會委託物業服務企業提供管理服務；三是物業服務企業委派員工或外包商執行具體工作。

（一）業主與業主委員會之間的委託代理關係

業主即建築物區分所有權人，是物業管理中最重要的主體；接受物業管理服務的是業主，交付物業服務費用的是業主。然而，由於建築物區分所有權與一般意義上的所有權不同，既包含了對專有部分完整的所有權，又包含了對共有部分的共有權以及由此派生的成員權。因此，眾多業主區分所有權相互博弈的結果必然是業主大會以及業主委員會的產生。

業主大會是一個物業管理區域內全體業主組成的機構。根據《物業管理條例》的規定，同一個物業管理區域內的業主，應當在物業所在地的區、縣人民政府房地產行政部門的指導下成立業主大會，選舉產生業主委員會。但是，只有一個業主的，或者業主人數較少且經全體業主一致同意決定不成立業主大會的，由業主共同履行業主大會、業主委員會職責。業主在首次業主大會會議上的投票權，根據業主擁有物業的建築面積、住宅套數等因素確定。業主大會作出的決定，必須經與會業主所持投票權 1/2 以上通過。可見，中國現行物業管理制度下的業主大會是同一個物業管理區域的最高權力機關。然而，一個物業管理區域內的業主，少則幾十，多則成百上千，凡事均由業主大會決定並由其從事對外的各種活動顯然不具有可行性，因此業主委員會也就應運而生。

業主委員會是指由業主大會選舉產生，作為業主大會的執行機構，代表業主實行自治管理的組織，它行使著廣泛的職責。業主委員會作為全體業主的代表，其法律地位至關重要，因為只有明確業主委員會的法律地位，在對內關係上才能確定業主委員會與業主、業主大會的關係，才能擺正業主委員會在執行公共物業管理事務時的位置，以至當業主委員會或其成員由於過錯或不作為給廣大業主造成損害時才能確定應承擔的責任類型。然而，如此重大的問題，《物業管理條例》並未對其加以明確。就實務中大量存在的業主與物業服務企業、業主與業主委員會的糾紛，學界的主張也各不相同。有的主張應賦予業主委員會以物業服務合同主體的資格，有的主張取消業主委員會，改由業主大會內設的管理處或事務處行使目前由業主委員會履行的職責，有的則主張業主委員會儘管不具有實體法上的

主體資格，但應作為「其他組織」享有訴訟主體資格。

要正確認識業主委員會的法律地位，就必須從物業管理實務出發，看業主委員會在現實生活中是如何運作，現行法律法規對業主委員會的活動又是如何規定的。《物業管理條例》規定，業主在物業管理活動中享有選舉業主委員會委員的權利並享有被選舉權。業主大會選舉產生業主委員會，並負責選舉、更換業主委員會委員，監督業主委員會的工作。由於業主委員會是從業主中選舉產生的一個機構，它代表全體業主同物業服務企業進行一系列的活動。因此，凡不具有業主資格和身分的人，都不能成為業主委員會的委員。從目前來看，絕大部分委員都有自己的本職工作，並不是專業的「委員」，一般說來，業主委員會委員的工作是無償的，並沒有相應的報酬。同時，業主委員會的活動費用從業主交納的物業服務費中提取並由物業服務企業單列開支，其辦公用房也為全體業主共有，其掌握的維修基金也屬於全體業主所有。業主委員會只有在取得業主大會授權后才能代表全體業主的利益，從事物業管理範圍內的活動，而業主大會授權的基礎又來源於業主對物業的所有權。業主委員會所從事的活動包括代表業主與業主大會選聘的物業服務企業簽訂物業服務合同，瞭解和反應業主的意見和建議，監督和協助物業服務企業履行物業服務合同等。業主委員會的上述行為，其收益並不屬於業主委員會，而是屬於全體業主，當然責任也歸於全體業主。

由以上分析可以看出，儘管從名義上看，業主委員會具有自己單獨的名稱，但是其完全不具有獨立性，它只是全體業主的授權代理人而非獨立的法律主體。從訴訟的角度看，將業主委員會理解為業主的訴訟代表人似乎更為恰當。業主委員會作為訴訟代表人有先天的優勢：首先，業主通過參與業主大會來選舉的業主委員會成員的訴訟權利是有限的，必須經得全體業主的授權。其次，一般說來，管理規約可以明確約定業主委員會在一定範圍內行使某一方面的物業管理訴訟或仲裁活動，那麼只要業主委員會的活動未超越該範圍，均可以不再重複授權，保證了訴訟或仲裁活動的效率。

綜上，業主與業主委員會的關係其實是以委託授權為基礎的被代理人與代理人的關係。業主委員會基於業主授權所為的行為視為業主所為，由業主承擔法律責任。當然，當業主委員會超越授權故意或過失給業主造成損害時，業主委員會應就此承擔責任。

(二) 業主與物業服務企業之間的委託代理關係

如前文所述，物業管理關係最終體現為業主與物業服務企業之間的關係，兩者以物業服務合同為紐帶。對於物業服務合同歸類於哪種民事合同，目前學術界還存在著不同的觀點。第一種觀點認為，物業服務合同是一種新型的合同類型，表現在合同一方的物業服務企業屬於新興的第三產業，而合同另一方的業主又是通過業主委員會這個特殊的代表機關來從事簽訂合同的行為，因此，它不歸屬於目前《中華人民共和國合同法》（以下簡稱《合同法》）所規定的任何一種合同類型。第二種觀點認為，物業服務合同應歸屬於承攬合同，它是物業服務企業按照業主一方的具體要求完成特定管理工作的合同。第三種觀點認為，物業服務合同是一種委託合同，委託人是業主，受託人是物業服務企業，物業服務企業基於

委託合同即其受業主之托處理相應的事務就是物業管理。就這三種觀點而言，第一種顯然並不可取，點出物業服務合同是一種非典型合同，並無益於點明業主與物業服務企業間的關係。第二和第三種觀點說出了物業服務合同的一些特點，但似乎都不能涵蓋物業服務合同的所有特性。而要真正把握物業服務合同的類型，必須先弄清楚該合同的特徵，然後根據該特徵與《合同法》規定的有名合同進行一一比對，才能得出最終的結論。

所謂物業服務合同，其實是業主委員會代表全體業主與業主大會選聘的物業服務企業簽訂的，有關物業管理和提供勞務事項的協議。在物業服務合同中，業主大會選聘的某物業服務企業是基於對該企業的資信、管理能力、服務質量的信任，並且只有物業管理區域內全體業主所持投票權的 2/3 以上通過才能最終選定。因此，物業服務合同是一種典型的信賴合同。其次，物業服務合同是一種提供服務的合同。物業服務企業要為業主提供物業管理區域內房屋及配套設施設備和相關場地的維修、養護、管理以及維護物業管理區域內的環境衛生和相關秩序，所有這些，均體現為物業服務企業為業主提供的服務。最后，物業服務合同是有償、雙務合同。物業管理是物業服務企業在收取物業管理費的前提下向全體業主提供的一系列服務，且合同雙方均負有一定的義務。根據以上對物業服務合同的分析，不難發現物業服務合同應該不是承攬合同，因為承攬合同的承攬人在依照合同完成特定工作后還須交付工作成果，其工作成果在交付前后還有著意外毀損滅失的風險，而物業服務合同全然不具有這樣的性質。

中國《合同法》規定的提供服務的合同包括了運輸合同、保管合同、倉儲合同、委託合同、行紀合同、居間合同等合同類型。兩相比對，物業服務合同與委託合同最具有相似性。所謂委託合同，是指委託人和受託人約定，由受託人處理委託事務的合同。當然，兩者只是根本上的相似，在許多地方仍然存在差異。如委託合同既可以是有償合同，也可以是無償合同，而物業服務合同一定是有償合同。此外，對於物業服務合同來說，無論什麼時候物業服務企業與第三人從事行為的后果均由物業服務企業承擔，對於業主並不直接發生效力。

所以，業主與物業服務企業間的關係是一種特殊的委託關係，兩者由這一特殊的委託關係相聯繫，共同構成了物業管理法律關係中最重要的兩個主體。

(三) 物業服務企業與員工或外包商之間的委託代理關係

此種關係實屬物業服務企業內部關係，可理解為一種工作委派或分工關係。由於物業服務企業員工是企業組織的重要構件，理應在企業的統一安排下按照職責分工從事相應的工作，共同實現企業的目標和願景，這種委託代理關係是一種內生的互為適應和協作關係、一種內在的互促互進和共生關係。本書在此不詳細闡述，只就物業服務企業與外包商的委託代理關係進行說明。

中國物業管理成長初期，主要實行的是「小而全」「大而全」一體化運作模式，相當一部分物業服務企業偏向在企業內部建立各種部門，聘請相關人員以應付各種問題。這種做法與其他採用「一體化」運作模式的企業一樣，鮮明的特點在於：沿著產業鏈順序作用，強調所有工序整體「面」上的改進，主張加強產業鏈條，依靠自身力量，信守「肥水不流外人田」的理念，將所有環節的利潤收於

本企業。突出的缺點在於：傳統保守並落後，不符合競合經濟需要，與分工整合環境要求企業必須集中資源和力量選擇一個或幾個最具優勢或專長的領域來打造技術優勢和規模優勢從而成為專業領域的領頭羊格格不入。物業管理本身具有綜合性，涉及治安、綠化、清潔、智能化、會所經營、房屋修繕等各方面，大多專業性較強、科技含量較高，如電梯系統、監控系統、消防報警系統的安裝、維修和保養等。物業服務企業不可能什麼都可以做，也不可能什麼都做得很好，並且，由單一企業包攬所有業務的做法會使企業交易費用（特別是專業化費用）過高，工作效率較低。因此，越來越多的物業服務企業採用外包的方式進行管理。

「外包」（Outsourcing）是分工整合模式下的一種有效組織形式，是勞動分工的延伸，最早在 1990 年由加里·哈默爾（Gary Hamel）和普拉哈拉德（C. K. Prahaoad）在《哈佛事業評論》發表的《企業核心競爭力》一文中提出。外包從字面理解為 Out 加 Sourcing，即外部資源。企業把自己非專業的業務外包給專業性較強的外包商（包括物業管理服務供應商和分包商），充分利用最優的外部專業化資源，使企業產生學習效應，降低生產的複雜性和管理的難度，減少營運成本，增強核心競爭力，提高對環境的應變能力。

四、物業管理中的委託代理問題

當物業管理工作由專業的物業服務企業來承擔時，更有利於通過各種行業管理制度來減少委託關係中的問題。有委託就會產生委託代理問題，委託代理關係是現代化生產的普遍現象，委託代理問題也成為現代社會的普遍問題。委託代理問題即代理人（即受委託人，如物業服務企業）因為各種原因沒有為委託人（如業主）考慮而損害了委託人利益所產生的相關問題，在制度經濟學、信息經濟學、組織行為學等多個學科進行了一定的探討。在物業管理行業中，因物業管理活動直接體現為業主交納物業服務費，享受物業服務企業員工或外包商提供的物業管理服務，其中包含了大量委託代理關係，因而在實踐中就會出現大量委託代理問題。這也就需要研究其中的委託代理問題產生的原因、表現以及解決途徑，以促進整個行業的健康發展，以保障業主和企業雙方的利益。

（一）委託代理問題的產生原因

物業管理中的委託代理問題，實際上就是委託—代理雙方因在產權利益、監督距離、激勵手段和行為能力等方面的不一致而產生的。大家知道，物業管理委託代理關係是通過一系列連續性的合約得以實現，任何締約方的目標都可歸結為尋求自身利益的最大化或損失的最小化。與多次交易合約的不同，物業管理服務合約一般是一次性的交易，其目標的實現包含了一個很長的持續期。在這一期間，存在著三個層次的決定關係：第一層次是委託—代理關係的制度設計和安排，決定著雙方的權利與義務的擔當與履行；第二層次是委託人採用的監督和激勵的有效性，決定著代理人行為按照委託人的要求開展工作；第三層次是最終代理人的敬業精神和工作努力水平，也決定著物業管理的實效。如果這三個「決定關係」存在瑕疵，那麼物業管理中的委託代理問題就不可避免。

1. 產權利益

在委託代理關係中，對代理人進行監督或激勵的原動力來自初始委託人對產權利益的追求，包括業主在自用物業時對使用效益的追求、在經營物業時對租金收益的追求或在轉讓時對價值的追求。在物業管理中，委託人可以是一個產權人，也可以是多元產權所構成的利益共同體。作為利益共同體，成員越多，規模越大，每個委託人分享的份額就越少，多元產權主體「搭便車」的傾向就越嚴重，於是，委託人監督的積極性下降。這種由產權利益造成的委託代理問題，實際上就是上述第一層次決定關係中可能產生的委託人問題，是一種源頭性問題，這是需要做好頂層制度設計和安排才可避免的。

2. 監督距離

即使按照第一層次決定關係做好委託人的責權利劃分和監管，也會因委託人對代理人開展工作的過程監督距離較長而存在一種委託—代理雙方目標、行為不一致的問題。這是因為：第一，物業管理是針對物業及其相鄰場地、相關環境的專業性管理，委託人對代理人管理質量的評判具有較大主觀性和不確定性，而代理人卻較委託人具有明顯的信息優勢，所以監督不到位、不完全的情況不可避免。第二，物業管理的委託—代理是由若干個連續性的合約組成的，包括初始委託人（眾多產權人）—業主委員會—物業服務企業—最終代理人（企業員工或外包商）。其中存在著因產權而異、為數不等的中間層，這些中間層同時具有委託人和代理人的雙重身分。可見，物業管理的整個委託—代理線路或鏈條相當長，監督的空間距離和時間距離較大，監督的時效性和積極性會因這種距離而降低。由此就使得物業管理中的委託—代理並不是朝著設計安排好的委託人責權利的需要而互動性適應、反應性跟進，委託代理問題也就必然產生。

3. 激勵手段

「激勵」一詞，作為心理學的術語，指的是激發人的動機、勉勵人的行動的心理過程。這個過程表現為：需要引起動機、動機引起行為、行為指向目標。人的行為就是在某種動機策動下為了達到某個目標而進行的有意識、有目的的活動。在物業管理中，物業服務企業最大的需要是不斷擁有可供自己管理的物業和服務的業戶，由此形成了持續努力提供自己的管理和服務來獲得最大利益的動機，從而才有優化管理服務的具體行為，並使其實現始終保持較高水平的管理服務目標。因此，委託人必須適應和滿足代理人的需要，刺激和激發代理人的工作動機，強化代理人的工作行為，以此實現委託—代理雙方的共贏、共利、共享目標。但在實際工作中，作為委託人的業主或業主委員會，並不是完全按照代理人的需要和動機在進行激勵。如以一次沒維修好自家的管道或沒有幫助提菜老人等現象就以偏概全地否定物業服務企業的工作，並煽動其他業戶不支持企業工作，甚至以不繳物業服務費、解聘物業服務企業相威脅。這使得物業管理中的代理人的需要擱淺、動機無力、行為不繼、目標無望。這種不正確的，或扭曲的委託—代理關係造成當前物業管理中很多問題爆發，且還讓作為代理人的物業服務企業受夾板氣、捱板子。

上述監督距離和激勵手段所產生的委託—代理問題，需要委託人既要有科學的監督和激勵制度和措施，也需要保持這些監督和激勵制度與措施的有效性，如

此才有代理人按照委託人意願正常開展工作的良好格局。比如，縮短監督距離、減少中間層級、提高監督積極性、增強監督陽光性可以克服監督距離造成的委託—代理問題。再比如，對於那些管理服務較好的代理人，通過續約、再聘等方法給予激勵「正強化」；對於那些管理水平、服務質量差的代理人，通過競爭淘汰、負面宣傳等方式給予激勵「負強化」，以避免激勵不當所產生的委託—代理問題。

4. 行為能力

對物業管理實踐中的委託—代理問題的解決，前面三點所談及的一些方法，實際上集中起來就是需要委託—代理雙方具有較強的行為能力，即委託方與代理方必須具備談判和履約等能力。比如，委託方的重要職責是把業戶的意見統一為一致意思表示，因此在選舉業主委員會的過程中務必做到嚴格按條件挑選業戶組成業主委員會，並能充分調動業主委員會各成員的積極性。代理方有履行維護業戶工作和生活秩序的職責，在日常管理服務中要依法、依約對違規違約者採取相應的告誡、說服、制止等。因此，自律性的業主公約、業主自覺的物業管理意識、業主委員會的支持以及健全的法律法規將是委託方、代理方培育和提高行為能力，達成物業目標而實施共同行為的重要條件。

(二) 委託代理問題的主要表現

物業管理中的委託代理問題主要表現在業主大會與業主委員會之間和業主、業主大會和業主委員會與物業服務企業之間存在的一些問題，集中體現在物業服務費方面的問題。

1. 業主大會與業主委員會之間的委託代理問題

業主委員會由全體業主選舉，執行業主大會交辦的工作。相當於把全體業主的事情委託給幾個業主委員會委員執行。按照委託代理理論的分析，如果業主委員會委員的個人利益與全體業主的共同利益不完全一致，而全體業主又不能充分監督和瞭解業主委員會委員的工作情況，就可能發生委託代理問題，也就是業主委員會委員可能將個人意願強加於全體業主，損害全體業主的共同利益。

目前，業主委員會委員的工作並不是專職工作，相當於一種志願者服務，最多能取得一些必要開支的補貼。但業主委員會委員與普通志願者不同，他們是被賦予權力的志願者，而且服務的內容和自身利益相關。擔任業主委員會的工作要付出時間和精力，而且開展工作並不容易，在「理性人」的假設下，就會出現有能力的業主沒有時間或者沒有願望為全體業主服務，反而那些希望謀求某些不正常個人利益的業主有動力參選業主委員會委員。

業主委員會委員的服務也是一種經驗商品，選舉委員也可能發生逆向選擇。如果對業主委員會委員的工作沒有完善的監督機制，就可能發生道德風險。

對業主委員會的管理：一方面靠道德自律，靠物業管理區域的整體文化氛圍；另一方面要靠制度建設，法律法規和各種規範性文件只能對管理的基本原則進行規定，設定一些底線。實踐中什麼樣的制度能夠行之有效，歸根究柢要靠廣大業主共同摸索。

2. 業主、業主大會或業主委員會與物業服務企業的委託代理問題

物業管理服務一般可以發生在業主與物業服務企業、業主大會與物業服務企

業、業主委員會與物業服務企業之間，但主要的是發生在業主大會、業主委員會與物業服務企業之間。因此，物業管理中的委託代理問題也在這些方面有所表現。比如，在簽訂物業服務合同之前，業主大會或業主委員會對物業管理服務項目不進行招投標，那麼就不可避免地發生因信息不對稱而產生的逆向選擇問題；在簽訂物業服務合同之後，物業服務費用方面的問題又會成為另一種委託代理問題。因為目前常用的物業服務費的包干制和酬金制各有利弊，包干制下的物業服務企業有可能為了加大利潤而減少必要開支，酬金制下的物業服務企業則可能因缺乏降低成本的動力而有意加大成本。所以，這需要在物業服務費用的支付上，探索更多的激勵機制。比如當業主對物業服務企業的滿意度達到一定水平，或者物業服務企業在節約成本上做出重大貢獻時，可以給予獎勵；在經營性物業的管理上，可以採取承包或分成的模式等激勵效果較好的模式。

第三節　公共管理理論

正如建立企業管理（學）去研究企業管理活動中的一般規律一樣，作為管理主體的政府組織和非政府組織在長期的社會公共事務管理實踐中，不斷摸索和總結出了有關公共事務管理的基本理論、一般規律和主要方法，從而構成了公共管理學的基本內容。公共管理學正成為一門日益受到人們重視和關注的學科，物業管理作為對涉及物業管理區域內的業主公共事務的管理和公共利益的維護，理應借鑑應用公共管理理論。

一、公共管理理論的基本界定

（一）公共管理的概念和特徵

1. 概念

對公共管理的界定可謂仁者見仁、智者見智。從區別企業管理與各種形式的私域管理出發，公共管理可以定義為：「公共管理是政府與非政府公共組織所進行的、不以營利為目的，旨在追求有效地增進與公平地分配社會公共利益的調控活動。」定義的前半部是區別企業管理，定義的后半部是區別非企業化的私域中一切形式的管理。從公共管理所包括的基本內容出發，公共管理可以定義為：「公共管理是政府與非政府公共組織，在運用所擁有的公共權力，處理社會公共事務的過程中，在維護、增進與分配公共利益，以及向民眾提供所需的公共產品（服務）所進行的管理活動。」

如果說管理科學中所研究的管理主要是指組織中的管理，那麼公共管理就是公共組織中的管理，包含著管理性與公共性兩個要素：前者表明公共管理具有一般管理的共同屬性，具有計劃、組織、協調、控制等職能，並通過這些職能的充分發揮來有力協調和有效調配人、財、物資源，實現管理任務和組織目標；后者表明公共管理有別於一般管理的本質屬性，需要公共事務實施管理的主體（政府

與非政府公共組織）借助其擁有的公共權力來為社會和民眾提供公共產品、處理公共事務、滿足公共需求、維護公共秩序、承擔公共責任，實現整個社會管理和人類發展的需要。

由此認為，公共管理就是指公共組織（準公共組織）利用公共權力在滿足公共需求、提供公共產品（服務）、處理公共事務（項目）、解決公共問題、維護公共秩序、保障公共利益過程中，基於公共責任的承諾和履行以及善治和良治公共目標的實現而實施的一種管理。概念中的公共權力、公共責任、公共需求、公共產品、公共服務、公共事務、公共項目、公共問題、公共秩序、公共利益可以說是公共管理的十個基礎概念。

（1）公共權力

公共權力本是公民的共同權力，為全體公民共同所有。但在現實社會生活中，公共權力的行使不可能由全體公民來共同行使，而只能由其代表（或委託人）來行使。比如中國公共權力是通過人民代表大會制度，並以憲法和法律規定的形式，賦予國家機關工作人員來行使的。因此，公共權力又可指在公共管理過程中，由政府官員及其相關部門掌握並行使的，用以處理公共事務、維護公共秩序、增進公共利益的權力。它是一種特殊的權力形式，是為適應社會生活的需要、滿足社會需求、處理公共事務而產生的。從本源上講，公共權力來源於人民，其實施和實現的過程實際上就是把權力的運行機制應用到經濟、社會公共事務的管理之中，進而實現一定的經濟、社會目標。公共權力是公民權利的一種伴隨物，其目的不是單公民權利效用的最大化，而是共同體中每個公民權利效用的最大化。

（2）公共責任

公共責任是伴隨公共管理的發展，對行政責任的擴充。有學者說，「就其內容來說，公共責任有三層意思：在行為實施之前，公共責任是一種職責，負責任意味著具有高度的職責感和義務感——行為主體在行使權力之前就明確形成權力所追求的公共目標；在行為實施的過程中，公共責任表現為主動述職或自覺接受監督——受外界評判機構的控製並向其匯報、解釋、說明原因、反應情況、承擔義務和提供帳目；在行為實施之後，公共責任是一種評判並對不當行為承擔責任——撤銷或糾正錯誤的行為和決策，懲罰造成失誤的決策者和錯誤行為的執行者，並對所造成的損失進行賠償。」公共責任涉及組織責任、角色責任、能力責任、財產責任、法律責任、政治責任、行政責任、職業責任和道德責任等範疇，其主體具有多元性，不僅僅指政府機關和政府機構，也延伸到了大規模湧現的政府商事合同的各方，如自願組織、代理機關、中間利益團體等。

（3）公共需求

公共需求指社會成員在社會生產、社會中產生的共同需要與欲求，具有社會成員的平等享用性和共同利益的不可分割性，包括社會公共秩序、防治水旱災害、環保衛生、國防安全等。它是共同的私人需求的集合體，但不是個別需求簡單累加的總和。公共需求在不同社會階段的具體內容和表現形式不同，但一般可以分為同質性公共需求和異質性公共需求，前者指共同利益（根本利益和具體利益）一致下的共同需求，後者指根本利益共同、具體利益不同的公共需求。

(4) 公共產品

公共產品相對於私人產品,是指具有非競爭性、非排他性和自然壟斷性特徵的產品;換言之,就是指那些同時被多個人共同消費或享有的產品,又稱為公共物品。純私人產品指的是那種只為付款的個人提供的,且在消費上具有競爭性,並很容易將未付款的個人排除在受益範圍之外的產品。公共產品可以區分為全球性或國際性、全國性、地方性、社區性的公共產品,基礎性、管制性、保障性、服務性的公共產品,純公共產品、準公共產品,有形的公共產品(硬公共產品)和無形的公共產品(軟公共產品——公共服務)等。公共產品具有效用的不可分性、消費或享有的非競爭性、受益的非排他性等特點,只具備三個特性之一的產品,就是公共產品;完全滿足上述特性的產品,稱為純公共產品;不完全滿足上述特性的產品,稱為準公共產品,即既帶有公共產品的特性,又帶有私人產品的特性,但不是它們特性的全部,而是居於兩者之間。在現實生活中更為常見的是準公共產品,如公路、運動場等擁擠性公共產品,學校、醫院等價格排他性公共產品。公共物品是公共利益的物質表現形式;進而,公共物品的現實性決定了公共利益也是現實的而非抽象的。需要特別指出的是,公共物品的這種特徵往往被公眾誤解,即公共物品往往被理解為共同體所有成員的利益。不能否認這樣的公共物品的確存在,但不能借此認為所有的公共物品都應該具有這種特徵。共同體所有成員的利益事實上是通過多層次、多樣化的公共物品來實現的。非競爭性是指一個使用者對某物品的消費或享有不減少它對其他使用者的供應、不影響其他使用者對它的消費或享有。非排他性是指使用者不能被排除在對某物品的消費或享有之外,即同一物品不僅同時供其佔有者消費或享有,而且不排斥佔有者之外的人來消費或享有。

(5) 公共服務

公共服務是公共產品的一種形式,是公共部門或準公共部門在實施公共管理工作或活動中為社會公眾共同提供的各種服務,是一種基本的、範圍廣泛的、非營利性、大眾化的服務。它分為基本公共服務和混合公共服務兩種。基本公共服務主要是公共部門、準公共部門向全體社會成員提供純公共產品的公共服務,如國防、外交、司法、義務教育、生態環境保護等,這類服務是平等的、普惠的、無差別的。混合公共服務是提供準公共產品以兼容滿足公共需要和個人需要的公共服務,如高等教育、宇宙航天、原子能工業等。世界各國的經驗證明,市場的確不能有效地提供公共服務,但是政府也並不一定能夠有效地提供公共服務。國家、市場和社會的有機結合是解決公共服務供給問題的最佳途徑。

(6) 公共事務

從廣義上看,公共事務被定義為組織的所有非商業化行為;從狹義上說,則指組織涉及的政治活動及其與政府的關係。公共事務涉及與各級政府的關係、政治行動、政治教育、基層性團體活動、社區關係、慈善活動、社會責任活動、志願行動、議題管理、傳播溝通、信息發布、媒介關係、國際事務等內容和方面,具有公益性、規模性、社會性、層次性、多樣性和非營利性等特點。公共事務是公共管理的對象,是指那些涉及全體社會成員的共同利益、滿足其共同要求、關係其整體生活質量的一系列事項與活動,以及這些事項與活動的最終性實際結果。

公共事務的受益對象是全體社會公眾，它所反應的是社會整體的公共利益。公共事務所提供的產品或服務應由全體公眾來享有，也是社會發展所必需，一般不需要公眾付費，但有時也為彌補公共事務經費不足而採用收費的辦法，當然不能以營利為目的。

（7）公共項目

公共項目是指公共組織或準公共組織依據一定的公共政策而採取的具體行動，是把公共政策具體化的過程，成為公共管理中最直接的對象。公共管理的一項重要任務就是把有關政策變為現實，從這個意義上講，公共項目是直觀的管理行為。一般來說，公共項目都直接關係到人們的生活環境和生活質量，因此，公共項目的確認和對公共項目的有效管理，都直接關係到公共政策的實現。為了加強對公共項目的管理，不僅要注意項目預算、質量、結果等各個具體環節，而且要有嚴格的實施項目的組織保障，要建立相應的責任機制，從而使公共項目的確認、制定、實施、驗收、評估、反饋形成一套嚴格規範的管理制度。只有這樣，才能保證公共項目能真正地發揮作用。在公共管理中，制定政策的機構不限於公共管理機構，還包括立法部門等，后者在公共政策制定方面，發揮著更重要的作用。公共管理的一項重要任務就是要把有關的政策變為現實，使其不僅僅停留在行為指導的層面。而公共項目正是把公共政策具體化。從這個意義上說，公共項目不僅是公共管理的重要內容，而且是最直觀、可見的管理行為。

（8）公共問題

公共問題是主客觀相矛盾的表現，也是一種普遍存在的現象，是公共管理存在的基礎。無論是一個組織、團體，還是公民個人，在日常的工作和生活中總會遇到各種各樣的問題。因此，解決問題，就成為實現集體或者個人目標、推進事物向前發展最重要的環節之一。不過公共管理中所說的問題，是有嚴格限定的，它只限於屬於政府職責範圍的社會共同問題，比如，我們常常說的環境污染問題、城市道路交通問題、人口及老齡化問題、社會犯罪與社會秩序問題、資源合理利用問題、社會危弱群體保護問題、公共危機問題以及貧富差距問題等。這些問題都屬於公共領域的共同性的問題，與廣泛的社會生活發生關係，造成了廣泛的社會影響，關係到絕大多數社會成員的切身利益和生活質量。因此，必須由政府制定相應的公共政策，採取相應的措施加以解決。可見，公共問題的確認及其解決，是公共管理的重要內容之一。

（9）公共秩序

公共秩序也稱「社會秩序」，是由一定規則維繫人們工作、生活成有序化狀態所必需的秩序。其中的規則可以是法律、行政法規、組織制度、風俗規約等，其中的秩序包括社會管理秩序、生產秩序、工作秩序、營業秩序、網絡秩序、旅遊秩序、娛樂秩序、交通秩序和公共場所秩序等。公共秩序關係到人們的生活質量和社會的文明程度，遵守公共秩序是公民的基本義務。維護公共秩序，需要依靠道德規範和法律規範的制約。

（10）公共利益

公共管理的目標是實現社會公共利益。公共利益是一個與私人利益相對應的範疇。從字面上理解，公共利益可稱為公共的利益，簡稱公益；是一定社會條件

下或特定範圍內不特定多數主體利益相一致的方面，它不同於國家利益和集團（體）利益，也不同於社會利益和共同利益。公共利益具有主體數量的不確定性、實體上的共享性等特徵。公共利益的不確定性主要就表現在「公共」的不確定性和「利益」的不確定性。公共利益也具有客觀性，有人類存在和國家存在，就有公共利益需求和對公共利益的維護；並且這些利益客觀地影響著共同體整體的生存和發展，儘管它們可能並沒有被共同體成員明確地意識到。公共利益不是個人利益的疊加，但也不能理解為抽象的範疇。公共利益是共同利益，它影響著共同體所有成員或絕大多數成員，具有社會共享性，但這種受益不一定表現為直接的、明顯的「正受益」，也可能受到侵害或潛在威脅。因此，確保公共利益的增進和公平分配就應當是公共管理的根本目的。站在公眾的立場上，公共利益是現實的，它表現為公眾對公共物品的多層次、多樣化、整體性的利益需求。這些需求與公眾個人對私人物品的需求不同。

后者可以通過在市場中進行自由選擇、自主決定而得到實現；而前者則需要集體行動、有組織的供給方式才能得到滿足。毫無疑問，政府是最大的、有組織的供給主體，這由政府傳統的公共責任所決定。但僅僅有公共責任並不能確保公共利益的實現，政府的能力和績效狀況是最終的決定性因素。

此外，公共管理中還涉及公共資源、公共信息、公共政策等內容。公共資源是指一定區域的人們共同擁有的有形資產和無形資產。這些資源在名義上是每個人都可以享有的，但實際上任何人都不可能完整地佔有它。主要包括自然資源、公共產品、公共設施、公共信息、公有企業和人力資源等。公共信息是指一定區域的全體成員而不是部分人擁有和享用的各種精神產品，如經濟信息、科技成果、文化產品等。作為一種資源，信息在現代社會中的作用顯得愈加重要。公共政策是公共權力機關經由政治過程所選擇和制定的為解決公共問題、達成公共目標、以實現公共利益的方案，其作用是規範和指導有關機構、團體或個人的行動，其表達形式包括法律法規、行政規定或命令、國家領導人口頭或書面的指示、政府規劃等。

2. 特徵

（1）公共管理是發生在公共組織中的活動，其主體是多元的，包括社會公共組織和社會其他組織兩大類，或者說是政府和其他公共管理主體兩個部分。只要是為實現公共利益為目標而存在的一些組織都是公共管理的主體，但強調政府對社會治理的主要責任和政府治理的正當性。

（2）公共管理的客體——公共事務和公共項目呈現出不斷擴展的趨勢。公共管理的主要任務是向社會全體成員提供公共產品和公共服務。

（3）公共管理的目的是推進社會整體協調發展和增進社會公共利益實現，強調政府、企業、公民社會的互動以及在處理社會及經濟問題中的責任共負和政府績效的重要性。

（4）公共管理是一般管理範疇中的子集，其職能是廣泛的，既重視法律、制度，更關注管理戰略、管理方法。它主要利用對公共管理活動過程的調節和控制以及對公共管理關係的協調而發揮作用。

（5）公共管理的基礎是公共權力，這是協調社會資源的保障。公共管理體制

和手段面臨創新的迫切任務。

(6) 公共管理強調多元價值，並將公共行政視為一種職業，而將公共管理者視為職業的實踐者。

(二) 公共管理與其他方面的比較

1. 公共管理與行政管理的比較

在這裡，對公共管理與行政管理的比較，主要從學科方面進行，從公共管理學、行政管理學和公共政策學的比較著手。

(1) 公共管理學不同於行政管理學

行政管理學主要研究行政機構和行政人員的管理和調度問題，包括行政制度、行政立法、行政體系的模式、範例與運行機制。它可歸結為組織行為學的一個分支，側重討論行政系統（包括政府部門體系）的有序運行與控製。公共管理學與此不同，它更主要的是研究有序化后的公共管理機構如何通過開展有效活動去管理公共事務，對公共管理機構自身的行政制度與組織協調並不十分關心。在公共管理機構產生后如何有效地發揮公共管理職能，公共行政部門的功能發揮構成公共管理的核心內容。與行政管理學研究和處理的對象不同，公共管理不是以政府為中心的而是以政府所面臨的問題為中心的開放性的管理理論體系。開放性指的是現代社會所具有的既非純政府也非純市場、既非純營利性也非純不營利性的交織纏繞的複雜事務。對這類事務的處理超出了傳統政治、行政研究領域，也超出了純經濟學領域的範疇。

(2) 公共管理學與公共政策學的比較

公共政策學主要研究社會公共管理機構的政策行為，研究其政策行為中相互關係的發生及其運行機制，也就是側重於分析政策本身的提出、制定與實施過程。而公共管理學側重於公共管理機構發揮功能的行為本身。它雖然也涉及公共政策問題，但對政策本身的制定過程並不十分關心，更關心如何通過這種政策實現公共管理機構的公共管理職能，如何將公共政策轉化為具體的行動和公共項目。如果說公共政策主要是（不僅僅是）立法機構的職能，那麼公共管理則主要是執行機構的職能。而且兩者的主體也有差別。在制定公共政策的時候，通常有政策諮詢機構、立法機構、社會學家、經濟學家等共同參與，而公共管理主要是公共管理機構和人員的事情，儘管需要動員社區居民的積極參與，但居民並不是公共事務的管理者，僅僅是一般的參與者或監督者。顯然，公共管理學的概念涵蓋面更廣、更深。

2. 公共管理與私人管理（商業管理）的比較

公共管理與私人管理（商業管理）是相對的，但它們之間的界限很難準確界定。管理學家沙雷（Wallace Sayre）的名言「商業管理與公共管理在所有其他不重要的方面上是相似的」已被人們廣泛地引用。雖然公共管理與私人管理兩者確實有許多相似之處，如都必須履行一般的管理職能，包括計劃、組織、人事、預算等，但是公共管理以及公共管理機構的行為已經越來越呈現出其特定的範圍和特殊的規律，已經從一般的管理領域中區分出來，不同於經濟管理、行政管理、軍事管理等，更是與私人管理（商業管理）存在著差別。

3. 公共管理與企業管理的比較

第一，兩者的管理使命不同。公共管理是要提高人們的生活質量，它主要給特定區域的人們提供非營利性的產品或服務，其目的是公益性的。而一般的企業管理，主要是通過生產和銷售產品或服務，以營利為目的。但是，在現代社會中，公共管理機構與一般機構的區別又不在於所提供的服務或產品是不是免費或收費（有償）的，而在於其有償背後的動機是什麼，如果是出於公共性提供產品或服務，就屬於公共管理，如果是出於營利性提供產品或服務，則屬於企業管理。兩者的目的不同，也就決定了兩種不同類型的管理機構在維持生存方面也會有很大差異。公共管理既然是非營利性的，其生存就不能靠出售產品或服務來維持，而主要依賴於立法機構的授權。相反，企業管理以營利為目的，則企業的生存也完全依賴於盈利的多少。正因為如此，公共管理的決策常常要反應公眾或立法部門的傾向性，而企業管理的決策在很大程度上受市場因素即顧客需求所左右。

第二，兩者的限制因素不同。公共管理的整個過程中都受到法律的限制，即立法機構對其管理權限、組織形式、活動方式、基本職責和法律責任都以條文形式明確予以規定，這使公共管理嚴格地在法律規定的程序和範圍內運行著。而企業管理則不同，法律在其活動中僅僅是一種外部制約因素，服從法律規則並不是企業的原始動力，遵紀守法常常只是盈利的附屬物，其主要運行是在利益軌道上進行的。當然，企業經營活動必須符合法律規定，但合法不是其管理的根本原動力，企業管理就是為了追求高額利潤。同時，公共管理機構和管理人員常常對政治氣候十分敏感，並受政治法律思想的影響最直接。所以，它是一種跟政治政策密切相關的管理過程。然而，企業管理主要在經濟領域進行，並不直接為政治所影響，而是按照市場機制的要求去管理。只要顧客願意購買或消費，它就會大量地生產或提供滿足顧客需求的產品或服務，以最大限度地獲利。所以，經濟氣候是企業管理的主要影響因素。

第三，兩者的收支安排不同。公共管理作為對公共事務的管理，是政府的職能之一，因此，管理所需要的各種物質資源主要來自稅收，有時候也來自發行債券，其耗費的資源也是公共的。在這種情況下，公共管理的經費預算屬於公共財政支出，不能任意由公共管理者支配，而必須公開化，接受納稅人的監督。但是，在企業管理中，所需要的各種物質資源主要來自投資的回報、所獲取的利潤，因此，管理中的耗費屬於企業的「內部事務」，其他組織和人員無權干涉。相應地，經費預算也主要根據盈利狀況而定。企業是自主的，其管理所需的物質資源也是自主的，不需要公開化。

第四，兩者的人員配備不同。公共管理人員是選舉或任命而產生的。選拔公共管理人員在很大程度上要依賴於其政治才幹和政治傾向性，而且選擇的程序十分嚴格，並由專門的部門或機構相對獨立地加以考核、評估。從當今的發展趨勢來看，公共管理人員有職業化、終身化的趨向。但是，企業管理人員一般根據其處理特定的具體事務能力而聘用，能力本身起決定作用。儘管有時候也有裙帶關係存在，但主要是「任人唯賢」原則。在這裡，政治傾向並不是主要的影響因素。而且，企業管理人員的職業化、終身化常常是不存在的。如遇企業倒閉、破產或被解僱，或是人員本身的不勝任、不得力等都可能立即甚至永遠結束其在企業的

執業生涯。由於這種「職業生存」的威脅和「執業規則」的要求，企業管理人員往往辦事會有更高的效率和效果。因為他們要干下去、要生存好、要發展快，就得充分而較好地表現自己。相比之下，公共管理人員的「職業生存」壓力小得多。

第五，兩者的績效評估不同。行為的合法性、公眾輿論好壞、減少各種衝突的程度、公共項目的實施與效果、公共產品的數量及其消耗程度等是評估公共管理成效的主要指標。在企業管理中，銷售額、淨收益率、資本的淨收益以及生產規模的擴大程度、市場佔有率的提高等是主要的評價標準，也是企業管理水平和效果的主要顯示指標和管理人員績效考核的標準。顯然公共管理的績效評估偏重於社會效益，企業管理的績效評估則強調經濟效益。

雖然，公共管理和企業管理是兩個不同的管理領域，存在著多方面的差別，不能將兩者等同視之，但是，由於兩者同屬「管理」系列，一些基本的原理、方法和程序等還是大差不差的，兩者都有規範化、現代化和創新化的內在訴求和發展使命，都需要在效率、效益、效果上下功夫，都將在經濟效益、社會效益、生態效益和管理效益方面有著一致的目標和行動。

(三) 公共管理理論的發展歷史

公共管理的產生根源於人們尤其是組織對公共性事務與活動的管理，公共管理發展成為一門學科所具有的理論基礎則是公共行政學的發展變革。要認識和瞭解公共管理理論，就必須先清楚公共行政學理論，進而知道新公共管理理論和公共管理學理論。

1. 公共行政學理論

管理科學的興起和發展促成了公共行政學的形成和興盛。正是由於將管理科學的理論和方法應用於公共組織的管理，才產生了公共行政學這門科學。

無論是在東方國家還是在西方世界，公共行政的思想都源遠流長。中國古代的《貞觀政要》《資治通鑒》，古希臘柏拉圖的《理想國》、亞里士多德的《政治學》，古羅馬謝雷盧的《共和國》，文藝復興時期義大利政治家馬基雅弗利的《君主論》，法國政治家布丹的《共和六論》，近代英國政治思想家洛克的《政府論》、法國啓蒙思想家孟德斯鳩的《論法的精神》和盧梭的《社會契約論》等著作中，都蘊含著十分豐富的公共行政思想。然而，由於這些早期的公共行政思想缺乏系統性和理論化，尚未形成一種專門的學科。19世紀末20世紀初，西方國家工業革命後帶來的管理理論的發展以及政治學、法學、經濟學、心理學等相關學科的發展，為公共行政學的建立奠定了豐富的思想理論基礎；20世紀二三十年代，公共行政學的雛形已經形成。

1845年，法國科學家安培提出建立一門管理國家的科學的設想，被認為是行政學產生的胚胎。1865年至1868年法國學者斯坦因發表七卷本的《行政學》著作，首先提出了行政學的概念，但當時所謂的行政學主要是指行政法。作為一門獨立的學科，行政學最早出現於美國。1887年，曾任普林斯頓大學校長的美國第28屆總統威爾遜在《政治學季刊》上發表《行政學之研究》一文，主張政治與行政分離，第一次明確地提出應該把行政管理當作一門獨立的學科來進行研究。這成了公共行政學誕生的象徵性標誌。1900年，曾擔任霍普金斯大學校長的學者古

德諾出版了《政治與行政》一書，揚棄了傳統的立法、司法、行政三分法，明確地指出：政治是國家意志的表達，行政是國家意志的執行。這樣就使威爾遜開創的行政學正式從政治學中分離出來。1926 年，美國出版的懷特（Leonard D. White）的《行政學研究導論》和威洛比（William F. Willoughby）的《公共行政學原理》兩本權威行政學教科書提供了當時公共行政學研究的現狀以及公共行政學的理論架構的概貌，標誌著公共行政學理論體系的形成。1930 年，國際行政科學學會在西班牙首都馬德里成立，從此公共行政學引起了世界各國的普遍重視，迅速擴及西方各國，其主導地位一直持續到 20 世紀 60 年代。

以公共部門管理及政府管理作為研究領域的公共行政學誕生之後，巴納德、懷特、盧瑟、古立克和林德爾・厄威克等在廣泛研究和大量接受泰勒科學管理理論的基礎上，發展形成了自己的新理論而成為公共行政學家。公共行政學在其百餘年的發展、演變歷程中，不斷改變和轉換其研究的視野、範圍、理論和方法，不斷突破其研究的現狀、「範式」、路徑和領域。於 20 世紀 70 年代以後出現了與傳統公共行政學大異其趣的公共管理學。

進入 20 世紀 80 年代，西方行政學已走過了一個世紀的歷程。儘管它仍然缺乏一個為人們所公認的、明確的體系，但作為一門學科，其地位已在不間斷的爭論和探索中得到鞏固，並呈現出一些新的內容和特點，各國行政學家都在根據本國的行政實踐和行政改革的需要尋求著理論上的大突破、新跨越。

2. 新公共管理理論

從 20 世紀 70 年代開始，西方各國在第二次世界大戰後普遍採用了凱恩斯主義的主張，導致其社會管理遇到了前所未有的嚴峻挑戰，而現有的公共行政學理論都無法解釋政府管理所面臨的這些新問題，更無法為當代政府管理實踐尤其是政府改革提供有效理論指導。同時，20 世紀 70 年代以後，西方社會科學在經歷了長期的分化、初步的融合之後，開始大踏步向整體化邁進，跨學科、綜合性的交叉研究成為社會科學研究的主要趨向，各種圍繞如何解決政府管理問題的相關學科不斷交叉、融合，並取得了長足的發展，出現了大量新流派、新理論和新方法，為政府管理理論研究的突破奠定了堅實的基礎。

在公共部門管理實踐的推動以及社會科學發展的內力推動下，20 世紀 80 年代中後期在西方國家中出現了一種旨在改革政府的新公共管理運動，包括「重塑政府運動」「企業型政府」「政府新模式」「市場化政府」「代理政府」「國家市場化」「國家中空化」等新穎提法和做法。新公共管理運動的目標是以解決政府和其他公共部門對公共事務的管理為核心，通過融合各種學科相關的知識和方法，創立一個公共管理，尤其是政府管理的新知識框架，以適應當代公共管理實踐發展的迫切需要。在這場改革運動中，英國是先行者。1980 年，撒切爾政府推行以縮小政府規模和進行「財政管理創新」為中心的改革，其後的梅杰政府（「公民憲章運動」）、布萊爾政府（「第三條道路」）繼續推進政府改革，進一步發揮市場化作用。新西蘭則在 1988 年開始推行以「政府部門法案」為藍本的改革。加拿大在 1989 年成立「管理發展中心」，並於次年發表題為「加拿大公共服務 2000」的政府改革指導性綱領。美國於 1993 年成立「國家績效評估委員會」，用來指導政府改革，后於 1998 年更名為「重塑政府國家夥伴委員會」（National Partnership for

Reinventing Government）。中國 1998 年實行的國務院機構改革，就是旨在建立一個辦事高效、運轉協調、行為規範的政府行政管理體系，建設一支高素質的專業化行政管理隊伍，建成一種適應社會主義市場經濟體制的有中國特色的政府行政管理體制。

這些改革運動的重要特徵就是充分發揮市場機制在公共服務領域中的作用，積極借鑑私營管理的技術和方法，提升政府的管理能力和公共服務能力。中國公共管理的發展，除了要堅持公共行政傳統準則，即集權性的韋伯式的官僚體制的基本準則的指導思想之外，還需將當前西方各國流行的新公共管理準則、思想、方法等結合國情和公共管理實際發展水平而在改革中吸收和借鑑。

3. 公共管理學理論

在來自行政學、經濟學、政策分析、組織與管理理論等各個學科的公共管理理論者和實務者的合理助推下，公共管理學不僅以一種新的政府管理理論而誕生和存在，而且也以一種新的政府管理模式而作用和生效。

公共管理學以公共管理的問題為核心，融合了來自各個相關學科的知識，突破了傳統公共行政學的學科界限，把當代經濟學、組織管理學、管理理論、政策分析、政治學和社會學等學科的相關知識和方法融合到公共管理的研究之中。公共管理學的研究核心議題是「提供公共利益和服務時，除了拓寬和完善官僚機構之外，其他機構也可以提供所有這些職能」；它圍繞公共利益這一核心來展開對「公共機構與公共部門經濟效益之間關係」問題的研究。公共管理學涉及以往公共行政學所未涉及的大量主題，如公共物品（公共財產）、外部性（外部經濟或外在事物）、公共服務供給、理性人、交換範式、制度選擇、政府失敗、自給型公共組織、多元組織等；並對以往公共行政學所涉及的主題也作了新的詮釋（如對效益概念的重新界定）。公共管理學往往被人們稱為以經濟學為基礎的新行政管理理論或被稱為「市場導向的公共行政學」，以區別於以政治學為基礎的公共行政學。公共管理學的研究主力是一批被稱為「政府的經濟學」或「新政治經濟學」的學者們，最有影響和成就的學派是公共選擇理論。按照布坎南等人的觀點，公共選擇是用經濟學的途徑（經濟人假設、方法論個人主義、交換範式等）來研究傳統的政治學和行政學的主題，尤其是政府決策問題而形成的一種新理論。

公共管理作為一種當代政府管理的新模式，提供了一種處理公共管理實踐尤其是政府與市場、政府與企業、政府與社會的關係的新思路。它包括在提供公共服務上寧要小規模機構而不要大規模機構的傾向，寧要勞務承包而不要通過沒有終結的職業承包而直接勞動的傾向，寧要提供公共服務的多元結構和競爭態勢而不要單一的無所不包的供給方式結構的傾向，寧可向使用者收費（或至少是指定了用途的稅收）而不把普通稅金作為資助不具有公共利益的公共事業基礎理論的傾向，寧要私人企業或獨立企業而不是官僚體製作為提供服務工具的傾向等。

公共管理學新範式的出現是對以往公共行政學的一次嚴峻的挑戰，它幾乎改變了傳統行政學的研究範圍及主題、研究方法、學科結構和行政管理方式，拓展了行政學的研究範圍和主題，融合了經濟學、管理學、政策分析、政治學等領域和知識，形成了更廣泛綜合的知識框架，成了當代西方公共管理尤其是政府管理研究領域的主流。

(四) 公共管理理論的基本內容

1. 以人為本，奉行服務至上的全新價值理念

公共管理完全改變了公共行政傳統模式下政府與公眾之間的關係，政府公共部門和準公共部門不再是發號施令的權威官僚機構，而是以人為本的服務提供者，政府公共部門和準公共部門的公共行政不再是「管治行政」而是「服務行政」。公民是享受公共產品和公共服務的「主體」，政府公共部門和準公共部門以公民需求為導向，尊崇公民主權，堅持服務取向，這是公共管理理念向市場法則的現實復歸。政府公共部門和準公共部門和公民都關注公共項目實施的有效性，表現出一種目標導向的趨勢，政府公共部門和準公共部門要把經濟資源從生產效率較低的地方轉移到效率較高的地方，其行政權力和行政行為從屬和服務於公民滿意度這一中心。政府公共部門和準公共部門以提供全面優質的公共產品、公平公正的公共服務為其第一要務。政府公共部門和準公共部門對公共服務的評價，應以公民的參與和認可為主體，注重換位思考，圍繞公民設計評價指標，保證公共產品和公共服務的提供機制符合公民的偏好，並能產出高效的公共產品和公共服務。目前，中國進行的法治型政府、責任型政府、民主型政府和服務型政府建設，既體現了新公共管理運動在中國的改革、深化，也說明了立黨為公、執政為民的公共管理新理念的應用、強化。

2. 治理為要，堅持宏觀指導的新型職能轉變

治理是各種公共的或私人的機構組織管理其共同事務的諸多方式的總和，是使相互衝突的或不同的利益得以調和並一直同向同行的一種過程整治和關係理順。治理的目的是運用權力去引導、控制和規範言行與關係，不斷增進公共利益和公共福祉。治理的過程是國家與公民社會、政府與非政府組織、公共機構與私人機構、強制與自願等方面的合作，是一個上下互動、全面適應的協同。治理的底線是良好的治理即良治，就是靈活有效地運用合作、協商、夥伴關係、確立認同和共同的目標等方式完成公共管理既定程序和任務。治理的境界是善於治理或者說是善於良治即善治，是以合法性、透明性、責任性、法制性和有效性等方法和手段使公共利益最大化、公共福祉普惠化。因此，在公共管理中，政府公共部門和準公共部門應以良治的精神、善治的追求，把制定政策與執行政策、宏觀指導與微觀操作正確分開，用《改革政府》的作者戴維·奧斯本等人的話說，就是政府公共部門和準公共部門的角色應是「掌舵」而不是「划槳」，再也不能像以前那樣，因忙於划槳而忘了掌舵，做了許多做不了、做不好、舍本逐末的事情。正如彼得·德魯克在其名著《不連續的時代》中所寫到的：「任何想要把治理和實幹大規模地聯繫在一起的做法只會嚴重削弱決策的能力。任何想要決策機構去親自實幹的做法也意味著干蠢事。」至於掌舵的主要途徑，公共管理認為要通過重新塑造市場，不停地向私人部門施加各種可行和有利的影響讓其「划槳」的方式來進行。

3. 競爭為經，重視效率追求的全面質量管理

傳統公共行政力圖建立等級森嚴的強勢政府，強調擴張政府的行政干預。新公共管理則主張政府管理應廣泛引入市場競爭機制，以競爭求生存、以競爭求質量、以競爭求效率。競爭性環境也能夠迫使政府公共部門和準公共部門、壟斷部

門對「顧客」的需要變化作出迅速反應。通過市場測試，讓更多的私營部門參與公共產品和公共服務的提供，並提高供給的質量和效率，實現成本費用的節省。同時，追求效率是公共行政的出發點和落腳點。公共管理在追求效率方面主要採取三種方法：一是實施明確的績效目標控製。與傳統公共行政重遵守既定法律法規、輕績效測定和評估的做法不同，公共管理主張放鬆嚴格的行政規制，實行嚴明的績效目標控製，既確定組織、個人的具體目標，並根據績效目標對完成情況進行測量和評估。二是重視結果。傳統的官僚主義政府注重的是投入，而不是結果。他們往往只會花掉預算分解的每個項目的資金，對結果和收益毫不關心。公共管理根據交易成本理論，重視管理活動的產出和結果，關注政府公共部門和準公共部門直接提供產品和服務的效率和質量，主張對外界情況的變化以及不同的利益需求作出主動、靈活、低成本、富有成效的反應。三是採用私營部門的成功管理。公共管理強調政府公共部門和準公共部門廣泛採用私營部門成功的管理手段和經驗，如重視人力資源管理、強調成本—效益分析、強調全面質量管理、強調降低成本，提高效率等。

4. 改革為力，強化自身建設的形象聲譽塑造

一切事物日趨完善，都是來自適當的改革。在公共管理中，政府公共部門和準公共部門以何為、何以為，將直接決定公共管理目標的實現和任務的達成，而加強自身建設和內部改革將是其中的關鍵點和突破點。因此，按照公共管理對公務員制度的一些重要原則和核心特徵進行瓦解以及創建有事業心和有預見的政府等主張，應做好以下工作：一是通過推行臨時雇傭制、合同用人制等新制度，打破傳統的文官法「常任文官無大錯不得辭退免職」的規定。二是廢棄公務員價值中立原則。公共管理「主張放棄政府的與邏輯實證論相聯繫的表面上的『價值中立』（Value-Neutrality）」，它正視行政所具有的濃厚的政治色彩，認為不應將政策制定和行政管理截然分開。強調公務員與政務官之間存在著密切的互動和滲透關係，主張對部分高級公務員應實行政治任命，讓他們參與政策的制定過程，並承擔相應的責任，以保持他們的政治敏銳性。公共管理認為正視行政機構和公務員的政治功能，不僅能使公務員盡職盡責地執行政策，還能使他們以主動的精神設計公共政策，使政策能更加有效地發揮其社會功能。三是培育政府公共部門和準公共部門的事業心和遠見卓識。政府公共部門和準公共部門要將公共管理作為畢生的事業來追求，來建設，來維護，來實現，來守住，要堅持公共利益和公共福祉不是副產品的理念，戰略地思考，民主地行動，要尊重公務員和公民的價值和創造，積極引導、鼓勵和支持他們參與和推動公共管理各項工作。政府公共部門和準公共部門不僅要關注市場，服務於民，還需要關注依法行政、政治規範、專業標準和公民利益，不僅要以收費來籌款，通過創造新的收入來源以保證未來的收入，而且還必須轉變價值觀，在把利潤動機轉向公眾使用的基礎上，盡可能使政府公共管理者轉變為企業家，學會通過花錢來省錢，為獲得回報而投資。與此同時，要改革傳統公共行政只注重現管而不注重預防、只注重當前而不注重長遠、只注重現在而不注重未來等想法和做法，要避免當問題變成危機時，才花大量的金錢、精力去進行治療的現象重演；要學會和應用居安思危、預防預警、高瞻遠矚、變通發展的理論和方法，努力做到使用少量資源預防而不是花大量作用

治療，作出重要決定時盡一切可能考慮到未來。

二、物業管理中的公共管理理論運用

在物業管理服務活動中，公共管理理論的意義在於為物業管理服務提供了一種新的思考方式。物業區域內公共部位、公共設施設備的管理以及其他公共事務的管理，嚴格來講只能算是準公共管理，因它不論是作為所有者的業主的自治管理，還是物業服務企業等專業組織的受託管理，從管理主體到管理對象等方面看都無法體現出公共部門和準公共部門滿足最廣大公民需求和利益的那種公共管理特徵和內容。但是，從前面公共管理的一些基本說明尤其是「十個基礎概念」中又不難知道，物業管理確信無疑具有公共管理的性質。這可從以下幾個方面來說明：

（一）從主體看

物業管理服務中的公共事務管理主體從產權角度界定應是業主，實現形式往往是業主大會和業主委員會，或其他自治組織形式，如業主自治社等非政府組織形式；從派生角度看是物業服務企業或其他專業性組織。也即是說，產權未分解時的業主是完全私人物業產權管理主體，產權分解成專有產權、共有產權和成員權后，對於共有產權和成員的行使，則衍生出業主公共事務管理主體。所以說，公共事務管理主體存在的前提是區分所有建築物的存在以及區分所有權的存在以及相應的制度保障。物業區域內公共事務涉及業主大會議事規則、業主行為規範、專項維修資金的歸屬和使用、物業公共部位和公共設施設備的收益分配等業主共同決定或知曉的事項，這些事項的主權歸屬於業主，通過物業管理權的實現形式來將共有權、成員權的行使委託給業主大會和業主委員會來代理，業主大會和業主委員會按照業主的授權又將物業管理權進行第二次委託，從而有了物業服務企業這一物業管理服務主體。所有這些圍繞物業共有權和成員權的實現展開的指向共有部分以及共同管理物業管理區域的公共物業事項，成為物業管理區域內公共管理主體的直接和主要對象與內容。

（二）從需求看

物業管理中的公共需求是物業管理區域內所有權人對物業共用部位和共用設施設備使用、公共秩序和環境衛生維護、生活工作方便等方面的公共服務需求以及相關公共產品需求。這種需求是物業管理區域內全體業主共同需要或趨同需要的、由物業服務企業必須提供的、面向所有業主的一種公共服務及其相關的公共產品需求。這種需求經業主與物業服務企業談判確立出需求的等級、標準、內容和要求等，雙方按照物業管理服務的交易規範和模式進行交付、消費和享有。2004年9月6日發布的《前期物業服務合同（示範文本）》明確規定的11項9大類公共服務內容，就是物業區域內所有人的共同需要，是一種普惠性需求，所有人都平等享有。

（三）從對象看

物業管理中的公共事務是指由於區分所有權建築物的存在，由物業管理區域

或樓棟共用部位、共用設施設備和相關場地的管理問題引發的，涉及全體業主生活質量和共同利益的一系列活動以及這些活動的實際結果。它只牽涉物業共有產權和相關成員權的運作效能問題，同樣具有公益性、非營利性和規模性等特點。物業管理中的公共事務的範圍廣泛，需要專業的物業管理組織來提供。在目前眾多的物業管理組織中，物業服務企業因其工作專業性和綜合性而成為這種公共服務的主要提供者。由於物業管理區域大小及公共事務的項目多少、需求等級、收費標準等，決定了物業管理中的公共事務規模效益是否實現和實現程度，因此，物業服務企業多會在物業公共事務達到一定規模後才提供這種服務。

物業管理區域內的公共事務及其管理的表現在於物業服務企業提供的公共服務及其活動開展。這種公共服務是基於業主委託由物業服務企業為滿足業主公共需要而面向全體業主提供的普惠性服務。它區別於政府提供的無償性公共服務，而是一種有償性公共服務，並且還包含原本由政府提供的治安、消防、環衛、交通、共用設施管理等公共服務，因此，可以說物業管理中的公共服務是一種混合性公共服務。這種公共服務從單獨一個物業管理區域內看，或者單純從一個物業服務企業來看，它應是具有普惠性、公共性，是不具排他性的。但如從整個社區或城市看，具體到某個特定的小區或物業服務企業或業主，則這些公共服務又有所不同，在不同小區的公共服務不同，同一小區不同物業服務企業提供的公共服務也不同，不同業主「定制」的公共服務差別也較大，從這個意義上說的公共服務就具有排他性。這是需要注意的。

第四節　公共服務理論

21世紀是一個服務經濟的時代，服務在任何行業都得到了前所未有的重視。在物業管理過程中，如何認識服務、如何擺正服務的位置，使服務引導管理，並貫穿於管理整個過程，落實到管理每個環節，這是所有物業服務企業和有作為的物業管理者必須經常思考的問題。從物業管理的性質、目的、作用和職能等來看，物業管理的過程就是服務的過程，就是面向物業管理區域內所有業主開展公共事務管理時進行的系列公共服務提供活動。

一、服務與物業管理服務

(一) 服務的概念與特徵

1. 服務的概念

「服務」是一個既熟悉又陌生的詞彙，其熟悉在於它的應用越來越廣泛，大家經常都在提及和使用；其陌生在於沒有幾個人能說清楚「什麼是服務」，對其定義也是公婆占理，各說自言，至今還沒有一個權威的定義能為人們所普遍接受。「服務」在古代是「侍候，服侍」的意思，隨著經濟社會的快速變革和發展，「服務」被不斷賦予新意，如今，「服務」已成為整個社會不可或缺的人際關係的基礎。社

會學意義上的服務，是指為別人、為集體的利益而工作或為某種事業而工作，如「為人民服務」；經濟學意義上的服務，是指以等價交換的形式，為滿足企業、公共團體或其他社會公眾的需要而提供的勞務活動，它通常與有形的產品聯繫在一起；服務經濟學認為的服務，是一種涉及某些無形性因素的活動，它包括與顧客或他們擁有的財產之間的相互活動。

對房屋的專門系統化研究是從 20 世紀 30 年度開始的。1935 年英國經濟學家新西蘭奧塔哥大學教授阿費希爾在他出版的《安全與進步的衝突》一書中提出三種產業劃分的新概念，即第一產業以農業、畜牧業為主，第二產業以工業製造業為主，第三產業以服務業為主。1960 年，美國市場營銷協會（AMA）最先給服務下的定義為：「用於出售或者是同產品連在一起進行出售的活動、利益或滿足感。」這一定義在此後的很多年裡一直被人們廣泛採用。1968 年美國經濟學家維克斯的《服務經濟學》出版，標誌著服務經濟學學科的誕生。1974 年，斯坦通（Stanton）指出：「服務是一種特殊的無形活動。它向顧客或工業用戶提供所需的滿足感，它與其他產品銷售和其他服務並無必然聯繫。」1983 年，萊特南（Lehtinen）認為：「服務是與某個仲介人或機器設備相互作用並為消費者提供滿足的一種或一系列活動。」1990 年，格魯諾斯（Gronroos）給服務下的定義是：「服務是以無形的方式，在顧客與服務職員、有形資源等產品或服務系統之間發生的、可以解決顧客問題的一種或一系列行為。」當代市場營銷學泰門菲利普·科特勒（Philip Kotler）給服務下的定義是：「一方提供給另一方的不可感知且不導致任何所有權轉移的活動或利益，它在本質上是無形的，它的生產可能與實際產品有關，也可能無關。」

綜合上述觀點來定義，服務就是直接為他人提供方便或幫助，並使他人從中獲得需要的滿足或特別的好處的一種有償或無償的「勞動」活動。服務的形式多樣且靈活，它既可以是在消費者提供的有形產品（如維修的汽車）或無形產品（如為準備稅款申報書所需的收益表）上所完成的活動，也可是在無形產品交付時所完成的工作（如知識傳授方面的信息提供），還可是按照消費者需要量身定做的「勞動」表現和成果，甚至是為消費者創造氛圍（如在社區、小區、賓館和飯店）等。

2. 服務的特徵

(1) 無形性

無形性可以從三個層次來理解。一是指服務與有形的消費品或工業用品比較，服務的特質及組成服務的元素往往是無形無質的，讓人不能觸摸或憑肉眼看見其存在。二是指服務的消費無所感覺，無法看到，無可觸及，甚至擁有或享受服務的利益也很難被察覺，或者要等一段時間後才能感覺到利益的存在。因此，人們不可能在購買或消費服務之前去視、聽、嗅、嘗、觸到服務，而是必須參考許多經驗、意見、態度以及各方面的信息來決定。三是服務質量、水平、態度等是無形的。人們只有依據他們看到的服務人員、服務設備、資料、價格等來判斷或感受服務的質量、水平、態度等，而這種判斷或感受本身也是無形的。

服務雖然是無形的、看不見、摸不著，但是，很多服務需要有關人員利用有形的實物，才能正式生產並真正提供及完成服務程序。與此同時，隨著企業服務

水平的日益提高，很多消費品或產業用品是與附加的顧客服務一起出售的，而且在多數情況下，顧客之所以購買某些有形商品，只不過是借這些有形載體來獲取其所承載的服務或者效用。由此看來，服務的無形性只是相對的，真正具有完全無形性特點的服務極少。但對於服務的特性來說，「無形性」大體上可被認為是服務的最基本特徵，其他特徵都是由這一特徵派生出來的。

(2) 異質性

服務是由人表現出來的一系列行動，而且服務者所提供的服務通常是被服務者眼中的服務，由於沒有兩個完全一樣的服務者和被服務者，那麼就沒有兩種完全一致的服務，這就是服務的異質性。它主要是由於服務者和被服務者之間的相互作用以及伴隨這一過程的所有變化因素所導致的，它也導致了服務質量和效果取決於服務者不能完全控制的許多因素，如被服務者對其需求的清楚表達的能力、服務者滿足這些需求的能力和意願、其他被服務者的到來及其對服務需求的程度等。由於這些因素的存在和作用，就導致服務者無法確知服務是否按照原來的計劃和宣傳那樣提供給被服務者，也無法確定服務即或是按照原有計劃和宣傳提供給被服務者是否真正達到了預期的服務目標。可見，服務的異質性會因服務者、被服務者自身因素以及影響服務者和被服務者判斷、決策的外在因素而不可避免，尤其是如果在發生服務外包等情況，那更加大了服務的異質性。

(3) 易變性

易變性是指服務的構成成分及其質量水平經常發生變化，很難統一界定。區別於那些實行機械化和自動化生產的第一產業與第二產業，服務行業是以「人」為中心的產業。由於人類個性的存在，使得對於服務的質量檢驗很難採用統一的標準。一方面，由於服務者自身因素的影響，即使由同一服務者所提供的服務也可能因服務者工作技能、技巧、態度、服務設備差別等多種因素影響而有不同的水平、質量和效果；另一方面，由於被服務者直接參與服務的生產和消費過程，其本身的因素，如知識水平、興趣和愛好等也直接影響到服務的過程和結果。可以說，由於服務取決於由誰來提供、在何時何地提供、以什麼態度和方式提供以及誰接受服務等多種因素，因此，服務的易變性是客觀的。

(4) 生產和消費的同步性

大多數有形商品是先生產，然後存儲、流通和消費，往往還要經過一系列的中間環節，生產與消費的過程具有一定的時間間隔。但大部分的服務卻具有相連性的特徵，即服務的生產過程與消費過程同時進行。也就是說，服務者提供服務於被服務者時，也正是被服務者消費服務的時刻，兩者在時間上不可分離。這通常意味著服務生產的時候，被服務者是在現場的，而且會觀察甚至參加到生產過程中來。有些服務是很多被服務者共同消費的，即同一個服務由大量被服務者同時分享，比如一場音樂會，這也說明了在服務的生產過程中，被服務者之間往往會有相互作用，因而會影響彼此的體驗。

服務生產和消費的同步性使得服務難以進行大規模的生產，服務不太可能通過集中化來獲得顯著的規模經濟效應和效益，擾亂服務流程或規範的被服務者，會在服務提供過程中給自己和他人造成麻煩，並降低自己或者其他被服務者的感知和滿意度。另外，服務生產和消費的同步性要求服務者和被服務者都必須直接

發生聯繫，必須瞭解整個服務傳遞過程，從而生產的過程也就是消費的過程。服務的這種特徵表明，被服務者只有而且必須加入到服務的生產過程中才能最終消費服務。

（5）易逝性

服務的易逝性是指服務不能被儲存、運輸、轉售或者退回的特性。比如一個有100個座位的航班，如果在某天只有80個乘客，它不可能將剩餘的20個座位儲存起來留待下個航班銷售；一個諮詢師提供的諮詢也無法退貨，無法重新諮詢或者轉讓給他人。這就需要在充分利用生產能力的過程中，弄清服務分銷渠道的結構與性質和有形產品的差異，科學預測服務需求並制訂有創造性的計劃，合理制定強有力的服務補救策略等，以創新服務，彌補服務失誤。

（6）不涉及所有權

這一特性是指在服務的生產和消費過程中不涉及任何東西的所有權轉移。既然服務是無形的，又不可儲存，服務產品在交易完成後便消失了，消費者並沒有實質性地擁有服務產品。以銀行取款為例，通過銀行的服務，顧客手裡拿到了錢，但這並沒有引起任何所有權的轉移；再如，航空公司為乘客提供服務，但這並不意味著乘客擁有了飛機上的座位等。不涉及所有權會使被服務者在購買服務時感受到較大的風險，這就需要服務者幫助被服務者克服服務消費障礙，促進服務銷售。

（二）物業管理服務

1. 物業管理服務的概念

大家知道，物業管理的管理對象是「物」，服務對象是「人」。為此，許多物業服務企業在物業管理過程中，準確地把握好了物業管理與服務的關係，響亮地提出了「管理就是服務」的口號，並堅持貫徹實施，取得了良好的效果。但是，「管理就是服務」並不是增加管理內容、提高服務質量而提出的一個簡單口號，它具有豐富的內容，需要通過系列複雜和辛勤的服務勞動才能體現，並凸顯其價值。對物業管理的整個過程來說，對物業的管理只是手段，為業戶服務才是目的，物業管理因業戶服務的需要而存在和發展。可以說，物業管理就是物業管理服務，即是專業化的物業管理組織及其從業人員以業主擁有的物業為對象和場所，通過對物業進行硬管理和有形管理來實現保障業主財產安全、生活質量、環境美化、秩序穩定等需要而提供的有償或無償性體力與智力勞動。物業管理服務概念的確立，對物業管理者、物業服務企業和物業管理行業具有重要的意義。

對物業管理者來說，物業管理服務更能揭示物業管理的本質，使物業管理者無論職位高低和分屬何崗何職，都更容易知曉和明瞭自己所從事的工作和行業的性質、特點，並以此規範自己的日常言行，加強和提高自己的職業素養和執業修為。

對物業服務企業來說，物業管理服務更能讓物業服務企業理解、把握和實踐「以管理行服務，以服務促管理」的營運理念，科學確立管理與服務的質量意識、標準、方法等，將質量第一、優質高效貫穿於整個物業管理服務活動中，把服務質量作為企業生存與發展的目標指向和生死線。

對物業服務行業來說，物業管理服務更能強化行業的責任感、使命感，激活業主和社會對物業管理的參與意識、給力意識，規範行業的日常性運作、專業型發展和職業化管理，以良好的服務形象和聲譽助推行業健康而持續的發展，影響和帶動其他服務業的服務改革和創新。

研究服務經濟學的專家通常用服務的英語單詞 SERVICE 的構成來詮釋服務的某些特性，這同樣適用於物業管理服務。SERVICE 意即：

「S」：表示要微笑待業主（Smile for owner）；

「E」：表示要精通物業管理服務的技能（Excellence in everything for doing）；

「R」：表示要對業主親切友善（Reaching out to every owner with hospitality）；

「V」：表示將每個業主視為特殊的和重要的人物（Viewing every owner on special）；

「I」：表示邀請每個業主光臨（Inviting your owner to come）；

「C」：表示要為業主營造一個溫馨的生活工作環境（Creating a warm atmosphere for living and working）；

「E」：表示要用眼神表達對業主的關心（Eye contact that shows care）。

2. 物業管理服務的特徵

（1）公共性和綜合性

物業管理服務是一種綜合性服務，包括由業主與物業服務企業通過物業服務合同約定的公共性服務，由特定的業主和物業服務企業另行約定的特約服務以及不需要合同形式約定的便民服務（如開超市、辦食店）等，一般說的物業管理服務主要針對公共性服務。物業服務企業與業主之間基於物業服務合同形成交易關係，雙方交易的標的物是物業管理服務。與一對一的交易關係不同的是，由於物業管理主要指向房屋及配套設施設備和相關場地的維修、養護、管理，維護相關區域內的環境衛生和公共秩序，重點是物業的共用部位和共用設施設備。而物業的共用部位和共用設施設備不為單一的業主所擁有，而是由物業管理區域內的全體業主或部分業主共同所有，這就使得物業管理服務有別於為單一客戶提供的特約服務，而具有為某一特定社會群體提供服務產品的公共性。

與業主和專業公司之間的專項服務業務委託服務不同，物業管理服務具有明顯的綜合性，表現在：物業服務企業與業主約定的物業管理事項具有綜合性，不僅包括對物業共用部位和共用設施設備進行維修、養護，而且包括對物業管理區域內綠化、清潔、交通、車輛等秩序的維護；物業管理服務量受到政策因素、業主因素、發展商因素、技術因素、環境因素等方面的綜合影響或制約；物業管理服務涉及的關係面廣而複雜，與城市管理、社區管理和物業管理等各個方面都有聯繫，也受到這些方面的影響和作用，其綜合性不言而喻。

（2）受益主體的廣泛性和差異性

物業管理服務的公共性決定了其受益主體的廣泛性和差異性，這是物業服務合同區別於一般委託合同的一個顯著特點。首先，物業服務合同中服務內容、服務標準、服務期限、雙方當事人的權利和義務、違約責任等約定，必須是全體業主的意思表達。但對於業主群體來講，很難實現所有業主認識完全一致，總會有部分業主或個別業主持有異議。因此，必須從業主整體利益出發，按照少數服從

多數的原則決定物業管理服務事項，然後再以全體業主的名義，與物業服務企業簽訂物業服務合同。其次，各個業主對物業服務企業履行物業服務合同的認識和看法也是不一致的，有的業主對服務表示滿意，有的業主則不滿意，這就給客觀評價物業管理服務質量帶來了一定的困難。在此情況下，物業服務合同就成為衡量物業服務企業是否正確履行義務的檢驗標準，這就要求物業服務企業細化物業服務合同，對服務項目、服務標準、各項服務的違約責任等約定盡可能做到具體、明確、完備。同時，物業服務企業還應當經常進行客戶調查，跟蹤掌握大多數業主的普遍需求和服務評價，以保證受益群體的最大化。最後，由於物業服務企業主動調整服務模式、物業管理者服務態度能力變化、業主的知識和經驗及其對物業管理服務的主觀評判等多種因素影響，物業管理服務可能經常發生不同程度的變化，從而形成不同的物業管理服務狀態。

(3) 即時性和無形性

一般有形商品的生產、流通和消費環節彼此獨立且較為清晰，而物業管理服務並不存在流通環節，且生產和消費處於同一過程之中，這就使得物業服務企業必須隨時滿足業主客觀上存在的物業管理服務需求，及時解決業主的需求問題和障礙。物業管理服務的即時性對物業服務企業的服務質量控製能力提出了很高的要求，一旦相關服務滿足不了業主的消費需求，就很難有效地予以糾正和彌補。

物業管理服務的無形性源於服務的無形性。作為物業服務消費者的業主，難以像有形產品的消費者那樣感到物業管理服務的真實存在，對於服務消費意識較薄弱的部分業主，難以產生物有所值的感覺。物業管理服務的無形性還使其質量評價變得困難和複雜，因為物業服務企業的服務品質難以用精確標準去衡量，更多依賴於業主的主觀評判。

(4) 持續性和長期性

與一般合同標的不同，物業管理服務是一種持續不間斷提供的服務，不能因為不同物業服務企業的退出而中斷，也不能因為社會管理和城市管理的特別要求而停止，它只能根據處於物業管理區域內的業主的持續性需求而繼續提供、創新提供。物業管理服務的持續性和更換物業服務企業的巨大成本，使得物業服務合同的期限一般較長，這對保持物業服務質量的穩定和改善物業管理關係較有利，同時也要求物業服務企業必須長時間接受客戶的監管和考驗。

同時，與一般性服務不同的是，物業管理的服務對象——業主、租戶及其購買或租賃物業，都具有時間較長、相對穩定的特點，這就使得物業管理服務具有相對長期性的特點。這點對物業服務企業、物業管理者和業主來說都是有益的。因為雙方可以在一段較長時間內相互熟悉和適應，可以避免業主因一次好的或不好的管理服務而片面評價管理服務整體水準和質量，物業服務企業和物業管理者也可以有充裕時間來調整和改進管理服務的技術和方法，物業服務企業更願意在短期內發現問題的基礎上增加投入、建設完善以滿足和適應未來的長期管理服務需要，從而避免管理服務的短期效應、眼前利益。這就要求物業服務企業必須保證物業共用部位的長時間完好和共用設施設備的全天候運行，以及物業管理區域內長期的穩定、安全與和諧，在物業服務合同有效期內的任何服務中斷，都有可能導致業主的投訴和違約的追究。

(5) 情感密集性和互為滿意性

現在的物業管理區域尤其是小區，匯聚著不同職業、不同身分，甚至不同國籍的人，這就自然形成了一個情感匯集地、情感交流區、情感密集帶，不同的情感在此集聚、交流、碰撞、整合、集成，並在增進相互瞭解、相互熟悉、相互信任的基礎上，大家相互幫扶、相互關照、相互抬愛，促進了和諧小區、和諧社區與和諧社會的積極建設。這是物業服務企業和物業管理者可以充分利用的有利條件，並需要以此為基礎繼續做好管理服務工作，發揮出更大的管理服務作用和效應。但同時，也存在因安全和面子等因素而互不往來，因缺乏溝通和交流而倍感孤獨等不良現象和問題。因此，將物業管理區域變成一個大家庭，促進業戶之間相互走動擺談，建成安全穩定與和諧的生活工作環境，就更加需要物業服務企業和物業管理者提供情感服務，培育和發揮密集情感的正能量，讓業主之間、業戶之間、企業和管理者之間、企業與管理者和業戶之間等的情感充分流露，相互交集、盡快凝聚，不斷擴容，使物業管理服務的情感因子不斷滋生。物業服務企業和物業管理者也只有通過持續地輸出情感，付出真心，提供服務，才能不斷讓業戶滿意，才有立足點和生存地。同樣，業戶也需要帶著情感體諒和理解物業服務企業和物業管理者的工作，不盲目苛求，不隨意挑剌，不刻意逃避，如此才會使物業服務企業和物業管理者在業戶的真誠監督、衷心擁護和熱切支持下幹好工作，不斷增加業戶的滿意度，提高自己的美譽度。物業服務企業及物業管理者與業戶只有在相互滿意的前提下，服務與被服務的關係才能維持和持續。

二、公共服務理論

20世紀70年代的新公共管理理論產生以後，為政府改革注入了新的血液，成為20世紀七八十年代以來公共行政領域最為引人注意的理論。但是緊接著，許多學者和實踐家都不斷地對新公共管理以及該模式所主張的公共管理者的角色表示質疑和擔憂。以亞利桑那州立大學的珍妮特·V. 登哈特（Janet V. Denhardt）和羅伯特·B. 登哈特夫婦為代表的一批美國著名公共管理學家基於對新公共管理理論的反思，特別是針對作為新公共管理理論之精髓的企業家政府理論缺陷的批判而建立了一種新的公共管理理論——新公共服務理論。本書中的公共服務理論就是指新公共服務理論。

（一）新公共服務理論的基本界定

新公共服務理論是應新公共管理理論的興起而提出。新公共服務的一些基本內涵在傳統公共行政時期就已經存在，例如德懷特·沃爾多、馬歇爾·迪莫克等人的觀點，但這些觀點一直沒有占據主流也相對比較分散。而新公共服務的最終成型可以說是對這些觀點的再次重申和歸結，當然也不乏新穎的論述。尤其是羅伯特·丹哈特《新公共服務：服務，而不是掌舵》一書的出版，提供了新公共服務與新公共管理比較的一個代表性範式，對服務行政有相當的指導意義。夏書章先生對此有這樣的評價：「在傳統公共管理與新公共管理之後，出現新公共服務運動，並非偶然，故不論它們之間的理論觀點和具體內容上的分歧和爭議如何，有

一點似乎可以肯定和不容忽視，即強調或提醒公共管理主要是或者歸根到底是公共服務的性質。」

新公共服務是在對傳統公共行政理論和新公共行政理論進行反思和批判的基礎上提出的，關於公共行政在以公民為中心的治理系統中所扮演的角色的一套理念。它主張用一種基於公民權、民主和為公共利益服務的新公共服務模式來替代當前的那些基於經濟自我利益的主導行政模式，是對傳統公共行政理論和新公共行政理論的一種揚棄而非全盤否定。新公共服務理論認為，公共管理者在其管理公共組織和執行公共政策時應該集中於承擔為公民服務和向公民放權的職責，他們的工作重點既不應該是為政府航船掌舵，也不應該是為其劃槳，而應該是建立一些明顯具有完善整合力和回應力的公共機構。與新公共管理建立在個人利益最大化的經濟觀念之上截然不同的是，新公共服務是建立在公共利益的觀念之上的，是建立在公共行政人員為公民服務並確實全心全意地為他們服務之上的。

（二）新公共服務理論的基本內容

1. 民主社會的公民身分理論

該模型認為國家與公民之間關係的主導模式是建立在這樣的思想基礎之上的，即政府的存在就是要確保一定的程序（如投票程序）和公民權利，從而使公民能夠根據自身利益作出選擇。桑德爾就民主社會的公民權提出了不同的視角，在這種視角下，個人會更積極地參與到治理過程中去。以此看來，公民會超越自身利益去關注更大的公共利益，並具備更廣闊、更長期的視野。

2. 社區和市民社會模型

該理論認為在市民社會中，人們需要在社區的利害關係體系中實現自己的利益。只有在這裡，公民才能夠以個人對話和討論的形式參與進來，而這種方式便是社區建設和民主本身的實質。政府的作用，特別是地方政府的作用，事實上就在於幫助創立和支持「社區」。

3. 組織人本主義和組織對話理論

該理論認為在后現代社會中，人們彼此依賴，治理因而也必須以所有各方（包括公民和行政官員）真誠、開放的對話為基礎。為了使公共管理活動充滿生機和活力，並增強公共管理的合法性，就必須增進公共對話。

4. 后現代公共行政理論

該理論認為公共問題更可能通過對話而不是通過客觀的測量和理性的分析來解決。而真正的對話是行政人員和公民之間的完全交流，不僅僅是理性的、自利的個人之間的對話。

（三）新公共服務超越新公共管理的表現

1. 新公共服務呼籲維護公共利益

「當公民能夠根據公共利益去行動時，社會的廣泛利益才能從一個獨立的、孤立的存在中脫離出來，並轉變成一種美德和完整的存在，向社會奉獻的過程最終使個人變得完整。」這種觀念大大超越了建立在個人自利基礎上的新公共管理理論。

2. 新公共服務強調尊重公民權利

新公共服務糾正了新公共管理單一的經濟學基礎中對人性的假設，把人視為

具有公民美德的公民。它堅持認為政府與公民之間是不同於企業與顧客之間的關係,「公民具有一種公共事務的知識、一種歸屬感、一種對整體的關切、一種與自身的命運休戚與共的社群道德契約」,並相信公共組織如果能在尊重公民的基礎上通過合作和分享的過程來運行,就一定能獲得成功。

3. 新公共服務重新定位政府的角色

新公共服務看到當今政治生活領域最重要的變化之一就是政策制定方面的變化,政府不再是處於控製地位的掌舵者,而只是非常重要的參與者,更多的利益集團直接參與到政策的制定和實施之中。公共項目和公共資源並不屬於政府,作為負責人的參與者,而不是企業家,他們是「公共資源的管家、公民權和民主對話的促進者、社區參與的催化劑、街道層次的領導者」,將越來越多地扮演調解、協調甚至裁決的角色。

4. 新公共服務的新價值趨向

新公共服務拋棄了新公共管理追求「3E」的單一價值取向,把公平、公正、民主、正義等看作公共管理的重要價值取向;糾正了僅把服務當作服務、對象當作顧客的傾向,不僅注重服務對象以顧客身分參與公共管理,更關注他們的社會身分。

(四) 新公共服務理論的基本觀點

1. 政府的職能是服務,而不是掌舵

這是被登哈特認為是七大原則中最突出的原則。公共管理者的重要作用並不是體現在對社會的控制或駕馭,而是在於幫助公民表達和實現他們的共同利益服務,而不是掌舵。對於公務員來說,越來越重要的是基於價值的公共領導來幫助公民明確表達和滿足他們的共同利益,而不是試圖控制或掌控社會新的發展方向。傳統公共行政與行政管理的指揮和控製型領導形式不鼓勵冒險和創新,相反,它鼓勵一致和常規。它的關鍵性基本原則是層級制、統一指揮、自上而下的權威以及勞動分工。新公共管理把市場機制作為公共領導的一種替代品,通過激勵來提高領導效率,強調要掌好舵,而不是划槳。在新公共服務看來,領導不再被視為高級公共官員的特權,而是被當作延伸到整個團體、組織或社會的一種職能。領導是人民的公僕,是為公共利益服務的,他必須尊重公民權,通過給人們授權的方式來共享權力並且帶著激情、全神貫注、正直地實施領導。

2. 公共利益是目標而非副產品

公共行政官員必須促進建立一種集體的、共同的公共利益觀念。這個目標不是要找到由個人選擇驅動的快速解決問題的方案,確切地說,它是要創立共同的利益和共同的責任。在傳統公共行政中,公共服務被認為是一種價值中立的技術過程,而且行政官員的權威就是專長的權威。公務員服務於公眾利益的最佳途徑無疑就是著重關注中立、效率以及政治與行政的嚴格分離。公共利益是由民選的政策制定者來界定的,儘管行政官員在執行立法政策中解決特殊利益團體之間的衝突時需要注意公共利益,但是這種觀念認為他們的裁量權應該受到限制。在新公共管理下,當社會被視為一個市場,假定個人對於商品服務和政策具有相對固定和獨立的偏好的時候,市場模式就沒有提供公民享有公共利益願景或為社會奮爭的途徑。公民被視為他們自己的利益的最佳裁判,公共利益如果真的存在的話,

那麼它只是公民作為顧客在一個類似於市場的場所做出個人選擇時的副產品。

與上述不同，新公共服務認為，政府應該鼓勵公民關注更大的社區，鼓勵公民致力於超越早期的利益的事情並且願意為自己的鄰里和社區中所發生的事情承擔個人的責任。倡導行政官員在促進公民界定公共利益和按照公共利益行事時應該扮演一種積極的角色。新公共服務還否定公共利益能夠被理解為個人自我利益的聚合，其目標是要超越自身利益進而發現共同利益、公共利益，並且按照共同利益即公共利益行事。政府的角色在於確保公共利益居於支配地位，確保公共問題的解決方案本身及其產生的過程都符合正義、公正和公平的民主規範。因為政府增進公民權和服務於公共利益的責任是政府目標從根本上不同於企業目標的最重要差異之一，而且它也是新公共服務的一塊基石。

3. 戰略地思考、民主地行動

新公共服務理論認為，符合公共需要的政策和計劃，只有通過集體努力和協作的過程，才能夠最有效地、最負責地得到貫徹執行。為了實現集體的遠景目標，在具體的計劃實現過程中，依然需要公民的積極參與。傳統公共行政認為行政過程和執行基本沒有區分，執行就是公共行政要負責的事務。新公共管理從側面尋求有效的執行，即把私人部門引入公共領域，並從底部——顧客那裡尋求有效的執行。新公共服務的執行的主要焦點是公民參與和社區建設，公民不被視為可能會妨礙正確執行的角色，也不被當作降低成本的工具；相反，公民參與被視為民主政體中恰當且必要的組成部分。

4. 為公民服務，而不是為顧客服務

新公共管理模式的核心內容是，政府「掌舵」，市場「劃槳」，公民只是「乘客」（顧客）。但是它卻忽略了一個問題：誰擁有「這條船」？他們顯然忘了「這條船」屬於它的公民。公民是公共服務的接受者、參與者和監督者，也是納稅等義務的承擔者。他們才是「這條船」真正的所有者。公共利益是就共同利益進行對話的結果，而不是個人自身利益的聚集。因此，公務員不是僅僅關注「顧客」的需求，而是要注重關注公民並且在公民之間建立信任和合作關係，為傳統公共行政與當事人服務。當事人被認為迫切需要幫助並且政府中的那些人通過公共項目的實施來努力提供他們所需要的幫助。

5. 責任並不是單一的

傳統公共行政的行政官員只是對政治官員負責，是一種「對上不對下」的體制。這種體制直接導致了公共服務的偏離。新公共管理按照企業家的角色，公共管理者應該主要以效率、成本—收益和對市場力量的回應來負責任，而這很明顯忽視了公共精神的重要性。新公共服務將公務員的角色重新界定為公共利益的引導者、服務員和使者，而不是企業家。這種負責不是如官僚層級制度的「終端負責」，而是從一開始的政策制定階段就對公民負責，始終貫徹法律、民主、憲政、公共利益等原則。公務員不應當僅僅關注市場，還應該關注憲法和法令、社會（社區）價值觀、政治行為準則、職業標準和公民利益，承認責任並不簡單。對於公共行政官員來說，負責不僅僅是一個禮貌和習慣問題，還是一個法律問題，是一種法律責任和道德責任。做公務員是一項社會需要的、富有挑戰性的，它意味著要對他人負責，要堅持法律、堅持道德、堅持正義以及堅持責任。

6. 要重視人，而不能只重視生產率

傳統的官僚層級限制了人類活動的視野，不利於人的作用的發揮，而人本主義認為組織中的人並不是中立的，一切工作也不能僅僅以效率來判斷，平等、公平、正義、回應性等也是重要的價值核心。新公共服務理論家在探討管理和組織時十分強調「通過人來管理的重要性」。如果公共組織及其所參與其中的網絡基於對所有人的尊重而通過合作和共同領導來運作的話，那麼，從長遠來看，它們就更有可能取得成功。傳統公共行政通過控製人來實現效率，接受「人本主義」，但只是為了更好地讓人為其做事而已，甚至採用比較惡劣的手段來進行威脅。新公共管理依靠公共選擇和委託代理理論，利用激勵來實現生產效率，依靠經濟理性來解釋人的行為，而排除了認識動機和人類經驗的其他方法。如果事實果真是那樣的話，那麼成功地影響它們行為的唯一途徑就是通過改變決策規則或激勵機制以便把他們的自利改變得更加符合組織優先考慮的事項。如果我們能夠幫助別人認識到他們正在做的工作比個人意義的工作更有意義，如果我們能夠幫助人們認識到公共服務是高尚和寶貴的，那麼他們就會採取相應的行動使我們的公務員同伴在公共組織中得到應該有的尊重和尊嚴以及授權給他們幫助找到為其社區服務的辦法，這些都使我們可以吸引和授權那些願意並且能夠為公共利益服務的人。

7. 公民權和公民服務比企業家精神更重要

傳統公共行政理論中，因為政治與行政相分離，所以行政官員只對民選政治家負責，而民選政治家對全體選民負責，全體選民可以通過投票選掉不滿意的政治家進而建立一條公民對政治官員進行民主控製的鏈條。而這種體制，無法使公民獲知公共決策是否真的服務於公共利益且政策的正確性也無法保證。新公共管理提出，應給予行政官員更大的裁量權和自由，激發他們的創造性和活力，擺脫官僚體制的束縛；鼓勵公共行政官員像工商企業家一樣去思考和行事，在必要的時候要為解決公共問題的更具創新性方案而承擔風險。這導致了相當狹隘地看待所追求的目標——使生產率最大化，滿足顧客需要，接受風險和充分利用風險帶來的機會。目前存在有政治選擇的地方創造一些激勵，如教育和醫療，但恰恰就是這些領域，雖然存在政治選擇，卻關乎更大的公共利益。

新公共服務理論明確提出，公共行政官員並不是其機構和項目的業務所有者，政府為公民所有，政府其實就是一個博弈參與者，而不再是「主管」。政府從控製者的角色轉變成議程創立者的角色，他們要把適當的博弈參與者集合到一起並且促成公共問題的解決，並且就其進行磋商或充當經紀人。在一個具有積極公民權的世界裡，公共行政官員將會日益扮演的不僅僅是一個提供服務的角色，而是一個調解、仲介或裁判的角色，而且依靠的將不是管理控製的辦法，而是協商以及解決衝突的技巧。致力於為社會做出有益貢獻的公務員和公民要比具有企業家精神的管理者能夠更好地促進公共利益，因為後一種管理者的行為似乎表明公共資金就是他們的財產。

（五）新公共服務理論的簡單評價

公共行政的發展已有一百多年的歷史，在這個過程中各方理論和觀點層出不窮。隨著時代的發展，傳統的公共行政理論（老公共行政理論）已無法滿足現實

的需求，新的理論模型不斷湧現，其中比較有影響力的是新公共管理理論和新公共服務理論。20世紀80年代以來新公共管理在當代公共行政理論與實踐中越來越顯現其主導範式地位。它針對老公共行政而提出的對於傳統的官僚層級體制的弊端進行了有力的糾正。它把市場中的企業精神引入公共管理領域，認為政府應該只從事那些不能民營化或不能對外承包的活動，市場機制應該盡可能地被利用以便公民可以在服務供給方面獲得更多的選擇。不難看出新公共管理和老公共行政是一脈相承的，雖然兩者有很大的不同，但它們的核心理念是相似的，兩者都依靠和信奉理性選擇的模式，希望通過管理來追求效率。新公共服務吸收了傳統公共行政的合理內容，承認新公共管理理論對於改進當代公共管理實踐所具有的重要價值，但擯棄了新公共管理理論特別是企業家政府理論的固有缺陷，把效率和生產力置於民主、社區、公共利益等更廣泛的框架體系中，提出和建立了一種更加關注民主價值與公共利益，更加適合現代公共社會和公共管理實踐需要的新的理論選擇，有助於建立一種以公共協商對話和公共利益為基礎的公共服務行政。同時，它對傳統的公共行政理論和目前占主導地位的管理主義公共行政模式都具有某種替代作用。老公共行政和新公共管理都可以說是一種相對封閉的模式，它們對於提高公共服務提供效率和質量的方法是對內的，不論是老公共行政的層級控製還是新公共管理的企業家精神，都只是關注於提供者本身素質的提高。而新公共服務以及之前的理論淵源卻是為公共行政提供了一套開放的模式，側重於對外的模式，也就是說把服務的被提供者納入服務提供的決策和執行過程中分享行政權力。

此外，老公共行政把接受公共服務的人們視為迫切需要幫助的人，他們對公共機構有很大的依賴性，所以就理所當然地進行控製和管理。新公共管理把接受服務的人稱為「顧客」，自己則是「生產廠家」，這極大地改變了政府和公民之間的原有的不平等定位，為此，政府在制定和執行決策過程中要以顧客為導向。而新公共服務認為，公共服務的提供對象是公民，是政府的主人，政府是類似於僕人的角色；既然是主人，當然應該參與到具體決策過程中來。可見，三者對於相關角色的不同定位，每一次都是極具開創性的，新公共管理推翻了之前的政府和公民的不平等定位用市場中的企業和顧客來重新詮釋，新公共服務則進一步認為，政府不是屬於企業家公務員的，而是人民的，所以政府服務的是公民而非顧客公務員，也非企業家。這種理論的演進應該說是進步的，是符合時代潮流的。

當然，新公共服務理論也存在一些急需要厘清的困惑，如公民何以理性、政府何以令人滿意、政府和公民何以達成共同的核心價值、公共服務何以體現時效和實效等？換句話說，新公共服務它所提倡的民主參與、尊重公民權、平等、公正等政治價值是根本性的，但其可操作性該如何保證和實現，才是無法迴避和不可延緩的。

三、物業管理中的公共服務理論應用

公共服務理論的七個基本觀點和相關理論、思想等在物業管理服務中都有所體現。物業管理或物業服務企業必須堅持服務的公共性、惠民性和普適性，在對物業管理區域內的公共事項進行處理時不斷強化公共服務的功能和能力，讓公共

服務通過物業服務企業等機構或組織開展的物業管理服務活動深入小區，走進社區，深得人心，惠及公眾。下面主要從三個方面進行代表性說明：

(一) 公共利益的服務與維護

1. 物業管理區域鄰近的公共利益服務和維護

政府公共部門和其他準公共部門對物業管理區域紅線外進入本區域的市政設施、街道和人行道的環境衛生、社會秩序與安全等應負責維修和保養、維護和保障，並就相關知識、方法等進行宣傳、教育，引導物業管理區域內的公民（業戶）共同維護好公共利益。

2. 物業管理區域內的公共利益服務和維護

物業管理區域內損害公共利益的行為包括：違法改變房屋結構，違法搭建建築物或構築物，擅自改建、占用物業共用部位，損壞或者擅自占用、移裝共用設施設備，存放不符合安全標準的易燃、易爆、劇毒、放射性等危險性物品或者存放、鋪設超負荷物質，超標排放有毒、有害物質，排放超過規定標準的噪聲以及法律法規禁止的其他行為。

同時，物業服務企業侵犯和損害業戶公共利益的情況也時有發生，表現在：一是拒不移交檔案資料。業主委員會選聘了新的物業服務企業，但前期物業服務企業（往往為開發商的控股公司）或者其他物業服務企業拒不撤出小區，也不移交物業管理相關的檔案資料、財務帳冊及維修基金等。二是拒不移交經營收益和停車費收益。少數被換走的前期物業服務企業或者其他物業服務企業在撤離小區時，因部分業主欠繳物業服務費或者惡意佔有等，帶走了小區經營性收益和停車費等。三是物業服務企業將公共收益據為己有或用於其他額外的支出。物業服務企業收取停車費和利用公共部位等賺取廣告類經營性收益，往往利用業主的不知法、不知情、不計較等而占為己有；或者是沒有按照法律規定將其轉為專項維修資金或者用於其他的合理支出（須經業主大會同意），反而違反法律規定和合同約定支付常年法律顧問費、訴訟費、律師代理費、員工賠償金、交際應酬費等，侵害了全體業主的合法權益。

對這些損害公共利益的行為必須嚴格禁止。這在《物業管理條例》和《物權法》等法律法規中都有明確規定。如《物權法》第七十一條規定，業主對其建築物專有部分享有佔有、使用、收益和處分的權利。業主行使權利不得危及建築物的安全，不得損害其他業主的合法權益。第八十三條也規定，業主應當遵守法律法規以及管理規約。業主大會和業主委員會，對任意棄置垃圾、排放污染物或者噪聲、違反規定飼養動物、違章搭建、侵占通道、拒付物業費等損害他人合法權益的行為，有權依照法律法規以及管理規約，要求行為人停止侵害、消除危險、排除妨害、賠償損失。業主對侵害自己合法權益的行為，可以依法向人民法院提起訴訟。由此說明，當前，在物業管理區域內踐踏、侵害公共利益的行為和現象不可避免，時常發生，就需要加強公共利益的服務和維護。這既需要物業管理區域內的公民在行使自己合法權利的同時，自覺按照法律法規和合同規約約定的要求行事，不得侵犯他人權益和物業管理區域內的公共利益；也需要政府公共部門和其他準公共部門做好指導，營造公共利益服務和維護的良好環境與秩序；更需

要物業服務企業在日常物業管理服務中,加強公共利益維護的政策和知識宣傳,服務於公共利益的維護與保全,處理好公共利益問題和關係,並以自身公共利益維護者的良好形象建設好公共利益氛圍和秩序。

(二)物業管理的戰略思考和民主行動

1. 物業管理戰略

一個組織的發展,必須要有長遠規劃和遠見卓識,以一套正確、可行的戰略靈活有效地應用於企業實踐中。戰略對物業服務企業的生存和發展同樣具有重大意義,物業服務企業在為業戶和社會提供公共服務的過程中,必須明確企業及其服務的未來發展方向、應該實現的目標以及策略、思路、措施等,以企業發展戰略和公共服務戰略導引整個企業的日常運行,減少企業領導層和管理層業務決策的難度和企業經營管理中的一些風險,幫助企業員工明確自身職責及定位並認真履職,促成企業全體成員緊密配合併協調一致,形成資源的優化組合利用和強大的內在力量。

目前,由於多數物業服務企業從屬於房地產開發商,以及傳統觀念對物業管理工作的簡單、片面理解等,造成很多物業服務企業市場競爭意識薄弱,缺乏長遠的可持續發展觀念,從而導致多數中小物業服務企業缺乏戰略發展規劃。這主要表現為:有短期目標無長期規劃,發展方向不明確,經營模式不固定;或者雖然提出了企業發展戰略,但戰略定位不清楚、不準確,缺乏合理性與可行性等。要解決這些問題,就需要物業服務企業對其自身有著清醒的認識,清楚本企業在行業中的地位和價值,並作出理性、長遠、科學的戰略思考,以此確立正確的發展戰略。由於物業服務企業提供的產品是服務,對象是業主,所以物業服務企業發展戰略的思考和確定應從以下方面入手:

(1)服務需求的分析、識別和滿足

深入分析業戶,識別業戶需求。這是現代物業管理的基礎性工作,是提高業戶滿意度的前提,也是企業進行準確的市場定位的依據。物業服務企業必須全面掌握業戶的自然狀況、財務情況、消費特點和個人偏好等相關信息,建立完備的業戶檔案資料。在此基礎上對業戶群體的需求作細緻的研究和精確的識別,判斷不同業戶的基本需求層次和滿足方式。例如,普通物業業戶的基本需求是居住方便和實惠,而高檔物業業戶則對享受和尊重有較高的要求。物業管理者還應針對服務對象多樣性的特點,從多元化的業戶需求中嚴格區分普遍需求和個別需求、有效需求和無效需求、主要需求和次要需求、基本需求和擴大需求等,最終明確企業自身的服務使命與發展目標。

(2)服務品質的培育、提升和發展

這是物業服務企業核心競爭力的關鍵一環。物業服務企業可以引進國際質量管理體系標準作為服務規範指導,做好差異化服務和服務創新工作;要在主營項目不斷擴大的同時,使專業項目和輔助配套項目形成新的分工,形成一種良好的規模化運行機制;要將企業的公共服務適當外包給專業公司,使自己成為物業管理公共服務的「集成者」「組織者」「調配者」或「調度者」,讓自身在專業化組織管理結構和辨別合格供應商的專業管理水平方面更具專業性,從而不斷培育發展好自己的服務品質。

（3）服務文化的自覺、自信和自強

在服務至上的時代，行行都是服務業，環環都是服務鏈，個個都是文化者，處處均顯文化味，一切都在服務和服務文化的包圍中，服務和服務文化已成為評判競爭的焦點、亮點和熱點，服務文化對企業和企業所涉及的領域的影響日顯深遠。著名的服務營銷學者格魯諾斯（Gronroos）對服務文化給出的定義是：「服務文化是一種鼓勵優質服務的文化。擁有這種文化的組織可以為內部顧客、外部顧客提供相同的服務，組織中的每個人都將為外部顧客提供優質服務視為最基本的生活方式和最重要的價值之一。」物業服務企業的工作以服務為主要，比任何服務業的服務要求都要高，都要嚴，在制定企業文化戰略中必須以服務文化為根本。物業服務企業要真正樹立「以人為本」的價值觀，賦予傳統意義上的「服務意識」以時代的精神，向「以人為本」的人性化服務邁進，提升物業管理的人文內涵，使物業服務企業逐步融入現代人文文化，增強服務和房屋文化的自覺性和自信心；要自覺地開展定期和不定期的業戶、員工和社會認可度、滿意度和美譽度調查，評估企業和員工的服務能力、水平和效果，形成改進工作的服務文化調研報告；要制定服務文化手冊、設計服務能力模型、凝練服務理念、規範服務行為，形成具有自身特色的服務文化體系；要進行服務文化規劃，明確服務文化建設的目的與原則、階段推進計劃、保障措施和推廣、深植方案；要通過培訓與輔導、跟蹤、階段測評等方式加強服務能力建設，通過服務文化可視化設計、服務文化故事集、服務文化案例、服務品牌手冊、服務文化活動方案等營造服務及服務文化氛圍，塑造服務和服務文化品牌。

當然，物業管理戰略不僅僅是指物業服務企業的物業管理戰略，也不僅僅指上述幾點。它集中體現在物業管理活動中，是立足物業管理區域，圍繞物業管理而開展的以公共服務為中心的服務戰略，是所有物業管理關係人尤其是公共組織和準公共組織都需要注重的，致力於物業管理健康發展的一種宏大戰略。因為，物業管理是一種委託管理，具有公共管理和公共服務的特性。

2. 物業管理的民主性

民主從其字面上來看，代表著由人民統治，這是國家和社會層面的民主。它保護法律面前人人平等的權利，保護人們組織和充分參與社會政治經濟和文化生活的機會，定期舉行全體公民參與的自由和公正的選舉，奉行容忍與合作和妥協的價值觀念。在這種民主國家和民主生活裡，民主會成為人們的一種生活常態、工作正態和生存狀態，會廣泛體現在各種組織機構、各種活動事務、各種層面上。物業管理也不例外，其民主性貫穿於物業管理服務活動的全過程、各環節和多方面，是一系列民主理念、民主決策、民主行動等的綜合體現。比如，業主聘請或辭退物業服務企業，用的是業主集體的權利，是一種行使公權的行為，也是一種民主決策、民主意志的體現。再如，從業主大會、業主委員會的選舉、任命以及罷免過程中，在動用維修基金、制定管理規約與服務合同的決定上說，物業管理是一種「民主政治」，因為物業管理服務中的一些重大決定必須獲得人數、建築面積雙重多數的支持。又如，對物業管理全行業或物業服務企業全體員工組織開展的多種形式學習培訓，在本省、本市（縣）開展服務質量提升年活動或爭創服務質量獎活動、安全生產月和創建平安小區活動、優秀物業管理小區創建活動等，

第2章

這種面向廣泛、受惠眾多的服務，既是民主服務，也是公共服務。

當然，在物業管理服務實踐中，國家在制定各種法規給予業主權利保障的時候，也應該在業主的民主教育和實現權力的程序上多下點功夫；既要有武器，還要有使用武器的意識和方法。各類公共組織和準公共組織在熟悉業戶最基礎需求的同時，能夠針對需求環境、需求階段以及需求人群差異等為業戶提供認知和實現高層次需求、充分表達自己不同需求的各類服務，並公平、公正地評價業戶需求的滿足情況，使物業管理服務的供給方和需求方在「生產力」與「效率」、「民主」與「正義」、「安全」與「福利」等理念上達成共同的核心價值觀，產生共同的一致行動。

(三) 物業管理的服務責任

物業管理中的服務責任不是單一的，涉及崗位責任、公眾責任、社會責任和法律責任等，這些責任或依法律法規而定，或按合同規約而設。對這些責任的承諾、擔當和履行，是所有物業管理服務關係人或多或少、或大或小的本分和義務。由於這些責任的受眾多是業主，所以，物業管理服務中的公共組織和準公共組織不得不圍繞業主及其期望與角色進行必要的考察，以便更好地分清自己的服務責任，提供滿意的公共服務。

1. 服務責任是熟知和傳揚服務的責任

物業管理服務無法用檢測設備精確測量，也不存在計量測試設備的標準，但常需要業戶來評價，主要反應在提供服務的人員行為表現、服務的設施條件和服務的管理等方面。公共組織和準公共組織應該清楚自己有什麼服務、能提供什麼服務、提供服務的效用怎樣以及業戶需要什麼服務、何時需要服務、服務怎麼得到滿足等之類的基本問題；反過來，業戶也需要知道自己何所求、何所需、何所望和相關需求或期望從何處得到、如何實現以及公共組織和準公共組織可以提供和滿足的服務等。

國外許多學者採用多種屬性模型來分析服務質量，將安全（人身和財產安全）、一致（服務的規格化和可靠性）、態度（服務思想和禮儀等）、完整（服務項目是否全面）、環境（服務環境和氣氛）、方便（服務時間和地點是否方便業戶）、時間（服務所需時間及速度效率）。在 ISO9004—2《質量管理和質量體系要素第二部分：服務指南》中，對服務特性體系的內容歸納為：設施、能力、人員的數目和材料的數量、等待時間、提供時間和過程時間、衛生、安全性、可靠性和保密性、應答能力、方便程序、禮貌、舒適、環境美化、勝任程度、可視性、準確性、完整性、藝術水平、有效溝通聯絡等。這些研究和標準，實際上可歸結為現代服務的六大構成要素：人力和物力、效率、文明、能力、安全、商品。對這些服務知識的瞭解和普及，是物業管理中起碼的服務責任。在此基礎上，再通過對公共組織和準公共組織服務的熟悉、選擇，才有面向大眾的公共服務供給和惠及責任；通過對公共組織和準公共組織服務的消費、享有，才有優質服務提供和保證的責任。

2. 服務責任是讓業主滿意服務的責任

一直以來，物業管理服務的口號就是「業主至上」，業主被稱為「主人」「上帝」「衣食父母」，物業服務企業自謙為「僕人」「保姆」「管家」。這些片面甚至歪曲的自說或他言，都不利於物業管理的健康發展。實際工作中，業戶一般對服

務有稱心服務與合格服務兩種基本期望，前者是業戶繳費后希望得到的服務，是業戶對物業服務企業應該提供服務的期望；后者是業戶可以容忍的服務，反應了業戶對實際服務的期望。在兩者之間的服務，就是業戶可以接受的服務，這種服務可使業戶滿意，服務不合格業戶就必然不滿意，服務超過合格標準就會使業戶非常滿意。物業管理服務中，讓業戶滿意是關鍵的服務責任，是物業服務企業質量管理體系的最終目標。為此，就必須瞭解業戶需求，滿足業戶需求，超越業戶需求。業戶需求來源於業戶期望，對業戶期望必須分析和研究其可能受到的個人需要、臨時性強化、角色定位、管理承諾、選擇餘地和以往經驗等影響因素，採用投訴分析、業戶調查、直接接觸、一線反應、內部溝通等方式來進行深入細緻的瞭解和掌握，並進行業戶滿意度測試，初步瞭解業戶需求。要以滿足業戶需求為中心協調動作，包括各崗位設定和職責分配，確保必要的資源配置，以業戶為中心策劃並實施物業管理服務，對服務項目和質量進行測量、分析和改進，不斷強化服務責任和業戶需求的滿足與超越。

第五節　城市管理理論

一、城市管理理論概述

1. 城市管理及其理論的發展進程

自從有了城市文明，就開始了城市管理的實踐。芒福德在其所著的《烏托邦系譜》一書中，從柏拉圖的《理想圖》到托馬斯·莫爾的《烏托邦》，以至於21世紀初的烏托邦文學，搜尋出24個烏托邦的系譜，考察了人類近幾百年來對「理想的城市是什麼樣子」的思考，發現不論是科學家還是文學家，他們對未來理想的城市設想都有著共同的理念，「把田園的寬裕帶給城市，把城市的活力帶給田園」，目標是城市和農村相協調、融合為一體。

英國學者E.霍華德是現代城市科學史上一位劃時代的人物，他於20世紀末發表的《明天的花園城》從城市最佳規模入手，創造性地提出了花園城鎮體系的設想，這一構思已不限於對城市形態設計和人口規模的簡單測算，而是經過較精確的經濟分析和圖解，將21世紀的城市構造設計和建設理論推向科學化的新高度。在霍華德、馬什·蓋迪斯、克里斯泰勒、艾伯克龍比為代表的綜合規劃派中，倡導者大都不是學建築的，所以就容易從他們各自不同的視角和方法來「綜合」觀照城市建設。例如蓋迪斯是社會生物學家，首先想到的是土地和社會特性，而克里斯泰勒是地理學家，伯吉斯等又是社會學家。他們的努力探索不僅使人們對城市建設和生存發展內在機制的認識向前推進了一大步，而且使人們越來越清楚地認識到，城市規劃必須通過跨學科的分工合作，包括經濟學、社會學、歷史學、地理學、政治學、人口學等方面的研究，才能科學地論證並取得良好的實際效果。在研究客體上，他們則認為必須把城市看成「不僅是市區本身，而且還是城市近郊和遠郊在進化過程中人口的集聚」。這種承認城市社會問題的存在和跨學科合作有效性的思想，在城市建設史上尚屬首次。

在城市形體設計與管理方面，西特、艾納爾、柯布西埃、伊·沙里寧等代表人物則用建築師的眼光看待城市建設問題（包括建設中的經濟和社會問題），他們採取的是「把磚瓦砂石和鋼鐵水泥在地上作一定組合的那種物質和空間環境的解決方法」（霍爾（Hall），1975），正如挪威著名建築論家諾·舒爾茨所指出，他們對城市的興趣「在於人造形式方面，而不是抽象組織」。儘管如此，上述兩條發展路線仍有著最根本的同質性，即都信奉「物質形態決定論」（Physical Determinism）的指導思想和價值理想，只不過綜合規劃偏於二度的城市客體，形體規劃偏於三度實體形態。而且兩者都注重烏托邦式的「最終境界」（End State）。

21世紀中葉，城市研究領域又有了進一步發展。社會學、生態學、地理學、交通工程等均逐漸形成自身獨立的城市發展理論，內容也更為具體化、系統化。英國的區域規劃思想不久傳播到美國，由蓋迪斯的追隨者芒福德推波助瀾，使這一思想影響更為廣泛。芒福德於1938年出版的《城市文化》一書（The Culture of Cities），被譽為現代城市規劃運動的「聖經」，並在政府官員和規劃家中取得信任。在英國本土，則推出了區域研究的重要成果——「巴羅報告」（Barrow Report），它直接影響了英國社會經濟發展的戰略決策計劃，並導致了1945—1952年英國戰後一系列城市研究決策機構的建立。

自此，城市科學便更多地與國家和各級政府決策機構結合。第二次世界大戰後，城市理論的重點已經從物質環境建設轉向了公共政策和社會經濟等根本性問題，學科也因此逐漸趨向社會科學，成為一項名副其實的社會工程，規劃過程和程序也有了很大改變，日益受控製論（Cybernetics）的影響而趨向系統規劃（Systematic Planning）。由上述，綜合規劃的發展最終導致了現代城市分支學科的創立，正如第18版《不列顛百科全書》所指出，現代城市規劃和管理的目的「在於滿足城市的社會和經濟發展的要求，其意義遠超過城市外觀的形式和環境中的建築物、街道、公園、公共設施等佈局問題，它是政府部門的職責之一，也是一項專門科學」。城市科學在21世紀初城市建築學、地理學、規劃學的發展基礎上逐步壯大，國際交流也日漸頻繁。其中一個最有影響的國際性學術團體——1928年成立的國際現代建築協會（CIAM）就是以歐洲的德國、義大利、比利時、荷蘭、奧地利、西班牙、瑞士等國著名城市建築和規劃專家發起的國際性學術活動，該協會最大的成就是於1933年（第4次會議）宣布的都市計劃憲章，又稱為「雅典憲章」，其內容共三篇九十五章。「雅典憲章」已超越了當時一般建築、規劃以空間形態為建設主體的城市理論，開始從多學科的結合上考慮到城市住宅、娛樂、交通、工業生產、文物保護等多方面的規劃建設與管理，它的以人為本原則和社會系統觀念一直影響到今天的城市規劃乃至都市圈的發展戰略設計。它是由近代城市單一規劃設計理念向現代綜合管理建設理論過渡的重要里程碑。

幾乎在歐洲城市學者忙於組建國際現代建築協會的同時，以G. 梅奧為首的一批管理學先驅來到位於芝加哥的西方電氣公司霍桑工廠，開始了著名的「霍桑實驗」。他們運用社會學、心理學、經濟學和管理學的理論與方法，對企業職工在生產中的行為及其原因進行了綜合的、相對精密的分析，於20世紀30年代向世人呈現了以《工業社會中的人的問題》為代表的一系列成果，得出了眾多與傳統管理理論不同的新觀點、新理念，從而創立了具有現代管理科學意義上的行為科學。

因此，被后人評價為「這是管理歷史中一次至關重要的航程的開端」。以此為新的起點，20世紀的管理科學開始了科學化、系統化的進程，而城市管理學也正是以管理科學的趨向成熟為基礎。正是在上述城市科學的綜合化、系統化以及日益注重管理職能強化，再加上現代管理科學的日益成熟和學科分化，現代城市管理在20世紀五六十年代終於孕育而誕生了。

國外較早的管理理論認為，城市管理的對象是人、財、物、生態四大要素。后來有人加上了信息和時間，現在又加上了新的要素，包括城市文化和管理方法。近幾年來城市學者認為，要解決愈來愈複雜的城市管理問題，就要靠現代化的綜合計劃和控製方法、手段，這反應了現代城市管理理論的內容更加豐富和更加科學化。現代城市管理科學還包括三個重要的科學方法，即運籌學、系統分析和決策科學化。20世紀70年代后一些發達國家在管理中率先把數學方法、電子計算技術和通信技術，以及系統論、控製論、信息論等，廣泛運用於管理。20世紀80年代以來，隨著城市管理學已逐步走向應用，也有效促進了國際範圍內的城市現代化的步伐。但隨著城市現代化進程的發展，制約城市發展的因素增多，決策難度也越來越大。因此城市管理的科學化既是一個大趨勢，也是一個大難題，它要求城市管理者和研究者密切關注社會和科技的急遽變化，積極探索和引進科學管理方式以適應現代化城市的發展需要。同時，一些現代大城市管理中呈現的信息化、法制化、系統化的特徵和趨勢，既是城市管理現代化的重要標誌，也已成為推動城市科學管理水平提高的重要動力。

在城市管理的科學性和實踐性不斷增強的基礎上，國際範圍內的城市管理呈現了科學化、信息化、系統化、法制化、現代化的大趨勢。

2. 城市管理的概念

綜合現階段國內外對城市管理的理解，可以認為，現代城市管理是指多元管理主體依法直接管理或参與管理城市公共事務的有效活動，屬於公共管理範疇。從現代城市管理主體的主角——政府角度出發，現代城市管理主要是以城市的長期穩定、和諧與協調運行為目標，以人、財、物、信息等資源為對象，對城市秩序、環境、衛生、安全等作用機制和運行系統實施綜合性的協調、規劃、控製和建設、管理等。具有學科性質的城市管理，是一個將管理的知識、手段和方法應用於城市事務的應用學科，涉及城市學、管理學、經濟學、社會學、規劃學、地理學、生態學、法學、行政學、營銷學、公共關係學、人口學、策劃學、品牌學、經營學、外交學等多種學科的，理論基礎深厚的科學。從管理本身看，城市管理學形成了兩大類型的城市管理原理，即基於政策和制度探討的規制型城市管理學和基於管理經營理念的城市管理學。前者強調政府制定規章制度和政策對城市運行的作用，形成了以研究公共政策為主要內容的城市管理，成為圍繞各角度的政策支撐。后者基本採用管理學的思路、方法和手段將城市看作獨立的單位進行管理，形成了經營性的城市管理。圍繞這兩類研究原理，又形成了生態城市管理理論、經營城市理論、城市競爭力理論和新公共管理理論體系等諸多理論體系。目前，應用最多的是建立在管理學基礎上的城市管理學。

3. 城市管理的性質

目前，由於城市管理及其學科和理論的產生本身就是多學科交融的產物，且

中國對城市管理的研究還處於起步階段，對城市管理的各種整合性研究和實踐工作剛剛開展，因此，中國城市管理不論是理論研究，還是實踐推動方面雖頗受關注但爭論較多。

關於城市管理的內涵理解主要有四種不同的觀點：一是認為城市管理就是市政管理，主要指政府部門對城市的公用事業、公共設施等方面的規劃和建設進行控製、指導；二是認為城市管理就是城市各部門管理的總和，包括人口管理、經濟管理、社會管理、基礎設施管理、科教文衛體管理在內的城市群體要素管理；三是認為城市管理是以城市為對象，對城市運轉和發展所進行的控製行為，主要任務是對城市運行的關鍵機制、經濟、產業結構進行管理；四是認為現代化的城市管理是指以城市基礎設施為重點對象，以發揮城市綜合效益為目的的綜合管理，包含了城市經濟管理、社會管理和環境管理等內容。

以上四種觀點中，第四種觀點基本反應了現代城市管理的實質和內容。現代城市管理不僅要進行市政管理，而且還要管理城市的經濟、社會、環境、安全等，並處理和預防各種城市問題與危機。所以說，城市管理的性質體現為它是一種綜合性管理，是以提高城市居民生活水平和城市安全穩定為目標，以城市各種要素為對象，有效利用和發揮城市各種資源，推動城市生態效益、經濟效益、社會效益、環境效益等長期持續發展的一系列活動。

4. 城市管理的內容

城市管理是一個系統工程，因涉及學科基礎較廣、影響因素較多和影響面較大，因此其內容極其豐富，一般主要區分為四個方面。

(1) 城市經濟管理

經濟建設和發展是城市管理的中心內容，它直接關係到本城市區域的繁榮與文明。城市經濟管理是城市政府對城市經濟活動的決策、計劃、組織、調節和監督，是國民經濟管理的重要組成部分。城市經濟管理是城市政府及其所屬機構對本城市區域範圍內的經濟體系和經濟活動的管理，是在城市經濟各環節、各部門、各企業加強自身管理的基礎上進行全面的、系統的、綜合的管理。城市經濟管理主要圍繞制訂和實施城市經濟社會發展戰略和計劃，不斷改革和完善城市經濟管理體制，不斷調整和優化城市經濟結構，有效控製城市生產力發展規模，加強對企業經濟活動的間接管理，規劃、建設和管理好市政公用設施等。

(2) 城市社會管理

城市社會管理是城市政府職能的重要組成部分，對於城市社會穩定和城市的發展具有重要意義。城市社會管理在內容上包括城市人口管理（常住人口和流動人口管理）、城市社會秩序和治安管理、城市社區管理、城市文化和道德管理（公民思想道德教育和科學文化建設）、城市社會保障管理以及虛擬社會管理等。

(3) 城市市政設施管理

城市市政設施是城市居民生活必不可少的物質基礎，由政府投入和社會資金注入進行建設，其管理是以城市政府為主體，為充分發揮城市功能，保障城市建設和人民生活的需要，採用一定的方式方法對城市道路、排水排污和城市照明設施及其附屬設施等實施的管理。其內容主要包括：規劃和建設管理、養護和維修管理、道路設施管理、排水排污設施管理、城市照明設施管理、地下管網施工和

維護管理、城市橋樑隧道維護管理等。城市市政設施管理工作，應當遵循科學規劃、統一監管、配套建設、加強養護的原則，保證市政設施的完好和正常運行。

(4) 城市生態管理

生態管理是運用生態學方法對人的資源環境開發、利用、破壞和保育活動的系統管制、誘導、協調和監理。生態管理不僅要管，更要理，要營建人與環境（包括自然環境、經濟環境和社會環境）的共生關係，孕育生態系統的整合、進化、循環、自生能力，維繫目標生態關係的持續發展。生態管理不同於傳統環境管理，不著眼於單個環境因子和環境問題的管理，更強調整合性、進化性和組織性。城市生態管理的根本目的是在生態系統承載能力範圍內，運用生態經濟學原理和系統工程方法去改變人們的生產和消費方式、決策和管理方法，挖掘區域內外一切可以利用的資源潛力，讓城市處於經濟高效、社會和諧、生態安全的可持續發展狀態。城市生態管理的技術途徑，是從技術革新、體制改革和行為誘導入手，調節系統的結構與功能，促進區域社會、經濟、自然的協調發展，物質、能量、信息的高效利用，技術和自然的充分融合，人類生存、生產、生活及環境的協調，使人的創造力和生產力得到最大限度的發揮，生命支持保障功能和居民的身心健康得到最大限度的保護，經濟、生態和文化得以持續、健康的發展，確保資源的綜合利用、環境的綜合整治及人的綜合發展。城市生態管理的三個支撐點，是安全生態、循環經濟與和諧社會，城市生態管理的主要內容是城市發展的生態安全管理、生態風險管理、生態規劃與建設、生態城市建設等。

二、城市管理中物業管理的地位和作用

從某種角度說，城市就是由房屋建築物、道路交通、基礎設施等構成的嚴格龐大物業群體，沒有物業的城市是不存在的，沒有物業管理的城市管理也是不可能的。尤其是城市化加快發展而產生的「城市病」或「城市問題」不斷困擾著各級政府。城市管理是一個系統性、綜合性很強的領域，在社會經濟高速發展的常規的管理方法和手段已經不能適應城市發展的需要，作為一個專門的行業，社會化、市場化、專業化的物業管理正是城市管理創新的內在要求，是城市管理系統中的一個重要載體，是解決「城市病」和「城市問題」的重要途徑，是加強城市管理的重要措施，給城市建設和管理帶來了蓬勃生機和廣闊前景，充分體現了其地位的重要性和作用的不可替代性。

(一) 物業管理在現代化城市管理中的地位

1. 物業管理是城市管理的基礎

物業管理的範圍是一個個相對獨立的小區、大廈等物業管理區域，城市管理的範圍則是由這些單位組成的整個城市。城市要有高品位和好形象，不僅僅在於它有林立的高樓大廈、眾多的人造景觀、繁華的城市眾生相，而且更在於它有舒適、安全的生活工作環境，有序、高效的辦事環境，以及較高的文明程度和文化品位，只有這些城市靈魂存在，才能提高生活檔次，提升城市生活品質。而要達成這些美好，就離不開物業管理對城市所做的管理於物、服務於人的各種經常性

和基礎性的管理服務工作；也只有物業管理將這些遍布整個城市、建築面積和規模較大的區域規範地管理起來，才能改善市容市貌和居民居住環境，破解城市現代化進程中的難題，不斷提升城市品位和塑造城市形象。

2. 物業管理是城市管理的延伸

物業管理小區是城市經濟活動、社會活動、文化活動以及各種創建活動的微觀地理單位，通過物業管理模式，將城市管理中分散的管理職能集中起來，由企業實行統一有效的管理。小區的內部宣傳教育、安全防火、治安秩序、環境衛生、文化建設等工作大多由物業服務企業承擔或協助政府完成，許多物業服務企業與業主、社區共同開展愛綠護綠、保護環境、文化娛樂、愛心捐助等活動，填補了政府對公共環境和公共設施以外的社區生態環境和人文環境的空白，完善和發展了城市管理功能。

3. 物業管理是城市管理的縮影

物業管理幾乎涵蓋了人們工作生活的方方面面：住宅小區物業管理給大家一個舒適的居家環境；高層辦公樓宇物業管理給大家一個便捷的工作空間；商業樓宇、工業科技園區、特種行業的物業管理，都密切關係到人們的日常工作和生活。可以說，物業管理是衡量城市管理水平的重要標誌，沒有健全的物業管理就沒有現代化的城市管理。

（二）物業管理在現代化城市管理中的作用

1. 物業管理轉換了城市管理體制

城市管理的重要趨勢就是在城市社會管理中行政管理弱化，社區服務強化，逐步走向「大社會、小政府」的狀態。物業管理順應時代發展需要，是建立在市場經濟基礎上，由業主和物業服務企業雙方以合同為紐帶的經營型管理模式，管理著政府想管而又管不好的小區管理事務，從而以市場化、專業化、社會化的管理取代了行政性的單一管理，並形成公眾自下而上地參與和政府自上而下地管理的合力。這不僅理順了財產權和管理權的關係，轉換了房屋管理機制，也減輕了政府的負擔。政府從管理一切，包辦一切，轉變為監督服務，強化了城市管理的其他功能；而市民則從被管理的對象，轉變為管理的資源和主體，真正做到了「以人為本」。可以說，專業化物業管理已成為轉換城市房屋管理機制和城市兩個文明建設相結合的最佳選擇，是完善和發展現有城市功能基礎上的一種城市管理要素組合與重構的便行通道。

2. 物業管理有利於城市管理的長效性

城市從「重建設、輕管理」進入「建管並重，重在管理」的發展階段，亟待建立長效管理機制。物業服務企業作為獨立的企業法人，在宏觀的分業經營體制和微觀的業主委託代理制條件下，便於理順各方關係，利於物業管理權的正確行使，優於保證住宅小區（樓宇）整體功能和建築格局的完美，並將為贏得市場，充分利用其專業能力，實行長效管理，滿足城市各方面的需要。對於城市標誌性建築（如高樓大廈、大型社區、豪宅別墅等）的有效管理，乃是物業管理責任所在，也是其特長。物業管理在對小區自然環境和人文環境的營造上，填補了政府對公共環境和公共設施以外的社區環境和城市人文環境的空白，成為城市管理的

重要組成部分和社區建設的生力軍。對於業主，房產是最重要的私有財產，必然督促企業加強管理，一旦達不到要求，就會重新選聘物業服務企業，從而在最大程度上實現物業的使用價值和利益最大化，這種市場化運作機制是實現城市長效管理的基本保證。物業管理在自然、人文環境建設中扮演著充滿個性的角色，具有促使城市內各個區域和有關方面規範運作的功能，在減輕政府管理難度的同時增強了城市管理的長效性。

　　3. 物業管理拉動了城市消費需求

　　今后一段時期，住房仍將是居民消費的熱點。一方面，良好的物業管理具有品牌效應，已經成為許多人選擇物業時的一個很有分量的砝碼，從而成為房地產持續發展的保證；另一方面，物業管理對擴大消費、拉動經濟增長也有重要作用。據測算，在房屋 70 年的使用過程中，物業管理及裝修、房屋修繕、設施改造的長期消費支出與購房支出的比例為 1.3∶1。物業管理不但有利於刺激居民購房的積極性，隨著社會經濟的快速發展，物業管理所創造的經濟總值將越來越多。

　　4. 物業管理促進了城市房地產的健康發展

　　改革開放以來，政府十分重視解決老百姓的住房問題，加大了住房建設投資。尤其是當前和今后一段時間，工業化、城鎮化仍在快速發展，國民收入穩步提高，消費結構不斷升級，新增住房需求和改善性需求將會持續增加，2020 年前仍是中國房地產業發展的重要機遇期。中共「十七大」和「十八大」報告中都明確提出了「住有所居」的思想，同時也規劃出「十二五」時期全國城鎮新建住房和保障性住房約 6,500 萬~7,000 萬套、總建築面積約 50 億~55 億平方米的目標（「十一五」時期全國新建住宅為 37.68 億平方米）。面對快速發展的房地產和眾多的房屋選擇，老百姓購房將更趨理性，對房屋的質量、環境、結構和后期管理等軟性需求將成為首要的考慮因素。這一方面將更加促使建築商或開發商所開發建設的房屋要高質量、高規格、高品質，另一方面也有利於助推物業管理更加到位、更上臺階、達到更高層次。良好的物業管理必將促進房地產的健康發展。當然，在房地產持續發展的過程中，還必須「大力推進生態文明建設」，「堅持節約優先、保護優先、自然恢復為主的方針及著手推進綠色發展、循環發展、低碳發展」以及「控制開發強度，調整空間結構，促進生產空間集約利用、生活空間宜居適度、生態空間山清水秀」的要求。這也是今后房地產開發中必須遵循的指導思想。

　　5. 物業管理推動了和諧社區與和諧城市建設

　　物業管理的發展目標是追求社會效益、環境效益和經濟效益的有機統一，隨著行業的發展，其功能也由關注建築實體轉變為更為關注人、文化和價值等精神內涵。它一方面以物為媒、以人為本，為業主解決各種困難，在維護公共秩序、防偷防火、居家養老和社區養老、關心和幫助殘弱兒童與留守兒童、協助公安機關做好防範工作等方面發揮了重要作用；另一方面，它同社區，積極組織開展業主喜聞樂見的各種文化活動，建立新型鄰里關係，營造互幫互助、誠實友愛的人文氛圍，與社區建設相得益彰，同時，在引導居民樹立環保意識、優化生活秩序、建立綠色生活方式等方面發揮了有效的倡導和帶動作用。物業管理立足小區，面向社區，融入城市而開展工作，對和諧家庭、和諧小區、和諧社區與和諧城市的建設功不可沒，意義深遠。

6. 物業管理有助於城市「五個文明」建設

物業管理小區已成為城市經濟活動、社會活動、文化活動以及創建文明社區活動等方面的微觀地理單位，是城市的細胞和組成單位，也是城市文明的窗口。它在很大範圍內可以反應出一個城市的經濟建設管理水平、社會管理創新程度，是城市整體素質的表現。良好的物業管理對整個城市的物質文明、精神文明、政治文明、生態文明和社會文明建設將起到積極的推動作用。它不僅使小區內房屋、設備、場地等硬件管理得到改善，延長其使用壽命，增強其使用功能，同時也使小區內的環境得到美化，改善了人們的工作、生活環境和城市整體面貌和形象。通過物業管理服務工作的開展，小區內所營造的互幫互助、互學互促、問寒問暖、交往交流等友好氛圍以及所建立起的文化、教育、娛樂等設施，將更好地滿足居民的需要，淨化人們的心靈，提高人們的素質，對培養人們的公德意識、高尚情操和文明生活方式等都具有重要意義。

專業指導

一、物業管理服務的價格確定

（一）價格確定的原則

根據國家發改委 2007 年頒布的《物業服務定價成本監審辦法（試行）（徵求意見稿）》的規定，物業服務定價成本審核應當遵循下列主要原則：

1. 合法性原則

計入定價成本的費用應當符合《中華人民共和國會計法》等有關法律、行政法規和財務會計制度的規定。

2. 合理性原則

影響定價成本各項費用的主要技術、經濟指標應當符合行業標準或社會公允水平。

3. 相關性原則

計入物業服務定價成本的費用，須為與物業服務直接相關或間接相關的費用。

4. 權責發生制原則

本期成本應負擔的費用，不論款項是否支付，均應計入本期成本；不屬於本期成本應負擔的費用，即使款項已經支付，也不得計入本期成本。

（二）價格確定的內容

物業管理服務價格確定主要以物業服務成本為基礎。物業服務成本應當以經會計師事務所審計的年度財務會計報告以及審核無誤、手續齊備的原始憑證及帳冊為基礎，做到真實、準確、完整、合理。新投入使用的物業，物業服務經營者如不能提供上述資料，物業服務定價成本應以審查批准的前期物業管理方案為基礎，按照本辦法規定的成本項目，參照其他物業服務平均合理的費用支出水平測算確定。

物業服務成本由管理人員費用、物業共用部位和共用設施設備日常運行維護費用、綠化養護費用、清潔衛生費用、秩序維護費用、物業共用部位和共用設施設備及公眾責任保險費用、電梯及增壓水泵日常運行維護費用、辦公費用、固定

資產折舊費、經業主大會同意的其他費用等組成。

1. 管理人員費用

它指物業服務經營者按規定發放給在物業服務小區從事管理工作的人員工資及按規定提取的福利費、繳納的各項社會保障費。本辦法所稱社會保障費，是指根據國家有關制度規定應當繳納的養老、醫療、失業、工傷、生育保險和住房公積金等。

2. 物業共用部位和共用設施設備日常運行及維護費用

它指為保障物業管理區域內消防、排污、監控、道路、照明等共用部位的正常運轉、維護保養所需的日常運行費用和相應專業人員的工資、福利、社會保障費等，不包括保修期內的維修費，應由物業維修專項資金支出的中修、大修和更新、改造費用。

3. 綠化養護費用

它指管理、養護綠化設施的費用包括綠化工具購置費、勞保用品、農藥化肥費、補苗費、綠化用水和相應專業人員的工資、福利、社會保障費等，不包括開發企業支付的種苗種植費和前期維護費。

4. 清潔衛生費用

它指公共區域衛生打掃、經常性的保潔所需費用，包括購置工具、勞保用品、消毒費、化糞池清理、清潔用料、垃圾清運、環衛所需費用和相應專業人員的工資、福利、社會保障費等。

5. 秩序維護費用

它包括器材裝備費、保安人員人身保險費、由物業服務企業支付的保安服裝費和相應專業人員的工資、福利、社會保障費等。

6. 物業共用部位和共用設施設備及公眾責任保險費用

它指物業服務經營者為小區辦理物業共用部位、共用設施設備及公眾責任保險所支付的保險費用，以物業服務經營者與保險公司簽訂的保險單和所繳納的保險費為準。

7. 電梯及增壓水泵日常運行維護費用

它指為維護電梯及增壓水泵正常運行而發生的電費等日常運行、維修費和相應專業人員的工資、福利費、社會保障費等，不包括保修期內的維修費以及應由物業維修專項資金支出的中修、大修和更新、改造費用。

8. 辦公費用

它指物業服務企業為維護服務小區正常的物業管理活動而用於辦公所需的費用，包括辦公用品費、交通費、水電費、取暖費、通信費、書報費、管理費分攤、財務費用等其他費用。其中，管理費分攤，指上級物業服務經營者分攤的管理費用。

9. 固定資產折舊費

它指按規定折舊方法計提的物業服務固定資產的折舊金額。物業服務固定資產指在物業服務小區內，由物業服務經營者擁有的，與物業服務直接相關的使用年限在一年以上的資產，包括交通工具、通信設備、辦公設備、工具維修設備及其他設備等。不屬於物業服務主要設備的物品，單位價值在2,000元以上，並且使用期限超過兩年的，也應當作為固定資產。

10. 經業主大會同意的其他費用

它指按規定程序，經業主大會同意由物業服務費開支的費用。

二、物業管理公共服務標準案例

陝西省住宅小區物業管理公共服務指導標準（試行）

一級

項目	內容與標準
（一）基本要求	1. 物業服務企業應持有二級以上資質證書。 2. 物業服務企業應當建立質量管理體系，各項管理制度健全，各崗位職責明確，有具體工作標準，有落實措施和考核辦法。 3. 物業服務企業所有員工統一著裝，佩戴標誌，規範標準服務用語，持證上崗率95%以上，其中企業經理、部門經理、管理員100%持有物業管理上崗證書；物種作業員工100%持有政府專業管理部門頒發的有效上崗證書。 4. 按規定簽訂「物業管理服務合同」，公開服務標準、收費標準和依據，公示服務、監督聯繫電話。 5. 小區實行24小時接待服務，受理業主、使用人報修、投訴、求助，有效投訴辦結率98%以上。 6. 每半年徵詢一次業主、使用人對物業管理工作的意見，達到業主、使用人基本滿意。 7. 房屋及其共用設施設備檔案和住戶資料檔案齊全，分類成冊，管理有序，查閱方便。 8. 廣泛採用計算機管理。
（二）房屋管理	1. 按有關法規政策和物業管理服務合同及業主公約的約定，對房屋及配套設施設備進行管理服務。 2. 房屋外觀（包括屋面、天臺）完好、整潔，無污跡、無缺損現象，塗料牆面定期粉刷；房屋外牆及公共空間無亂塗、亂畫、亂張貼、亂懸掛現象；室外招牌、廣告牌、霓虹燈按規定設置，整齊有序。房屋零修、急修及時率95%以上；房屋零修工程合格率98%以上。 3. 對違反規劃私搭亂建及擅自改變房屋用途現象，及時勸告、阻止、報告並協助有關部門依法處理。 4. 空調安裝統一有序。有條件的應組織實施冷凝水集中排放。 5. 無超出設計或統一設置的外凸防盜網、晾衣架、遮陽篷以及屋頂平臺護欄等。 6. 房屋裝修符合規定。有小區裝修管理制度和裝修管理協議；有對裝修公司及裝修人員登記、巡查記錄；對私改亂拆管線、損壞房屋結構和他人利益現象及時勸止、報告。 7. 小區業主入口有小區平面分佈示意圖，主要路口設有路標，有幢號標誌，標誌製作規範、美觀。
（三）共用設施設備維修養護	1. 有完備的設備安全運行、維修養護和衛生清潔制度並在工作場所明示。設施設備及責任人均應掛牌標示。有設備臺帳、運行記錄、檢查記錄、維修記錄和保養記錄。 2. 設備運行嚴格執行操作規程，無重大管理責任事故，有空發事件應對預案和處理措施、處理記錄。 3. 定期檢查消防設施設備，確保隨時啟用。 4. 設備主管或設備員每日對共用設施設備進行巡視，並有巡視日誌（如供水、供電、供熱、監控系統及電梯等）。 5. 實行24小時報修值班制度。急修半小時內到達現場，一般維修半天之內或在雙方約定時間到達現場。對投訴處理結果應建立回訪制度，有回訪記錄，年回訪率80%以上。 6. 庭院燈、樓道燈、圍牆燈、噴泉燈、車庫燈、指示燈等完好率98%以上，並按規定時間開關。

續表1

項目	內　容　與　標　準
(三)共用設施設備維修養護	7. 道路、廣場、停車場平整無殘缺，涵洞通暢無損壞；護欄、圍牆完好無破損，定期清洗和粉飾。 8. 對有危及人身安全隱患的設施設備，設有明顯標誌和防範措施。 9. 對蓄水池、二次供水水箱，按規定定期清洗、消毒、加藥，水質符合衛生要求。 10. 每季度對給水管網保養一次，主要閥門、閥體開啓靈活，無漏水現象。 11. 雨污水管道每月檢查一次，每年對公共雨污水管道全面疏通一次，確保排水通暢。 12. 化糞池每月檢查一次，每年清掏1~2次。 13. 定期沖洗、清理噴泉池，做到無雜物、無異味。 14. 上門服務必須攜帶鞋套、工具包、工具墊布，做到完工料清場淨。 15. 在接到相關部門和單位停水、停電通知後，及時通知用戶。
(四)公共秩序維護	1. 小區業主入口24小時值班，16小時立崗，重點區位每小時巡查一次，並有巡查記錄。 2. 設有安全防盜監控報警系統的，應有專人24小時值守，攝錄像資料至少保留一周。 3. 進出小區車輛實行登記管理，引導車輛出入，有序停放。 4. 對搬出小區大宗物品有嚴格的管理制度。 5. 對進出小區的裝修施工人員、服務人員實行臨時出入證管理；對可疑人員應進行盤問、登記；對來訪客人指引路徑。 6. 對小區公共娛樂設施、水池、設備房、頂層天臺等危險隱患部位，設置安全防範警示標誌。 7. 對火災、水浸、電梯困人、治安案件和交通事故等突發事件有應急處理預案（每年預演一次）。
(五)保潔服務	一、小區公共場所、公共綠地、主次干道（不少於以下頻次） 1. 公共綠地　　　　　　　　　　1次/天　　清理 2. 硬化地面　　　　　　　　　　2次/天　　清掃 3. 主次干道　　　　　　　　　　2次/天　　清掃 4. 室外標示、宣傳欄、信報箱、雕塑小品　　1次/周　　擦拭 5. 水池、溝、渠、沙井　　　　　1次/天　　清理 二、房屋內公共部位 1. 多層樓內通道、樓梯　　1次/天　　拖掃 2. 高層電梯廳（白天）　　2次/天　　拖掃 3. 高層消防通道　　　　　1次/周　　拖擦 4. 公共活動場所　　　　　2次/天　　清掃 5. 樓道玻璃（不含高層及全封閉式玻璃）　1次/月　　擦拭 6. 高層大堂、會所（有條件的參照下列標準執行） 　　石料地面　1次/4小時　　全面拖洗　　1次/2個月　　打蠟 　　地板地面　1次/4小時　　全面拖洗　　1次/2個月　　打蠟 　　地磚地面　1次/4小時　　全面拖洗　　1次/2個月　　清洗 　　地毯地面　1次/4小時　　全面吸塵　　1次/2個月　　清洗 7. 扶手、開關面板　　1次/2天　　全面擦拭 8. 消防栓、過道門、踢腳線　　1次/2天　　全面擦拭 9. 公共衛生間　3次/天　　全面擦拭

續表2

項目	內容與標準
（五）保潔服務	10. 電梯內 2次/天 全面擦拭（根據電梯裝飾用材情況進行必要的定期養護） 11. 室外不銹鋼扶手、護欄、娛樂健身設施、柱燈、音響、石桌、石凳、花缽（盆）、燈罩、燈具、停車場（庫）出入口的陽光板、減震板等定期擦洗，保持乾淨、明亮、無積塵。 12. 積水、積雪清掃及時。 13. 清潔完后，清潔區域（部位）無垃圾、無雜物、無異味，並進行保潔巡查。 三、垃圾和處理與收集 1. 合理布設垃圾桶、果殼箱。 2. 垃圾每日收集2次，做到日產日清，無垃圾桶、果殼箱滿溢現象。 3. 設有垃圾中轉站的，根據實際需要進行沖洗、消殺，有效控製蚊、蠅等害蟲滋生。 4. 垃圾桶、果殼箱每日清理，定期清洗，保持潔淨。 四、飼養家禽、家畜、寵物管理 1. 禁止飼養家禽、家畜，對違反者及時勸止、報告，並配合有關部門進行處理。 2. 飼養寵物必須符合相關規定，對違反者及時勸止、報告，並配合有關部門進行處理。 五、定期滅蟲除害 噴灑農藥、投放鼠餌必須提前告知業主、使用人。
（六）綠化養護管理	1. 草坪、綠籬、造型樹及時修剪，保持整齊美觀。 2. 花草樹木，適時澆灌、施肥、松土，無枯死、無雜草、無損壞、無大面積蟲害現象，長勢良好。 3. 枯死的花草樹木，必須在一周內清除，並及時補栽補種。 4. 綠化地應設有宣傳牌，宣傳綠化常識，提示愛護花木。

二　級

項目	內容與標準
（一）基本要求	1. 物業服務企業應持有三級以上資質證書。 2. 物業服務企業應當建立質量管理體系，各項管理制度健全，各崗位職責明確，有具體工作標準，有落實措施和考核辦法。 3. 物業服務企業所有員工統一著裝，佩戴標誌，規範標準服務用語，持證上崗率85%以上，其中企業經理、部門經理、管理員90%以上持有物業管理上崗證書；特種作業員工100%持有政府專業管理部門頒發的有效上崗證書。 4. 按規定簽訂「物業管理服務合同」，公開服務標準、收費標準和依據，公示服務、監督聯繫電話。 5. 小區實行每週六天、每天12小時接待服務，受理業主、使用人報修、投訴、求助，有效投訴辦結率90%以上。 6. 每半年至一年徵詢一次業主、使用人對物業管理工作的意見，達到業主、使用人基本滿意。 7. 房屋及其共用設施設備檔案和住戶資料檔案基本齊全，分類成冊，查閱方便。 8. 多方面運用計算機管理。

续表1

项目	内 容 与 标 準
(二) 房 屋 管 理	1. 按有關法規政策規定和物業管理服務合同及業主公約的約定，對房屋及配套設施進行管理服務。 2. 房屋外觀（包括屋面、天臺）完好、整潔、無污跡、無缺損現象，塗料牆面定期粉刷；房屋外牆及公共空間無亂塗、亂畫、亂張貼、亂懸掛現象；室外招牌、廣告牌、霓虹燈按規定設置，整齊有序。房屋零修、急修及時率90%以上；房屋零修工程合格率95%以上。 3. 對違反規劃私搭亂建及擅自改變房屋用途現象，及時勸告、阻止、報告並協助有關部門依法處理。 4. 空調安裝統一有序。 5. 無超出設計或統一設置的外凸防盜網、晾衣架、遮陽篷以及屋頂平臺護欄等。 6. 房屋裝修符合規定。有小區裝修管理制度和裝修管理協議；有對裝修公司及裝修人員登記、巡查記錄；對私改亂拆管線、損壞房屋結構和他人利益現象及時勸止、報告。 7. 小區主入口有小區平面示意圖，主要路口設有路標，有幢號標誌。
(三) 共 用 設 施 設 備 維 修 養 護	1. 設施設備運行良好，有運行記錄；有保養、檢修制度，並在工作場所明示；設施設備及責任人均應掛牌標示。 2. 設備運行嚴格執行操作規程，無重大管理責任事故。有突發事件應急處理措施和處理記錄。 3. 定期檢查消防設施設備，可隨時啟用。 4. 設備主管或設備員每週2~3次對共用設施設備進行巡視，並有巡視日誌（如供水、供電、供熱、監控系統及電梯等）。 5. 實行24小時報值班制度，急修半小時內到達現場，一般維修一天之內或在雙方約定的時間到達現場。對投訴處理結果應建立回訪制度，有回訪記錄，年回訪率70%以上。 6. 庭院燈、樓道燈、圍牆燈、噴泉燈、車庫燈、指示燈等完好率95%以上，並按規定時間開關。 7. 道路、廣場、停車場平整；護欄、圍牆完好無損。 8. 對有危及人身安全隱患的設施設備，設有明顯標誌和防範措施。 9. 對蓄水池、二次供水水箱，按規定定期清洗、消毒、加藥，水質符合衛生要求。 10. 化糞池每六個月檢查一次，每年清掏、疏通1~2次。 11. 定期檢查、保養給排水管道並及時清理雨、污水井。 12. 上門服務應文明禮貌，做到完工料清場淨。 13. 在接到相關部門和單位的停水、停電通知後，及時通知用戶。
(四) 公 共 秩 序 維 護	1. 小區主出入口24小時值班，8小時立崗，重點區位每三小時巡查一次，有巡查記錄。 2. 設有安全防盜監控報警系統的，應有專人24小時值守，攝錄像資料至少保留一周。 3. 進出小區車輛實行登記管理，引導車輛有序停放。 4. 對搬出小區大宗物品有嚴格的管理制度。 5. 對進出小區的裝修施工人員、服務人員實行臨時出入證管理；對可疑人員應進行盤問、登記。 6. 對小區公共娛樂設施、水池、設備房、頂層天臺等危險隱患部位，設置安全防範警示標誌。 7. 對火災、水浸、電梯困人等突發事件有應急處理預案（每年進行一次消防演習）。

續表2

項目	內容與標準
（五）保潔服務	一、小區公共場所、公共綠地、主次干道（不少於以下頻次） 1. 公共綠地　　1次/天　　清理 2. 硬化地面　　2次/天　　清掃 3. 主次干道　　2次/天　　清掃 4. 室外標示、宣傳欄、信報箱、雕塑小品　1次/20天　擦拭 5. 水池、溝、渠、沙井　1次/天　清理 二、房屋內公共部位 1. 多層樓內通道、樓梯　1次/天　拖掃 2. 高層電梯廳（白天）　2次/天　拖掃 3. 高層消防通道　1次/15天　拖擦 4. 公共活動場所　1次/天　清掃 5. 樓道玻璃（不含高層及全封閉式玻璃）　1次/60天　擦拭 6. 高層大堂、會所（有條件的參照下列標準執行） 石料地面　2次/天　全面拖洗　1次/4個月　打蠟 地板地面　2次/天　全面拖洗　1次/4個月　打蠟 地磚地面　2次/天　全面拖洗　1次/4個月　清洗 地毯地面　2次/天　全面吸塵　1次/4個月　清洗 7. 扶手、開關面板　1次/3天　全面擦拭 8. 消防栓、過道門、踢腳線　1次/20天　全面擦拭 9. 公共衛生間　2次/天　全面清潔 10. 電梯內　1次/天　全面清潔（根據電梯裝飾用材情況進行必要的定期養護） 11. 室外不銹鋼扶手、護欄、娛樂健身設施、柱燈、音響、石桌、石凳、花鉢（盆）燈罩、燈具、停車場（庫）出入口的陽光板、減震板等定期擦洗，保持乾淨、明亮、無積塵。 12. 積水、積雪清掃及時。 13. 清潔完后，清潔區域（部位）無垃圾、無雜物、無異味，並進行保潔巡查。 三、垃圾的處理與收集 1. 合理布設垃圾桶、果殼箱。 2. 垃圾每日收集1次，做到日產日清，無垃圾桶、果殼箱滿溢現象。 3. 設有垃圾中轉站的，根據實際需要進行沖洗、消殺，有效控製蚊、蠅等害蟲滋生。 4. 垃圾桶、果殼箱每日清理，定期清洗，保持潔淨。 四、飼養家禽、家畜、寵物管理 1. 禁止飼養家禽、家畜，對違反者及時勸止、報告，並配合有關部門進行處理。 2. 飼養寵物必須符合相關規定，對違反者及時勸止、報告，並配合有關部門進行處理。 五、定期滅蟲除害 噴灑農藥、投放鼠餌必須提前告知業主、使用人。
（六）綠化養護管理	1. 草坪、綠籬、造型樹及時修剪，保持整齊美觀。 2. 花草樹木，適時澆灌、施肥、松土，無枯死、無雜草、無損壞、無大面積蟲害現象，長勢良好。 3. 枯死花草樹木，必須在15天之內清除，並及時補栽補種。 4. 綠化地應設有宣傳牌，宣傳綠化常識，提示愛護花木。

三　級

項目	內　容　與　標　準
(一) 基本要求	1. 物業服務企業應持物業管理資質證書。 2. 物業服務企業有較完善的日常管理制度。 3. 物業服務企業所有員工佩戴標誌，持證上崗率75%以上，其中企業經理、部門經理、管理員70%以上持有物業管理上崗證書；特種作業員100%持有政府專業管理部門頒發的有效上崗證書。 4. 按規定簽訂「物業管理服務合同」，公開服務標準、收費標準和依據，公示服務、監督聯繫電話。 5. 小區實行每週五天、每天8小時接待服務，受理業主、使用人報修、投訴、求助，有效投訴辦結率80%以上。 6. 每年徵詢一次業主、使用人對物業管理工作的意見，達到業主、使用人基本滿意。 7. 房屋及其共用設施設備、住戶的檔案資料基本齊全，查閱方便。
(二) 房屋管理	1. 按有關法規政策規定和物業管理服務合同及業主公約的約定，對房屋及配套設施進行管理服務。 2. 房屋外觀較整潔，無重大缺損現象；房屋外牆及公共空間無亂塗、亂畫、亂張貼、亂懸掛現象；房屋零修、急修及時率80%以上；房屋零修工程合格率90%以上。 3. 對違反規劃私搭亂建及擅自改變房屋用途現象，及時勸告、阻止、報告並協助有關部門依法處理。 4. 房屋裝修符合規定，未發生危及房屋結構安全及拆改管線和損害他人利益的現象。 5. 小區主出入口設有示意圖，有幢號標誌。
(三) 共用設施設備維護養護	1. 有設備運行、維修養護和衛生清潔制度。 2. 供水、供電、通信、照明設施設備齊全，設備運行正常，無事故隱患。 3. 設立24小時報修值班電話，急修1小時內到達現場，一般維修三天之內或在雙方約定的時間到達現場。對投訴處理結果應建立回訪制度，年回訪率60%以上。 4. 定期檢查消防設施設備，可隨時啟用。 5. 定期對共用設施設備進行巡視，並有巡視記錄。 6. 路燈、樓道燈等公共照明設備完好率90%以上，並按規定時間開關。 7. 道路、廣場、停車場平整，不影響車輛、行人通行。 8. 各設備及公共場所、場地、危及人身安全隱患處有明顯標誌和防範措施。 9. 定期對蓄水池（箱）進行清洗、消毒；定期清掏化糞池；定期清理雨、污水井，保證供水正常和排水通暢。 10. 在接到相關部門和單位的停水、停電通知後，及時通知用戶。
(四) 公共秩序維護	1. 小區主出入口24小時值班，重要區位定時巡查。 2. 引導進入小區的車輛有序停放。 3. 對搬出小區大宗物品應有管理制度。 4. 對小區公共娛樂設施、水池、設備房、頂層天臺等危險隱患部位，設置安全防範警示標誌。 5. 保安人員經過突發事件應急處理培訓。
(五) 保潔服務	一、小區公共場所、公共綠地、主次干道（不少於以下頻次） 1. 公共綠地　　　　　　　　　　　　　1次/天　　　　清理 2. 硬化地面　　　　　　　　　　　　　1次/天　　　　清掃 3. 主次干道　　　　　　　　　　　　　1次/天　　　　清掃 4. 室外標示、宣傳欄、信報箱、雕塑小品　1次/月　　　　擦拭 5. 水池、溝、渠、沙井　　　　　　　　1次/天　　　　清理

續表1

項目	內容與標準
（五）保潔服務	二、房屋內公共部位 1. 多層樓內通道、樓梯　　　　　　　　　1次/天　　　拖掃 2. 高層電梯廳（白天）　　　　　　　　　1次/天　　　拖掃 3. 高層消防通道　　　　　　　　　　　　1次/月　　　拖擦 4. 公共活動場所　　　　　　　　　　　　1次/天　　　清掃 5. 樓道玻璃（不含高層及全封閉式玻璃）　1次/90天　擦拭 6. 扶手、開關面板　　　　　　　　　　　2次/周　　　全面擦拭 7. 消防栓、過道門、踢腳線　　　　　　　1次/月　　　全面擦拭 8. 公共衛生間　　　　　　　　　　　　　1次/天　　　全面清潔 9. 電梯內　　　　　　　　　　　　　　　1次/天　　　全面清潔 （根據電梯裝飾用材情況進行必要的定期養護） 10. 積水、積雪清掃及時。 11. 清潔完后，清潔區域（部位）無垃圾、無雜物。 三、垃圾的處理與收集 1. 合理布設垃圾桶、果殼箱。 2. 垃圾每日收集1次，做到日產日清，無垃圾桶、果殼箱滿溢現象。 3. 設有垃圾中轉站的，根據實際需要進行沖洗、消殺，有效控製蚊、蠅等害蟲滋生。 4. 垃圾桶、果殼箱每日清理、定期清洗，保持潔淨。 四、飼養家禽、家畜、寵物管理 1. 禁止飼養家禽、家畜，對違反者及時勸止、報告，並配合有關部門進行處理。 2. 飼養寵物必須符合相關規定，對違反者及時勸止、報告，並配合有關部門進行處理。 五、定期滅蟲除害 噴灑農藥、投放鼠餌必須提前告知業主、使用人。
（六）綠化養護管理	1. 草坪、綠籬、造型樹及時修剪，鏟除雜草。 2. 花草樹木無枯死，適時澆灌、施肥、松土和預防病蟲害。 3. 綠化地應設有宣傳牌，宣傳綠化常識，提示愛護花木。

附：編製說明

1. 為規範我省住宅小區物業管理服務行為，提高物業管理服務水平，促進物業管理行業健康有序發展，根據《陝西省城市居住區物業管理條例》及有關規定，制定本標準。

2. 本標準適用於多、高層住宅小區對物業管理公共服務等級的確定。建設開發單位或業主委員會和物業服務企業簽訂物業管理服務合同時，應根據本標準在合同中約定，同時作為確定服務價格的依據。

3. 物業管理公共服務是指物業服務企業按照合同約定對房屋共用部位、共用設備設施和相關場地進行專業化維修、養護、管理，並對相關區域內的公共秩序、環境衛生等公共事項提供協助管理或者服務的活動。

4. 本標準由高至低劃分為一級、二級、三級三個等級，級別越高，表示物業管理服務標準越高。各等級標準均由「基本要求」「房屋管理」「共用設施設備維修養護」「公共秩序維護」「保潔服務」「綠化養護管理」六大項內容組成。

5. 建設開發單位或業主委員會和物業服務企業選用本標準時，應結合住宅小

區的建設標準、配套設施檔次及居住對象的經濟承受能力等情況，選定相應等級的服務標準。執行不同等級標準，應符合質價相符原則。

6. 大廈、工業區物業管理服務參照本標準執行。

實驗實訓

1. 1998年11月原告張秀秀從案外人程某手中轉租到被告雅都公司商城內的102號商鋪。雙方約定：張秀秀每月付租金300元（不包括每月30元管理費，管理費另由張秀秀支付給商城）；張秀秀須遵守商城的其他規定。張秀秀取得該商鋪后，將其取名為「翼手得皮裝店」進行經營。1998年12月11日下午6時張秀秀將商鋪門窗關好後離開。次日上午8時，張秀秀發現其經營的商鋪門鎖被撬，物品被盜，即向連雲港市公安局連雲分局刑警大隊（以下簡稱刑警隊）報案稱：「翼手得皮裝店」被盜男式長皮衣5件（價值2,440元）、女式休閒皮衣5件（價值2,350元）、男夾克14件（價值6,020元）、女夾克6件（價值2,700元）、男式高檔皮夾克2件（價值1,060元）、皮鞋9雙（價值1,080元），共計價值15,610元。刑警隊接報後，經現場勘查確認是一起盜竊案件，並於1998年12月25日立案偵查，目前此案仍在偵查期間。2015年1月19日原告張秀秀根據被告雅都公司的催交通知單以「交款單位：程某102號」名義向雅都公司交電費39.2元、管理費60元合計99.2元。據此，原告張秀秀於1999年4月向原審法院提起訴訟，要求被告雅都公司賠償因管理不善造成其物品被盜的損失。請分析，物業服務企業是否應當承擔責任。

2. 原告：王某，女，山東某監理公司東營分公司副經理。被告：東營某物業服務有限責任公司。

2007年7月21日晚23時40分許，原告發現其居住的小區68號樓室內的一個電腦包被盜，包內裝有魯EAE797奧迪車鑰匙一把、酷派手機一部、小靈通一部、現金人民幣18,000元以及各類重要文件和合同等。在原告處居住的人員遂撥打110報警並通知被告，被告方張某及保安人員到場。22日0時30分許，警方人員進入原告住處，此時，魯EAE797奧迪車尚停在原告樓下後院。被告遂安排保安人員巡邏排查。被告監控錄像顯示：22日2時19分左右，有一輛機動車外出。被告東門保安當班記錄載明：2時19分有一輛銀白色奧迪車外出，車號魯EAE797，經查有出入證，按規定放行。7月22日上午，原告及在原告家中居住的閻某、周某等人發現魯EAE797車被盜。10時10分閻某遂向東營市公安局東城分局報警。公安局偵查人員及被告方人員遂趕到現場。該車至今下落不明。請問物業服務企業是否應當承擔責任。

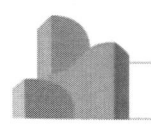

第三章　物業管理市場概述

本章要點：本章主要講述了物業管理市場的形成與發展、物業管理市場的特徵與構成及運行機制、物業管理關係等。

本章目標：本章的學習使學生瞭解物業管理市場的概念、特徵及基本構成；掌握物業管理市場的內涵，能對物業管理市場進行分析；掌握物業管理市場的管理與調控；理解對物業市場管理的客體的管理思路與方法，樹立市場觀念，正確處理物業管理關係。

第一節　物業管理的市場化與物業管理市場

一、物業管理的市場化趨勢

(一) 市場

1. 市場的含義

市場的產生是社會經濟的必然結果，市場的發展則是人們對客觀經濟運行規律的不斷認識、不斷昇華，是一個漸進循序發展的過程。市場經濟的充分發育和不斷完善是社會經濟發展不可逾越的必然階段。

市場是指在一定的時間、地點進行商品交換的場所，如集市、商場、批發市場、勞動力市場。這是對市場的狹義理解，是對市場局部特點和某種外在表現的概括，它僅僅是把市場當成流通行為的載體。按照馬克思政治經濟學對市場的廣義理解，市場是商品交換和商品買賣關係的總和，它不僅僅包括作為實體的商品的交換場所，更指一定範圍內商品交換的活動及其體現的關係。

從經濟學的角度看，市場是一個商場經濟的範疇，是商品內在矛盾的集中體現，是一種供求關係，是通過交換關係反應出來的一種人與人之間的經濟關係。市場是社會分工和商品生產的產物，沒有社會分工和商品，也就不可能出現市場。

管理學界則更側重於具體的交換活動及其規律去認識市場，認為市場是在共同認識的條件下所進行的商品和勞務的交換。其主要表現在：①市場是建立在社會分工和商品生產基礎上的一種交換關係。這種交換關係必須通過一系列的交易活動構成，並遵循商品交換規律及商品的使用價值等於其價值，價格隨價值的變化而變化，價值決定價格。這種交易活動是一個動態的、錯綜複雜的，故有其風險性和挑戰性。②現實的市場形成有若干要素：消費者（用戶）有其需要，而且還有其購買能力；存在有其為消費者（用戶）提供產品和服務的賣方；買方與賣

方必須通過討價還價達到雙方可達成交易的各種條件，如價格、服務時間、服務地點、服務方式等。

2. 市場的基本特徵

市場的一般特徵有：市場是企業從事生產經營活動的基礎；是一種保護個人和組織的合法財產的法律制度；市場的運行主要是由價格機制來調節；通過市場競爭可以增進個人和社會的經濟福利；市場不是萬能的，一個健康有序的市場必須要有政府干預；市場會隨著時間、地點的變化而發生變化。這些是一般市場都具有的特徵，不同市場的具體特徵略有不同。

3. 市場的構成要素

構成市場的主要要素包括市場主體、市場客體、市場環境三個方面。

（1）市場主體

市場主體是指在市場上從事經濟活動，享有權利和承擔義務的個體和組織體。具體來說，就是具有獨立經濟利益和資產，享有民事權利和承擔民事責任的可從事市場交易活動的法人或自然人。它具有營利性、獨立性、靈活性、關聯性、平等性和合法性等特徵。之所以存在市場，主要源於存在商品（服務）需求者和供給者，因而市場主體可以包括需求主體和供給主體。按照市場主體對市場的權屬關係，可將其分為所有權市場、佔有權市場與使用權市場等。不管對市場如何劃分，市場上的主體一般都包括投資者、經營者、勞動者以及消費者、企業等。

（2）市場客體

市場客體是指用於市場交換的指向物，即用於交換的物品和勞務。一個市場區別於另一個市場的主要標誌就是它們所交換的對象不同。市場客體也可以看作市場當事人發生經濟關係的媒體，這種經濟關係是隱藏在市場客體運動的過程之中，而通過市場客體的運動表現出來。市場客體按存在方式分為有形客體和無形客體，按最終用途分為消費性客體和生產性客體。一種商品（服務）要成為市場交換的客體，必須能夠滿足人的某種需要，具有不同的使用價值或稀缺性以及不同的效用和價值量差別等。

（3）市場環境

市場環境是指對市場主體和客體的市場活動產生影響的一系列因素，主要有政治、法律、經濟、技術、社會文化、自然地理和競爭等。任何市場要得以有效運行就必須要有一系列健全的交易規則，還必須按照一定的程序才能保證交易雙方的合法權益得以有效保護。市場環境的變化既會帶來機會，也可能產生威脅。

（二）物業管理市場化的基本內容和理論基礎

1. 物業管理市場化的基本內容

物業管理市場化是指把自給自足和內部交換為主要內容的初級、低層次和封閉的物業管理推向市場的過程，實質就是培育和建設物業管理市場的過程。具體說，物業管理市場化就是將物業管理市場要素推向市場的一種態勢或趨勢。比如，把物業管理需求主體推向市場，就是既要讓業戶按照市場供求規律和等價交換原則付費消費和享受物業管理服務，並開放性地、理性地適應市場發展要求，又要讓業主委員會在市場上尋找自己滿意的、能夠提供符合自己所需管理服務要求的

物業管理組織；同時能面向市場為業戶提供滿意的服務。再如，把物業管理供給主體推向市場，就需要讓物業服務企業在市場中通過競爭獲得物業管理權，並遵循市場經濟秩序和規範；需要讓物業服務企業自己承接或外包給專業公司的物業管理服務的運行符合生產法則，產生競合效應。此外，發展與物業管理相關的技術性或專業性管理機構，如房屋修繕公司、綠化公司、保安公司、設備維修保養公司、樓宇清洗公司以及急修服務公司等，以及建立物業管理的媒介機構或顧問公司、監理公司等都是物業管理市場化的基本內容和實現途徑。

2. 物業管理市場化的理論基礎

物業管理市場化的理論基礎，是指客觀上決定或影響物業管理向市場化方向發展的一些基礎理論，它是物業管理市場化的理論動力。前面第二章所涉及的理論以及西方經濟學、政治經濟學等課程中已學過的效用理論、市場經濟理論和社會分工理論等都可作為物業管理市場化的理論基礎，在此不再贅述。

(三) 物業管理市場化的必然性

物業管理是中國市場經濟和房地產綜合開發發展到一定階段的產物。現代物業管理是傳統房屋管理的發展方向，而市場化正是現代物業管理最突出的特徵。物業管理市場化不是某個人或某些人主觀的產物，也不是人的意志所能決定的，它既有堅實的理論基礎，又有其迫切的現實必要性。

1. 物業管理市場化是應對中國加入世界貿易組織，適應經濟一體化、全球化需要

加入世界貿易組織以後，國外企業將會逐漸進入中國市場的各個領域。物業管理作為一個融管理、經營、服務為一體的服務性行業，其巨大的市場空間將對外資形成強烈的吸引力。相對於國外大型的物業服務企業，中國物業服務企業服務理念滯後、管理規模偏小、專業化程度不高、經營機制不靈活、服務內容單一的問題將使它們處於市場競爭的劣勢。因此，必須建立物業管理市場，吸引社會各方面力量進入物業管理行業，使其迅速發展壯大。

2. 物業管理市場化是滿足人民群眾不斷提高的生活需求的需要

當前，人們對居住、工作環境的要求越來越高，簡單意義上的保安、保潔、保綠、保修等物業管理服務需求，已開始向物業的保值增值化、生活環境人文化、社區文化和服務需求個性化發展。只有建立物業管理市場，讓物業服務企業按城市居民不斷提高的消費需求開拓自身的服務領域，才能不斷擴大物業管理服務的空間。

3. 物業管理市場化是建立中國統一社會主義市場體系的需要

市場體系是各類專業市場組成的統一市場整體，主要包括商品市場和生產要素市場。商品市場由消費者市場和生產資料市場組成；生產要素市場由金融市場、勞動力市場、技術市場、信息市場、房地產市場和企業資產市場等組成。此外，也有人將旅遊市場、文化市場、娛樂市場、郵電市場等歸入市場體系中，這是提供某種服務的行業性專業市場。各類專業市場具有不同的交換對象、不同的調節功能、不同的地域分佈、不同的內部結構，也發揮著不同的市場作用。因此，既不能用一種市場替代另一種市場，也不能只發展一種市場，而忽視另一種市場，

形成「瘸腿」的市場體系。

可以說，市場體系既是各種商品、勞務和生產要素交換場所的統一整體，也是商品生產經營者之間等價交換關係的綜合，是需要按照社會主義統一市場體系的建設目標和要求共同發展和進步的，但受各種因素影響，整個統一市場體系的各個組成因子發育程度有所不同。物業管理市場是中國房地產市場不可或缺的「鏈條」和「環節」以及社會主義統一市場體系的「構件」和「新秀」，目前發展還很不完善和成熟，但是如果沒有了它，中國統一的市場體系就不健全，也不可能繼續繁榮和發展，中國社會主義市場經濟體制的目標也就不可能實現。因此，物業管理市場化是建立中國統一社會主義市場體系的需要。

4. 物業管理市場化是業戶對優質高效物業管理服務的期盼和要求

目前，實踐中的物業管理基本上存在著四種形態，即繼承式、自管式、自薦式及招投標式。所謂繼承式，是指由原房管所（站、科等）轉換成物業服務企業后對國家所有或單位所有的售后公房進行的物業管理。所謂自管式，是指「誰開發，誰管理」模式的物業管理，是開發商「肥水不流外人田」式的物業管理。而自薦式，是指企業化、專業化的物業服務企業為尋找業務而上門自我推薦，獲得業務后進行的物業管理。與前三者不同的是，招投標式則是指物業服務企業通過市場競爭的方式，經過投標獲得物業管理權后進行的物業管理。

對於繼承式的物業管理，一方面，物業服務企業的員工基本上都是原行政性房管單位的職工，專業素質相對較差，思想上還有「房老大」的印記，缺乏服務意識和市場意識；另一方面，售后公房的業主和使用人福利意識較強，對於有償的物業管理從心理上不願接受，一旦被迫繳費，自然對物業管理要求較高。由於繼承式物業服務企業經常服務不到位，態度也比較差，讓業主與使用人覺得「有償和無償一個樣，管理和不管理一個樣」，因而很不滿意，欲炒這些物業服務企業的「魷魚」，卻因為沒有物業管理市場，找不到其他物業服務企業來管理而只好作罷。但為了行使自己的權利，享受高質量的物業管理服務，業主們往往通過各種方式和途徑，呼籲和要求政府盡快建立物業管理市場，實現物業管理的市場化。

對於自管式物業管理，因為物業服務企業常常是開發公司的全資子公司，其管理人員一般都是開發商的手下，幹部提升基本上都由開發商決定等，以致物業服務企業以對開發公司負責（而不是業戶）作為自己的工作目標。這樣，物業服務企業一方面拿著業戶的錢，另一方面又不以服務於業戶為己任，管理服務不到位，而且常常以主人自居，業戶對此意見很大，希望盡快建立物業管理市場，讓他們選擇自己滿意的物業服務企業來管理物業。

對於自薦式物業管理，雖然物業服務企業是專業化的，但因為沒有物業管理市場，這些物業服務企業常常缺乏業務來源，為了生存，只好上門自薦。沒有市場，一般的業戶（業主委員會）也不可能瞭解他們的情況，又不知道到哪裡去找這些物業服務企業，因而更談不上讓他們來管理自己的物業。不少業戶說，如今保姆們都能自發地在人流多的地方聚集，形成市場，物業服務企業是否也可聚集起來，掛牌上市，形成物業管理市場呢？

招投標式物業管理應該是市場的產物，但是目前中國開展招投標的物業管理還比較有限，在有限的若干例子中，絕大部分都是系統內、集團內、城市內開展

的招投標，面向全國的寥寥無幾。這對有實力而又想有大發展的物業服務企業來說，無疑是一個極大的束縛。同樣，對於那些想在全國尋找最有實力提供物美價廉的服務並能管理好自己物業的物業服務企業的業戶來說，也只能是一種奢望。

綜上所述，無論從哪個角度出發，在當前市場經濟的條件下，建立和發展物業管理市場、推進物業管理市場化都是非常必要和迫切的。當然，目前物業管理市場化的一些條件漸趨成熟，如物業產權多元化格局逐步形成、物業管理觀念基本大眾化、消費者或業戶的付費消費意識普遍增強以及付費消費承受能力逐步提高、供給主體多樣化與競爭態勢已經形成等，這使得物業管理市場化正逐漸成為一種潮流。

(四) 物業管理市場的形成與發展

隨著市場經濟體制的不斷完善、房地產開發的不斷發展、住房體制改革的不斷深化、人民群眾對居住環境質量要求的不斷提高，中國的房地產行業蓬勃發展，物業管理行業也隨之興起。中國內地的物業管理是在20世紀80年代從中國香港和國外傳播到大陸沿海城市的，由深圳市逐步發展到上海、廣東、天津以及全國各地。1981年3月10日，深圳市誕生了中國第一家物業服務企業。物業管理這種集高度統一管理、全方位多層次服務、市場化經營為一體的管理模式在中國一出現，就顯示出強大的生命力，有著美好的發展前景。

有需求就有交換，就有市場。隨著物業管理行業的不斷發展，物業管理市場也得以迅速擴大，其健康發展所需要的秩序規範尤顯必要和重要。早在1995年，原建設部就明確指出，要進一步培育和發展物業管理市場，鼓勵競爭，以推進和發展物業管理；此外，國家還陸續出抬了一系列法律法規和政策，如《物業管理條例》《中華人民共和國招標投標法》《物業服務收費管理辦法》《建築室內裝飾裝修管理辦法》等，地方也相應有一些配套性實施辦法、管理措施，將競爭機制和市場規則引入物業管理，助推了中國物業管理市場的不斷健康發展。一大批管理規模大、信譽好、質量高的物業服務企業不斷湧現，物業管理行業在城市管理、安置勞動力就業、改善人民群眾的工作和生活環境等方面發揮著越來越重要的作用。

二、物業管理市場的內涵

(一) 物業管理市場的概念與特點

1. 概念

物業管理行業是有償出售智力勞動和體力勞動的服務性行業，所出售的是無形的商品，其核心產品是服務。這種以物業為對象的管理和服務如同其他商品一樣，具有價值和使用價值。物業管理服務產品進入商品交換領域，便形成了物業管理市場。

所謂物業管理市場，是指出售和購買物業為對象的管理服務這種無形勞動的場所和由此而引起的交換關係的總和。具體地說，就是把物業管理服務納入整個經濟活動中，使其進入流通、交換，使物業管理經驗與服務得以傳遞、應用，並

滲透到生產、生活領域，改善生產與生活環境，提高生產與生活質量，從而實現其應有的價值。

物業管理市場是圍繞物業管理進行的各種交易活動的總和。物業管理市場供求雙方走到一起，就是為了交易物業管理服務。供求雙方不論做什麼，都是圍繞物業管理服務進行的。

物業管理市場是物業管理服務交換活動的載體。物業管理服務能夠進行交換是以物業管理市場的存在為前提的，通過這個市場，物業管理服務才能得到人們的重視，才有可能實現其價值和使用價值，也才能不斷提高服務質量，降低服務成本，更好地滿足人們的各種需求，提高業主的滿意度。

物業管理市場是一種權利轉換或交換的市場。在物業管理市場上，供給方提供物業管理服務的擁有和使用權，同時獲得需求方的貨幣所有權或者其他權利；而需求方則獲得物業管理服務的使用權、享用權，同時付出自己對貨幣的所有權或其他權利，雙方交換的客體只能是使用權，是一種在任何情況下都無法從人的身體中剝離出去的能力。這種權利的轉移是雙向的，不會出現只有付出沒有收穫，也不會出現只有收穫而沒有付出的情況。

物業管理市場是物業管理交換關係的總和，是一個複合市場。物業管理市場是物業管理發展到一定階段的標誌，在「誰開發、誰管理」的時代，物業管理不可能走向市場，也不可能受到公眾的普遍關注。只有隨著市場經濟的不斷發展、社會分工的不斷完善、人們文化生活水的不斷提高，才可能產生業主、用戶與物業管理者之間的交換關係。因此，物業管理市場反應了社會需求和社會供給之間的經濟關係，是物業管理交換關係的總和。而且，在這種交換關係下，物業管理市場涉及商品市場，如自用居住房管理的消費市場；涉及要素市場，如物業的經營市場等，從而使物業管理成為一個複合型的市場，這也是由物業具有消費和投資的二重性決定的。

2. 物業管理市場的特點

由於物業管理市場交換的是無形的管理服務，是市場細分的結果，因此它有著與其他商品市場不同的特點：

（1）非所有權性

物業管理服務必須通過服務者的勞動向需求者提供，這種服務勞動是存在於人體之中的一種能力，在任何情況下，沒有哪種力量能使這種能力與人體分離。因此，物業管理市場交換的並不是物業管理服務的所有權，而只是這種服務的使用權。

（2）生產與消費同步性

物業管理服務是向業戶和客戶提供直接服務，服務過程本身既是「生產」過程，也是消費過程，勞動和成果是同時完成的。例如保安服務，保安員為業主提供值崗、巡查等安全保衛服務，當保安員完成安全保衛服務離開崗位時，業主的安全服務消費亦就同時完成。

（3）品質差異性

物業管理服務是通過物業服務企業員工的操作，為業主和客戶直接服務，服務效果必然受到員工服務經驗、技術水平、情緒和服務態度等因素的影響。同一

服務，不同的操作，品質的差異性都很大。如不同的裝修工程隊，裝修的款式及工藝就有很大的差異，即使是同一工程隊，每一次服務的成果質量也難以完全相同。

（4）服務綜合性與連鎖性

物業管理服務是集物業維護維修、治安保衛、清掃保潔、庭園綠化、家居生活服務等多種服務於一體的綜合性服務。這種綜合性服務的內容通常又是相互關聯、相互補充的。業主或使用者對物業管理服務的需求在時間和空間及形式上經常出現相互銜接，不斷地由某一種服務消費引發出另一種消費。例如，業主在接受汽車保管的同時，會要求提供洗車及維修服務。

（5）需求的伸縮性

業主和客戶對物業管理服務的消費有較大的伸縮性，業主和客戶感到方便、滿意時，就會及時或經常惠顧；感到不便或不理想時，就會延緩，甚至不再購買服務。特別是在物業管理的專項服務和特色服務上，如代購車、船、機票，代訂代送報刊等，業主和客戶可以長期惠顧，也可以自行解決或委託其他服務商。

（6）特殊性

從本質上說，物業管理市場是房地產市場的重要組成部分，歸屬於房地產市場中消費環節的三級市場。因此，具有一般性市場的特殊性。一是作用對象的特殊性，即物業管理服務的作用對象包括物業和人兩種。其中，物業是特指建成的具體的具有居住或非居住功能的建築物及與之配套的設備設施和場地，不像房地產概念範圍那樣廣泛，一般是單元性房地產。人不僅是所有權人，也指使用權人，不僅是單位，還指個人，這些人要享受物業管理服務必須是擁有並直接使用物業。如果業主不直接使用自己的物業，則享受不到物業管理的多種綜合服務。同時，作為物業管理服務作用的對象，無論是物還是人，都是相對固定的，作為物業管理服務的直接操作方的物業服務企業無法改變，只能依據這些特定的作用對象展開物業管理服務。二是供給主體的特殊性。物業管理市場的供給主體往往是物業服務企業或專業公司，如綠化公司、保潔公司等。這些企業是作為一個法人單位、一個群體參與到物業管理市場中來的。換句話說，物業管理市場的供給主體不能是個人，即使是個人，也應是一個單位或群體的代表或委託人、實施者，單獨意義上的個人是不允許作為物業管理服務的供給主體的。《物業管理條例》中就明確規定，「從事物業管理活動的企業應當具有獨立法人資格。國家對從事物業管理活動的企業實行資質管理制度」；並在《物業服務企業資質管理辦法》中規定了不同資質等級的物業服務企業所能從事的物業管理服務範圍，如三級資質物業服務企業只可以承接20萬平方米以下住宅項目和5萬平方米以下的非住宅項目的物業管理業務。三是市場客體的特殊性。物業管理市場上「流通」或交換的標的不是有形的物體或商品，而是無形的勞務或服務。它在交易時並沒有生產出來，嚴格說它應是對未來一定時間內的勞務或服務的享用權，但生產時則與消費同步。因此，物業管理市場上沒有真正的「物」的轉移和流通，不發生「物流」。同時，與一般勞務市場不同，物業管理市場提供的勞務是一種勞務的集合，是一系列圍繞物業管理進行的各不相同的勞務組成的，如清潔勞務、安保勞務、綠化養護勞務、維修勞務等。可以說，物業管理市場的勞務是勞務市場中涵蓋範圍最廣、種類最多

的勞務）。

(7) 非完全競爭性

一個完全競爭的市場必須具備三個條件：商品同質，可以相互替代；商品的賣方和買方人數眾多，且隨時自由進出市場；信息充分，傳播暢通。物業管理市場不具備上述三個條件。首先，作為物業管理市場交換的商品——服務是異質的，不同的物業服務企業，其提供的物業管理服務是有差別的；而不同的業戶對服務的需求更是紛繁複雜的。其次，物業管理服務的賣方，有嚴格的市場准入制度，不能隨時自由進出市場，而作為物業管理市場的買方，在數量上受房地產開發和國家政策的限制，當前還有一些單位和許多建成后的房地產並未實行物業管理。在進出市場方面，物業管理服務賣方退市的完全市場化機制尚未真正建立，只進不退現象普遍；而對於買方，由於其實際上是由一個個業主組成的集合體，業主能否退出既定的物業管理市場則取決於全體業主的共同意願。最后，無論是物業管理市場的買方還是賣方，對信息的瞭解都是有限的。業主不能像購買有形商品那樣預先感知物業管理服務的品質，物業服務企業在爭取物業管理項目，尤其是前期物業管理項目時，對物業往往是停留在圖紙和規劃上，對未來的業主更是知之甚微。

換句話說，完全的市場將全部按市場經濟規律來運作，如價格受供求影響，由市場決定等。而物業管理市場尤其是普通住宅小區物業管理市場，卻受到國家政策和目前人們的消費觀念等限制。比如，國家明文規定，普通住宅小區物業管理服務費的收取應適應居民的承受能力。這就限制了普通住宅小區物業管理市場的發展和成熟，也影響了物業服務企業的積極性。再如，中國長期計劃經濟下的福利房政策，讓廣大普通百姓有著「居有其房」的福利普惠，購買服務消費的意識還未根本樹立，完全市場化交換物業管理服務幾乎難成現實。當然，這種情況實際上也是由中國當前的國情決定的，在實現有償物業管理服務的心理承受能力和經濟承受能力還不是很強勢時，國家為了推廣物業管理，讓廣大百姓接受物業管理，並逐步推進物業管理市場化，國家只好做一些權宜之計。相信在不久的將來，物業管理的完全市場化將會伴隨人們生活水平的不斷提高和高品質生活的多樣化需求及消費觀念的根本轉變而最終實現。

(二) 物業管理市場與其他市場的關係

1. 物業管理市場與房地產市場

房地產市場按其交易對象或內容分為房產市場、地產市場和房地產市場，按房地產流經環節分為房地產開發市場、房地產交易市場和房地產服務市場，按其內部構成分為房地產一級市場、二級市場和三級市場。物業管理市場是在管理物業、服務業戶時形成的以提供勞務與技術為主要內容的專業服務市場，是房地產市場的重要組成部分，屬於房地產服務市場的一個分市場（主要涉及房地產管理和租售），可以介入房地產一級、二級、三級市場的管理或服務業務，可以促進房地產本身的開發和租售，對房地產市場的完善起到了有效的保障作用。所以，物業管理市場與房地產市場的側重點不同，存在明顯區別，從房地產進入消費環節來說，它們是部分和整體的關係。

2. 物業管理市場與物業市場

物業市場是物業交易的市場，屬於房地產市場的一個分市場，它和物業管理市場因為「物業」而更加接近，但兩者的區別還是很明顯的。

第一，兩者的性質不同。物業管理市場是物業消費環節經濟活動的載體，物業市場是物業流通環節經濟活動的載體。物業市場上流動的是物業權屬，包括物業所有權和使用權；物業管理市場上流動的則是未來的物業管理服務，此時物業僅僅是物業管理服務的介質。

第二，兩者對物業的變動反應不同。通常，物業增加，物業管理市場的需求量也隨之增加，物業減少則市場需求量隨之減少，但物業增加或減少在物業市場則表現為市場供給量的增加或減少。一般情況下，物業市場供求變動（除了新增物業引起的波動）對物業管理市場的供求變動影響不大或沒有影響。而且，物業管理市場供求關係一般比較穩定（除非有業戶增加而出現的大量需求增加等特殊情況），這主要因為物業管理權的擁有期限較長（通常超過兩年）；而物業市場供求關係一般不太穩定，它受人們的工作變動、收入水平、喜好以及市場交易情況的影響較大。

第三，兩者的交換時間不同。物業市場交換行為在較短時間內即告完成，接著便進入對物業的消費。而物業管理市場交換行為通常在物業服務合同的生效期內持續。

第四，兩者的供求關係變動不同。物業市場上的交易完成後，供給方變成新的需求方，需求方則變成新的供給方。物業管理市場上則沒有供求方身分的變換，只是供給方從一個換成另一個，新建物業接管前先由開發商代管，選派好物業服務企業后再移交給物業服務企業，原有物業服務企業和新物業服務企業交接。

第五，兩者受物業的位置影響不同。物業市場受物業的固定性影響較大，如果物業位置偏遠、交通不便、周圍有污染源等，則反應在物業市場上就是需求量不夠、物業價格偏低、物業市場交易不旺。而物業管理市場基本不受物業位置影響，只要有物業，就有足夠的業務和經濟利益，物業管理市場就有交易且較旺盛。另外，有時物業位置不好，還可能給物業管理市場帶來意外的商機。

第六，兩者發生位移方向不同。由於物業市場受物業位置固定性影響較大，所以，物業市場上通常是需求方向物業移動，供給方基本不發生移動（可能也有到異地招商，但真正的交易基本上還是發生在物業所在的區域）。物業管理市場因為基本不受物業位置的影響，所以，往往是供給方向物業的位置移動，而需求方基本不發生位置變動。

3. 物業管理市場與建築市場的關係

建築市場是以建築產品的生產以及交易為核心的市場，它是建築業經濟運行的基礎。由於各種產品本身及其生產過程的複雜性（週期長、投資大、專業性強），這種產品並不能像其他商品一樣直接在市場上購買，而需要在專業機構和人員的協調下通過訂購銷售、分期驗收穫得。在此過程中，物業管理機構可以起著聯繫和紐帶作用，它將建築產品的提供者、各類專業承包商與建築產品的需求者、各類企事業機構或個人有機地聯繫起來，從而使建築產品的需求者能夠獲得質量優良、功能完善、價格合理的產品。由此可見，物業管理市場與建築市場由於物

業管理服務與建築產品生產之間的極其密切聯繫而關係緊密，在建築產品的生產過程中，建築產品的買方需要經過物業管理市場與建築市場的共同作用才能得到滿意的建築產品。

4. 物業管理市場和普通商品市場

物業管理市場上交易的客體本質上是商品，所以可以說，物業管理市場也是一種商品市場，但兩者之間有多方面的區別。

第一，交易主體不同。普通商品市場對交易主體基本沒有限制，既可是個體，也可是群體（集團）；既可是自然人，也可是法人。物業管理市場上的交易主體卻受到限制，雙方都應是自然人群體和法人。並且物業管理市場上的責任方可以是收費不當、服務不佳等的供給方，也可以是有繳費問題、合同遵守問題、規約堅持問題等的需求方；而在普通商品市場上的責任方通常是提供商品的質量低下或商品保修服務不到位等供給方。

第二，交易客體不同。普通商品市場上交易的商品是有形的、靜態的、固定的，交易的結果是「物」的流動。物業管理市場上交易的商品是服務，是無形的、動態的、變動的，市場上不會發生「物」的流動，只有「人」的行動，所以物業管理市場上供求之間的糾紛比普通商品市場要多、要複雜。

第三，交換關係的實質不同。普通商品市場上的大多數商品是先交換，後消費，交換的實質是物與貨幣的移位。物業管理市場上的交換關係僅僅是供求雙方的一種約定。

第四，供求雙方「位移」不同。普通商品市場上，供給方推銷商品要麼是單獨（拿著有關商品的資料）或與自己的商品一起向需求方移動，推銷商品後再回到自己原來的位置或區域；要麼不發生移動，等到需求方到來後再推行自己的商品；要麼不向需求方移動，而向某一集中區域移動，等需求方也到同一區域後再向其推銷自己的商品，最後回到自己原來的位置或區域。供給方最後基本都要離開需求方，回到自己最初的活動地點。當然，需求方購買商品也相應就有三種情況。物業管理市場上的需求方與普通商品市場的需求方情況基本相同，即購買服務時向供給方移動、向某一集中地點移動、自己不發生移動而等供給方前來，最終需求方都會回到自己最初的區域。但供給方在普通商品市場供給方三種情況下，一般最後都是到需求方所在的區域提供服務，而不再回到原來的區域。

5. 物業管理市場與各類服務市場的關係

這裡所指的各類服務市場，是指與物業管理服務密切相關的各類生產及生活服務市場，包括物業服務市場。由於這些服務市場帶有廣泛的社會服務性質，因此其往往被認為是社會服務市場。例如，在居住物業的管理過程中，往往需要社會服務市場提供的清潔、保安、園林綠化、文化娛樂等多項服務；在生產性物業的管理過程中，則需要社會服務市場所提供的信息服務、諮詢服務、辦公服務等多項服務內容。物業管理的提供者，應當對上述各種服務進行綜合協調，以使其有效地發揮作用。因此，物業管理市場與各類服務市場存在著密切的聯繫。在物業管理過程中，以物業管理市場為紐帶，能夠將各類社會服務市場有機地聯繫起來，從而獲得支持人們生產經營或居住生活的各項服務。在中國，物業管理市場與社會服務市場不僅聯繫密切，而且還存在一定的交叉。尤其是一些新開發的住

宅小區，由於城市建設的滯后，小區建成后各類服務設施及相關的服務均未能及時到位，從而使得物業管理機構不得不提供一些本不屬於自身業務內容的服務，而這些服務又為住房居住所必須。隨著中國城市建設步伐的加快和第三產業的進一步發展，這些服務將會從物業管理的業務內容中分離出去，形成專門的市場。這些市場將與物業管理市場共同作用，從而保障人們的日常生活，促進社會的不斷發展。

這裡有必要指出的是，在「管理就是服務」的理念影響下，物業管理一般也當成物業服務，物業管理市場也被認為是物業服務市場。

三、物業管理市場的結構

物業管理市場的結構是指物業管理市場內部構成要素之間的經濟聯繫以及這些聯繫的比例關係。比如，新建物業和舊有物業的管理服務之間既相互聯繫又相互制約，它們之間的人財物投入比重就是它們的相關程度等。物業管理市場結構一般包括生產和消費過程中各類物業管理服務之間的相互聯繫以及這種聯繫的程度或數量比例關係。比如，物業管理服務生產領域的人財物之間存在著按不同物業管理服務需求、不同性質的物業管理組織、不同的物業等而應有的合理配置關係，物業管理服務的流通領域中供給和需求間存在著相互影響與制約的關係。可以說，物業管理市場結構是質和量的統一體，是一種動態結構，它與其他專業市場一樣，由市場主體、市場客體和市場環境三部分構成。此外，它還涉及區域結構、運行結構和環狀結構等。

(一) 物業管理市場的主體結構

物業管理市場的主體結構主要是指物業管理服務的相關主體因多種不同因素而形成的市場結構。根據這些不同的因素，物業管理市場主體結構具體可分為以下幾種類型：

1. 按照主體在市場中的不同地位分類

按照這些主體在市場中的地位不同而分為物業管理市場供給主體、需求主體、管理主體和媒介主體等。

(1) 物業管理市場供給主體是通過合法手續取得物業管理經營資格的法人企業或者其他組織，包括各種類型的物業服務企業，以及一些提供專業技術和勞務的專業服務企業，如項目公司、保潔公司、園藝公司、保安公司等。

(2) 物業管理市場需求主體是指需要物業管理服務以及相關服務的物業所有權人或使用人以及它們的代表，如業主委員會、租賃協會等。

(3) 物業管理市場管理主體主要是指按照有關物業管理的法律法規和規章，對物業管理市場參與者的交易行為以及物業管理市場客體、市場環境等進行管理或調控的單位，包括政府及房地產行政主管部門、物業管理協會、房地產協會和其他相關機構。

(4) 物業管理市場媒介主體是聯繫物業管理市場供需、推介或宣傳物業服務企業和物業管理行業乃至整個物業管理發展動態的媒體、仲介等機構，如電視臺、

廣播站、新聞網、仲介公司、信息公司、諮詢公司、代理公司、經紀公司、招投標公司等。

房地產開發公司既可以是供給主體，也可以是需求主體，有時也會是管理主體、媒介主體，區別在於它在物業管理服務上所處的地位或扮演的角色。

2. 按照主體在市場中的不同經濟成分分類

按照這些主體在市場中所屬的經濟成分不同而分為國營的物業管理服務主體、民營的物業管理服務主體、港澳臺物業管理服務主體和外商物業管理服務主體。

（1）國營的物業管理服務主體包括三種情況：一是房地產管理轉制後仍存在的房管所或其改制公司，因其從事著一般意義上的物業管理，且屬於國家經營性質，從而歸為此類。這類最終將不復存在。二是由國營單位自行組建的內部相對獨立的職能機構或附屬單位，如房管科、后勤處、后勤服務公司、物業服務企業等，因其仍從事著物業管理和服務方面的活動或工作，也沒有與單位完全剝離、脫離關係，所以可歸屬到此類。這類主體必將隨著物業管理的發展而不再存在。三是因國營單位的性質和地位特殊，如軍隊、核研製與開發、戰略戰備物資生產等國家必須嚴密控製的單位，其內部從事物業管理和服務的機構或部門，屬於此類，一般情況下將長期存在。

（2）民營的物業管理服務主體有個體私營、多人合夥聯營和股份制等類型，是中國物業管理行業的主流與核心力量，是物業管理服務主體的中堅力量，承擔著中國絕大部分物業特別是住宅區物業的管理服務任務。

（3）中國港澳臺物業管理服務主體，如梁振英測量師行，它是香港著名人士梁振英先生1993年與朋友一起創建的，集房地產估價、諮詢、經紀以及物業管理於一體的企業。2000年，通過互換股份，梁振英測量師行與英國DTZ及新加坡的戴玉祥產業諮詢公司合併，成立「戴德梁行」。戴德梁行是國際房地產顧問「五大行」之一，1993年成立上海分公司，是最早進入中國大陸市場的國際物業顧問公司。

（4）外商物業管理服務主體。20世紀90年代中期以來，越來越多的外資物業服務企業看好中國物業管理行業的前景，紛紛進駐拓展業務，憑藉其專業化和國際化的優勢占據涉外物業、高端寫字樓、高端公寓、社區物業細分市場一席之地，並通過顧問服務的方式輸出管理諮詢，致力於擴大在物業管理市場直管業務的份額。雖然目前此類主體在中國還不太多，但外資物業服務企業紛紛入主中國的物業管理市場，對促進中國物業服務企業的進步、行業管理水平的提高、物業管理市場化進程的加快和市場格局多元化的形成以及物業管理國際化發展的提速等都將具有重要意義。中國物業管理服務主體必須引進來、走出去，以此作為中國物業管理行業持續發展的路徑和方向。

此外，還可按物業服務企業的資質等級分為一、二、三級資質物業服務企業，按主體的規模分為超大型、大型、中型、小型物業管理服務主體，按管理層次分為一個管理層、二個管理層和多個管理層的物業管理服務主體等。

（二）物業管理市場的客體結構

物業管理市場的客體結構是指物業管理市場上被交易的對象或商品（也就是

物業管理服務所形成的市場結構），這種管理服務包括物業勞務服務和物業經營服務。前者指圍繞受託管理的物業而向全體業戶提供的公共服務，後者是指根據部分業戶的實際需要，為其代理經營其委託的物業而提供的特約服務。這類市場也可按不同標準進行分類，主要有：

（1）按市場客體的內容不同，分為房屋維修服務市場、園藝綠化服務市場、保安服務市場、保潔服務市場、信息服務市場、租賃服務市場等。

（2）按市場客體的作用對象不同，分為住宅小區、寫字樓、會所、商場、商業大廈、高級樓宇、高檔公寓以及其他物業等類管理市場。

（3）按市場客體作用對象的新舊不同，分為新建物業的管理市場和舊有物業的管理市場。

（三）物業管理市場的區域結構

物業管理市場的區域結構是指物業管理服務作用的地域範圍而形成的市場結構，一般包括地區性、全國性和國際性物業管理市場。

1. 地區性物業管理市場

它有兩種含義：一是純地區性的，是較狹小範圍的物業管理市場，如一個省、一個縣，甚至一個鄉鎮或村；二是地域性的、跨地區的，是一個國家以特定地區為活動空間的物業管理市場，是不同城市或同一城市的不同區域，甚至跨村、鄉鎮、縣甚至省而形成的一種共同性物業管理市場，如東部、中部或西部物業管理市場，或者東北、西北等物業管理市場，或者秦巴地區物業管理市場、南方物業管理市場，等等。

不論是哪種，其形成要麼是自然形成，要麼是行政分割形成。自然形成的地區市場，即物業管理服務交易受自身條件或某些經濟地理因素制約而形成，如某些物業管理服務商品的供給和需求本身就是本地性的，或某些物業管理服務商品因交易成本過大、信息不完全或難以迅速溝通等而無法在更大交易範圍進行，只能局限於本地或跨域本地的相對大的地域性範圍內。一般來說，自然形成的地區物業管理市場通常是開放性的，市場化程度較高。行政分割形成的地區物業管理市場是地方政府出於管理或發展建設等需要而進行人為劃定出的一種市場，其地方保護主義的封閉性和行政干預性較明顯。目前，中國物業管理市場還只是地區物業管理市場的雛形，或者說還多是本地性的地區物業管理市場，跨地區的共同性物業管理市場較為稀缺。

2. 全國性物業管理市場

它也有兩種情況：一是指物業服務企業或物業管理服務跨省、直轄市、自治區運作所形成的市場，如萬科物業在全國不少大城市都有物業管理服務業務，形成了一種獨特的全國性物業管理市場。二是指全國物業管理市場的總體狀況，如市場繁榮程度、法律法規情況、市場上的物業和企業狀況等。

一般說來，一個全國性的物業管理市場應是由若干相互聯繫的地區市場通過相互輻射、彼此滲透所構成的，是地區市場一體化和集成化的結果。從此意義上講，地區市場是全國性物業管理市場的基礎，全國性市場是各地區物業管理市場的有機組合體。目前，中國全國性物業管理市場還未真正形成。

3. 國際性物業管理市場

它有兩種含義：一是指物業管理服務跨出國界，在國外兩個以上國家的城市開展活動；二是指國際上物業管理市場的總體情況，如國際競爭、法律規制、市場份額、物業服務企業等情況。國際物業管理市場是經濟、社會和政治全球化、一體化和現代化作用的必然產物，需要大量國際性物業服務企業參與，這就對物業服務企業管理服務的國際性水平和能力提出了更新和更高的要求。目前，國外已有一些物業服務企業（如世邦魏理仕）進入中國物業管理市場，而中國物業服務企業要進軍國際物業管理市場還需要花大功夫，切實做好參與國際物業管理市場競爭的各種準備。

（四）物業管理市場的運行結構

物業管理市場的運行結構主要有物業管理操作市場和物業管理顧問市場，這種分類實質上是根據物業管理市場上的服務運行方式來劃分的。

物業管理服務的運行方式包括直接在物業管理區域現場提供服務和在非物業管理區域現場提供服務兩種。因此，物業管理操作市場就是指直接進行物業管理服務交易的市場，物業管理顧問市場就是指專門進行物業管理信息、方案、制度、軟件、診斷、仲介、諮詢等服務交易的市場。前者是物業管理單位（包括物業服務企業和專業公司）直接實施物業管理服務而形成的一種市場，是中國目前普遍存在的市場形式；后者在中國目前基本上尚未形成，需要大力培育和發展。

前述物業管理市場結構在中國當前還普遍存在一個嚴重問題，即這些市場不論從哪個角度分類和理解，都還缺少供求雙方直接面對面進行談判和交易的固定場所，交易的雙向性和互動性缺失，這是需要以后盡快改進和完善的，以為廣大物業管理單位和業主（業主委員會）提供相互自由選擇的場所和機會。

（五）物業管理市場的環境結構

物業管理市場的環境結構是指構成該市場的一套制度框架、運作法則、思想觀念以及相關物質條件，一般區分為硬環境和軟環境。

1. 物業管理市場的硬環境

它是指物業管理服務的承載物和作用物，如維修的工具、用具及其作用的電梯、水管、線路、景觀燈等對象，保潔的器具物料及其作用的地板、欄杆、牆面等對象，保安的警棍、警報、門禁系統、防盜裝置等。可以說，物業管理中所指的物業——房屋建築、附屬設備、公共設施和相關場地以及為物業管理服務順利開展的各種設施設備、工具器皿、材料物資等物質條件都是物業管理市場的硬環境，都可形成相應的專門市場或綜合市場。

2. 物業管理市場的軟環境

它是指為物業管理服務正常、有效提供而制定和實施的法律政策、制度以及存在和作用的教育、文化、思想、觀念等，它是相對物質條件硬環境而言的一個概念，是無形的、人際的、文化的、不可觸知但可以感知的，能對人們的生活和工作施加一定影響的因素，如社區文化、文明、風氣、風俗、體制機制、政策法規及政府行政能力水平和態度等。一般所提的物業管理市場軟環境多是指法制環境和市場環境，涉及四個層面：一是基本社會制度和各專門性法律，如憲法、民

法、合同法、公司法等；二是房地產和物業管理行業的法規和政策，如《中華人民共和國城市房地產管理法》《城市新建住宅小區管理辦法》《城市住宅小區管理服務收費暫行辦法》《關於實行物業服務企業經理、部門經理、管理員崗位培訓持證上崗制度的通知》《物業管理條例》《物業服務企業資質管理辦法》等；三是物業管理服務的各類契約、合同，業主大會、業主委員會組建及其運作規定，如物業服務合同、管理規約、業主委員會章程等；四是物業管理服務市場運作法則，如市場進入規則、市場交易規則以及競爭機制等。這些法律法規和契約共同制約著物業管理服務市場的具體交換行為。

物業管理市場環境就存在形式來說，硬環境是一種物質環境，軟環境是一種精神環境。作為物質環境，它被限定或固定在一定的地理位置上和人為的具體的物質空間之中，它獨立於人們的意識、體驗之外，具有靜態的和硬性的特徵。作為精神環境，它反應了社會風氣、媒介管理、群體風貌、生活狀況、信息交流等情況，它是一個被人體驗和意識的世界，具有動態的和軟性的特徵。就條件準備來看，由於硬環境是存放、容留傳播活動的由有形物質條件構成的空間和場所，其重要性、緊迫性容易立即呈現出來，因而引人矚目，容易得到重視；而軟環境是圍繞、彌漫在傳播活動四周的由無形的精神因素構成的境況和氣氛，其重要性、影響力是緩慢呈現的，因而容易被人忽視。另外，硬環境的需求比較具體、明確，一旦滿足即可看到成效；而軟環境的需求往往比較模糊，難以量化，即使付出代價也難立即看到效果，這也是人們忽視軟環境建設的一個原因。正因為如此，物業管理市場的建設需要在重視硬環境的同時，兼顧和強化軟環境的建設；否則，不僅傳播活動在硬環境中獲得的良好效果會消失在軟環境之中，而且會由於能量內耗而導致兩種環境都產生負面效應。

（六）物業管理市場的關係結構

1. 物業服務企業與業主、用戶、業主委員會的關係

物業服務企業和業主委員會都是物業管理機構，它們共同擁有著一定範圍內的物業。業主委員會管理的是其所代表的業主們的物業，業主委員會是業主大會的執行機構，而物業服務企業是受委託管理業主們的物業，由此之間形成了一定的關係。

（1）經濟上的合同關係

在市場條件下，物業服務企業與業主委員會之間通過簽訂物業服務合同而形成了一種經濟合同關係。物業服務企業在向業主及物業使用人提供服務時，應該獲得一定的勞動補償，同時業主及使用人在享受服務時，應支付相應的費用。合同的主體是物業服務企業與業主委員會，而業主委員代表全體業主的共同利益。其收費標準就是通過物業服務合同上雙方所達成一致意見。在簽訂合同後，雙方均要按照合同上的要求履行其職責與義務。

（2）法律上的平等關係

物業服務企業與業主大會、業主委員會之間是提供服務和享受服務的關係。受託人與委託人之間的關係是平等的，沒有隸屬關係，既不存在領導和被領導的關係，也不存在管理與被管理之間的關係。業主大會權利依法決定聘用或解聘某

個物業服務企業，而物業服務企業也有受聘和不接受聘請的權利。

（3）工作上的合作關係

在物業管理過程中，由於業主大會、業主委員會代表全體業主的共同利益，故在物業管理區域內的管理活動中，不可避免地經常同物業服務企業進行聯繫，由此產生了雙方之間的合作關係。雙方應根據服務服務合同中規定的權利和義務進行有效的合作。

2. 物業服務企業與工商、物價、稅務、公安等行政管理部門的關係

工商、物價、稅務、公安等行政管理部門依法分工，對物業服務企業依法實施監督和指導。

（1）物業服務企業必須接受工商行政主管部門的監督和指導

物業服務企業在開業之前，須向工商行政管理部門申請註冊登記，經工商行政主管部門審批后，依法發給物業服務企業企業法人營業執照，然后物業服務企業在取得資質證書后方可正式開業。

（2）物業服務企業要依法納稅

物業服務企業要依法並按期向稅務行政主管部門繳納稅金。稅務行政主管部門有權依法對物業服務企業定期或不定期的稅務檢查與指導，並有權處理違反稅務規定的行為。

（3）物業服務企業應接受物業行政主管部門的物價管理

物業服務企業與建設單位、業主委員會或物業產權人約定的物業管理服務收費標準，應當報物價行政主管部門備案，物業服務企業不得擅自報行政主管部門備案，物業服務不得擅自擴大收費範圍或提高收費標準。

物價行政主管部門有權對物業服務企業的收費價格依法進行監督和指導，有權依法對違規收費企業進行處罰。

（4）物業安全管理工作要受當地公安部門的監督和指導

①安全是物業管理的主要工作之一

物業服務企業是根據物業管理區域的特點合理布崗，加強巡邏檢查，發現有犯罪嫌疑人和易燃、易爆、放射性等危險物品，或發生刑事、治安案件，應當立即向當地公安機關報告，並協助做好調查工作、救助和疏散工作。在物業管理區域內，當地物業服務企業發現違法行為時應該制止，對應該制止時而沒有制止的行為應該及時報告的，要承擔相應的責任。

②居住小區的規劃紅線內的機動車停車場、非機動車存車處等交通設施，均由物業服務企業負責維護、管理；發生交通事故要報請公安交通部門處理，設立收費停車場，由公安交通管理部門審核。

③供水管理網上設置的低下小風景、消火栓等消防設施，由供水部門負責維護、管理，公安消防部門負責監督檢查。高壓、低壓消防供水系統，包括泵房、管道、室內消防及防火部門、消防電梯、輕便滅火器材、消防通道等，由物業服務企業負責維護管理，並接受公安消防部門的監督檢查。

（5）物業服務企業的環境管理應接受環保、環衛和園林部門的監督和指導

①物業服務企業對違反規定進行固體、水體、大氣和噪聲污染等行為應予以制止，情節嚴重的，應報環保部門依法處理。對毀壞綠地、樹木的行為，應予以

制止，應報園林綠化部門依法處理。

②居住區內的城鎮道路，由環衛部門負責衛生清掃；居住區內的其他道路、綠地、樓內公共部位的衛生清掃，由物業服務企業負責，將垃圾由垃圾樓（站）運至垃圾轉運站或垃圾處理廠，由物業所在地環衛部門負責，公共廁所的產權屬於環衛部門的，由環衛部門負責，未辦理產權移交的，由物業服務企業負責管理。

③居住區內的城鎮道路兩旁的綠化園林由園林部門負責管理，小區內的其他綠化由物業服務企業負責管理。

3. 物業服務企業與供水、供電、供氣、供暖等公用事業部門之間的關係

作為獨立的企業法人，物業服務企業與供水、供電、供氣、供暖等公用事業部門之間不是上下級關係，而是分工明確、相互配合的平等關係。

（1）供水、供電、供氣、供暖等單位的職責

供水、供電、供氣、供暖等公用事業部門是取得特定經營資格的企業，這些單位按照合同約定分別為業主與物業使用人提供水、電、氣、暖、通信、有線電視等服務，業主及物業使用人應當支付相應的費用。他們之間是一種商品買賣關係，理應由上述企業收費到戶並承擔相關管線、設施的維護管理職責。國務院頒布實施的《物業管理條例》規定：「物業管理區域內，供水、供電、供氣、供暖、供熱、通信、有線電視等單位，應當依法承擔物業管理區域內相關管線和設施設備維修和養護的責任。」

儘管國家對上述各公用事業部門的職責分工有明確規定，但按照《物業管理條例》實施前的有關規定，物業建設單位在小區建成后應將水、電、暖等設施交給供水、供電、供氣、供暖等單位后可由它們直接實施管理。2000年以前，由於種種原因，不少建設單位並未將水、電、暖等相關設施交給供水、供電、供暖等部門，至今仍由物業服務企業承擔供水、電、暖等費用的代扣代繳任務。物業服務企業不但無償服務，而且還承擔著水、電、暖等費用的差額。

（2）物業服務企業與供水、供電、供氣、供暖等單位之間的關係

①委託關係

供水、供電、供氣、供暖等公用事業部門如將水、電、氣、暖等項費用的收繳任務委託給物業服務企業，雙方應簽訂委託協議，明確雙方的權利和義務，並由上述部門向物業服務企業支付相應的費用。根據《物業管理條例》的規定，物業服務企業接受委託代收上述費用，不得向業主收取手續費等額外費用。

②配合關係

上述公用事業部門因維修、養護需要臨時占用、挖掘道路、場地的，應當及時恢復原狀，物業服務企業應當配合。當物業服務企業發現屬於供水、供電、供氣、供暖等單位維修、養護職責範圍內的問題時，應當及時向有關部門報告，督促、配合其及時解決問題，保證業主和物業使用人的正常工作和生活。

4. 物業服務企業與各專業性服務企業之間的關係

專業性服務企業包括各類設備維保、綠化、保潔、安保企業。物業服務企業與其之間是一種委託關係。專業性服務企業依靠其專業人才、設備和技術，在某類服務方面累積了豐富經驗，有著物業服務企業無法比擬的優勢。物業服務企業將相關的專項任務委託給專業服務企業，既可以節省人力物力成本，充分享受社

會化分工帶來的成果，符合國家規定和物業管理的發展趨勢。根據《物業管理條例》的規定，物業服務企業可以將物業管理區域內的專項任務分包給專業性服務企業，但禁止將物業管理項目整體轉包，物業服務企業將某項任務分包後，要依據合同對專業性服務企業實施監督和管理，並作為第一責任人對業主承擔責任。對於不稱職的專業性服務企業，應當按照合同約定及時更換。

5. 物業服務企業與房地產管理部門、房地產開發企業的關係

（1）隸屬關係

目前中國大多數物業服務企業都隸屬於房地產開發企業，一方面是物業服務企業，另一方面是房地產開發公司的子公司或者一個事業部。即使根據《中華人民共和國公司法》設立的物業服務企業，其法定代表人也往往是由房地產開發企業兼任。這種管理體制往往會有極大的弊端。

第一，房地產企業與物業開發企業是一家，由於在物業開發過程中的缺乏監管，一旦有業主對前期開發不滿意，就會以拒交物業服務費用為由，這樣勢必影響物業服務企業與業主及物業使用人之間的關係。

第二，自建自管限制了物業服務企業之間的公平競爭，一些物業服務企業完全依託於房地產開發企業，嚴重干擾了物業服務企業之間的公平競爭。

第三，忽視物業服務企業自身的服務意識，這樣又往往會致使物業服務企業的滿意度下降。

（2）非隸屬關係

這種企業是指物業服務企業依照《中華人民共和國公司法》而成立，有獨立的法人。無論是在房地產企業開發階段，物業服務企業進行前期介入的監督，還是房地產企業委託物業服務企業，與物業服務企業簽訂前期物業服務合同，物業服務企業與房地產企業都是獨立的且是平行關係，完全遵循其契約來履行各自的職責。但是，物業服務企業一定要配合房地產開發企業更好地完善其物業設備設施，提高房屋質量，協調好業主與房地產開發企業之間的關係。

6. 物業服務企業與物業管理行業協會的關係

物業管理行業協會是具有社團法人資格，以本行業的從業企業為主體，相關企業參加，按照有關法律法規資源組成的全國性或者區域性行業自律組織。行業協會的有效工作可以促進本行業的健康有序發展。中國既有全縣的物業管理行業協會———中國物業管理行業協會，也有各省市成立的物業管理行業協會，物業服務企業應當積極參加物業管理行業協會的活動，接受業務監督和指導。中國物業管理行業協會成立於 2000 年 10 月，其主要職能是：協助政府執行國家的法律法規和政策；協助政府開展行業調研和統計工作，為政府指導行業改革方案、發展規劃、產業政策等提供預案和建議；協助政府組織指導物業管理成果的轉化和新技術、新產品的推廣應用工作，促進行業科技進步；代表和維護企業合法權益，向政府反應企業的合理要求和建議；組織指導並監督本行業的行規行約，建立行業自律機制，規範行業自我管理行為，樹立行業良好的形象；進行行業內部協調，維護行業內部公平競爭；為會員單位的物業管理和發展提供信息與諮詢服務；組織開展對物業服務企業的資質評定與管理、物業管理優秀示範項目的達標考評和從業職業資格培訓工作；促進國內、國際行業交流和合作。

四、物業管理市場的功能

物業管理市場的功能是通過物業管理的供求、競爭、價格機制及其相互作用而表現的。物業管理市場的功能可以歸納為三個方面：資源配置、信息傳遞、價值實現與價值評價。

（一）資源配置功能

資源配置是市場的首要功能。市場體系是一個分散決策、自願合作、自願交換產品和服務的經濟組織形式，資源配置決策是由追求各自利益的生產者和消費者在市場價格的引導下獨立做出的。可以說，市場體系在不知不覺中解決了任何經濟體制都遇到的五大基本問題：為什麼生產、生產什麼、為誰生產、在哪裡生產、如何生產，即「4W1H」（Why、What、Who、Where、How）。在市場體系下，由物業服務企業和業主做出自願交換與合作的決策。業主追求最大需求滿足，物業服務企業追逐最大利潤率。為使利潤最大化，企業必須精打細算，最有效地利用資源。也就是說，對於效用相近的資源，盡量揀價格低的用。物業服務企業的物盡其用和社會的物盡其用本不相干，但價格把兩者聯繫起來了。價格的高低反應了社會上資源的供求狀況，從而反應了資源的稀缺情況。例如，社會上缺專業的物業管理設備設施養護人員，多合格的保潔人員，那麼，設備設施養護人員的工資就會比保潔人員的工資高。企業為了減少開支多賺錢，就得盡量多用工資水平低的人員。然而，工資水平低的保潔人員在物業管理職能上又替代不了設施設備養護人員。於是，社會其他人員就會有學習和掌握設施設備養護技能的趨勢。企業在決定工資水平時，是從企業利益的角度出發，但結果卻完全符合社會的利益，這中間悄悄起作用的正是市場價格。市場價格協調了企業利益和全社會的利益，解決了怎麼生產的問題。價格體系還引導企業做出符合社會利益的產出決策。在市場體系下，價格的高低恰恰反應了社會的需要。在普通住宅區，業主總體收入水平低，物業管理服務費不能超出他們的實際支付能力，因此，服務的項目、次數相對較少；否則，企業將無法生存。

市場體系是一種契約體系，市場中的人是契約人，市場中的人不對任何人有人身依附，但卻受到商品交換契約的約束，受市場運行規則的約束。市場的威力就在於，它通過價格體系的作用和人們對自身利益的追求，迫使人們不得不遵守其規則。市場中的人對個人利益的追求是以尊重別人對個人利益的追求為前提的，為了追求個人利益，大家公平競爭。學習妥協精神與尊重別人的價值判斷標準，是交易正常進行的前提；相互信任，對商業道德的一致遵守，是市場機制正常運轉的保證。

（二）信息傳遞功能

市場體系是一種通過商品交換實現自願合作的經濟組織形式，市場體系的正常運轉是通過價格機制實現的，價格機制是一種沒有中央指令的工作系統。它的運轉不需要人們用語言傳達命令，也不管彼此是否喜歡。價格在組織經濟活動時的作用，正像諾貝爾經濟學獎獲得者密爾頓·弗里德曼分析的那樣，價格履行了

三種功能：傳遞信息、提供激勵、決定收入分配。這三種功能是彼此相關的。在指令性計劃體制下，價格由國家統一制定，不反應市場供求情況，就失去了傳遞信息的作用。也就是說，市場體系越完善，產生的信息越多，傳遞的速度也就越快。因此，信息傳遞是溝通供求的橋樑。

(三) 價值實現和價值評價功能

按照價值規律，商品交換應以價值為基礎進行等價交換。通過物業管理市場的交換，物業服務企業出售物業管理的使用價值，並以貨幣的形式收回所有的價值；業主、住戶、租戶支付貨幣購買使用價值，由此便實現了物業管理價值與使用價值的交換，社會再生產也才得以持續進行。

如上所述，價格的激勵作用在於以較少的成本取得較高的價值，使人們對需求和供給的變動作出反應。市場價格體系的優點之一就在於價格在傳遞信息的同時給人們以激勵，從而使人們基於自己的利益自願地對信息作出反應。生產者的利潤等於出售產品所得與成本的差額，如果提高產量增加的所得大於所增加的成本，生產者就會繼續提高產量，直到兩者相等。當邊際收益等於邊際成本時，企業實現利潤最大化，這就會刺激生產者增加生產。同時，價格激勵生產者以最高效的方式進行生產，並決定收入分配。價格機制在收入分配上，在保留傳遞信息和提供激勵的同時，使人們的收入更加平等。

物業管理市場通過逐步建立健全市場機制，對物業管理的價值進行客觀的評價，使得物業管理各部門及其相關部門都能得到合理的利潤和滿足自身發展的資金累積，從而促進整個經濟健康、協調地發展。

第二節　物業服務企業

物業管理市場上的商品主要是勞務和服務，這主要由物業服務企業提供。雖然中國的物業服務企業和物業管理同時產生，且近年來發展也很迅速，其存在形式也多種多樣，但由於物業服務企業從業人員的執業素質和能力以及管理服務水平沒有與物業管理快速發展保持同步，所以就不可避免地造成物業管理市場無序競爭、服務質量差等現象。為了規範物業管理和物業服務企業，國家制定了相關規章制度和辦法嚴格監管物業服務企業的設立和運作。

一、物業服務企業概述

(一) 物業服務企業的概念

物業服務企業是依法成立，具有資質和法定資格，按照物業服務合同的約定對投入使用的房屋及附屬的設備設施和相關場地進行維修、養護、管理以及對物業管理區域環境衛生和公共秩序進行維護，並為業戶提供全方位、多層次服務的經濟實體。

（二）物業服務企業的性質

物業服務企業是從事物業管理與服務的專門機構，屬於服務行業。其性質是具有獨立的企業法人地位的經濟實體，按照自主經營、自負盈虧、自我約束、自我發展的機制運行。

1. 物業服務企業必須依法設立

物業服務企業應當依據《中華人民共和國公司法》等法律法規規定的要求和條件成立，按照相應的成立程序和手續到工商行政管理部門和房地產主管部門進行「雙重註冊」，並嚴格遵循國家和地方對物業管理和物業服務企業的規範開展工作。

2. 物業服務企業是法人企業

與一般企業可以選擇企業法人和自然人企業的組織形式不同，物業服務企業的設立形式根據《物業管理條例》的規定只能是公司形式，且主要是有限責任公司形式。作為一個獨立的法人實體，跟一般企業一樣，具有獨立的辦公場所和條件，能夠獨立開展物業管理服務活動並進行獨立核算，按照市場經濟規律進行自主經營，自負盈虧，自我約束，自我發展，以自己的名義享有民事權利和承擔民事責任等。

3. 物業服務企業是服務性企業

物業服務企業的主要職能是通過對物業的管理和提供的多種服務，確保物業的正常使用，為業主創造一個舒適、方便、安全的工作和生活環境。物業服務企業本身並不製造實物產品，主要通過常規性的公共服務、延伸性的專項服務和特約服務、委託性的代辦服務和創收性的經營服務等項目，盡可能實現物業的保值、增值。

4. 物業服務企業具有一定的公共管理性質和職能

物業服務企業在向業戶提供服務的同時，還承擔著物業管理區域內公共秩序的維護、社會治安、消防管理、市政設施的維修管理、流動人口管理等職能，其內容帶有一定的公共管理性質。

（三）物業服務企業的特徵

1. 鮮明的服務性

物業服務企業的性質是由物業管理行業的性質決定的，物業管理具有服務性，因而物業服務企業也具有服務性。物業服務企業歸屬於中國的第三產業，屬於服務業的範疇，中國《物權法》和《物業管理條例》明確了物業服務企業具有服務的性質，應以提供業戶滿意的服務為主要任務和目標；同時，還承擔了政府對城市管理的部分服務職能。

2. 獨特的企業性

物業服務企業是獨立的法人企業，具有一般企業所需要的成立資格和條件以及營運規範和要求，如嚴格按照法定程序建立，擁有一定的資金、設備、人員和經營場所，具有明確的經營宗旨和符合法規的管理章程，獨立核算、自負盈虧，以自己的名義享有民事權利、承擔民事責任，以盈利為目的等；同時，也有自身特殊的企業性質，如以提供有償性和具有營利性的服務為主，需要相應的管理資

質等。

3. 執業的專業性

物業服務企業的業務範圍包括對物業的管理、對業戶的服務、對企業自身的管理以及開展的多種經營或綜合服務。這些業務的展開和開展，都需要物業服務企業以專業性的技術水平、管理能力和服務技藝去保證，都需要物業服務企業強化與物業有關的管理與服務這一主業的專業化、組織機構和人員配備的專業化、操作規程和工具使用的專業化。不然，就可能因非專業化的人員服務態度不好、操作不當而降低業戶的滿意度、信任度，或者因非專業化的流程出錯、誤工誤時而造成嚴重災害或損失，或者因非專業化的盲目擴張、多元經營而加速企業資金鏈斷裂，從而陷入生存困境等。這是物業服務企業必須避免或克服的。

4. 地位的平等性

物業服務企業與一般企業一樣，成立和營運中遵守相關法律法規和政策規範應是平等的，國家對中小微企業、服務企業、民營企業等方面的鼓勵、引導和支持政策，物業服務企業同樣可以對照條款平等享有。同時，物業服務企業與業戶的法律地位和關係也是平等的，雙方有權自主選擇是否建立管理服務契約。

(四) 物業服務企業的類型

目前，中國存在著多種類型的物業服務企業，從不同的角度可以作如下分類：

1. 按投資主體分類

物業服務企業按投資主體分為全民、集體、聯營、私營、外資等。

(1) 全民所有制物業服務企業

全民所有制物業服務企業即國有物業服務企業，其主要特徵是企業的資產屬於全民所有，即國家所有。這類企業在剛成立時，往往依附於原來企業或行政事業單位，管理的物業一般由原有企業或行政事業單位自建的，具有自建自管的特點。這類企業所占比例較小，已隨著社會主義市場經濟的不斷深入和物業管理市場的不斷發育走上了市場化的軌道。

(2) 集體所有制物業服務企業

這類企業的資產屬於部分勞動者集體所有，一般以原有的房地產管理機構為基礎，由街道或其他機構負責組建，管理街道區域內的物業或其他物業。此外，這類企業還可以由集體所有制的房地產開發公司負責組建，主要管理公司自己開發的各類房產。該種類型所占比例也較小，並走上了市場化發展的道路。

(3) 聯營物業服務企業

聯營物業服務企業是指企業與企業、企業與事業單位之間聯營，或互相之間組成新的經營實體，取得法人資格，各自享有相應的權利，承擔相應的義務，共同實施物業管理服務的企業。

(4) 私營物業服務企業

私營物業服務企業也叫個人獨資物業服務企業，是指依法在中國境內設立，由一個自然人投資，財產為投資人所有，投資人以其個人財產對企業債務承擔無限責任的物業服務企業。這種企業的主要特徵是企業的資產屬於投資者私人所有，是物業服務企業的主要形式。

（5）外資物業服務企業

外資物業服務企業是以外商獨資、中外合資經營或合作經營等形式運作的物業服務企業，是「三資企業」在物業管理中的體現。隨著中國物業管理市場的成熟，將會有更多的外資進入，按照中國的法律，由外國投資者與國內的企業合資、合作或由外國投資者獨立設置物業服務企業。這種類型也將成為中國境內物業服務企業的一個重要的形式。

2. 按企業組織形式分類

物業服務企業按企業組織形式分為獨資企業、合夥企業和公司企業。

（1）獨資物業服務企業

獨資物業服務企業是單人業主制企業，是由某個人出資創辦的物業服務企業。

（2）合夥物業服務企業

合夥物業服務企業是由幾個人、幾十人，甚至幾百人聯合起來共同出資創辦的物業服務企業。它不同於所有權和管理權分離的公司企業，通常是依合同或協議湊合組織起來的，結構較不穩定。合夥人對整個合夥企業所欠的債務負有無限的責任。合夥企業不如獨資企業自由，決策通常要合夥人集體做出，但它具有一定的企業規模優勢。

（3）公司制物業服務企業

公司制物業服務企業是按所有權和管理權分離，出資者按出資額對公司承擔有限責任創辦的物業服務企業。它主要包括物業服務有限責任公司和物業服務股份有限公司。物業服務有限責任公司指不通過發行股票，而由 2～50 個股東共同出資組建的公司。其資本無須劃分為等額股份，股東在出讓股權時受到一定的限制。物業服務股份有限公司是指由 5 個及以上的發起人成立起來的公司，公司全部註冊資本（必須在 1,000 萬元以上）由等額股份構成並通過發行股票（或股權證）籌集資本，公司以其全部資產對公司債務承擔有限責任的企業法人。中國物業服務企業主要採用有限責任公司的形式。

3. 按經營方式分類

物業服務企業按經營方式分為委託型、顧問型、租賃型。

（1）委託型物業服務企業

它一般是指由業戶組成的業主委員會通過合同方式委託管理物業的物業服務企業。這種類型的企業具體實施日常的對物業的管理和對業戶的服務工作，目前大部分物業服務企業屬於此類。

（2）顧問型物業服務企業

這類企業由少量具有豐富物業管理與服務經驗和理論的人員組成，不具體承擔物業管理服務工作，而只從事具體物業管理服務中的有關需求提出建議、有關管理提供諮詢、有關決策發表看法等顧問活動，並以收取顧問費維持企業生存和發展。

（3）仲介型物業服務企業

企業主要開展有關房地產及其相關設施設備、建材裝飾等方面的經紀、信託、代理、租賃等業務。

4. 按業務範圍分類

物業服務企業按業務範圍分為管理型、操作型和綜合型物業服務企業。

（1）管理型物業服務企業是指企業除了主要領導和各專業管理部門技術骨幹外，其他各項服務，如秩序維護、環境衛生、綠化園藝等以合同形式交由社會上的專業化隊伍承擔。

（2）操作型物業服務企業也叫專業型物業服務企業，只就某一部分提供專項物業管理服務的企業，如保安公司、設備維修公司、清潔公司等。

（3）綜合型物業服務企業，是直接從事物業的管理、經營與服務，其功能齊全，發展全面。

此外，物業服務企業還可按照存在形式分為獨立的和附屬的，按照區域性分為一般企業、跨國企業等。

二、物業服務企業的組建

根據《中華人民共和國公司法》《公司登記管理條例》和《物業服務企業資質管理辦法》（2007）的規定，物業服務企業的設立程序一般包括可行性論證、資質審批、工商註冊登記、稅務登記、公章刻制、資質審查等，重點在於「雙註冊」，即工商行政管理部門的營業執照註冊和房地產主管部門的資質條件註冊。

（一）物業服務企業的工商註冊登記

根據《中華人民共和國公司法》規定，企業設立須向工商行政管理部門進行註冊登記，在領取營業執照後，方可開業。因此，物業服務企業在營業前必須到工商行政管理部門註冊登記，其辦理手續與一般企業相同。

1. 企業名稱的預先審核

企業的名稱一般由四個部分組成：企業所在地名、具體名稱、經營類型、企業性質。物業服務企業可結合行業特點，根據所管理物業的名稱、地域、公司發起人等取名，但在起名時，必須符合《中華人民共和國公司法》的有關規定。根據公司登記管理的有關規定，物業服務企業應當由全體股東或發起人指定的代表或委託的代理人申請企業名稱的預先核准，經工商行政管理部門批准後，獲得《企業名稱預先核准通知書》。企業名稱是企業品牌中的一個重要組成部分，從開始起名時就要維護其合法性和效應性，企業名稱一般要求簡明、響亮、有寓意和創意。

2. 公司地址

物業服務企業必須有固定的辦公及經營場所，根據《民法通則》規定，企業法人應以其主要辦事機構所在地為公司地址。物業服務企業的住所用房可以是自有產權房屋或租賃房屋，如是租賃房屋，必須辦理合法的租賃合同，且租期一般必須在一年以上。

3. 註冊資本

註冊資本是企業從事經營活動、享受債權、承擔債務的物質基礎。一般來說，註冊資本的大小直接決定企業的未來償債能力和經營能力。物業服務企業的註冊

資本要符合《中華人民共和國公司法》對各類公司註冊資本的具體規定（如科技開發、諮詢、服務性有限責任公司最低限額的註冊資本為10萬元）以及各地對物業服務企業註冊資本的要求，同時還應符合各資質等級註冊資本的規定要求。

4. 法定代表人

物業服務企業法定代表人是代表企業行使職權的主要負責人，必須符合下列條件：有完全民事行為能力、有所在地正式戶口或臨時戶口、產生的程序符合國家法律和企業章程的規定、符合其他有關規定的條件等。

5. 企業章程

物業服務企業章程是明確企業宗旨、性質、資金、業務、經營規模與方向、組織形式與機構以及利益分配原則、債權債務處理方式、內部管理制度等內容的規範性書面文件，是設立企業的最重要基礎條件之一。企業章程的內容因企業性質和業務的實際情況不同而有所不同。一般工商行政管理部門備有章程文本，主要內容包括：總則，包括公司名稱和地址等；企業的經營範圍；註冊資本的數額和來源；經營範圍和方式，組織機構及其職權；法定代表人的產生程序及職權；企業管理制度及利益分配辦法；勞動用工制度及職工錄用方式、待遇、管理方法；章程修改程序和企業終止程序；其他事項。

有限責任公司的章程裡應增加的內容：股東姓名或名稱、股東的權利和義務；股東出資的方式和數額；股東轉讓出資的條件；公司各機構成員的產生辦法、職權、議事規則；公司撤銷和清算辦法；股東認為應該規定的事項；股東在章程上的簽名蓋章。

股份有限公司的章程裡需增加的內容：設立方式；股份總數，每股金額；發起人姓名或名稱及各自認購股份數額；股東的權利和義務；董事會組成、職權、任期及議事規則；監事會組成、職權、任期及議事規則；利潤分配方式；公司的通知與公告辦法；公司撤銷和清算辦法；股東大會認為應該規定的事項。

6. 有符合規定的專業技術人員和管理人員

這在《物業服務企業資質管理辦法》（建住房〔2004〕125號）有明確規定，下面將要涉及，在此不贅述。同時，物業服務有限責任公司應由2人以上、50人以下股東共同出資設立；物業服務股份有限公司（除國有企業改建為股份有限公司外）應有5個以上發起人，其中半數以上發起人在中國境內有固定場所；國家授權投資的機構和部門可以單獨設立國有獨資的有限責任公司；海外投資者可以在中國獨資設立外資性質的物業服務有限責任公司。

物業服務企業在辦理企業註冊登記時，應提交由具有法定資質的驗資機構出具的驗資證明，以及必要的審批文件；如果達到所有規定的條件，工商行政管理部門審核後即可發給營業執照，企業即告成立。物業服務企業成立後，還必須經過銀行開戶、公章刻制、法人代碼登記和稅務登記等程序，此後方可進行企業的運作。

（二）物業服務企業的資質審批與管理

企業資質主要是為了界定、查驗、衡量企業具備或擁有的人力、物力和財力情況，包括企業的註冊資本、擁有的固定資產、技術力量、經營規模及經營水平

等，它是企業實力和規模的標誌。物業服務企業資質的審批和管理是對物業服務企業註冊資本、專業和管理人員、經營規模和能力等方面的審批及管理。物業服務企業的資質等級實行動態管理制度。

物業服務企業資質等級分為一、二、三級。國務院建設主管部門負責一級物業服務企業資質證書的頒發和管理。省、自治區人民政府建設主管部門負責二級物業服務企業資質證書的頒發和管理，直轄市人民政府房地產主管部門負責二級和三級物業服務企業資質頒發和管理，並接受國務院建設主管部門的指導和監督。設區的市級人民政府房地產主管部門負責三級物業服務企業資質的頒發和管理，並接受省、自治區人民政府建設主管部門的指導和監督。

申請核定資質等級的物業服務企業，應當提交的材料有：企業資質等級申報表；營業執照；企業資質證書正、副本；物業管理專業人員的職業資格證書和勞動合同，管理和技術人員的職稱證書和勞動合同等。

各資質等級物業服務企業的條件如下：

1. 一級資質

（1）註冊資本人民幣500萬元以上。

（2）物業管理專業人員以及工程、管理、經濟等相關專業類的專職管理和技術人員不少於30人。其中，具有中級以上職稱的人員不少於20人，工程、財務等業務負責人具有相應專業中級以上職稱。

（3）物業管理專業人員按照國家有關規定取得職業資格證書。

（4）管理兩種類型以上物業，並且管理各類物業的房屋建築面積分別占下列相應計算基數的百分比之和不低於100%。

①多層住宅200萬平方米；

②高層住宅100萬平方米；

③獨立式住宅（別墅）15萬平方米；

④辦公樓、工業廠房及其他物業50萬平方米。

（5）建立並嚴格執行服務質量、服務收費等企業管理制度和標準，建立企業信用檔案系統，有優良的經營管理業績。

2. 二級資質

（1）註冊資本人民幣300萬元以上。

（2）物業管理專業人員以及工程、管理、經濟等相關專業類的專職管理和技術人員不少於20人。其中，具有中級以上職稱的人員不少於10人，工程、財務等業務負責人具有相應專業中級以上職稱。

（3）物業管理專業人員按照國家有關規定取得職業資格證書。

（4）管理兩種類型以上物業，並且管理各類物業的房屋建築面積分別占下列相應計算基數的百分比之和不低於100%：

①多層住宅100萬平方米；

②高層住宅50萬平方米；

③獨立式住宅（別墅）8萬平方米；

④辦公樓、工業廠房及其他物業20萬平方米。

（5）建立並嚴格執行服務質量、服務收費等企業管理制度和標準，建立企業

信用檔案系統，有良好的經營管理業績。

3. 三級資質

（1）註冊資本人民幣 50 萬元以上。

（2）物業管理專業人員以及工程、管理、經濟等相關專業類的專職管理和技術人員不少於 10 人。其中，具有中級以上職稱的人員不少於 5 人，工程、財務等業務負責人具有相應專業中級以上職稱。

（3）物業管理專業人員按照國家有關規定取得職業資格證書。

（4）有委託的物業管理項目。

（5）建立並嚴格執行服務質量、服務收費等企業管理制度和標準，建立企業信用檔案系統。

各資質等級的物業服務企業可以承接的項目規定是：

一級資質物業服務企業可以承接各種物業管理項目。

二級資質物業服務企業可以承接 30 萬平方米以下的住宅項目和 8 萬平方米以下的非住宅項目的物業管理業務。

三級資質物業服務企業可以承接 20 萬平方米以下住宅項目和 5 萬平方米以下的非住宅項目的物業管理業務。

(三) 物業服務企業組建的申報資料

1. 內資企業（含國有、集體、股份合作）一般提供的資料

主管部門對申請物業服務企業的經營資質進行審批的報告；設立物業服務企業的可行性報告和上級主管部門的批准文件；公司章程；企業法定代表人任命書或聘任書；驗資證明；註冊及經營地點證明；擁有或受託管理物業的證明材料；具有專業技術職稱的管理人員的資格證書或證明文件；其他有關資料。

2. 其他企業需提供的資料

外商投資企業除需提供內資企業申報審批所需要的有關資料外，還需要提供合資或合作項目議定書、合同等文件副本及有關批准文件；外商獨資企業應委託本市具有對外諮詢代理資質的機構辦理申請報批事項。

私營企業除補充個人身分證明和待業證明等有關資料外，其余資料大體相同。

(四) 物業服務企業的變更與註銷

1994 年 3 月 23 日建設部以第 33 號令發布，1994 年 4 月 1 日起施行的《城市住宅小區管理辦法》對物業服務企業的權利和義務作出了明確的規定，《物業管理條例》中又有所補充。物業服務企業在充分享有法律賦予的權利的同時，必須嚴格履行應盡的義務；否則，將會被業戶（業主委員會）解聘、辭退，也會被兼併、破產，從而主動或被動地產生變更或註銷。

1. 物業服務企業的變更

（1）物業服務企業改變名稱、住所、經營場所、法定代表人、經濟性質、經營範圍、經營方式、註冊資金、經營期限以及增設或撤銷分支機構，應當辦理變更登記。

（2）物業服務企業申請變更登記，應當在主管部門或審批機關批准后 30 日內，向所在地工商行政管理部門申請變更登記。

（3）物業服務企業分立、合併、遷移等，應當在主管部門或審批機關批准後30日內，向所在地工商行政管理部門申請變更登記、開業登記或註銷登記。

2. 物業服務企業的註銷

物業服務企業因歇業、被撤銷、宣告破產或其他原因終止營業的，應到所在地工程行政管理部門辦理註銷登記。

三、物業服務企業的組織機構

組織機構是企業為了實現戰略目標，在組織中正式確定的使工作任務得以分解、組合與協調的框架體系，物業服務企業組織機構也就是物業服務企業為了實現其經營方針和管理目標而設置的一套用以保障管理意志的實現和管理行為進行的組織形式，它是為管理服務的。物業服務企業組織機構的形式主要涉及縱向行政層次的劃分和行政部門的設立，橫向專業管理組織的職能機構設置及管理職能的劃分，以及橫向、縱向關係的處理問題。其架構一般可以採用直線制、職能制、矩陣制、事業部制等形式。

（一）設置要求

物業服務企業不是孤立的經濟實體，而是開放的組織系統。要設計一個功能齊全、結構合理的組織機構，首先必須明確每一個組織機構的功能作用和具體目標，其次則需要考慮人、財、物等資源分配以及各部門之間、人與人之間的協調關係。物業服務企業組織機構設置必須為實現企業的經營管理目標服務，其目的性和科學性是保證企業整體協調和高效運作的關鍵。這就要求物業服務企業在設置組織機構時需要滿足以下五個基本要求：

1. 具備服務性功能

物業服務企業是專門從事物業管理與服務的服務性企業，它的組織機構的設置必須保證具備這些功能，並有助於實現企業的服務宗旨。

2. 按照規模、任務設置

物業服務企業在設置組織機構時，一方面應考慮管理的規模，一般而言，管理面積越大，員工越多，劃分的管理層次就越多，部門和職能設置就越全面，分工越精細。另一方面，在保證關鍵職能的基礎上，又應適當減少部門劃分，或者將幾個相關的部門合併成一個綜合部門，採用一專多能、一崗多責的組織機構設置方式。物業服務企業的組織機構設置要服從企業的任務和目標，根據物業管理模式的任務和目標的不同，組織機構設置的重點也應該有所區別，應主要以工作為中心，根據工作需要設崗定員。

3. 充分發揮員工潛能

物業服務企業的管理、經營和服務活動都是依靠每一個人來實現的。因此，組織機構的設置要求每一位員工都能事事有人干、人人有事干，力求人盡其才、才盡其用、在位有為、有為有位，充分發揮個人智慧和團隊作用。

4. 關係適應與協和

企業是一個有機整體，是由人、財、物、技術、信息等要素和子系統組成的

開放系統，要使這種系統最大限度地發揮出整體功能，就需要系統內外各要素的協調配合與高度和諧。因此，物業服務企業組織機構的設置必須保證企業內外各種關係的相互適應與協調。

5. 持續的效率、效果與效益追求

物業服務企業組織機構的設置要從實際出發，以較低成本實現最好效果，以較低投入達到最大效率，以較低耗費完成最大效益。這就要求物業服務企業的組織機構設置要基於管理目標的需要，因事設機構、設職務匹配人員，人與事要高度配合，反對離開目標，因人設職，因職找事；要基於有著較強的執行力需要，嚴格企業規章制度的貫徹落實，確保流轉中的各種信息準確、迅速、及時反饋和有效暢通，克服由於企業內組織機構的複雜性和相互之間關係的縱橫交錯而發生的信息阻塞及其導致的企業管理混亂、決策失誤、執行力弱等弊病。

(二) 設置原則

1. 目標一致性原則

任何一個企業都有自己的經營發展目標。物業服務企業組織機構的設置必須以企業的總體目標為依據，必須有利於企業目標的實現。從某種意義上講，組織機構的設置是實現企業總目標的一種管理手段，因目標設置機構，因機構設職設人。只有目標層層分解，機構層層建立，直至每一個人都瞭解自己在總目標的實現中應完成的任務，這樣建立起來的組織機構才是一個有機整體，才能為總目標的實現提供有力保證。

2. 統一領導、分層管理原則

物業服務企業要有效控製管理行為，實現集權與分權相結合。統一領導是各項工作協調進行和實現總目標的決策保證，分級層次管理則是充分發揮各級管理人員積極性的保障機制。無論進行怎樣的組織機構設置，物業服務企業各部門和各人員都要服從統一指揮，即戰略及重大決策集中在高層，日常工作的管理和經營逐級授權，實行層次化管理。只有企業的各個機構在其總體發展戰略和方針指導下，服從上級的命令和指揮，才能避免多頭領導和多頭指揮，保證政令暢通，提高管理工作的效率和效果。當然，在物業服務企業中，究竟哪些權力該集中，哪些權力該分散，沒有統一的模式，往往是根據企業的具體性質和管理者的經驗來確定。

3. 分工協作原則

分工協作是社會發展進步的標誌。在物業服務企業中，各部門和項目應有明確的分工，把企業的任務和目標進行層層分解，落實到每個職能部門、項目和個人或團隊。要注意分工的合理性，與工作任務多少、工作量大小相適應；要注意分工的專業化，企業各部門都應該盡量按專業化原則來設置，以便使工作精益求精，達到最高效率。物業服務企業組織結構的劃分包括管理層次的劃分、部門的劃分和職權的劃分，要注意合作的可能性，包括上下級之間的縱向協作和各職能部門、各項目、各崗位之間的橫向協作。各層級、部門和職位之間要有專業的部門或人員來管理和負責，各部門和人員之間又應該保持相互協作關係。

4. 精干、高效、靈活原則

物業服務企業組織機構要有相對的穩定性，要在精簡、精干、高效的同時，

根據企業外部環境的變化和企業內部業務發展的需要及時作出必要的調整，但不能頻繁變動。

5. 權責對等原則

權是指管理的職權，即職務範圍內的管理權限；責是指管理上的職責，即當管理者佔有某職位，擔任某職務時所應履行的義務。職責不像職權那樣可以授予下屬，它作為一種應該履行的義務是不可以授予別人的。職權應與職責相符，職責不可以大於也不可能小於所授予的職權。有責無權，不僅不能調動管理人員的積極性，而且使責任形同烏有，最終無法保證公司任務的完成；有權無責，必然助長官僚主義，導致權力濫用。職權、職責和職務是對等的，如同等邊三角形三邊等值一樣，一定的職務必有一定的職權和職責與之相對應。

6. 有效管理幅度原則

在處理管理幅度與管理層級的關係時，一般情況下應盡量減少管理層級，盡可能地擴大管理幅度；否則，管理層級多了，人員和費用也多了，會影響公司的經營效率。但是，有效的管理幅度必須考慮到機構特性、管理內容、人員能力以及組織機構的健全程度等因素，管理幅度過大同樣也會影響公司的經營效率。

(三) 設置程序

1. 確定企業性質

企業性質決定著企業內部組織機構的設計，物業服務企業屬於什麼性質，主要以什麼樣的物業為對象，這都對企業的機構設置和人員編製產生較大的影響。比如：擬註冊的物業服務企業屬於管理型，更偏重於管理部門，那就可以以較大的寫字樓、酒店或是商業大廈等為對象，在機構設置時，就應考慮管理部門與實務部門並重的結構；若擬註冊的物業服務企業是以住宅小區為主要服務對象，則企業在機構設置上實行獨立的分級領導，一般實行垂直領導制。

2. 進行外圍的調研

外圍調研主要是根據擬註冊的物業服務企業要達到的目的，對市場上同類物業服務企業的內部機構設置情況進行調研，分析它們各自的優缺點。比如：要在重慶設立一家物業服務企業，可以先走訪重慶的幾家同類物業服務企業，瞭解大概情況，再到周邊的成都、昆明、貴陽等城市瞭解其他省市同類物業服務企業的情況，再綜合考慮他們的優缺點，結合自己的實際，制定出比較合理的機構設置。

3. 對各部門工作進行定位

要根據擬註冊的物業服務企業的經營、管理、服務活動，按性質的接近程度進行分解，劃分成工程技術、管理、開發、財務管理、公共關係幾大類，並確定它們各自的業務範圍。充分瞭解這些工作，並將其今后可能涉及的工作進行分門別類，對各項工作之間的聯繫進行科學的分析，弄清他們的地位與排序，為機構設置和定崗編製提供參考依據。

4. 擬定內部機構設置的草圖

這項工作必須在對物業管理工作性質、範圍充分瞭解的基礎上進行，要將各項工作分別歸攏於合適的部門，形成層次化的部門組織機構。每項工作的任務要落實到相關部門，還要考慮到部門內工作的地位與層次，再來確定部門的名稱和

職能。在整個部門機構擬定時，一定要有整體觀念，要合理，具有層次。

5. 確定部門職責與崗位

對每個管理崗位要進行認真的工作分析，以明確各崗位的職責與權限。在此基礎上，尋找各個崗位的最優化管理操作程序，並用工作規範將其固定下來，以利於將來經營、管理、服務的運作。

6. 討論、修改和審批組織機構設計

在確定了部門職責與崗位后，要組織有關專家和業內人士進行會審、討論和修正。要經過反覆審核、評價、修改后，將新形成的組織機構設置情況呈交上級部門，待上級部門審查無意見后予以批復。

7. 招聘工作人員

按照職責、崗位來招聘和選拔合適的工作人員，尤其要注重不同崗位對所需人員的素質與特長的要求。可以採用公開招聘的形式，要負責任地選好所用人才，任人唯賢，再根據各崗位在管理業務流程中的作用確定崗位人員的報酬。

(四) 設置方式

物業服務企業的組織形式就是把企業的總任務分解成一個個具體的任務，然后再把相關任務組合成單位或部門，同時把責、權、利分別授予每個單位或部門管理人員的一種方式，或者簡單地說就是指企業內部管理組織整體設置的方式。自企業產生以來，隨著社會經濟的發展和企業規模的不斷擴大，出現了諸多企業組織形式，如直線制、職能制、直線職能制、事業部制、矩陣結構、多維立體結構等。物業服務企業也可根據自身的人財物和規模，服務管理目標和所管物業的範圍、類型、數量等實際情況，選擇適宜的組織形式。

1. 直線制

直線制是企業管理機構最早和最簡單的一種組織形式，又稱軍隊式結構。它的特點是：企業各級領導者親自執行全部管理職能，按垂直系統直線指揮，各級主管人員對所屬單位的一切問題負責，不設專門職能機構，只設職能人員協助主管人員工作。每個上級可領導多個下級，每個下級只接受一個上級領導。這種組織形式適用於業務量較少的小型專業化物業服務企業，或者從事單一專項業務的專業公司，如專門的保潔公司、保安公司等，不能適應較大規模和較複雜的物業管理。

直線制的主要優點：領導能夠集指揮和職能於一身，命令統一，責權分明，指揮及時，結構簡單，橫向聯繫少，內部協調容易，信息溝通迅速，行動效率高。主要缺點：要求領導者通曉各種專業知識，具備多方面的知識和技能；缺乏專業化的管理分工，經營管理事務依賴於少數幾個人；當企業規模擴大時，管理工作會超過個人能力所限，不利於集中精力研究企業管理的重大問題。

2. 職能制

職能制的管理組織形式的特點是在直線制組織形式基礎上為各級領導者相應地設置職能機構或專職人員，他們既能在各自的職能範圍內直接指揮下屬單位，又能協助領導工作。

3. 直線職能制

直線職能制以直線制為基礎，在各級主管人員的領導下，按專業分工設置相應的職能部門，實行主管人員統一指揮和職能部門專業指導相結合的組織形式。其特點是各級主管人員直接指揮，職能機構是直線行政主管的參謀。職能機構對下面直線部門一般不能下達指揮命令和工作指示，只是起業務指導和監督作用。這種組織形式是目前物業管理機構設置中普遍採用的一種形式，適合於中等規模的企業。

直線職能制的主要優點：加強了專業管理的職能，適應涉及面廣、技術複雜、服務多樣化、管理綜合性強的物業服務企業。主要缺點：機構人員較多，成本較高；橫向協調困難，容易扯皮，降低工作效率。它適用於那些專業涉及面廣、技術複雜、服務多樣性和管理綜合性較強的物業服務企業，是目前中國大中型物業服務企業採用較多的一種組織形式。常見的是企業組織機構分成兩級，即企業總部和各物業管理處。

4. 事業部制

事業部制又稱分部制、分權制，是較為現代的一種組織形式，是一種在直線職能制基礎上演變而成的現代企業組織結構。事業部制結構遵循「集中決策，分散經營」的總原則，實行集中決策指導下的分散經營，按產品、地區和顧客等標誌將企業劃分為若干相對獨立的經營單位，分別組成事業部。各事業部可根據需要設置相應的職能部門。這種組織形式的主要特點：實行分權管理，將政策制定和行政管理分開；每個事業部都是一個利潤中心，實行獨立核算和自負盈虧。這種形式一般多由那些規模大、物業種類繁多、經營業務複雜多樣的大型綜合物業服務企業借鑑採用。

事業部制的主要優點：一是強化了決策機制，使公司最高領導擺脫了繁雜的行政事務，著重於公司重大事情的決策；二是各事業部主管擁有很大的自主權，集中從事某一方面的經營活動，實現了高度專業化，能充分調動各事業部門的積極性、責任心和主動性，增強了企業的活力；三是促進了內部的競爭，提高了公司的效率和效益；四是有利於複合型人才的考核培養，便於優秀人才脫穎而出。主要缺點：事業部之間的協調困難，機構重疊，人員過多；各事業部獨立性強，考慮問題時容易忽視企業整體利益。

5. 矩陣制

矩陣制也稱為規劃—目標結構組織，是在傳統的直線職能制縱向領導系統的基礎上，按照業務內容、任務或項目劃分而建立橫向領導系統，縱橫交叉，構成矩陣的形式。其特點是在同一組織中既設置縱向的職能部門，又建立橫向的管理系統；參加項目的成員受雙重領導，既受所屬職能部門的領導，又受項目組的領導。

矩陣制的主要優點：利於加強各職能部門之間的協作與配合，充分利用了人力資源；利於調動各方工作積極性，解決處理各自責任範圍內的問題；能在不增加人員的前提下，將不同部門專業人員集中起來，較好地解決了組織結構相對穩定和管理任務多變之間的矛盾，實現了企業綜合管理與專業管理的結合，具有較強的機動性和適應性。主要缺點：組織結構的穩定性較差，機構人員較多，容易

形成多頭領導；組織關係比較複雜，協調工作量比較大，處理不當容易產生矛盾。該組織形式在國外的物業服務企業中用得較多；在中國，多用於新的小區或大廈物業管理處或在異地新組建的分公司籌建階段。

上述企業組織形式，可歸結為三個方面：以工作和任務為中心的組織形式，如直線制、直線職能制、矩陣制；以成果為中心的組織形式，如事業部制和模擬分權結構；以關係為中心的組織形式，只出現在特別巨大的企業或項目中。一般說來，企業組織形式的選擇，如果從企業規模考慮，那麼，企業規模較小時宜用以工作為中心模式，規模較大時宜用以「成果為中心」模式，規模特大時可考慮「以關係為中心」模式；如果從各部門工作的性質考慮，那麼，以利潤為中心時可採用事業部制、以成本或責任為中心時則適宜採用直線制或直線職能制；如果從外部環境複雜和變化速度考慮，那麼，外部環境穩定時宜採用職能制，反之則可考慮事業部制；如果從企業成員素質考慮，那麼，素質高則宜採用以「成果為中心」模式，反之則適合以「工作為中心」模式。

此外，還有一些具體的營運形式，比如，總經理負責制管理模式，該管理模式的特點是集指揮和職能於一人——總經理，命令統一，責權分明，指揮及時。它要求總經理的專業知識和各類技能以及個人品格素質都要高，這樣才能領導好企業。再如，「三總師」負責制管理模式，該管理模式特點是在董事會、總經理領導下，具體的指揮職能由「三總師」來分擔，即由總經濟師、總會計師、總工程師來分別領導和指揮各個職能部門。採用「三總師」負責制的管理模式通常是一些大型企業，而且所管理物業的量大、房產類型多。

(五) 具體架構

物業服務企業的組織形式不同，企業的規模、管理對象、管理內容不同，企業的機構設置也就不完全一樣。無論採取哪種組織架構形式，物業服務企業機構的設置都要根據管理的需要而定。一般情況下，物業服務企業實行的是總經理負責制，通常有總經理室、辦公室、財務部、工程部、管理部、經營服務部等機構。

1. 總經理室

總經理室是物業服務企業的決策機構，一般設置總經理1名，副總經理及「三總師」(總會計師、總經濟師、總工程師) 若干名，部分企業還有總經理助理，他們共同構成企業的決策層，在總經理的領導下對企業一切重大問題做出決策。總經理對企業全面負責，制定企業的發展規劃和經營管理方針，對重大問題做出決策。副總經理及「三總師」協助總經理處理分管工作，完成總經理和經理辦公會議交給的各項任務。

2. 辦公室

辦公室，有的企業稱之為行政部，是總經理領導下的綜合行政管理部門，負責協調和監督企業各部門的工作，處理日常行政事務，完成企業文書處理、檔案文件管理、對外聯繫和接待以及受理投訴，檢查監督各類法律法規、文件的執行。其中，日常行政事務包括負責員工的考勤、勞動紀律和獎懲、后勤保障和生活福利的辦理、員工勞動保險、各種會議組織和會議文件下發、各種活動的組織和板報製作、管理規定的制定與發出和監督執行等。有些企業在沒有設置人力資源部

的情況下，有關人事、培訓、檔案等人事工作也由辦公室負責。

3. 財務部

財務部是企業實施財務管理的職能部門，主要負責企業的資金運作，審核企業的各項開支、收繳和核算物業服務費和其他費用，做好財會帳冊、報表和報告，繳納稅金，合理調度和分配各項資金的使用，編製和監督財務計劃及其實施等。財務部必須堅持原則，遵守財經紀律，執行財務規章制度；編製財務計劃，做好財務核算、成本控製、預算和決算管理、財務分析和財務管理等工作；督促檢查各項目的財務收支情況，監督資金和資產的安全運作，增收節支；定期向總經理室匯報財務收支情況；發展同各金融機構的關係，積極籌措企業經營和發展所需資金；加強與稅務部門的聯繫，合理、合法地計算、代扣並繳納本公司有關稅金等。

4. 工程部

工程部是物業服務企業重要的技術管理部門，負責房屋設備及公共設施的管理和維修保養，保證其正常運行。工程管理部的主要職責包括：工程維修和運行保障，合格工程維修分包商評審；各項維修保養工程和工程改造項目招投標、預算及審價、合同評審工作，為各物業項目提供工程技術支持、工程設備運行和維修評審，支持新項目做好新接管物業的移交、驗收和工程管理，負責或參與有關工程設備管理文件的編製，與供水（電、氣、暖）和市政部門的業務接洽和相關事務的處理，維修、施工外包合同的起草等。

5. 管理部

管理部，有的也叫綜合管理部，是物業管理的業務主管部門，一般負責對各類管理項目或管理處、分公司實施全面的指導、協調和管理工作，有時也可根據企業情況，分設行政管理部、環境管理部、安全管理部、品質管理部、市場管理部等（有些企業沒單獨設管理部，而是分設這些獨立的部門）。它主要負責物業區域內的公共衛生、環境綠化、消防治安、處理停水、停電等突發事件，接待客戶投訴等。

6. 經營服務部

經營服務部負責策劃和從事各種經營項目，為住戶提供全方位生活、辦公服務，包括各種家政服務和綜合代辦服務，並可開展仲介、租售代理、諮詢、裝修、多種經營服務等活動。經營管理部的主要職責包括：制訂和分解企業經營計劃和經營目標，制訂物業項目考核體系、考核指標和標準，組織對各物業項目進行目標考核等。

物業服務企業的組織機構必須根據企業規模、管理物業的類型和規模等因素綜合考慮。目前，一般物業服務企業的機構設置大多採用經理層、職能部門層、管理處三個層次的組織機構形式。如物業服務企業規模較大，管理物業較多時，一般採用兩級形式，即企業總部和各項目（各物業區域）管理機構（可稱為管理處、服務中心、服務處等）。企業總部可設若干職能部門，分管各項目或各物業區域管理機構；各項目或各物業區域管理機構具體負責管理服務的操作。

四、物業服務企業的社會責任

(一)企業社會責任的界定

1. 企業社會責任的產生發展

1924年,美國的謝爾頓率先提出了「公司社會責任」(Corporate Social Responsibility)的概念,之後,有關公司承擔社會責任的概念逐漸被公眾所接受。企業社會責任在以盈利至上的20世紀50~70年代,主要表現為企業必須承擔社會義務以及由此產生的社會成本,必須以不污染、不歧視、不從事欺騙性廣告宣傳等方式來保護社會福利,必須融入自己所在的社區及資助慈善組織等。20世紀80年代,企業社會責任運動開始在歐美發達國家逐漸興起,包括環保、勞工和人權等方面的內容,由此導致企業尤其是跨國公司紛紛制定對社會做出必要承諾的責任守則,或通過環境、職業健康、社會責任認證應對不同利益者的需要。20世紀90年代中期開始,企業社會責任運動在全球普遍推行,他要求企業在盈利的同時要承擔社會責任,企業發展要合乎社會道德規範。值得一提的是,1999年聯合國提出的企業界《全球契約》直接鼓勵和促進了「企業生產守則運動」的推行,要求包括中國在內的30多個國家共200多家企業自覺遵守涉及人權、勞工、環保、反腐敗等領域的九項原則,從而使得企業社會責任成為一流企業的公認標準,大多數歐美跨國公司都對其全球供應商實施企業社會責任評估和審核。中國企業必須緊跟時代步伐,積極融入企業社會責任運動的國際潮流,正確認識和積極做好自身應該承擔的社會責任,不斷促進企業的科學發展和持續壯大,真正實現企業價值最大化。

2. 企業社會責任的定義

關於企業社會責任(Corporate Social Responsibility,CSR)的定義目前在國際上仍難達成一致。世界銀行把企業社會責任定義為:企業與關鍵利益相關者的關係、價值觀、遵紀守法以及尊重人、社區和環境有關的政策和實踐的集合;它是企業為改善利益相關者的生活質量而貢獻於可持續發展的一種承諾。有學者認為,企業擔負的社會責任,是它對於社會、自然環境、消費者、股東、員工等有一種整體的考慮和持續的責任感。還有不少人分別從經濟責任、法律責任、倫理責任、慈善責任以及個體責任、市場責任、公共責任等方面來歸納和分析企業的社會責任,認為個體責任表現為企業作為一個獨立的經濟實體,必須首先承擔對員工和投資者的社會責任;市場責任表現為企業在市場競爭中既要真心維護消費者利益,又要坦誠與合作者聯合,還要自覺遵守市場規則;公共責任是企業為了獲得使用公共資源權利而必須承擔的對政府、對社區和對生態環境的責任,包括節約資源、保護環境、維護自然和諧和社會可持續發展的責任等。白雲龍指出:所謂社會責任,是指一個組織對社會應負的責任,應以有利於社會的方式進行經營和管理,追求對社會有利的長期目標。《中國物業管理》雜誌曾把企業社會責任描繪為:企業在創造利潤、對股東利益負責的同時,還要承擔對員工、對消費者、對社區和環境的社會責任,包括遵守商業道德,注重生產安全,關注職業健康,保護勞動者的合法權益,保護環境,支持慈善事業,捐助社會公益,保護弱勢群體等。

(二) 物業服務企業的社會責任

1. 基本含義

物業服務企業在法律許可的範圍內合法經營並追求盈利的過程中，必然會與其利益相關者發生各種經濟的或非經濟的利益關係。這種利益關係的直觀和直接表現就是一種相互責任的承諾和履行。因此，物業服務企業的社會責任可作廣義和狹義的理解。從狹義上講，物業服務企業的社會責任即指物業服務企業基於社會道德倫理應主動承擔的對其利益相關者及社會公眾或特殊需要群體的有關責任；從廣義上看，則指包含倫理道德之上的自覺性責任和經濟與法律之上的強制性責任。

2. 主要內容

物業服務企業在追求經濟效益的同時，應該承擔的社會責任包括：對政府的責任、利益相關方的責任、業戶的責任，以及對社會、資源、環境、安全的責任，保護弱勢群體，支持婦女權益，關心保護兒童，支持公益事業等。按照著名的企業社會責任研究學者卡羅爾（Archie B. Carroll）的觀點，物業服務企業和其他企業一樣，履行社會責任乃社會寄希望於企業應盡之義務，社會不僅要求企業實現其經濟上的使命，而且期望其能夠遵法度，重倫理，行公益。因此，完整的物業服務企業社會責任是企業的經濟責任、法律責任、倫理責任和慈善責任之和。其中，經濟責任包括股東盈利、經濟效益、競爭能力、經營效率、效益持續性等方面的最大化，它是企業其他責任的基礎。法律責任包括符合政府與法律期待，遵守法律法規，成為守法企業公民，履行法律義務，產品和服務符合滿足最低法定要求。它反應了法典倫理，體現了公平營運觀念，與經濟責任並存，構成自由企業制度的基本規則。倫理責任包括那些尚未納入法典的、期待的或防止的活動與實踐，反應了消費者、雇員、股東、社區等對於公平、公正和道德權利的關注。倫理責任一般體現比現有法律法規要求更高的績效標準，多具有法律上的爭議性。慈善責任是社會期待一個良好企業公民應採取的行動，包括企業為促進人類福祉或善意而在財務資源或人力資源等方面對藝術、教育和社區的貢獻。它屬於自主決定的、具有自願性。

(三) 物業服務企業承擔社會責任的影響因素

1. 內部因素

（1）經濟利益

物業服務企業作為一個以收抵支、自負盈虧的獨立經濟體，追求經濟利益是其本性。只有有了更加厚實的經濟基礎、更加強勁的經濟發展，才有更好地承擔社會責任的能力和動力。

（2）經營能力

一個人能承擔多少責任，首先要看他具備多少能力。物業服務企業也是一樣，其承擔社會責任的程度取決於其經營能力。物業服務企業的經營能力是對包括內部條件及其發展潛力在內的經營戰略與計劃的決策能力、企業上下各種生產經營活動的管理能力、企業家對企業長期經營的考慮以及代理問題的處理等。經營能力的強弱，很大程度上說明企業的強弱，這是企業承擔社會責任的基礎。

（3）企業文化

威廉·A. 哈維蘭在其《文化人類學》中講到，企業文化是企業組織在長期的

實踐活動中所形成的並且為組織成員普遍認可和遵循的具有本組織特色的價值觀念、團體意識、工作作風、行為規範和思維方式的總和。員工在企業工作會受到企業文化的影響，從而按照其不成文的規則自覺地規範自己的行為。並且，好的企業文化也會影響管理高層的責任意識，使其在決策時保持企業樹立的一貫形象。

(4) 傳統導向與價值體系

正如同一個社會和國家的管理一樣，信仰、價值觀的明確與統一將是國家、社會和組織、個人存在和作用的基本前提。每個組織都應建立一套價值觀和原則，都需要以一種優良傳統進行導向，以此決定什麼行為可以接受，什麼行為不可以接受，什麼是最重要的，應該把最重要的放在什麼位置，自己該如何做正確的事，又該如何正確地做事。物業服務企業如果在理念和行動上真實地表達了「自我」（企業對自身的定義），在沒有「詭計和詐欺」的情況下，妥善地經營，那麼它就對包括股東、員工、業戶、社區、居民、政治家以及一些特殊的利益集團兌現了它所承擔的社會責任。當然一些別有用心的個人和企業除外。當企業違背了基本的誠信與道德操守，甚至自身存在的價值準則，再談任何的社會責任都已經毫無意義，只是自欺欺人而已。

(5) 管理者道德水平

企業的活動在很大程度上是由管理者決定的，所以管理者的道德水平與企業的管理道德和社會責任承擔有直接的關係。物業服務企業的所有從業者都是管理者，因此，物業服務企業每個人的道德素質和水平就將從根本上決定著物業服務企業的生存與發展、形象與聲譽、地位與影響。物業管理者通過自身及其言行的道德體現和集聚形成整個企業的管理道德，全面反應在日常的管理意識、觀念、作風上，對企業所倡導的文化精神與風貌將產生不同的影響。擁有較高道德水平的管理者往往會做出更有利於社會也更有利於企業的決策，具有較高水準的管理道德經常會進行有利於或至少無損公眾利益的活動，這些好而高的道德輻射和放大，將變得更加利於社會，利於業戶，利於社區，利於國家等。

2. 外部因素

企業作為一個以盈利為目的的經濟體，對於短期難以產生收益的社會責任承擔，難免會有不自願的情況。此時，推動企業做出被動行為的就是其外部因素。

(1) 行業推動

行業組織在促進企業承擔社會責任方面起到了重要的作用。通過一些宣傳和行業內部的規定，倡導和推動了企業承擔社會責任。

(2) 政府管控

物業管理的發展離不開政府的引導、監督和制定法規。一方面，政府可以通過制定和完善相關的法律法規政策，向企業進行宣傳，引導其認識到承擔社會責任的重要性，並且在部分情況下強制企業承擔其沒有自覺承擔的責任。完善的法律法規政策和制度強制地保障了企業對社會責任的承擔。另一方面，政府可以在法定責任範圍之外，通過宣傳教育等方式，鼓勵企業承擔社會責任，使企業形成公共責任意識，社會公眾形成監督意識，創造良好的社會氛圍。

(3) 社會作用

物業服務企業在實現權利中應盡的義務和履行的責任，需要社會輿論監督和

公眾普遍道德標準約束。社會普遍的道德包括一個國家或地區的社會風俗習慣、歷史傳統、生活方式、教育水平、宗教信仰等，它是企業社會責任輿論的直接力量根源所在，忽視這一重要因素的企業常常會遇到社會問題。企業在遵循相關法律法規承擔的社會責任僅僅是公眾對於企業期望的最低程度，並且法律法規對於企業承擔社會責任的約束也具有一定的局限性。倫理道德是促進企業承擔除法規規定的最低行為規範以外的更高社會責任的主要力量，在一定程度上彌補了法律法規所沒有涉及的方面。它們對企業的經營方式和行為有不可忽視的作用。在社會普遍的道德標準下，社會輿論、媒體的宣傳就能對企業承擔社會責任發揮很大的監督約束作用。由於企業和企業之間，企業和公眾之間的信息不對稱，使得媒體受到了企業與社會公眾的極大關注。因此，媒體宣傳所產生的社會輿論效果也是巨大的，這些都能對企業履行其社會責任產生極大的推動作用。

（四）物業服務企業承擔社會責任的原則

物業服務企業在承擔社會責任過程中，要將經濟目標和社會目標、法律要求和社會期望、企業契約和社會契約有機結合，並嚴格遵守以下原則：

1. 企業社會責任的基礎原則

（1）誠信原則

不詐欺是企業所有商業決策和商業行為的底線，但僅僅不詐欺還不能發展為信任精神和信任文化。除卻合法必要保守的商業秘密外，企業應該真誠、真實、守信與透明。

（2）守法原則

法不僅僅包括法律，還包括文化道德規範、習慣、習俗等規則。物業服務企業在日常經營中，既要遵守所在國、所在地的法律規範，又要遵守與業戶等簽訂的各種合同、協議、契約等。如果從事跨國業務，還要遵守國際商務規則和社會責任規則以及尊重所在國的文化宗教習慣和社會道德習俗。

（3）關係原則

物業服務企業嵌入於社會，立足於社區，服務於小區，著眼於城市，不可能遊離於它們之外，更不能居於它們之上。因此，物業服務企業萬萬不能為了追求自身利益而傷害它們，必須有益於它們。

（4）主體原則

物業服務企業是社會責任的主體，應建設以社會責任為基礎的文化氛圍、企業精神，企業家要有充足的社會責任良知，對承擔社會責任要有充分的自我意識和自覺行為。

2. 企業社會責任利益相關原則

（1）利益分合原則

物業服務企業利益不僅僅是所有者利益，而且包含了業戶、員工、社區、政府等相關者利益。因此，必須分清企業內在本體利益與外在社會利益、所有者自我利益與相關者利益、短期利益與長期利益、局部利益與整體利益、經濟利益與綜合利益等。所有者利益唯一或至上不可取，企業利益為重而社會利益或生態利益為次不可取，只顧眼前利益不考慮長遠利益不可取。物業服務企業只有與利益

相關者共同創造財富並共同分享財富，增進利益相關者的利益，才能更好地生存和發展下去。

（2）業戶利益原則

業戶是購買及享受服務的個體或群體。物業服務企業應尊重業戶，提供最好的、符合業戶要求的服務，應公正、公平地對待每個業戶，應為業戶提供高水平服務並在業戶不滿意時採取補救措施，應盡一切努力保證業戶居住環境的安全和衛生。

（3）競爭者利益原則

物業服務企業對競爭者應該本著誠實公正的精神進行商業活動，這不僅會帶來更多的商機，而且會創造良好的社會經濟秩序，形成有利於企業經營的環境。

（4）社區利益原則

物業服務企業必須支持其所在社區的教育、文化、治安、改善自然物理環境等工作，應該為建設文明美好社區貢獻經濟資源和人力資源。

（5）員工權益原則

物業服務企業必須尊重和保護員工的人格尊嚴和人權，為其提供合理的薪水，改善和提高生活水準；必須提供有助於保護員工健康、人身安全的工作條件，對因商業決策解雇員工所造成的失業，要與政府及相關機構共同做好善後工作；必須建立與員工共享企業利益增長的機制。

五、物業服務企業的業務內容

物業服務企業的業務內容包括基本業務、輔助業務及內部業務。物業服務企業一業為主、多種經營、微利服務、規模管理的基本特性，決定了它的業務內容的廣泛性特點。

（一）物業服務企業的基本業務

物業服務企業的基本業務涉及範圍相當廣泛，主要是以物業為對象，滿足業戶對公共部位、公共設施設備和相鄰場地的相關需求而開展的維修、養護、秩序維護、環境整治、安全保障等業務活動。

1. 前期物業管理

前期物業管理包括房地產的規劃設計，房地產的開發建設與出租、銷售，房地產的竣工驗收，物業的接管驗收等。

2. 全面物業管理

全面物業管理是物業服務企業接管驗收物業后的系列管理，包括建築物的維修和定期養護，物業設施設備的定期檢修保養、供水、電、熱、氣以及電梯和消防系統的維修養護，環境養護與管理，物業產權戶籍管理以及圍繞物業和專業所提供全方位、多層次管理服務等。

（二）物業服務企業的輔助業務

物業服務企業的輔助業務是指基本業務以外的其他業務，可以區分為服務業務和經營業務。

1. 服務業務

便民服務：旨在為絕大部分業戶提供的方便其購物、解難、出遊、消費等服務，如興辦餐飲服務業，開辦房屋裝飾材料、衛生潔具、家用電器公司等，創辦幼兒園、托兒所、門診部、圖書館、電影院、歌舞廳等文化娛樂場所等。

特約服務：只是為少數業戶提供的服務，包括代賣代租物業、代辦票務、代接送小孩入托、代換液化氣、代辦酒席、代收發信件、介紹工作和家教等。

2. 經營業務

物業服務企業可以利用其自身擁有的資產或物業開展租售業務、經營活動；也可利用他人的資產或物業進行相關的租售或經營活動；還可利用自己的專業隊伍和專業技術對外開展維修、安保、園藝、顧問、諮詢、經紀、信託等服務；甚至開展一些投資活動、項目建設、資產管理等業務。

(三) 物業服務企業的內部業務

物業服務企業的內部業務是指企業內部的管理與協調工作，即人、財、物、事方面的管理業務。

1. 管理過程中的業務

它包括管理決策、計劃、預算、組織、控製、指揮、領導、協調、溝通、激勵、檢查、分析、考評等管理過程中的各項工作。

2. 管理內容下的業務

它包括市場營銷、形象設計、質量管理、戰略管理、危機管理、人力資源管理、勞動與分配管理、財務管理、會計核算、資產管理、文化建設、品牌培育、創新發展等。

六、物業服務企業的品牌建設

(一) 物業服務企業的品牌及其形成

1. 物業服務企業的品牌

品牌是一個企業區別於另一企業的第一直觀標誌，是企業與市場和社會直接信息傳遞的橋樑，是企業形象和企業文化的具體體現。品牌不是企業或政府定位的，是在市場競爭中形成的，它必須有較高的品質、較強的號召力、較長的週期性。

品牌建設是指企業對品牌進行設計、宣傳、維護，以使品牌區別於其他同類者的各種行為和努力。物業管理經過30多年的發展，物業服務企業已經進入品牌建設階段，建設和發展好物業服務企業的品牌，將對物業服務企業的生存乃至物業管理的發展具有重要意義。

2. 物業服務企業品牌的形成

(1) 科學的管理

科學的管理就是提高工作效率，實現企業利潤最大化。物業管理職業經理人首先要研究物業管理所有從業人員在工作期間各種活動的時間構成，包括工作日核實與測試。並且研究物業管理從業人員勞動時動作的合理性，即研究物業人工作時其身體各部位的動作。經過比較、分析之後，去掉多余的動作，改善必要的

動作，從而減少員工的疲勞，提高勞動生產率。

（2）優質的服務

物業管理實踐中，業戶經常有願望、有興趣、有眼光、也有能力進行升級服務消費，要求或提出那些看上去超出他們收入水平的產品和服務。因此，物業服務企業就必須不斷地瞭解業戶的需求，並對業戶的需求進行分析和全程策劃之後再進行有效的實施。這個過程就是物業管理服務產品的設計、生產過程。一切以業戶為中心，使業戶感受到一種尊重與關愛，將被動式服務變為主動式服務。

（3）高素質人才隊伍

物業服務企業的競爭，歸根到底是人才的競爭。人才是企業所有財富中具有決定意義、最為寶貴的財富，也是物業服務企業實施品牌發展戰略因素中的核心。因此，通過建立科學的人才培養、管理制度，為物業服務企業人才搭建良好的成長平臺，使企業員工目標明確，並勇於在挑戰中不斷創新。通過各種方法組織、培養和引進物業管理的專業優秀人才，可將工作重點落實到重點崗位的人才培養上。關鍵崗位要持證上崗，對已經在第一線工作但缺乏專業知識的物業管理從業人員，要進行必要的技能培訓，使其適應物業管理行業發展的需要。培養員工的先進物業管理理念和企業價值觀，最大限度地提供創業舞臺，挖掘人的潛能，激發人的潛力，樹立員工愛崗敬業、長期服務於企業的信心，使員工對企業有一種歸屬感，減少物業管理從業人員流動過快給企業帶來的間接損失。注重人才，打造高素質的物業管理員工隊伍是創建企業品牌的關鍵因素之一。

（4）獨特的企業文化

物業服務企業發展需要處理好經營過程中所面臨的各種關係，採用什麼樣的指導思想和方法來處理好這些關係，就是一個企業的文化。也就是說，物業服務企業文化是用來統一物業管理員工的價值觀和行為，培養物業管理員工的專業素質和職業精神，提高物業服務企業的服務水平和服務質量，增強物業服務企業的凝聚力和競爭力。這就需要物業服務企業對內要培育自身的企業文化，對外要營造所在小區的社區文化。

社區文化是物業服務企業根據業主需要，通過組織一系列的社區活動為廣大業主建立一種祥和、愉悅的生活氛圍，進而提升社區的品位和品質，從而也使物業服務企業的企業文化得到一種昇華。物業服務企業文化為「服務」這個產品服務，社區文化同樣是圍繞業主進行服務，它們的核心都離不開「服務」二字。物業服務企業文化是創建良好的社區文化的前提和基礎，社區文化是企業文化的一種外在體現。如果一個物業服務企業沒有一個好的企業文化，就肯定不能創造出一個好的社區文化。物業管理服務除了做好常規服務以外，更多的是要從業主的需求出發，為廣大業主創造一種方便、和諧的社區文化氛圍，從而提高物業管理的服務品質，使業主有一種安全、舒適、寧靜的家的感覺，真正體現以人為本，實現人與自然、人與人的和諧統一。

（5）強大的核心競爭力

物業服務企業的核心競爭力是物業服務企業賴以生存和發展的關鍵要素，比如服務技術、服務技能和管理機制等，必須具有獨特性，這種獨特性「買不來」、「偷不走」、「拆不開」、「帶不走」、「溜不掉」。也就是說，物業服務企業所擁有的核

心資源要有這樣的特點：在任何物業管理市場都買不到；有相關的法律法規保護；資源本身與能力有互補性；具有組織性，不屬於個體；有持續競爭力。美國著名行銷學家維特認為，未來市場競爭的關鍵不在於企業能提供什麼樣的產品，而是能提供多少產品的附加值。而品牌作為物業服務企業一種獨有的無形資產，具有特殊的附加值，它隸屬於一定的組織，並且有相應的專利和法律保護，所以，從這個意義上講，品牌的競爭力也代表了企業的核心競爭力。

在信息化的今天，品牌已經成為一種必需品而非奢侈品，物業服務企業只有建立強勢品牌才能夠生存下去，也只有強勢品牌物業服務企業的明天才能夠更美好。我們相信在品牌物業服務企業的推動下，中國物業管理行業的明天一定能在國內外市場的競爭中展示出更高的水平。

（6）良好的社會形象

樹立良好的社會形象是每個物業服務企業永恆的主題。物業服務企業的社會形象不是自封的，也不是靠哪一級政府、行業主管部門或團體評選出來的，而是在激烈的市場競爭中憑企業自身管理水平和服務質量較量出來的，並得到業戶和社會公眾認可。為此，物業服務企業的每個員工應在日常的物業管理工作中，從小事做起、從自身做起、從眼前做起，以自己良好的實際行動塑造企業良好的社會形象，打造符合企業形象和公眾期望的優良品牌、特色品牌。

（二）物業服務企業品牌建設的途徑

1. 建立物業服務企業品牌

引進、培養一批高素質的員工，完善企業規章制度，科學設計企業特有的企業形象識別系統（CIS），加強與新聞媒體的合作，在有條件的情況下創辦自己企業的報紙和雜誌，參加重大的社會活動，加強社區文化建設，提高服務質量，構建企業文化，以此形成其良好的品牌。

2. 發展物業服務企業品牌

擴大品牌知名度，提升品牌美譽度，培育品牌忠誠度，建立品牌聯想度，增強品牌影響度。具體措施包括：選好市場定位，確定品牌戰略；注重概念設計，體現個性特色；加大宣傳力度，實現差異化；規範管理品牌，維護品牌形象；等等。

3. 創新物業服務企業品牌

物業服務企業的創新來自內在的經濟動力和外在的競爭動力。雖然物業服務企業的品牌一經形成，不會輕易被撼動其地位，抵消其作用，但是，如果物業服務企業品牌不豐富其內涵，不彰顯其特色，不刷新其記錄，那麼也將會被漸漸遺忘，或被其他新的好的品牌替代。因為物業服務企業的品牌創新，是企業持續發展、企業家價值追求、市場競爭對抗與和合等的需要。因此，物業服務企業品牌創新，就是要在物業管理服務實踐中，圍繞服務這個特殊商品，不斷創新思想觀念和認識、管理方法和理念、服務內容和手段等，不斷在學習和借鑑中創新，在維持和固守中創新，在遵守和堅持中創新。

第三節　物業管理市場的運行機制

一、物業管理市場的價格機制

（一）物業管理服務的價值決定

價格機制是指在市場競爭過程中，價格變動與供求變動之間相互制約的聯繫和作用。價格機制是市場機制中最敏感、最有效的調節機制，價格的變動對整個社會經濟活動有十分重要的影響。

物業服務企業的產品———服務，凝結著物業服務企業工作人員的勞動，同樣具有價值和使用價值。由於物業管理服務的無形性，服務的等級層次很難具體地加以描述，因此在方法上又與有形產品的定價有所區別。

物業管理服務的價值在形式上表現為物業管理服務價格，它是物業管理的效用、物業管理的相對稀缺性及對物業管理的有效需求三者相互作用的結果。也就是說，物業管理服務的價值由這三者相互作用並通過具體價格表現出來。

（1）物業管理服務的效用

物業管理服務的效用是指物業業主或用戶因物業服務企業的服務而得到滿足的程度。物業管理服務如果沒有效用，就不會有物業管理服務價格，業主或用戶也就不會產生佔有物業管理服務的慾望。

（2）物業管理服務的相對稀缺性

物業管理服務的相對稀缺性，即意味著對比業主的一般慾望，其慾望的滿足由於從質和量上有限而處於不足的狀態。因此，物業管理服務價格被看作稀缺性的價值反應，可以認為是在結合效用和稀缺性後產生的。

（3）物業管理的有效需求

除以上兩個原因外，還須對物業管理服務形成現實購買力才行。人們把購買力所形成的需求稱為有效需求。就是說，業戶對物業管理服務費具備一定的支付能力。

（二）物業管理服務的價格形式

目前，中國物業管理服務的價格形式可以分為政府指導價和市場調節價兩種。

1. 政府指導價

政府指導價是一種政策性價格形式，是指有定價權限的人民政府價格主管部門會同物業管理行政主管部門，根據當地經濟發展水平和物業管理市場發育程度、物業管理服務等級標準等因素制定並公布執行的基準價及其浮動幅度的價格形式。物業服務企業與業主委員會共同協商，在政府指導價規定的幅度內確定具體收費標準。

2. 市場調節價

市場調節價是指物業管理服務收費項目及其標準由物業服務企業與業主委員會或產權人代表、使用人代表共同協商議定，然後將收費標準和收費項目向當地

價格部門報告備案的一種價格形式。這種定價形式完全體現了市場規律的作用，是一種市場價格，在發展得較為成熟的物業管理市場或針對非居住物業的物業服務費適宜採用這種定價形式。

(三) 物業管理服務價格的確定

1. 定價原則

物業服務企業是一種企業機制，應遵循市場經濟規律，以馬克思的勞動價值論為基礎，結合物業管理服務的特徵，來確定物業管理服務價格。

(1) 堅持權利與義務相結合的原則。按照市場經濟原則，物業服務企業提供的服務與取得的費用應做到質價相符；同樣，作為業主，在得到一定等級的服務之後也必須支付一定的費用。

(2) 堅持依法定價原則。依法定價必須按有關部門的政策和標準，反對物業服務企業單方面定價。

(3) 堅持遵循符合業戶消費規律的原則。物業管理服務定價應結合業戶消費習慣、消費水平及消費預期等統籌考慮，不切實際地定價都是不可取的。

2. 定價方法

(1) 成本加成法。成本一般是通過對物業服務費及其構成進行測算和處理，然後加上按目標利潤率計算的利潤額。

(2) 協議定價法由物業服務企業與業主委員會或產權人、使用人協議定價。這種定價方法適用於造價較高的物業。

3. 定價策略

(1) 差別定價法，即針對不同的物業、不同的市場採取不同的價格；或者對同一幢物業，按不同的顧客需求採取不同的價格。

(2) 增量定價法，就是指通過計算由價格政策引起的利潤是否增加來判斷定價方案是否可行。如果增量利潤是正值，說明定價方案可以接受；如果增量利潤是負值，就是不可接受的。增量利潤等於定價方案引起的總增量收入減去定價方案引起的增量成本。

4. 定價技巧

不同的服務質量與相適應的價格標準組合在一起，在物業服務企業與用戶或業主認可的範圍內是可行的。高服務價格、低服務質量的組合不為業戶所接受，高服務質量、低服務價格的組合對物業服務企業來說無利可圖。一般地，在既定的服務價格水平上，業主希望得到最優質的服務；或者在既定服務質量水平上，業主希望自己支付最低的價格。

二、物業管理市場的供求機制

(一) 物業管理市場供求的主要因素

在物業管理市場中，供給是指在一定時間內已經存在於市場和能夠提供給市場銷售的物業管理服務的總量；需求則是指在一定時間內市場上消費者對物業管理服務的具體貨幣支付能力的需求數量。

物業管理市場上的供給與需求是對立統一的關係，兩者互為條件，相互對立，互相制約。供給和需求都要求對方與之相適應，達到平衡協調的關係。然而，供求之間不可能永遠一致，在一定時期和一定條件下可能表現為供大於求；而在另一時期和條件下，又可能表現為求大於供。可是，在一定時期的客觀條件下，物業管理服務又可能會呈現供求相等的平衡狀態。但總的說來，供求之間的平衡只是暫時的、相對的和有條件的，而不平衡則是普遍的、絕對的。

1. 決定物業管理服務供給量的主要因素

(1) 人力資源狀況

物業管理提供的是服務，要完成這種服務，最主要的是人力資源。如果社會上熟練掌握物業管理技能的人多，表明物業管理行業的人力資源豐富，物業管理服務的供給量就多；相反，社會上熟練掌握物業管理技能的人少，人力資源貧乏，物業管理服務的供給量就會相對地少。目前，在中國物業管理市場中，科學地進行組織經營、管理和熟練掌握物業管理技能的專門人才並不多，人力資源並不豐富。

(2) 國家經濟政策

國家的產業政策、財政政策、稅收政策等對物業管理服務的供給量也產生影響。產業政策的變動會影響投入各個生產部門的勞動總量的變動，從而影響各部門的供給量。國家支持發展的產業投資多、貸款利率低，因而能擴大生產增加供給。國家如果對某一部門或某一產品增加財政補貼，可以刺激生產增加供給；如果提高貸款利率，則會抑制生產減少供給。

(3) 相關服務價格的變動

有些勞務的使用價值與物業管理服務是密切相關的或可以互相替代的。這些相關聯或可替代的服務價格的變動，也會引起物業管理供給量的變動。比如，專業的家庭服務公司的服務價格下降，人們就願意直接請其提供服務，減少物業服務企業提供的服務。價格的變化引起需求的變化，這樣，家庭服務就會擴大，供給量增加，物業管理的服務項目就會萎縮，供給就會減少。

2. 決定物業管理服務需求量的主要因素

(1) 消費者的貨幣收入水平

在貨幣幣值不變的條件下，消費者的購買能力會隨著貨幣收入的增加而提高。如果說人們的貨幣收入增加了，即使物業管理服務的價格不變或略有上升，業主還是會購買這種服務，需求量will增加；如果人們的貨幣收入減少，就會縮減消費，即使物業管理服務的價格不變或略有下降，需求量也會有所減少。物業管理服務並不是生活必需品，而是一種享受性服務，收入水平的變化對其需求的影響程度相對會大一些。

(2) 消費者偏好

消費者偏好是指人們習慣於消費某種商品或特別喜愛消費某種商品的心理行為。消費者偏好對物業管理服務的需求量有較大的影響。例如，有人要求有保安員的保安服務，亦有人不喜歡保安員的保安服務，而使用科技安全防範產品進行保安。特別是當前，物業管理還未被全社會充分認識，業主對物業管理服務的需求還缺乏主動性。當然，人們的生活習慣和消費偏好是可以引導和改變的。

(3) 房地產發展規模

房地產發展規模大，向社會提供的物業絕對量增加，客觀上擴大了物業管理的需求；房地產發展規模小而且慢，對物業管理的需求自然較少。就一時一地而言，房地產規模的變化，對當時物業管理服務需求量的變動有著明顯的影響。

(二) 物業管理市場的供求規律

供求規律是物業管理市場中的一個重要規律，主要有以下內容：

1. 供求的變動決定著價格的變動

(1) 如果物業管理服務供不應求，價格就要上漲。這種情況可以在供應量不變而需求量增加的情況下發生，也可以在需求量不變而供應量減少的情況下發生。

(2) 如果物業管理服務供過於求，價格就會下降。這種情況可以在需求量不變而供應量增加的情況下發生，也可以在供應量不變而需求量減少的情況下發生。

2. 價格變動引起供求情況的變動

(1) 如果物業管理服務的價格上漲，需求就會相應減少；相反，價格下跌，需求就會相應增加。

(2) 如果物業管理服務價格上漲，供給便會增長；價格下跌，供給便會減少。

(3) 供求的變化和價格的變化方向相反。如果物業管理服務供不應求，價格自然會上漲。價格上漲會引起物業服務企業擴大經營，或其他行業轉移經營，供給量增加，需求相對減少。而當供求狀態趨向供過於求時，價格就下跌，物業服務企業就會調整減少經營，供給量隨之減少，需求量相對增加。這種增減到一定程度，價格就回升，往前發展又會變成供不應求，循環發展。

3. 供求變動決定買方、賣方市場的變動

在物業管理服務的供求變化中，買賣雙方哪一方占優勢，在價格和其他條件上就能壓倒對方，在市場中對就自己有利。在物業管理服務供不應求時，賣方占優勢，便形成「經營者主權」，表現為賣方市場；在物業管理服務供過於求時，買方占優勢，便形成「消費者主權」，表現為買方市場。

三、物業管理市場的競爭機制

競爭機制是指競爭同供求關係、價格變動、生產要素流動與組合，以及市場成果分配諸因素之間的有機聯繫和運動趨向。市場經濟是競爭經濟，沒有競爭也就沒有市場經濟。

(一) 物業管理市場競爭的新要求

在物業管理市場中，市場主體之間，尤其在物業管理經營者之間的競爭是一個內有動力外有壓力、持續不斷的市場較量過程。因此，競爭推動和迫使物業管理經營者進行合理的決策，並且通過優勝劣汰的強製作用，獎勵高效率者，懲罰低效率者，對價格信號作出迅速及時的反應，不斷嘗試新的生產服務要素組合，開發和擴大新的物業管理市場領域，推出新的服務項目，保證資源配置到最為需要的地方。

如果沒有競爭或缺乏競爭，占據物業管理市場壟斷地位的少數企業就會靠犧

牲其他市場參與者（包括物業管理服務經營者和業主或使用人）的利益，謀取壟斷利潤；由於沒有做出相應的市場貢獻，從而導致整個物業管理市場的經濟效益和服務水平降低。基於此，1999年5月，在全國物業管理工作會議上，原建設部就對物業管理市場引入競爭機制提出了明確要求，比如開發企業下設的物業管理機構應與開發企業脫鉤，新建商品住宅小區的物業管理面向社會招標，以及鼓勵物業服務企業通過兼併、收購、聯合、改造、改組等方式進行企業重組，以大帶小、合小為大、合弱為強，形成規模優勢等。

(二) 物業管理市場競爭的形式與內容

1. 物業服務企業之間的競爭

從市場競爭的範圍來考察，物業服務企業之間的競爭主要是圍繞著提高服務質量、增加服務項目、降低經營成本等內容而展開的。這種競爭促使各個企業管理服務的個別勞動時間平均化為社會必要勞動時間，其結果必然是推動企業的技術進步和勞動生產率的提高。

物業服務企業之間的競爭，目的是保住既有物業項目的管理權和爭奪新物業項目的管理權。從市場競爭角度來考察，物業服務企業之間的競爭主要是圍繞著提高服務質量、增加服務項目、降低經營成本等內容而展開的。採用的手段包括價格競爭與非價格競爭。從競爭是否圍繞價格變動這一角度來考察，價格競爭就是通過降低服務價格來爭取較多的業戶，從而擴大物業管理服務銷售量的競爭，其實質是企業之間提高勞動生產率的競爭。它要求物業服務企業千方百計加強管理、改進技術、節約資源，達到少投入多產出的目的。非價格競爭就是指不變動價格，而是通過其他途徑和採用其他方法來爭取較多的業戶，從而擴大物業管理服務銷售量的競爭。如開發新的服務項目、提高服務質量、擴大廣告宣傳、品牌戰略等，用這些方法和途徑來爭取更多的業主購買物業管理服務。這種競爭促使各個企業管理服務的個別勞動時間平均化為社會必要勞動時間，其結果必然是推動物業管理服務質量的提高和物業管理成本的下降。

2. 業主與經營者之間的競爭

從參與競爭的市場主體之間的關係來考察，業主與經營者之間的競爭主要表現為對物業管理服務，業主要賤買、經營者要貴賣的競爭。這是經營者與業主爭奪物業管理市場主權的競爭。

業主與物業服務企業之間的競爭，主要是圍繞物業管理服務交易條件（服務範圍、服務質量、價格等）的競爭。從參與競爭的市場主體之間的關係來考察，業主與物業服務企業之間的競爭主要表現為對物業管理服務的交易目標，業主希望用較低的價格獲取較高水準的物業管理服務，物業服務企業則希望自己的服務能獲得較好的回報。

價格與非價格之間的競爭。具體的競爭方式和內容與上述物業服務企業之間的價格競爭和非價格競爭基本相同。

3. 業戶與業戶之間的競爭

物業管理市場上，業戶與業戶之間也會圍繞服務的消費與享受、各種權利的享有和義務的履行等展開競爭。這種競爭有正當的或不當的，有合法但不合理或

合理但不合法的，有合規但不合情或合情但不合規等情況。這種競爭的負面性或負面的競爭往往是物業管理糾紛產生的根源，因此，需要業戶、物業服務企業和社會等多方面共同努力才能避免競爭的惡性，形成競爭的良性。

(三) 物業管理市場競爭與經濟風險

有市場競爭就必然存在經濟風險。在社會化大生產的市場經濟中，由於生產技術的迅速變化，市場情況的千變萬化，以及某些政治因素的干擾和自然災害的影響，使物業管理經營者的實際收益低於原預期收益，從而蒙受經濟損失，甚至發生虧損或破產，這就是經濟風險。隨著社會主義市場經濟的發展和經濟體制改革的深化，物業服務企業作為獨立的經濟實體，有自身的經濟利益，要參與市場競爭，這就要承擔經營決策的正誤以及經營活動的好壞所帶來的后果。在市場競爭中，從產生經濟風險的原因來看，經濟風險主要有三個方面：

1. 自然風險

由自然因素造成的經濟風險，如雷擊、火災、水災、地震、氣候突變等給經營者、業戶等帶來的經濟損失即屬自然風險。

2. 社會風險

由個人或集團的社會行為造成的經濟風險，如盜竊、事故、政治動亂、戰爭等給經營者和業戶等帶來的經濟損失即屬社會風險。

3. 經營風險

由物業服務企業自身決策失誤或經營管理不善造成的經濟損失即屬經營風險。

第四節　物業管理市場的管理與調控

一、物業管理市場管理概述

(一) 物業管理市場管理及其意義

1. 物業管理市場管理含義

物業管理市場管理是指有關管理部門按照社會經濟發展的客觀規律和物業管理市場發展目標、方向，運用法律、行政、經濟以及宣傳教育等手段對物業管理市場交易對象及交易過程中的全部經濟關係進行調控、指導、監督、服務等管理工作。

2. 物業管理市場管理的意義

(1) 物業管理市場管理豐富了物業管理行業中政府行政監督和管理的內容，把對物業管理類行業的政府監督與管理拓展到了市場領域，從另外一個角度強化了物業管理的行業行政和產業特點。

(2) 物業管理市場管理有利於保證物業管理服務交易的正常秩序，維護交易雙方的正當經濟利益。通過對物業服務企業的資格進行審查，對業主大會、業主委員會進行業務指導等，來保證交易的合理合法。同時，打擊物業管理市場的不正當競爭和詐欺行為，以及相應的違法犯罪活動，保障物業管理市場良好有序的

秩序，都是物業管理市場管理的作用。

（3）物業管理市場管理可以確保物業管理服務的質量和水平。比如，政府通過制定一系列的制度與標準，可保證物業管理服務質量及收費價格的合理性。這樣，既有利於廣大群眾很好地接受物業管理，也促進了物業管理行業的迅速推廣和健康發展。

（二）物業管理市場管理的體制架構

物業管理市場的管理需要各個相關部門的監管，其主要從政府管理、行業協會管理、企業的自我管理和相關主體的管理四個層次闡述物業管理市場管理體制的建立。

1. 政府對物業管理市場的管理

政府對物業管理市場管理的首要任務和重要手段是制定物業管理法律法規，頒布管理條例。物業管理法律法規及管理條例應明確政府管理機構的設置、政府管理的權限與範圍；明確業主管理委員會、物業服務企業和政府管理機構的權利與義務；此外還應建立配套的地方性法規及實施辦法。政府對物業管理市場的管理，在立法的同時還要加強執法，加大執法力度，真正使法規中規定的各項制度落到實處，實行有法可依、有法必依、執法必嚴、違法必究。

2. 行業協會對物業管理市場的管理

物業管理市場的管理，除了政府管理外，還應有物業管理行業協會的管理。物業管理行業協會組織是物業管理市場自我管理、協調的聯合會。發揮行業協會的自我管理、自我服務、自我監督功能，是保證物業管理市場良性運作必不可少的條件。

物業管理行業協會，是指由從事物業管理理論研究的專家、物業管理交易參與者以及政府物業管理者等組成的民間行業組織；是社會團體法人，不受部門、地區和所有制的限制，也不改變成員的企事業單位的關係。行業協會的自律是現代市場經濟條件下的管理慣例。目前，中國的物業管理相對普及的地區，均已成立了物業管理行業協會，以加強行業自律管理，從而形成了中國物業管理市場的三級管理體系。物業管理行業協會對物業管理市場進行管理可以通過以下幾個方面進行：強化職業道德規範，保護業主利益；對會員的資格審查和登記；監督已登記；進行必要的調解、仲裁糾紛；對物業管理知識的普及、經驗的介紹、相關法律的宣傳。

物業管理協會不以營利為目的，代表物業管理行業的共同利益，並為其服務。物業管理行業協會按照政府的產業政策和行政意圖協助主管部門推動行業的管理和發展。物業管理協會根據政府主管部門的委託可以行使某些行政管理的職權。因此，可以把物業管理協會看作物業服務企業與政府之間的紐帶和橋樑，是政府主管部門的「助手」和「參謀」。

3. 物業服務企業的自我管理

物業服務企業首先要構建其相應的監管機構，運用現代企業的管理理念來構建其適合物業服務企業自身的組織機構和建立科學的管理制度。

4. 相關主體的管理

與物業有關的相關單位要加強對物業管理市場的管理，使物業管理市場能夠

健康的發展。如國家住建部房地產業司負責規劃、組織和推動全國物業管理工作的實施，包括擬定物業管理法規及規章制度並監督執行，擬訂物業管理的資質標準等。住宅與房地產業下設物業管理處，分管與指導監督全國的物業管理工作和全國的物業管理工作和全國的物業管理市場秩序，推動物業管理市場的健康發展。各級地方物業管理行政管理機構主要按照國家有關物業管理市場發展與規範的宏觀指導精神，負責制定本轄區的有關物業管理法規、政策和實施細則，並貫徹執行；也包括指導和監督物業服務企業、業主大會和業主委員會的具體工作，實行行業歸口管理。工商行政管理部門、公安、稅務和物價等市場管理職能部門中，工商行政管理部門主要負責物業管理市場的市場秩序管理；公安部門主要職責是防範和打擊物業管理市場的犯罪行為；稅務部門主要是監督物業服務企業依法納稅，查處物業管理市場偷稅漏稅的活動；物價部門則主要負責制定物業管理服務價格和監督交易者執行價格政策等。

(三) 物業管理市場管理的對象和原則

1. 物業管理市場管理的對象

物業管理市場管理的對象，包括物業管理市場活動的主體、客體和活動運行等。

(1) 對物業管理交易主體的管理

這主要是指對物業管理服務的提供者——物業服務企業的規範運作、合理收費、參與社區建設等方面的監督和規範。按照相關的法律法規指導、監督其日常經營活動，進行企業資質的核定與審查等工作。

(2) 對物業管理服務對象的管理

對物業管理服務對象的管理——業主或物業使用人的管理。這主要體現在宣傳物業管理的有關知識和規定；指導他們合理合法維護自身的合法權益；監督遵守物業服務合同和管理規約等。

(3) 對物業管理整個市場秩序的管理

對物業管理整個市場秩序的管理主要包括：建立良好的物業管理市場進出秩序，維護正常的物業管理交易關係；物業管理市場的調查與預測、委託代理機構、進行招投標、簽訂委託合同、辦理繳費和移交手續等。一方面應通過有關法律法規來指導和監督這一過程的進行；另一方面要從整頓物業管理市場交易秩序、提供市場信息服務等入手，加強對物業管理市場的直接管理。

2. 物業管理市場管理的原則

在物業管理市場管理的過程中，應主要把握和遵循以下幾項原則：

(1) 統一原則

對物業市場的管理，要執行國家統一的法律法規；對物業管理市場的管理要有統一的管理機構，不能出現職責不清的情況。

(2) 公平原則

政府對物業管理市場參與主體的管理應該公平，不能有失偏頗，同時物業管理服務的交易要以誠信為本，以物業管理服務商品的內在價值為基礎進行等價交換。

(3) 自願原則

物業管理的市場供求雙方，在法律上是平等的民事主體，因此雙方應在平等協商的條件下，自願進行物業管理服務的交易。需求雙方不能因為自己的社會地位高、權力大而強迫進行物業管理交易。

(4) 法制原則

依法管理的原則是物業管理市場健康、有序和規範發展的基礎和保證。法制管理的核心是：科學立法、嚴格執法、公正司法、全民守法。為此，必須建立健全的物業管理的法律法規，組建統一的、權威的物業管理市場管理和執法機構，以利於物業管理市場的健康發展。

(四) 物業管理市場管理的主要內容

1. 物業管理市場交易主體的管理

按照相關法律法規，審核物業管理市場主體的資格和條件；核發物業服務企業的資質等級證書和註冊證書；核發物業管理從業人員的培訓合格證書及資格證書；規範主體行為的監督管理；對業主大會及業主委員會工作的指導管理等。

2. 物業管理市場交易客體的管理

對物業管理市場交易客體的管理主要是通過評選優秀物業管理小區等辦法，間接地對物業服務企業的管理水平和服務質量進行規範管理，加強其主動競爭意識，提高物業管理市場的整體水平。

3. 物業管理市場交易行為的管理

物業管理市場交易行為的管理主要是指對物業管理服務交易雙方的交易活動進行的管理，它包括保護合法經營、合法競爭和公平交易，打擊非法和不正當競爭，如進行欺騙性交易和強買強賣等行為。

4. 物業管理市場交易價格的管理

物業管理市場交易價格是物業管理市場交易的核心問題。對物業管理市場交易價格的管理主要涉及：核定或制訂物業服務交易指導價格；制定物業管理服務交易價格的管理辦法；對物業管理加以價格的監督檢查，防止多收費、亂收費，收費不服務、少服務等情況的發生。

5. 物業管理市場交易合同的管理

物業管理市場交易對象的特殊性，決定了要實施物業管理服務就必須簽訂物業服務合同，通過合同來制定物業管理服務商品的大致「模樣」。對物業管理市場合同的管理，其主要任務是：對物業管理交易合同當事人資格的審查和確認；對統一物業管理市場委託合同示範文本的制定和宣傳推廣、監督檢查等；對無效物業服務合同的確認和處理；對物業服務合同糾紛的調節和處理等；對物業服務交易合同檔案的管理等。

6. 物業管理市場交易信息的管理

物業管理市場交易信息的管理主要包括對物業管理市場上的廣告信息、供求信息、價格信息、反饋信息以及物業管理市場環境信息等的收集、整理、發布和管理。應建立物業管理市場的信息收集、處理及市場對策研究機構，分析、研究物業管理市場變化的趨勢，為物業服務企業提供可靠的物業市場信息，幫助物業

服務企業項目決策，扶植一批物業管理骨幹和品牌企業。

二、物業管理市場主體的管理

物業管理市場主體的管理既需他們自律自治，也需「市場這只無形的手」發揮作用，更需作為市場主體的最高管理主體的政府部門履行職責，尤其在物業管理市場上其主體還不成熟的很長時間內。因此，這裡只就政府部門對物業服務企業、業主委員會、仲介機構這三類主體的管理進行一些說明。

(一) 政府部門對物業服務企業的管理

政府部門依靠有關法律法規，對物業管理服務公司進行管理。其主要管理有：

1. 政策指導

它主要是指行政主管部門把宣傳作為執行政策的基礎條件，加強宣傳力度，通過各種形式普及物業管理的法律法規和政策，尤其注重其對物業管理專業人員進行專業培訓，提高物業企業工作人員的法律意識。

2. 行政立法

它指根據國家的法律法規和物業管理各方面的方針政策，針對物業管理中出現的新情況和遇到的新問題，制定各種物業管理行業的行政規章制度或者規範性文件，保證物業管理行業的持續、健康發展。

3. 執法監督

它指行政管理部門要根據行政管理法規賦予的行政職權進行行政執法，接受業主和有關各方面投訴，對物業管理中出現的糾紛依法進行行政監督管理和處理。

4. 其他管理

其他管理主要是政府相關部門對物業服務企業在從事物業管理的過程中所出現的問題進行協調服務，以及對物業管理行業進行宏觀監控，負責物業的資質審批，組織物業服務企業參加考評和評比，對物業的招投進行監督等，從而使物業管理行業健康發展。

(二) 政府部門對業主委員會的指導與管理

業主委員會是指物業管理區域內代表全體業主對物業實施自制管理的社團組織。區房管局應通過對業主委員會提交的備案材料審查，對業主大會的成立、業主委員會的選舉、業主公約及業主大會議事規則的通過情況實施有效監督，以保護全體業主的共同利益。基於行政效率與行政實際（人力、物力的限制）的考慮，對業主委員會提交的備案材料的審查義務應限於形式審查。其中，確認業主身分和投票權數是籌備組應當履行的法定職責，也是區房管局備案時應當審查的關鍵材料。只有審查了這兩份材料，才能確認業主大會召開、業主委員會的選舉、業主公約及業主大會議事規則在形式上的合法性。備案行為屬於依申請的行政行為。業主委員會備案申請書屬於必備材料，業主委員會的申請書在形式上欠缺和不符合法定要求。

(三) 政府部門對物業管理市場仲介機構的管理

物業管理市場仲介結構是物業服務企業與房地產開發企業、業主委員會連接

的紐帶，它的健康發展將會對物業管理行業的發展起著巨大的推動作用，因此，政府部門要對仲介機構進行有效的監管。比如，為進一步規範物業管理招投標活動，依法維護招投標當事人合法權益，促進物業管理市場公平競爭，一些省市通過下發「通知」對物業管理招投標過程中出現的情況進行明確，強調物業管理招投標活動中，仲介機構承接招標代理業務時，不得派人擔任招標人評委參與評標。

三、物業管理市場客體的管理

(一) 物業管理質量管理與認證

1. 物業管理質量管理

(1) ISO9000 族標準

ISO9000 族標準是國際化標準組織 (ISO) 於 1987 年提出的概念。ISO9000 族標準是指「由國際標準化組織質量管理和質量保證技術委員會 (ISO/TC176) 制定的所有標準。」1994 年，國際標準化組織對其進行全面修改，並頒布實施。2000 年 ISO 對 ISO9000 標準體系進行改版。

1994 年 ISO9000 族質量體系包括 ISO9001、ISO9002、ISO9003、ISO9004。ISO9000 是質量認證和質量保證標準的選擇和使用指南。其中 ISO9001 是設計、開發、安裝和服務的質量保證模式，共 20 個質量要素。ISO9002 是生產、安裝、服務的質量保證模式，共 19 個質量要素。ISO9003 是最終檢驗和實驗的質量保證模式，共 16 個質量要素。ISO9004 是質量管理和質量體系指南，用於指導企業如何開展質量管理、如何建立有效的質量體系。

2000 版 ISO9000 族質量管理標準與 1994 年相比，新版本將原來的 ISO9001、ISO9002、ISO9003 合併為 ISO9001。

ISO900：2000《質量管理體系——基礎與術語》。該標準表達了 ISO9000 族標準管理體系的基礎知識，並確定了相關術語。

ISO9001：2000《質量管理體系——要求》。該標準提供了質量管理體系的要求，包括持續改進體系的過程，保證符合顧客的要求及法律法規的要求，增加顧客滿意度。

ISO9004：2000《質量管理體系——業績改進指南》。此標準以八項質量管理原則為基礎，幫助組織以有效和高效的方式識別並滿足顧客和其他相關方的需求和期望，實現、保持和改進組織的整體業績和能力，從而使組織獲得成功。

ISO9011：2000《質量和環境管理體系審核指南》。該標準遵循不同管理體系可以有共同管理和章程要求的原則，為質量和環境管理體系章程的基本原則，審核方案的管理，同時，提供了指南。

(2) 質量管理八大原則

以顧客為關注焦點：組織依存於其顧客。因此組織應理解顧客當前和未來的需求，滿足顧客並爭取超越顧客期望。

領導作用：領導者確立本組織統一的宗旨和方向。他們應該創造並保持使員工能充分參與實現組織目標的內部環境。

全員參與：各級人員是組織之本，只有他們的充分參與，才能使他們的才干為組織獲益。

過程方法：將相關的活動和資源作為過程進行管理，可以更高效地得到期望的結果。

管理的系統方法：識別、理解和管理作為體系的相互關聯的過程，有助於組織實現其目標的效率和有效性。

持續改進：組織總體業績的持續改進應是組織的一個永恆的目標。

基於事實的決策方法：有效決策是建立在數據和信息分析基礎上。

互利的供方關係：組織與其供方是相互依存的，互利的關係可增強雙方創造價值的能力。

2. 物業管理國際質量標準認證

現階段，物業服務企業質量管理體系採用 2000 版物 ISO9001《質量管理體系——要求》標準，即 ISO9001：2000 標準。ISO9001：2000 標準適用於各種類型、不同規模和提供不同產品的組織。該標準適用於物業管理各種類別的服務，不論是單一服務還是多種服務，也可用於新的和改進的服務項目的物業服務質量體系的開發和現有物業服務質量管理體系的實施，還可用於質量管理認證體系。

（二）物業管理市場客體的制度規範

1. 優秀管理小區（大廈）標準

優秀管理小區（大廈）標準要達到以下要求：

（1）基礎管理

按規劃要求建設，住宅及配套設施投入使用；已辦理接管驗收手續；由一家物業服務企業實施統一專業化管理；建設單位在銷售房屋前，與選聘的物業服務企業簽訂物業服務合同，雙方責權利明確；在房屋銷售合同簽訂時購房人與物業服務企業簽訂前期物業管理服務協議，雙方責權利明確；建立維修基金，其管理、使用、統籌符合有關規定；房屋使用手冊、裝飾裝修管理規定及業主公約等各項公眾制度完善；業主委員會按規定程序成立，並按章程履行職責；業主委員會與物業服務企業簽訂物業服務合同，雙方責權利明確；物業服務企業制訂爭優創先方面的規劃和具體實施方案，並經業主委員會同意；小區物業管理建立健全各項管理制度、各崗位工作標準，並制定具體的落實措施和考核辦法；物業服務企業的管理人員和專業技術人員持證上崗；員工統一著裝，佩戴明顯標誌，工作規範、作風嚴謹；物業服務企業應用計算機、智能化設備等現代管理手段，提高管理效率；物業服務企業在收費、財務管理、會計核算、稅收方面執行有關規定；至少每半年公開一次物業管理服務費用收支情況；房屋及其共用設施設備檔案資料齊全，分類成冊，管理完善，查閱方便；建立住用戶檔案、房屋及其配套設施權屬清冊，查閱方便；建立 24 小時值班制度，設立服務電話，接受業主和使用人對物業管理服務報修、求助、建議、問詢、質疑、投訴等各類信息的收集和反饋，並及時處理，有回訪制度和記錄；定期向住用戶發放物業管理服務工作徵求意見單，對合理的建議及時整改，滿意率達 95% 以上；建立並落實便民維修服務承諾制，零修、急修及時率 100%，返修率不高於 1%，並有回訪記錄。

(2) 房屋管理與維修養護

主出入口設有小區平面示意圖，主要路口設有路標，組團及幢、單元（門）、戶門標號標誌明顯；無違反規劃私搭亂建，無擅自改變房屋用途現象；房屋外觀完好、整潔，外牆面磚、塗料等裝飾材料無脫落、無污跡；室外招牌、廣告牌、霓虹燈按規定設置，保持整潔統一美觀，無安全隱患或破損；封閉陽臺統一有序，色調一致，不超出外牆面；除建築設計有要求外不得安裝外廊及戶外防盜網、晾曬架、遮陽篷等；空調安裝位置統一，冷凝水集中收集，支架無銹蝕；房屋裝飾裝修符合規定，未發生危及房屋結構安全及拆改管線和損害他人利益的現象。

(3) 共用設施設備管理

共用設施配套完好，無隨意改變用途；共用設施設備運行、使用及維護按規定要求有記錄，無事故隱患，專業技術人員和維護人員嚴格遵守操作規程與保養規範；室外共用管線統一入地或入公共管道，無架空管線，無礙觀瞻；排水、排污管道通暢，無堵塞外溢現象；道路通暢，路面平整；井蓋無缺損、無丟失，路面井蓋不影響車輛和行人通行；供水設備運行正常，設施完好、無滲漏、無污染；二次生活用水有嚴格的保障措施，水質符合衛生標準；制定停水及事故處理方案；制定供電系統管理措施並嚴格執行，記錄完整；供電設備運行正常，配電室管理符合規定，路燈、樓道燈等公共照明設備完好；電梯按規定或約定時間運行，安全設施齊全，無安全事故，轎廂、井道保持清潔；電梯機房通風、照明良好；制定出現故障后的應急處理方案，冬季供暖室內溫度不低於16℃。

(4) 保安、消防、車輛管理

小區基本實行封閉式管理；有專業保安隊伍，實行24小時值班及巡邏制度；保安人員熟悉小區的環境，文明值勤、訓練有素、言語規範、認真負責；危及人身安全處有明顯標示和具體的防範措施；消防設備設施完好無損，可隨時啟用；消防通道暢通；制訂消防應急方案；機動車停車場管理制度完善，管理責任明確，車輛進出有登記；非機動車車輛管理制度完善，按規定位置停放，管理有序。

(5) 環境衛生管理

環衛設備完備，設立有垃圾箱、果皮箱、垃圾中轉站；清潔衛生實行責任制，有專職清潔人員和明確的責任範圍，實行標準化保潔；垃圾日產日清，定期進行衛生消毒滅殺；房屋共用部位共用設施設備無蟻害；小區內道路等共用場地無紙屑、菸頭等廢棄物；房屋共用部位保持清潔，無亂貼、亂畫，無擅自占用和堆放雜物現象；樓梯扶欄、天臺公共玻璃窗等保持潔淨；商業網點管理有序，符合衛生標準；無亂設攤點、廣告牌和亂貼、亂畫現象；無違反規定飼養寵物、家禽、家畜；排放油菸、噪音等符合國家環保標準，外牆無污染。

(6) 綠化管理

小區內綠地佈局合理，花草樹木與建築小品配置得當；綠地無改變使用用途和破壞、踐踏、占用現象；花草樹木長勢良好，修剪整齊美觀，無病蟲害，無折損現象，無斑禿；綠地無紙屑、菸頭、石塊等雜物。

(7) 精神文明建設

開展有意義、健康向上的社區文化活動；創造條件，積極配合、支持並參與社區文化建設。

（8）管理效益

物業管理服務費用收繳率98%以上；提供便民有償服務，開展多種經營；本小區物業管理經營狀況良好。

2. 物業管理服務規範的其他法規

（1）關於住宅裝飾裝修的規定

此方面有《建築裝飾裝修的管理》規定及《住宅室內裝修管理辦法》等，對維護公共安全和公眾利益、保證裝飾裝修工程質量和安全作出了相關規定。

（2）關於住宅安全防範的規定

1996年2月1日起實施的《城市居民住宅安全防範設施建設管理辦法》，就對加強居民住宅安全防範建設與管理、提高居民住宅的安全防範功能、保護居民人身財產安全等提出了一些要求和措施。

（3）關於商品住宅兩書的規定

從1998年9月1日起，在房地產開發企業的商品銷售中實行《住宅質量保證書》和《住宅使用說明書》制度，並印發「關於商品房住宅實行住宅質量保證書和住宅使用說明書制度的通知」，要求《住宅質量保證書》和《住宅使用說明書》由房地產開發企業自行印製，各地建設和房地產部門可以根據實際情況制定《住宅質量保證書》的樣本。

總之，自1994年以來，國務院及相關部門制定了多個有關物業管理方面的法規條例，為物業管理健康發展保駕護航。

第3章

專業指導

物業服務企業資質審核（一、二、三級及變更、註銷審核）辦事指南

一、適用範圍

本指南適用於上海市奉賢區住房保障和房屋管理局核發的物業服務企業資質等級證書的申請和辦理。

二、事項名稱和代碼

事項名稱：物業服務企業資質等級（一、二、三級及變更、註銷審核）的核定。

事項代碼：5549。

分項名稱：資質等級核定、依申請變更、補證、依申請註銷。

三、辦理依據

國務院《物業管理條例》第三十二條規定：「國家對從事物業管理活動的企業實行資質管理制度。具體辦法由國務院建設行政主管部門制定。」

建設部《物業服務企業資質管理辦法》第四條規定：「國務院建設主管部門負責一級物業服務企業資質證書的頒發和管理，資質審批部門應當自受理企業申請之日起20個工作日內，對符合相應資質等級條件的企業核發資質證書；一級資質審批前，應當由省、自治區人民政府建設主管部門或者直轄市人民政府房地產主管部門審查，審查期限為20個工作日。省、自治區人民政府建設主管部門負責二

級物業服務企業資質證書的頒發和管理，直轄市人民政府房地產主管部門負責二級和三級物業服務企業資質證書的頒發和管理，並接受國務院建設主管部門的指導和監督。設區的市的人民政府房地產主管部門負責三級物業服務企業資質證書的頒發和管理，並接受省、自治區人民政府建設主管部門的指導和監督。」

上海市房屋土地資源管理局《關於實施建設部〈物業服務企業資質管理辦法〉的通知》[滬房地資物〔2004〕182號]規定：「企業申報二級、三級資質的，區縣房地局負責受理、審核、核發資質證書。」

四、辦理機構

(一) 辦理機構名稱及權限

上海市奉賢區住房保障和房屋管理局，包括受理、審查和決定。

(二) 審批內容

註冊資本、物業管理人員、管理業績等。

(三) 法律效力

獲得物業服務企業資質證書的，可以在規定的業務範圍內從事物業管理服務活動。

(四) 審批對象

註冊在奉賢區、主營業務為物業管理的物業服務企業。

五、審批條件

(一) 準予批准的條件

1. 一級

①註冊資本人民幣500萬元以上。②物業管理專業人員以及工程、管理、經濟等相關專業類的專職管理和技術人員不少於30人。其中，具有中級以上職稱的人員不少於20人，工程、財務等業務負責人具有相應專業中級以上職稱。③物業管理專業人員按照國家有關規定取得職業資格證書。④管理兩種類型以上物業，並且管理各類物業的房屋建築面積分別占下列相應計算基數的百分比之和不低於100%：a. 多層住宅200萬平方米；b. 高層住宅100萬平方米；c. 獨立式住宅（別墅）15萬平方米；d. 辦公樓、工業廠房及其他物業50萬平方米。⑤建立並嚴格執行服務質量、服務收費等企業管理制度和標準，建立企業信用檔案系統，有優良的經營管理業績。

2. 二級

①註冊資本人民幣300萬元以上。②物業管理專業人員以及工程、管理、經濟等相關專業類的專職管理和技術人員不少於20人。其中，具有中級以上職稱的人員不少於10人，工程、財務等業務負責人具有相應專業中級以上職稱。③物業管理專業人員按照國家有關規定取得職業資格證書。④管理兩種類型以上物業，並且管理各類物業的房屋建築面積分別占下列相應計算基數的百分比之和不低於100%：a. 多層住宅100萬平方米；b. 高層住宅50萬平方米；c. 獨立式住宅（別墅）8萬平方米；d. 辦公樓、工業廠房及其他物業20萬平方米。⑤建立並嚴格執行服務質量、服務收費等企業管理制度和標準，建立企業信用檔案系統，有良好的經營管理業績。

3. 三級

《物業服務企業資質管理辦法》第五條規定：「（三）三級資質：①註冊資本人

民幣 50 萬元以上。②物業管理專業人員以及工程、管理、經濟等相關專業類的專職管理和技術人員不少於 10 人。其中，具有中級以上職稱的人員不少於 5 人，工程、財務等業務負責人具有相應專業中級以上職稱。③物業管理專業人員按照國家有關規定取得職業資格證書。④有委託的物業管理項目。⑤建立並嚴格執行服務質量、服務收費等企業管理制度和標準，建立企業信用檔案系統。」

4. 依申請變更準予批准的條件

已取得變更后的營業執照。

5. 補證的準予批准條件

企業遺失資質證書，應當在新聞媒體上聲明后，到窗口申請補領。

6. 依申請註銷的準予批准條件

企業無物業在管項目的，提出註銷申請的。

(二) 不予批准的情形

1. 資質等級核定

不滿足以上條件的或物業服務企業申請核定資質等級，在申請之日前一年內有下列行為之一的，資質審批部門不予批准：①聘用未取得物業管理職業資格證書的人員從事物業管理活動的；②將一個物業管理區域內的全部物業管理業務一併委託給他人的；③挪用專項維修資金的；④擅自改變物業管理用房用途的；⑤擅自改變物業管理區域內按照規劃建設的公共建築和共用設施用途的；⑥擅自占用、挖掘物業管理區域內道路、場地，損害業主共同利益的；⑦擅自利用物業共用部位、共用設施設備進行經營的；⑧物業服務合同終止時，不按照規定移交物業管理用房和有關資料的；⑨與物業管理招標人或者其他物業管理投標人相互串通，以不正當手段謀取中標的；⑩不履行物業服務合同，業主投訴較多，經查證屬實的；⑪超越資質等級承接物業管理業務的；⑫出租、出借、轉讓資質證書的；⑬發生重大責任事故的。

2. 依申請變更

申請人未取得變更后的營業執照。

3. 補證

申請人未在新聞媒體上刊登遺失公告。

4. 依申請註銷

申請人有在管物業管理項目的。

六、審批數量

無限制。

七、申請材料

(一) 形式標準

本審批採用網上預約、當場受理的方式。申請人先進行網上預約，紙質材料提交到奉賢區住房保障和房屋管理局行政許可科，符合條件的當場受理。

(1) 申報資料按本辦事指南申請表載明的順序排列；

(2) 申請材料的複印件應清晰，A4 紙打印，統一裝入檔案袋內。

(二) 行政審批申請材料目錄

1. 一級初審

序號	提交材料名稱	原件/複印件	份數	紙質/電子文件	要求
1	上海市物業服務企業資質申請區縣用表	原件	1	紙質	單位蓋章
2	企業資質等級申報表	原件	3	紙質	單位蓋章
3	營業執照	複印件	1	紙質	單位蓋章
4	組織機構代碼證	複印件	1	紙質	單位蓋章
5	企業資質正、副本	原件	1	紙質	單位蓋章
6	物業服務企業法人的身分證明	複印件	1	紙質	單位蓋章
7	管理和技術人員的職稱證書，物業管理專業人員的職業資格證書，上述人員的身分證明、勞動合同和社保機構出具的繳納社會保險費的證明（繳費期限應當與該員工勞動合同履行期限相符）	複印件	1	紙質	單位蓋章
8	物業服務合同	複印件	1	紙質	單位蓋章
9	物業管理業績材料（物業管理項目情況表、企業各類獲獎證書）	複印件	1	紙質	單位蓋章
10	上一年度物業服務企業財務審計報告和資產負債表、現金流量表和利潤表等財務報表	複印件	1	紙質	單位蓋章
11	物業服務企業各項管理制度	複印件	1	紙質	單位蓋章
12	建設部物業服務企業信息系統盤片	原件	1	電子文件	

註：物業服務企業先用密鑰在網上申請。

2. 二、三級資質核定

序號	提交材料名稱	原件/複印件	份數	紙質/電子文件	要求
1	上海市物業服務企業資質申請區縣用表	原件	1	紙質	單位蓋章
2	企業資質等級申報表	原件	2	紙質	單位蓋章
3	營業執照	複印件	1	紙質	單位蓋章
4	組織機構代碼證	複印件	1	紙質	單位蓋章
5	企業資質正、副本	原件	1	紙質	單位蓋章
6	物業服務企業法人的身分證明	複印件	1	紙質	單位蓋章
7	管理和技術人員的職稱證書，物業管理專業人員的職業資格證書，及上述人員的身分證明、勞動合同和社保機構出具的繳納社會保險費的證明（繳費期限應當與該員工勞動合同履行期限相符）	複印件	1	紙質	單位蓋章
8	物業服務合同	複印件	1	紙質	單位蓋章
9	物業管理業績材料（物業管理項目情況表、企業各類獲獎證書）	複印件	1	紙質	單位蓋章

註：物業服務企業先用密鑰在網上申請。

3. 依申請變更（其他區縣轉進除外）

序號	提交材料名稱	原件/複印件	份數	紙質/電子報件	要求
1	申請報告				
2	資質證書	原件	1	紙質	正本1份、副本1份
3	上海市物業服務企業資質申請區縣用表	原件	1	紙質	www.shfg.gov.cn 下載，填寫完整並加蓋公章
4	企業營業執照	複印件	1	紙質	提供原件核對，原件核對後退回
5	法人身分證明	複印件	1	紙質	提供原件核對，原件核對後退回

4. 補證

序號	提交材料名稱	原件/複印件	份數	紙質/電子報件	要求
1	申請報告	原件	1	紙質	申請報告中寫明補證的原因
2	遺失聲明	原件	1	紙質	真實有效，遺失聲明應在新聞或媒體上發布

5. 依申請註銷

序號	提交材料名稱	原件/複印件	份數	紙質/電子報件	要求
1	申請報告	原件	1	紙質	申請報告中寫明申請註銷的原因
2	物業服務企業資質證書	原件	1	紙質	正本1份、副本1份

以上規定提供複印件的，應當在每頁資料上加蓋申請單位公章，同時出具原件以供核對。

（三）申請文書名稱

1. 資質證書核定

物業服務企業資質申請書。

2. 變更

資質證書變更申請書。

3. 補證

資質補證申請書。

4. 註銷

資質註銷申請書。

八、審批期限

（一）受理期限

申請人提交的書面材料齊全、符合規定形式的，當場受理。

（二）辦理期限

申請人提出的資質等級的核定、依申請變更（其他區縣轉進）業務的辦理，

辦理期限為 20 個工作日（補正材料時間不計算在內）。

申請人提出的變更、補證、依申請註銷等業務的辦理，辦理期限為 5 個工作日（補正材料時間不計算在內）。

九、審批證件

審批證件為「物業服務企業資質證書」。

十、收費依據及標準

（一）收費環節

無。

（二）收費項目

無。

（三）收費依據

無。

（四）收費標準

無。

十一、申請人權利和義務

（一）申請人依法享有以下權利

符合規定的條件，可以申請辦理物業服務企業資質。

（二）申請人依法履行以下義務

1. 應當如實向行政機關提交有關材料和反應真實情況，並對其申請材料實質內容的真實性負責。

2. 依法接受和配合監督檢查的義務。

十二、申請接收

（一）接收方式

1. 窗口接收

接收部門名稱：上海市奉賢區住房保障和房屋管理局。

網上預審填報網址：http://www.shfg.gov.cn→網上辦事→物業信息上報。

接收地址：奉賢區投資管理服務中心二樓　解放東路58號。

2. 網上接收

無。

3. 信函接收

無。

4. 傳真接收

無。

（二）接收時間

星期一至星期五（法定節假日除外）。

上午 8:30~11:30，下午 13:00~17:00（夏令時會略有調整）。

十三、諮詢途徑

（一）窗口諮詢

奉賢區奉賢區投資管理服務中心二樓　解放東路58號。

（二）電話諮詢

(021) 33610872。

（三）網上諮詢

無。

（四）電子郵件諮詢

無。

（五）信函諮詢

諮詢部門名稱：上海市奉賢區住房保障和房屋管理局。

通訊地址：奉賢區投資管理服務中心二樓　解放東路58號。

郵政編碼：201400。

十四、投訴渠道

（一）窗口投訴

奉賢區南橋鎮江海路443號1樓信訪接待室。

（二）電話投訴

（021）37596077。

（三）網上投訴

無。

（四）電子郵件投訴

無。

（五）信函投訴

投訴受理部門名稱：奉賢區住房保障和房屋管理局信訪接待室。

通訊地址：奉賢區南橋鎮江海路443號1樓。

郵政編碼：201400。

十五、辦理方式

（一）資質等級核定

1. 一般程序

（1）業務描述

申請人提交申請材料，對提供申請材料齊全、符合規定形式的，當場受理，行政許可科對申請材料進行審核，並作出是否行政許可的決定。行政許可科根據決定結果製作許可文書並送達申請人。

（2）適用情形

適用於物業服務企業資質等級核定。

2. 當場決定

（1）業務描述

無。

（2）適用情形

無。

3. 特殊程序（綠色通道）

（1）業務描述

無。

（2）適用情形

無。

(二) 依申請變更
1. 業務描述
申請人現場提交申請材料，對提供申請材料齊全、符合規定形式的，予以受理，行政許可科審核書面材料后作出是否予以變更的決定。行政許可科根據決定結果製作許可文書並送達申請人。
2. 適用情形
適用於已取得物業管理資質的企業。
(三) 補證
1. 業務描述
申請人通過現場提交申請材料，對提供申請材料齊全、符合規定形式的，予以受理，行政許可科對申請人提交的申請資料進行審查，作出是否補證的決定，行政許可科製作許可文書並送達申請人。
2. 適用情形
適用於已取得物業管理資質企業補證的辦理。
(四) 依申請註銷
企業分立、合併
1. 企業發生分立、合併的，應當在向工商行政管理部門辦理變更手續后30日內，到原資質審批部門申請辦理資質證書註銷手續，並重新核定資質等級。
2. 申請人攜帶相關的材料（原資質證書、組織機構代碼證、營業執照、本人身分證等）到窗口辦理註銷手續。
3. 窗口工作人員審查后認為需要補正材料的，應當場通知申請人補正。
4. 窗口工作人員審查后認為註銷申請的材料符合法定條件、標準的，予以受理，行政許可科審核書面材料后作出是否予以變更的決定。行政許可科根據決定結果製作許可文書並送達申請人。
5. 窗口工作人員審查后認為註銷申請的材料不符合法定條件、標準的，應作出不予變更的決定，製作「不予註銷行政審批決定書」，並向申請人送達。
6. 企業重新核定資質等級（按照核定資質等級流程走）
企業破產、歇業或者因其他原因終止業務活動
1. 企業破產、歇業或者因其他原因終止業務活動的，應當在辦理營業執照註銷手續后15日內，到原資質審批部門辦理資質證書註銷手續。
2. 申請人攜帶相關的材料（原資質證書、組織機構代碼證、營業執照、本人身分證等）到窗口辦理註銷手續。
3. 窗口工作人員審查后認為需要補正材料的，應當場通知申請人補正。
4. 窗口工作人員審查后認為註銷申請的材料符合法定條件、標準的，予以受理，行政許可科審核書面材料后作出是否予以變更的決定。行政許可科根據決定結果製作許可文書並送達申請人。
5. 窗口工作人員審查后認為註銷申請的材料不符合法定條件、標準的，應作出不予變更的決定，製作「不予註銷行政審批決定書」，並向申請人送達。
(五) 轉讓
無。

（六）終止經營

無。

（七）依申請撤銷

有下列情形之一的，資質審批部門或者其上級主管部門，根據利害關係人的請求或者根據職權可以撤銷資質證書：①審批部門工作人員濫用職權、玩忽職守作出物業服務企業資質審批決定的；②超越法定職權作出物業服務企業資質審批決定的；③違反法定程序作出物業服務企業資質審批決定的；④對不具備申請資格或者不符合法定條件的物業服務企業頒發資質證書的；⑤依法可以撤銷審批的其他情形。

作出行政審批決定的受理窗口接到利害關係人關於撤銷行政審批事項的書面申請的，依法作出撤銷決定。

（九）告知承諾

無。

十六、決定公開

自作出決定之日起 1 個工作日內，在上海市住房保障和房屋管理局網站上公開審批結果。

附錄 1　辦事流程示意圖

附錄2　申請書

2-1　物業服務企業資質變更申請書

奉賢區住房保障和房屋管理局：

　　我公司於＊＊＊＊年＊＊月＊＊日取得了物業服務企業資質證書，於＊＊＊＊年＊＊月＊＊日變更了＊＊＊＊，營業執照已變更，現特向貴局申請物業服務企業資質證書變更。

　　望批准為盼！

　　　　　　　　　　　　＊＊＊＊＊＊＊＊＊＊＊＊＊有限公司（蓋章）

　　　　　　　　　　　　　　　　　　　　　　＊＊＊＊年＊＊月＊＊日

2-2　物業服務企業資質補正申請書

奉賢區住房保障和房屋管理局：

　　我公司於＊＊＊＊年＊＊月＊＊日取得了物業服務企業資質證書，因＊＊＊（原因）資質證書遺失，已於＊＊＊＊年＊＊月＊＊日在＊＊＊＊（報紙）刊登了遺失聲明，現特向貴局申請補發物業服務企業資質證書。

　　望批准為盼！

　　　　　　　　　　　　＊＊＊＊＊＊＊＊＊＊＊＊＊有限公司（蓋章）

　　　　　　　　　　　　　　　　　　　　　　＊＊＊＊年＊＊月＊＊日

2-3　物業服務企業資質註銷申請書

奉賢區住房保障和房屋管理局：

　　我公司於＊＊＊＊年＊＊月＊＊日取得了物業服務企業資質證書，目前資質證書有效期已到，因我公司無物業管理在管項目，現特向貴局申請註銷物業服務企業資質證書。

　　望批准為盼！

　　　　　　　　　　　　＊＊＊＊＊＊＊＊＊＊＊＊＊有限公司（蓋章）

　　　　　　　　　　　　　　　　　　　　　　＊＊＊＊年＊＊月＊＊日

　　申請人承諾：本人（單位）保證提交的申請材料內容真實，如有虛假，願承擔由此造成的法律后果。註銷之日起，將停止一切與該行政許可有關的活動，否則願承擔相關法律責任。

　　　　　　　　　　　　　　　　　　　　　　申請人：
　　　　　　　　　　　　　　　　　　　　　　　年　　月　　日

　　本資料來自上海市奉賢區住房保障和房屋管理局（2013-03-15發布並實施）（http://www.fxqfgj.cn/zwgk/open_5.asp？ArticleID=1689）。

實驗實訓

　　1. 瞭解物業管理市場管理相關的法律法規，組織或參與一次物業管理法律法規宣傳、諮詢或投訴受理模擬活動。

　　2. 調查瞭解當地居住物業、商業物業、特種物業的管理服務價格，並撰寫調查報告。

第四章 物業管理的基本程序

本章要點：本章主要講述物業管理的前期介入與前期物業管理，物業的承接查驗、入住與裝修管理，物業管理招投標等。

本章目標：本章的學習使學生瞭解物業管理的前期介入及承接查驗的基本內容，重點掌握物業管理招投標的概念及招投標的過程，熟悉物業管理工作的移交及方案設計，區別物業管理的前期介入和前期物業管理，瞭解業主入住、裝修管理及物業的檔案管理。

第一節 物業管理的前期介入

一、物業管理前期介入的含義

房地產開發包括決策立項（市場調查、可行性論證、項目選址以及申請立項等）、前期準備（規劃設計、方案報批、工程勘探、土地徵用和拆遷安置、辦理開工手續和施工準備）、施工建設、竣工驗收和營銷五個環節。

物業管理前期介入有廣義和狹義理解。廣義是指物業服務企業在接管物業之前，開發企業邀請物業管理的有關人員，參與該物業的項目可行性研究、小區的規劃、設計和施工等階段的討論，並從物業管理的角度提出一定的意見和建議，以更好滿足業主與使用人的需要和有利於物業管理。狹義是指在房地產銷售階段物業服務企業的介入，即物業服務企業接樓盤和接業主入伙。實際工作中多是此類。

前期介入是物業服務企業提供的有償性服務，其服務對象主要是建設單位，其諮詢服務費由建設單位承擔。

二、物業管理前期介入的作用

（一）完善物業的使用功能

隨著人們生活水平的提高，人們對各種物業的使用要求也日益提高。房屋開發建設單位在開發設計時就要充分考慮人們對物業服務和居住環境需求的不斷變化，不僅要重視房屋本身的工程質量，更應考慮房屋的使用功能、佈局、造型、建材選用、室外環境、居住的安全舒適、生活的方便等。因此，在物業開發建設的規劃設計和施工階段，物業服務企業在前期介入，就物業日後的使用和管理方

面諸如戶型的設計、供電、供水、污染處理、電信、道路、綠化、管線走向、服務配套設施及平面佈局等方面提出建設性意見，有利於完善物業的使用功能。

（二）避免物業設計中可能存在的缺陷

在物業的一些較微觀的設計上，設計部門往往會按照國家頒布的一般建築設計規範的要求進行設計。而隨著人們生活水平的提高，實際的需要往往會超過這些設計規範的要求。如在住宅用電方面，隨著大戶型房屋的出現，每戶的用電負荷增長很快，有些業主需要在其套間內安裝好幾臺空調，則按一般設計規範設計的普通電路就不能承載大功率空調的負荷。又如有些商住樓項目，由於只考慮了「住」的特性，而對「商」的特性考慮不周，結果造成物業投入使用后，電梯數量滿足不了商戶的經營需要。類似這些看似細小，實則影響房屋日后使用的問題，一般設計人員很難考慮周全，而有經驗的物業管理人員則清楚設計的不合理之處及其將來可能造成的后果。所以物業管理人員從日后管理的角度及時向設計部門提出自己的意見，就能使物業設計避免許多缺陷。

（三）監督房地產的施工質量

為了提高建設工程質量，中國建立和實施了工程建設的監理制度，施工工程一般都有專業工程監理公司進行監理，但監理公司難以取代物業服務企業參與施工監理的作用。因為物業服務企業負責物業接管驗收及維護保養的任務，而工程質量問題的任何隱患和疏忽都會增加今后物業管理的工作難度。物業服務企業通過前期介入，參與監督施工質量，使工程質量又多了一分保障；同時，可使物業管理人員全面瞭解和熟悉物業施工質量及存在的問題，為接管驗收和日后的維修打下基礎。

（四）為前期物業管理作好準備

物業服務企業可利用前期介入的機會，逐步開展制訂物業管理方案和各項規章制度，進行機構設計、招聘人員、實施上崗培訓等前期物業管理的準備工作，方便物業移交后物業管理各項工作的順利開展。同時，通過在前期介入過程中與各方的磨合，理順與環衛、水電、通信、治安、綠化等部門之間的關係，為日后管理建立暢通的溝通渠道，便於日后對物業的管理。

（五）便於日后的物業管理

通過物業管理的前期介入，物業服務企業對該物業的設計、施工情況提前進行了熟悉和瞭解，特別是對管線的鋪設、設備的安裝做到了心中有數，這為物業管理、養護、維修帶來許多便利。具體包括：

1. 有利於制訂切實可行的物業管理維修保養計劃

由於物業管理人員已掌握工程結構及設備設施的實際情況，以此為依據制訂的維修保養計劃，針對性強，容易實施。

2. 有利於縮短維修時間，提高維修質量

由於物業管理人員熟悉工程建設情況和存在的問題，所以當工程結構及設備設施發生故障時，就能很快找到故障的原因，並盡快排除故障，從而縮短維修時間，並能保證維修質量。

3. 有利於設備設施的更新改造

由於物業管理人員參與設備設施的招投標、安裝、試運行等過程，與供應廠家有密切的接觸，熟悉廠家及設備設施的特點，這樣就可以提出可行性較高的設備設施的更新改造計劃和方案。

所有這一切可以大大提高物業管理的工作效率和工作質量，為物業服務企業日後為業主和使用人提供更好的服務打下基礎。

(六) 助於提高建設單位的開發效益

前期介入是物業服務企業從物業開發項目的可行性研究開始到項目竣工驗收的全程介入，建設單位可以得到物業服務企業的專業支持，開發出市場定位準確、功能使用考慮周全、業主滿意的物業，促進物業的銷售。同時，建設單位還可以通過引入高水平的物業管理諮詢提升自身的品牌。

三、物業管理前期介入的方式及內容

物業管理前期介入可以分為三種情況：

(一) 早期介入——充當顧問

物業管理早期介入即物業服務企業在房地產施工建設之前的介入，主要是對房地產的立項、規劃、設計及其圖樣等提出合理化建議，利於房地產的租售、后期使用與管理。

1. 介入形式

向物業建設單位及其聘請的專業機構提供專業諮詢，同時對未來的物業管理進行總體規劃，參與各項規劃的討論會議；從使用、維護、管理、經營以及未來功能的調整和保值、增值等角度，對設計方案提出意見或建議。此時介入的物業服務企業應站在潛在業主的角度上看待和分析問題。這樣做並不與物業建設單位的利益相衝突，相反在以下幾個方面會使物業建設單位受益：

(1) 通過優化設計或在使用維護等角度上對設計方案進行調整，使物業建設單位在總體上更能滿足購房者的需求，從而促進項目的成功運作，有利降低開發風險。

(2) 設計上的預見性可以減少后續的更改和調整，從而為物業建設單位節約資金。

(3) 分期開發的物業服務項目，對公用配套設施設備和環境能更好地協調，可以使各分期之間順利過渡。

2. 工作內容

(1) 提出專業諮詢意見

根據物業選址、市場定位、潛在客戶群、周邊物業管理情況等信息向建設單位提出開發項目類型及功能、消費檔次、目標客戶等專業諮詢意見，減少其投資決策的盲目性。

(2) 對物業管理進行總體規劃

① 根據物業建設成本及目標客戶群的定位確定物業管理模式；

② 根據規劃和配套確定物業管理服務的基本內容；
③ 根據目標客戶情況確定物業管理服務的總體服務質量標準；
④ 根據物業服務成本初步確定物業服務費的收費標準；
⑤ 設計物業管理框架性方案。

(3) 配套設施完善的設計建議

目前，就房地產而言，要求進行綜合性開發。因此，光滿足住的需求是不夠的，還需要充分考慮享受和發展的需求。而能否充分發揮其整體功能，關鍵要看各類配套設施是否完善。例如，對於大多數住宅小區而言，小區內外道路交通的布置、環境的和諧與美化、人們休息交往的場所與場地的布置等都需要在規劃設計中給予充分的考慮。尤其是配套設施的規模和檔次，幼兒園、學校等公益設施的配備，各類商業服務網點、娛樂健身設備等條件的具備，都需根據物業和業主的定位進行預先規劃和設計。

(4) 水、電、氣等供應容量建議

水、電、氣等的供應容量是項目規劃設計時的基本參數，設計人員在設計時，通常參照國家的標準設計，而國家的標準設計僅規定了下限，即最低標準，只要高於此限就算達到設計要求。但在實際生活中，南北氣候的差異必然會造成實際用量的差異，並且隨著人們生活水平的不斷提高，對各種能源的需求也會不斷增大。因此，在規劃設計時，要留有余地。

(5) 生活垃圾處理建議

垃圾處理是每一個物業每天都要面臨的問題，處理不好將直接影響小區的環境衛生和業主的日常生活。一般小區垃圾的處理方式有兩種選擇：垃圾道或垃圾桶。如果採用垃圾道，對於業主來說是相當方便、快捷的，但是對於物業服務企業來說，如何保持其清潔，杜絕蚊蠅、蟑螂、老鼠的滋生源，防止異味的產生，則成了一個非常頭痛的問題。如果採用垃圾桶，就需要考慮如何在方便業主的前提下，合理地設置垃圾桶的位置及數量，保持小區公共區域的環境衛生。這兩種方式各有利弊，在規劃設計時具體採用哪種方式應根據小區的實際情況和物業服務企業的管理經驗來選擇。

(6) 安全保衛消防系統設置建議

大部分消費者在購買物業時，都把小區的安全擺在首位。因此，做好小區的安全保衛工作，給業主創造一個安全的居家環境是規劃設計的又一個重要環節。目前，大部分小區都採用現代化的自動報警系統，如消防聯動控製櫃、遠紅外自動報警系統等。但採用的設備越多、越先進，物業的建造成本就越高。這就需要在節約成本的基礎上，盡可能設計經濟有效的報警系統，還要著眼於不同的物業類型、地區特點的消防要求及消防中的死角，提出合理化建議。

(7) 建築材料選擇建議

建築材料的選擇影響著工程的質量、造價，物業服務企業應根據自己以往的管理經驗提供一份常用建材使用情況的資料，以便設計單位擇優選擇，減少日后的維修管理工作。

(8) 物業結構佈局及規劃設計合理性建議

如建築間距，一般房屋間距是1H~1.7H（H為前排屋檐口到后排房屋底層窗

臺的高度差），學校建築一般應為 2.5H，最小不得少於 12 米；再如居住面積密度，住宅平均層數 5~6 層的居住區用地面積平均每人為 15 平方米左右；新建居住區綠化用地占建設用地面積比例不得低於 30%，綠地規劃應點、線、面相結合。

（9）其他

在規劃設計時，還有一些細節性的問題容易被設計人員忽略，如室內各種管線的佈局、位置是否適用，電梯接口的數量、位置是否方便日後檢修，插座開關的高度、數目及具體的位置是否適當、方便使用等。這些問題一旦出現，會給日後的使用和管理帶來極大的不便，物業服務企業應提前指出，盡量減少類似的缺陷。總之，物業管理的工作特點造成了從業人員對物業在使用和管理工程中細節問題的敏感性，物業管理人員的改進意見或建議更貼近業主的實際需要，並為以後的物業管理打好基礎。

3. 注意事項

（1）在項目的可行性研究階段除對物業檔次定位外，還要考慮物業的使用成本。

（2）物業管理的模式要和業主的生活水準、文化相一致。

（3）要完成此階段物業管理的工作需要對市場準確把握和深刻認識，同時擁有知識面廣、綜合素質高和策劃能力強的高級人才。

（4）所提意見或建議要貫徹房地產立項時確定的物業管理總體設計規劃的內容和思路，保證總體思路的一致性、連貫性和持續性；應符合有關法律法規及技術規範的要求。

（5）一定從業主的角度來看待和考慮問題，尤其要將設計與將來的使用維護、建設和使用成本、業主的需求及經濟承受力相結合，這樣才能將業主、物業建設單位與物業服務企業的目標利益統一起來。

（二）中期介入——扮演監理

中期介入即物業服務企業介入房地產的施工建設，監督房地產建設的質量，瞭解房地產線、管、網的走向與佈局，促使房地產各種使用材料的質量得到保證以及房地產按照規劃與設計進行科學施工，便於后期物業管理。

1. 介入形式

介入形式主要是派出工程技術人員進駐到現場，對建設中的物業進行觀察、瞭解和記錄，並就有關問題提出意見和建議。

2. 工作內容

在這個階段，物業管理人員的介入一方面加強了工程的力量，使工程質量又多了一份保障；另一方面，保證了建築移交和日後管理的連續性。其主要工作內容包括以下兩方面：

（1）解決常見的質量問題

物業管理人員對房屋在使用工程中常見的質量問題瞭解得較多，如衛生間哪裡最容易漏水，什麼樣的牆會滲水等，這些問題如有物業管理人員在現場進行指導和監督，就會在施工中予以徹底解決，減少「先天不足」問題的產生。

（2）熟悉各種設備和線路

在這個階段，物業管理人員需要熟悉機電設備的安裝高度，管道線路的鋪設

及走向，因此要盡可能全面收集物業的各種資料，熟悉各個部分，為日後的管理工作作好準備。

3. 注意事項

（1）物業服務企業應站在開發商和潛在業主的角度，對施工進行監理，但此時物業服務企業並不是建設監理的主體或主要授權人及責任人，因此既要對質量持有認真的態度，又要注意方法和方式。

（2）要特別強調記錄的作用。這種記錄一方面為今後的物業管理提供了豐富的資料；另一方面的重要作用是當有些施工中的問題或隱患經物業服務企業提出整改建議，但由於某些原因沒有進行改進，此時完善的記錄和相應的證據在將來這樣的隱患發生時對分清物業服務企業與建設單位、施工單位、安裝單位的責任非常有利。

（三）晚期介入——著手管理

房地產經過開發建設完工，物業服務企業可以參與房地產的竣工驗收與銷售，並對合格的房地產進行接管驗收，從而正式開始物業管理。

1. 介入形式

此階段介入的形式多種多樣，物業服務企業派出的人員及投出的力量較大。

2. 工作內容

（1）做好物業銷售工作。這部分工作包括銷售前的準備、銷售現場的管理和運作、銷售後的收尾工作等。

（2）參與物業竣工驗收工作。

（3）前期物業管理準備工作。

3. 注意事項

（1）有關物業管理服務的宣傳及承諾，包括各類公共管理制度和公共場地的使用規定，一定要合法，同時要實事求是，根據物業管理服務的整體規劃和方案來進行，不應為了銷售而誇大其詞，亂承諾無論對物業服務企業還是物業建設單位都是不智之舉。

（2）售樓階段對物業管理服務所做的承諾以及諮詢期間業主反應和關注的物業管理服務要求，應作為對前期物業管理的基本要求，一定要做好。另外還應注意，對公共制度和公共秩序的規定也應建立在以現實的收費情況下物業管理所能達到的基礎上。避免由於業主要求過高而產生物業服務企業的管理水平和管理設施跟不上的情況。

（3）在銷售過程中對未來物業服務企業的宣傳以及物業管理所帶來的生活方式具有很多的表現手段和操作手法，尺度把握準確，方式使用得當，會給銷售工作以很大的促進，給物業建設單位帶來豐厚的回報。

（4）銷售工作中物業管理的介入，既是前期物業建設和物業管理觀念的延伸，也正式確定了以後物業管理的主要內容和要求，起到了承前啟後的作用。在此階段之後，物業管理的前期介入將逐漸向前期物業管理過渡。因此，該階段的工作效果既是對前期工作（特別是物業管理總體策劃）效果的驗證，也會對今後的物業管理活動產生深遠的影響，故應認真對待，足夠重視。

物業管理前期介入的三種情況，是物業服務企業對房地產瞭解、認知和管理的三種可選時機。從物業管理方便和物業價值考慮，物業服務企業應該是越早介入越好。目前，房地產開發商充分認識到物業管理前期介入的重要性，提前邀請了物業服務企業介入房地產的建設過程，但真正發揮物業服務企業的前期介入作用不是很夠，只是為其房地產銷售作嫁衣而已。相信隨著物業管理觀念的深入人心和人們理性消費的持續升溫，物業服務企業越早介入房地產建設將是人們購房、租房和管房的上選和首選。當然，前期介入對物業管理從業人員要求較高，需要他們熟悉物業管理、房地產管理、建築學與美學、機電與物理學等多方面的理論、知識和技能。而物業建設單位選擇前期介入的物業服務企業和前期物業管理的物業服務企業可以不是一家（實際運作時最好是同一企業，這便於管理和瞭解物業的情況，如果不是同一家，前期介入的物業服務企業或個人還要協助物業建設單位選聘前期物業管理的物業服務企業）。或者說前期介入的只需要某些物業管理的專家。

第二節　物業承接查驗

一、物業驗收

（一）物業竣工驗收的含義

竣工是指一個建築工程項目，經過建築施工和設備安裝后，達到了該工程項目設計文件所規定的要求，具備了使用的條件。工程項目竣工以後，承建單位需向建設單位辦理交付手續。在辦理交付手續時，需經建設單位或專門組織的驗收委員會對竣工項目進行查驗，在認為工程合格後辦理工程接受手續，把產品移交給建設單位，這一移交過程被稱為竣工驗收。

（二）竣工驗收的分類

物業的竣工驗收可分為以下四種類型：

1. 隱蔽工程驗收

各項隱蔽工程完成後，在隱蔽前，開發單位與承建單位應按技術規範要求及時進行驗收。在驗收時要以施工圖的設計要求和現行技術規範為準。經檢查合格后，雙方在隱蔽工程檢查記錄上簽字，作為工程竣工驗收資料。

2. 分期驗收

分期驗收，是指分期進行的工程項目或單元工程在達到使用條件，需要提前使用時所進行的驗收。

3. 單項工程驗收

工程項目某個單項工程已按設計要求施工完畢，具備使用條件，能滿足投產要求時，承建單位可向開發單位發出交工通知。開發單位應先自行檢查工程質量、隱蔽工程有關資料、工程關鍵部位施工記錄及有否遺漏情況等，然后由開發、設計、承建單位組織驗收小組，共同進行交工驗收。

4. 全部工程驗收

整個建設項目按設計要求全部建成並達到竣工驗收標準時,即可進行全部工程驗收。對於一些大型項目,在正式驗收之前,要進行一次預驗收。

已正式驗收合格的物業,應迅速辦理固定資產交付使用手續,並移交與建設項目有關的所有技術資料。

二、物業的承接查驗

(一) 物業承接查驗的概述

1. 物業承接查驗的概念

物業的承接查驗是指物業服務企業對新接管項目的物業共用部位、共用設施設備進行的再檢驗。《物業管理條例》第二十八條規定:「物業服務企業承接物業時,應當對物業共用部位、共用設施設備進行查驗。」

新建房屋辦理承接查驗時應具備以下條件:

(1) 建設工程全部施工完畢,並已經竣工驗收合格;
(2) 供電、採暖、給水排水、衛生、道路等設備和設施能正常使用;
(3) 房屋幢、戶編號已經有關部門確認。

原有房屋辦理承接查驗時應具備以下條件:

(1) 房屋所有權、使用權清楚;
(2) 土地使用範圍明確。

2. 承接查驗的作用

物業承接查驗是物業管理過程中對工程質量進行監控的不可缺少的一環,是物業管理的基礎性工作之一。目前,中國物業管理還處於發展階段,一些物業服務企業的行為不規範,在簽訂合同時,忽視了物業承接查驗。房屋的管網設施、隱蔽工程等存在的問題,有些往往在業主入住后才會暴露出來,如果不進行嚴格的承接查驗,后果必須是產品質量責任、施工安裝質量責任、管理維護責任不清,糾紛多、投訴多,業主和物業服務企業的合法權益得不到有效保護。

(1) 物業的承接查驗有利於明確建設單位、業主、物業服務企業的責權義,維護各自的合法權益。

通過承接查驗、合同的簽訂,實現了權利和義務的轉移,在法律上界定清楚各自的權利和義務。

(2) 物業承接查驗有利於促使建設單位提高建設質量,加強物業建設與管理銜接,提供開展物業管理的必備條件,確保物業的使用安全和功能,保障物業買受人的權益。

通過物業服務企業的前期介入和承接查驗,能進一步促使開發或施工單位按標準進行設計和建設,減少日后管理中的麻煩和開支。同時,還能彌補部分業主專業知識不足,做到從總體上把握整個物業的質量。

(3) 物業承接查驗有利於著力解決日趨增多的物業管理矛盾和糾紛,規範物業管理行業有序發展,提高人民群眾居住水平和生活質量,維護社會安定。

通過承接查驗，一方面使工程質量達到要求，減少日常管理過程中的維修、養護工作量。另一方面，根據承接中的有關物業的文件資料，可以摸清物業的性能與特點，預防管理事物中可能出現的問題，計劃安排好各個管理事項，建立物業管理系統，發揮專業化、社會化、現代化的管理優勢。

(二) 新建物業的承接查驗

1. 新建物業的承接查驗準備工作

(1) 人員準備

物業的承接查驗是一項技術難度高、專業性強，對日后的管理有較大影響的專業技術性工作。組建承接查驗小組，成員包括管理部、辦公室、工程部、策劃部有關人員，應選派精通業務、責任心強、有不同專業特長的工程技術人員參加，規模一般為5~8人；並指定負責人，最好由本項目的負責人擔任。

(2) 計劃準備

物業服務企業制訂承接查驗實施方案，能夠讓承接查驗工作按步驟有計劃地實施。

① 與建設單位確定承接查驗的日期、進度安排；

② 要求建設單位在承接查驗之前提供移交物業詳細清單、建築圖紙、相關單項或綜合驗收證明材料；

③ 派出技術人員到物業現場瞭解情況，為承接查驗做好準備工作。

(3) 資料準備

在物業的承接查驗中應做必要的查驗記錄，在正式開展承接查驗工作之前，應根據實際情況做好資料準備工作，制定查驗工作流程和記錄表格。

① 工作流程一般有物業承接查驗工作流程、物業查驗的內容及方法和承接查驗所發現問題的處理流程等；

② 承接查驗的常用記錄表格有「工作聯絡登記表」「物業承接查驗記錄表」和「物業工程質量問題統計表」等。

(4) 設備、工具準備

物業的承接查驗中採取一些必要的檢驗方法來查驗承接物業的質量情況，應根據具體情況提前準備好所需要的檢驗設備和工具。

(5) 進行現場初步勘察

根據設計圖和施工圖紙，派承接查驗小組的工程技術人員到物業現場進行初查，為承接查驗工作打下基礎。

2. 新建物業的承接查驗程序

(1) 建設單位書面提請承接查驗單位承接查驗，並提交相應的資料；

(2) 承接查驗單位按照承接查驗標準，對建設單位提交的申請和相關資料進行審核，對具備條件的，應在15日內簽發驗收通知並約定驗收時間；

(3) 承接查驗單位會同建設單位按照承接查驗的主要內容及標準（質量與使用功能）進行驗收；

(4) 驗收過程中發現的問題，按質量問題的處理辦法處理；

(5) 經檢驗符合要求時，承接查驗單位應在7日內簽發驗收合格憑證，並及

時簽發接管文件。

3. 新建物業的承接查驗的主要內容

（1）物業資料

在辦理物業的承接驗收手續時，物業服務企業應接受查驗下列資料：

① 產權資料

它包括項目批准文件、用地批准文件、建築執照、拆遷安置資料。

② 竣工驗收資料

它包括竣工圖、地質勘查報告、工程合同、工程預決算、圖紙會審記錄、工程設計變更通知及技術核定單、隱蔽工程驗收簽證、沉降觀察記錄、鋼材水泥等主要材料的質量保證書、砂漿混凝土試塊試壓報告、竣工驗收證明書等。

③ 技術資料

它包括新材料、構配件和鑒定合格證書，設備設施的檢驗合格證書，供水、供暖的試壓報告，各項設施設備的安裝、使用和維護保養等技術資料。

④ 說明文件

它包括物業質量保修文件和物業使用說明書。

（2）物業共用部位

按照《物業管理條例》的規定，物業服務企業承接物業時，應對物業共用部位進行查驗。主要內容包括：

① 主體結構

地基沉降不得超過規定要求允許的變形值，不得引起上部結構開裂或毗鄰房屋的損壞。其中，房屋的主體構件無論鋼筋混凝土還是磚石、木結構，變形、裂縫都不能超過國家的規定標準。

② 外牆、屋面、共用部位樓面、地面、內牆面、頂棚和門窗

外牆不能滲水，各類屋面必須符合國家建築設計標準的規定，排水暢通，無積水、不滲漏。地面的面層與基層必須黏結牢固，不空鼓，整體平整，沒有裂縫、脫皮、起砂等現象。

鋼木門窗均應安裝平正牢固，開關靈活；進戶門不得使用膠合板製作，門鎖安裝牢固；門窗玻璃應安裝平整，油灰飽滿、粘貼牢固；油漆色澤一致，不脫皮、不漏刷。

③ 衛生間、陽臺

衛生間、陽臺、廚房的地面相對標高應符合設計要求，不允許倒流水和滲漏。

④ 公共走廊、樓道及其扶手、護欄等

略。

（3）共用設施設備

物業的共用設施設備種類繁多，各種物業配置的設備不盡相同，共用設施設備承接查驗的主要內容有：

① 低壓配電設施。

② 柴油發電機組。

③ 電氣照明、插座裝置。

線路應安裝平整、牢固、順直，過牆有導線，鋁導線連接不得採用膠接或綁

接。每一回路導線間及對地絕緣電阻值不得小於規定要求。照明器具等支架必須牢固，部件齊全，接觸良好。

④ 防雷與接地

避雷裝置必須符合國家標準規定。

⑤ 給排水、消防水系統

管道應安裝牢固，控製部件啟閉靈活，無滴、漏、跑、冒現象。衛生間、廚房間排水管道應分設，出戶管長不超過8米，並不可使用陶管、裝料管；地漏、排水管接口、檢查口不滲漏，管道排水流暢。

⑥ 電梯

電梯應能準確、正常運轉，噪聲震動不得超過規定，記錄、圖紙資料齊全。

⑦ 通信網絡系統

略。

⑧ 火災報警及消防聯運系統

消防設施應符合國家標準規定，必有消防部門檢驗合格證。

⑨ 排菸送風系統及安全防範系統

略。

⑩ 採暖和空調等

採暖的鍋爐、箱罐等壓力容器應安裝平正，配件齊全，沒有缺陷，並有專門的檢驗合格證。

(4) 園林綠化工程

園林綠化分為園林植物和園林建築。物業的園林植物一般有花卉、樹木、草坪、綠籬和花壇等；園林建築主要有小品、花架、長廊等。這些均是園林綠化的查驗內容。

(5) 其他的公共配套設施

物業其他的公共配套設施的主要內容有：物業大門、值班崗亭、圍牆、道路、廣場、社區活動中心（會所）、停車場（庫、棚）、游泳池、運動場地、物業標示、垃圾屋及中轉站、休閒娛樂設施、信報箱等。

4. 新建物業的承接查驗方式

承接查驗可以從資料查驗和現場檢驗兩個方面進行。

(1) 資料查驗

資料查驗是對建設單位移交的文件資料、單項驗收報告以及對房屋共用部位、共用設施設備、園林綠化工程和其他公共配套設施的相關合格證明材料進行查驗。

(2) 現場查驗

現場查驗是對房屋共用部位和公共設施設備採用觀感查驗、使用查驗、檢測查驗和試驗查驗等方法進行檢查。

5. 新建物業的承接查驗中質量問題的處理

(1) 發生物業工程質量問題的原因

發生物業工程質量問題的原因包括：設計方案不合理或違反規範造成的設計缺陷；施工單位不按規範施工或施工工藝不合理甚至偷工減料；驗收檢驗不細、把關不嚴；建材質量不合格；建設單位管理不善；氣候、環境、自然災害等其他

原因。

（2）處理物業工程質量問題的方法

① 發現影響房屋結構安全和設備使用安全的質量問題，必須約定期限由建設單位負責進行加固補強，直至合格，並按雙方商定的時間組織復驗。

② 發現影響相鄰房屋的安全問題，由建設單位負責處理；因施工原因造成的質量問題，應由施工單位負責，按照約定期限進行加固返修，直至合格，並按雙方商定的時間組織復驗。

③ 對於不影響房屋結構安全和設備使用安全的質量問題，可約定期限由建設單位負責修繕，或可採取費用補償的辦法由物業服務企業處理。

④ 房屋接管交付使用后，如發生隱蔽性重大質量事故，應由承接查驗單位會同建設、設計、施工等單位共同分析研究，查明原因。如屬設計、施工、材料的原因由建設單位負責處理；如屬使用不當，管理不善的原因，則應由承接查驗單位負責處理。

（3）處理質量問題應把握的兩條原則

① 原則性與靈活性相結合

原則性是指要嚴格按照規章制度辦事。靈活性是指在不違背原則的前提下，針對不同情況分別採取措施，共同協商，力爭合理、圓滿地解決承接查驗中存在的問題。

② 細緻入微與整體把握相結合

物業服務企業在進行工程驗收時必須細緻入微，任何一點疏忽都可能給日後的管理帶來無盡的麻煩，也會嚴重損害業主的利益。整體把握是指從更高層次，從整體角度去驗收，要注意物業土地使用情況、市政公用設施、公共配套設施等綜合性項目能否適合業主的需要。

(三) 原有物業的承接查驗

1. 原有物業的承接查驗程序

（1）移交人書面提請承接查驗單位承接查驗，並提交相應的資料。

（2）承接查驗單位按照承接查驗標準，對建設單位提交的申請和相關資料進行審核，對具備條件的，應在 15 日內簽發驗收通知並約定驗收時間。

（3）承接查驗單位會同移交人按照承接查驗的主要內容及標準進行驗收。

（4）查驗房屋的情況，包括建築年代、用途變遷、拆改添建等；評估房屋的完好與損壞程度及現有價值；對在驗收過程中發現的問題，按危險和損壞問題處理辦法處理。

（5）交接雙方共同清點房屋、裝修、設備，以及定、附著物，核實房屋的使用狀況。

（6）經驗收符合要求時，承接查驗單位應在七日內簽發驗收合格憑證，簽發接管文件，並辦理房屋所有權的轉移登記（若無產權轉移，則無須辦理）。

2. 原有物業承接查驗的條件

在物業管理機構發生更迭時，新任物業服務企業必須在具備下列條件的情況下實施承接查驗：

（1）物業產權單位或業主大會與原有物業服務企業簽訂的物業服務合同完全解除；

（2）物業產權單位或業主大會同新的物業服務企業簽訂了物業服務合同。

3. 原有物業承接查驗應提交的資料

（1）產權資料

它包括房屋所有權證、土地使用權證、有關司法、公證文書和協議、房屋分戶使用清冊、房屋設備及定、附著物清冊。

（2）技術資料

它包括房地產平面圖、房屋分間平面圖、房屋及設備技術資料。

4. 原有物業的承接查驗步驟及內容

（1）成立物業承接查驗小組

在簽訂了物業服務合同之后，新的物業服務企業即應組織力量成立物業承接查驗小組並著手制訂承接查驗方案。承接查驗驗收小組應提前與業主委員會及原物業服務企業接觸，洽談移交的有關事項，商定移交的程序和步驟，明確移交單位應準備的各類表格、工具和物品等。

（2）原有物業承接查驗的內容

① 文件資料的查驗

在對文件資料進行查驗過程中，除檢查上述資料外，還要對原物業服務企業在管理過程中產生的重要質量記錄進行檢查。

② 物業共用部位、共用設施設備及管理現狀的查驗

主要查驗項目包括建築結構及裝飾裝修工程的狀況，供配電、給水排水、消防電梯、空調等機電設施設備的質量和運行情況，保安監控的質量和運行情況，對講門禁設施的質量和運行情況，清潔衛生設施的質量狀況，綠化及設施，停車場、門崗、道閘設施，室外道路、雨污水井等排水設施的質量和運行情況，公共活動場地、公共娛樂設施及其他設施設備的質量和運行情況等。

③ 各項費用與收支情況

它包括物業服務費、停車費、水電費、其他有償服務費的收取和支出情況，維修資金的收取、使用和結存情況，各類押金、應收帳款、應付帳款等帳務收支情況。

④ 其他內容

它包括物業管理用房、專業設備、工具和材料，與水、電、通信等市政管理單位簽訂的供水、供電的合同、協議等。

第三節　物業管理招投標

一、物業管理招投標的基本概念

招標和投標是國內外現代經濟活動中常用的競爭性的交易形式。招標是指招標單位在興建工程、合作經營某項業務或進行大宗商品交易時，將自己的要求和

條件公開告示，讓合乎要求和條件的承包者參與競爭，從中選擇最佳對象為中標者，雙方訂立合約。投標是對招標的回應，是競做承包者的行為，是指承包者按招標公告的要求與條件，提出投標申請。

物業管理招標是指物業招標人在選聘物業服務企業時，通過制定符合其項目管理服務要求和條件的招標文件向社會或特定的物業服務企業公開，由回應招標的多家物業服務企業參與競爭，經依法評審，從中確定中標企業並與之簽訂物業服務合同的一種物業服務產品預購的交易行為。

物業管理投標，是指符合招標文件要求的物業服務企業，根據招標文件確定的各項管理服務要求與標準，根據國家有關法律法規與本企業實力，編製投標文件，參與投標的活動。

二、物業管理招標

（一）物業管理招標的原則

物業管理招標必須貫徹「公平、公正、公開、合理」的原則。

1. 公平原則

公平原則是指在招標文件中向所有物業服務企業提出的投標條件是一致的，所有參加投標者都必須在相同基礎上投標。招標人不得以不合理條件限制或排斥潛在投標人，不得對潛在投標人實行歧視性待遇，不得對潛在投標人提出與招標物業服務項目實際不符的資格要求；否則，將會損害投標人的合法權益，也必然導致不公平的投標結果。

2. 公正原則

公正原則是指投標評定的準則是衡量所有投標書的尺度，即在公平的基礎上，整個投標評定中所使用的準則應具有一貫性和普遍性。通過公正評定，不中標者能明白自己的差距和不足。

3. 公開原則

公開原則是指在招標活動的各個環節要使相關信息保持高度透明，確保招標活動公平、公正地實施。這一原則要求在招標過程中，有關招標的條件、程序、評標辦法、投標文件的要求、中標結果等信息，不但對所有潛在投標人保持一致，而且要公開透明，更不能對個別投標人公開而對其他投標人隱瞞。

4. 合理原則

合理原則是指總投標的價格和要求必須合理，不能接受低於正常的管理服務成本的標價，也不能脫離實際市場情況，提出不切實際的管理服務要求。

（二）物業管理招標的類型

通常分為以下三種類型：

1. 公開招標

這是由招標單位通過公共媒介（如報刊、電視、網絡等）發表招標公告，邀請所有符合條件的不特定的物業服務企業參加競標的一種招標方式。招標人發布的招標公告必須載明招標人的名稱、地址、招標項目的基本情況和獲取招標文件

的辦法等具體事項。

其優點是競爭最充分，能最大限度地體現招標的公平、公正、公開、合理的原則，其缺點是招標時間長和招標成本高。一般大型基礎設施和公共物業的管理常採用此類方式。

2. 邀請招標

邀請招標又稱為有限競爭性招標或選擇性招標，是指物業管理招標人以投標邀請書的方式邀請特定的物業服務企業參加競標的一種招標方式。採取邀請招標方式的，招標人必須向3個以上物業服務企業發出投標邀請書。

其優點是能節省招標時間和降低招標成本，適用於標的規模較小的物業服務項目，是中國物業管理招投標中採用的主要方式。儘管優點突出，缺點也十分明顯，由於邀請招標是招標人預先選擇了投標人，因此可選擇範圍大為縮小，容易誘使投標人之間產生不合理競爭，造成招標人和投標人之間的作弊現象。

3. 協商招標

協商招標又稱為協議招標。是由招標單位直接邀請某一個物業服務企業進行協商，確定物業管理的有關事項，最終達成協議。一般用於中小規模的物業管理招標項目及不適合公開招標的項目或投標的物業服務企業少於3個的住宅物業管理招標項目。

(三) 物業管理招標的特點

由於物業管理服務的特殊性，物業管理招標與其他類型的招標相比具有自身的特點。概括起來就是具有超前性、長期性和階段性。

1. 物業管理招標的超前性

物業管理招標的超前性是指由於物業管理提前介入的特點，決定了物業管理招標必須超前。物業價值巨大和不可移動性的特點決定了物業一旦建成便很難改變，否則將會造成極大的浪費和損失。

2. 物業管理招標的長期性和階段性

物業管理招標的長期性和階段性是指由於物業管理工作的長期性和多階段性，針對不同階段和不同的服務內容，物業管理招標的內容和方式也有所不同。由於建設單位或業主在不同的時期對物業管理有不同的要求，招標文件中的各項管理要求、管理價格都具有階段性，會隨時間的變化而調整。物業管理行業競爭日趨激烈，中標企業並非一勞永逸，高枕無憂，隨時都有被「炒掉」的危險。而且在首次業主大會後，業主有權依法更換建設單位聘請的物業服務企業。這些都體現了物業管理招標具有長期性和階段性。

(四) 物業管理招標的意義

1. 物業管理實行招標是發展社會主義市場經濟的需要

物業管理是一種服務商品，必須要遵循價值規律的要求，使物業管理由原來的管理服務終身制變為由市場選擇的聘用制，根據市場行情，確定一定的管理聘用標準。

2. 物業管理實行招標是房地產管理體制改革的需要

中國原有的行政性福利型的房地產管理體制已不適應市場經濟發展的需要。

實行招標，能使開發商或業主管理委員會有權選擇物業服務企業，改變原來的行政性管理終身制。

3. 物業管理招標是提高物業管理水平、促進物業管理行業發展的需要

要提高物業管理水平，促進物業管理行業的發展，就要有充滿活力的市場競爭。在競爭中，一些經營管理好、服務水平高、競爭能力強的企業就會贏得信譽和業務。

(五) 物業管理招標的程序

參照國際招投標慣例，就公開招標來說，整個招標程序大致如以下所示：

1. 成立招標機構

任何一項物業管理招標，都需要成立一個專門的招標機構全權負責整個招標活動。成立招標機構主要有兩種途徑：一是自行成立招標機構並組織招標投標工作；二是委託專門的代理機構招標。兩種途徑都符合中國《招標投標法》的規定，並且各有各的特點。

2. 編製招標文件

編製招標文件是招標工作最重要的任務之一，招標文件的作用在於：告知投標人遞交投標書的程序，闡明所需招標的標的情況，告知投標評定準則以及訂立合同的條件等。招標文件既是投標人編製投標文件的依據，又是招標人與中標人商定合同的基礎。

已發出的招標文件如需要澄清或修改，應當在招標文件截止日期至少15日前，以書面形式通知所有的招標文件收受人。

另外，按照國際慣例，對於招標項目，招標人應在正式招標前先制定出標底。所謂標底，是招標人為準備招標的內容計算出的一個合理的基本價格。標底是作為招標人審核報價、評標和確定中標人的重要依據。

3. 發布招標信息

招標人採用公開招標方式的，應當在公共媒介上發布招標公告；招標人採用邀請招標方式的，應當向3個以上具備承擔招標項目能力、資信良好的特定法人或其他組織發出投標邀請書。

4. 物業服務企業申請投標

物業服務企業在看到招標公告或收到招標邀請書後，結合本企業的具體情況，確定是否參加投標，如果願意參加投標的，應在規定的時間內按要求填寫投標申請書提交招標單位。

5. 投標資格審查和出售招標文件

投標資格審查是對所有投標人的一項「粗篩」，也可以說是投標者的第一輪競爭。通過投標資格審查一方面可以減少招標人的費用，另一方面還可以保證實現招標目的，選擇到最合適的投標人。資格審查後，招標人應當向資格審查合格的投標申請人發出資格審查合格通知書，告知獲取招標文件的時間、地點和方法，並同時向不符合資格的投標申請人告知資格審查的結果。

招標人在投標資格審查後，應當按照招標公告或邀請書上規定的時間、地點向投標方提供招標文件。除不可抗力外，招標人或招標代理機構在發布招標公告

或發出投標邀請書后不得終止招標，招標人應當確定投標人編製投標文件所需要的合理時間。

6. 召開標前會議

標前會議是招標人在投標人遞交投標文件前統一組織的一次項目情況介紹和問題答疑會議，其目的是澄清投標人提出的各類問題。《投標人須知》中一般要註明標前會議的日期，如有日期變更，招標人應立即通知已購買招標文件的投標人。招標機構也可要求投標人在規定日期內將問題用書面形式寄給招標人，以便招標人匯集研究，作出統一的解答，在這種情況下就無須召開標前會議。

7. 收存投標書

招標人應當按照招標文件規定的時間和地點接受投標文件。投標人送達投標文件時，招標人應檢驗投標文件的密封及送達時間是否符合要求，否則招標人有權拒收或作為廢標處理。對符合條件者，招標人應發給回執。招標人不得向其他人透露已獲取招標文件的潛在投標人名稱、數量以及可能影響公平競爭的有關招投標的其他情況。

8. 開標、評標、定標

略。

9. 簽訂物業服務合同

中國《招標投標法》規定：「招標人和中標人應當自中標通知書發出之日起30日內，按照招標文件和中標人的投標文件訂立書面合同。」按照國際慣例，在正式簽訂合同之前，中標人和招標人（開發商或業主委員會）通常還要先就合同的具體細節進行談判磋商，最后才簽訂新形成的正式物業服務合同。

10. 資料的整理和歸檔

為了對中標人的履約行為實行有效的監督，招標人在招標結束后，應對形成合同關係過程中的一系列契約和資料進行妥善保存，以便於查考。

(六) 物業管理招標文件的構成

根據中國招投標法的規定和國際慣例，物業管理招標文件大致包括以下基本內容：

1. 投標邀請書

投標邀請書與招標公告的目的大致相同，即提供必要的信息。其主要內容包括：業主名稱、項目名稱、地點、範圍、技術規範及要求的簡述、招標文件的售價、投票文件的投報地點、投標截止時間、開標時間、地點等。

2. 投標人須知

投標人須知是為整個招投標的過程制定的規則，是招標文件的重要組成部分，它是業主委員會、開發商或招標機構對投標人如何投標的指導性文件。

(1) 總則

總則主要對招標文件的適用範圍、常用名稱的釋義、合格的投標人和投標費用進行說明。

(2) 招標文件說明

招標文件說明主要是對招標文件的構成、招標文件澄清、招標文件的修改進

行說明。

(3) 投標書的編寫

該部分提出對投標書編寫的具體要求，這些要求包括：

① 投標所用的語文文字及計量單位；
② 投標文件的組成；
③ 投標文件格式；
④ 投標報價；
⑤ 投標貨幣；
⑥ 投標有效期；
⑦ 投標保證金；
⑧ 投標文件的份數及簽署。

(4) 投標文件的遞交

該部分主要是對投標文件的密封和標記、遞交投標文件的截止時間、遲交的投標文件、投標文件的修改和撤銷的說明。

(5) 開標和評標

開標和評標是招標文件體現公平、公正、公開、合理的招標原則的關鍵，包括以下內容：

① 對開標規則的說明；
② 組建評標委員會的要求；
③ 對投標文件相應性的確定；
④ 投標文件的澄清；
⑤ 對投標文件的評估和比較；
⑥ 評標原則及方法；
⑦ 評標過程保密。

(6) 授予合同

授予合同的內容包括：

① 定標準則；
② 資格最終審查；
③ 接收和拒絕任何或所有投標的權力；
④ 中標通知；
⑤ 授予合同時變更數量的權力；
⑥ 合同協議書的簽署；
⑦ 履約保證金。

3. 技術規範和要求

技術規範是詳細說明招標項目技術要求的文件，屬於重要的招標文件之一，如物業管理項目的服務標準、具體工作量等。技術規範通常以技術規格一覽表的形式進行說明，另外還要附上項目的工程圖樣等作為投標人計算標價的重要依據。

4. 合同條款

合同條款分為一般性條款和特殊性條款，在合同條款中，特殊性條款優於一般性條款，在兩者發生不一致時，合同應以特殊性條款為準。

5. 附件

附件是對招標文件主體部分文字說明的補充，包括以下內容：

（1）附表。

如投標書格式、授權書格式、開標一覽表、項目簡要說明一覽表、投標人資格的證明文件格式、投標保函格式、協議書格式、履約保證金格式等。

（2）物業說明書。

（3）附圖。

物業的設計和施工圖樣。

三、物業管理投標

（一）物業管理投標的程序

1. 獲取招標物業相關信息

雖然物業服務企業可以隨時通過公共媒介查閱物業相關信息，但是對一項大型項目或複雜的物業服務項目，待看到招標公告後再作投標準備將會過於倉促，尤其是對於邀請招標，更有必要提前介入，對項目進行跟蹤。根據招標方式的不同，投標人可通過以下方式獲得招標項目信息：

（1）通過公共媒介獲取公開招標項目的信息；

（2）招標方的邀請；

（3）經常派業務人員深入各個建設單位和部門，廣泛聯繫收集信息；

（4）從老客戶手中獲取其後續物業招標信息；

（5）通過諮詢公司或業務單位介紹招標信息。

物業服務企業在投標初期應多渠道、多方位全面搜尋第一、二手資料，情報工作人員應按資料的重要性、類別進行分門別類，以便於投標工作人員使用，由此而得出的最有價值的信息將為投標企業下一步的可行性研究提供分析基礎。

2. 進行投標可行性分析

一項物業管理投標從購買招標文件到送出標書，涉及大量的人力、物力、財務的支出，一旦投標失敗，其所有的前期投入都將付之東流，給企業造成非常大的損失。因此，物業服務企業在獲取招標信息後應組織專業人員進行可行性分析，制定相應的措施。可行性分析的內容主要有以下幾方面：

（1）招標物業的基本情況分析

它包括物業性質分析、客戶特殊服務要求分析、物業招標背景分析以及物業開發商信譽等狀況分析。物業服務企業可以通過招標文件、現場勘察、標前會議等渠道獲取物業服務項目的基本情況等。通過進一步的調查，分析招標物業所在地的人文環境、經濟環境、政治和法律環境，搞好招標物業服務項目的功能定位、形象定位和市場定位。這些都是投標文件的核心內容。

（2）企業投標條件分析

它包括分析本企業以往是否有類似的物業管理經驗；招標項目的區域、類型和規模是否符合本企業的發展規劃；是否符合企業確定的目標客戶；是否具有熟

練和經驗豐富的管理人員；是否與其他在該物業管理方面有豐富經驗的專業服務企業有密切合作關係；本企業能否利用高新技術提供高品質服務或特殊服務；預測的盈利、項目風險是否在企業可承受的範圍內；企業現有人力、財力、物力是否能滿足投標項目需要等。

(3) 競爭對手的分析

知己知彼方能百戰不殆。對競爭對手的分析主要包括：瞭解競爭對手的數量和綜合實力；對潛在競爭者的分析；競爭對手所管物業的社會影響程度；競爭對手與招標方有無背景聯繫或物業招標前雙方是否存在關聯交易；同類物業服務企業的規模及其目前管理物業的數量與質量的分析；當地競爭者的地域優勢分析以及不同管理經營方式差異的分析；競爭對手對招標項目是否具有絕對優勢及其可能採取的投標策略等。

(4) 風險分析

它主要包括通貨膨脹分析（主要由於通貨膨脹引起的設備、人工等價格上漲，導致其中標后實際運行成本費用大大超過原有預算）、經營風險、自然風險以及其他風險分析（如分包公司不能履行合同規定義務，而使物業服務企業遭受經濟乃至信譽損失等）。物業服務企業必須在決定投標之前認真考慮這些風險因素，並從自身條件出發，制定出最佳規避風險的方案，將其可能發生的概率或造成的損失盡量減少到最小，使自己立於不敗之地。

3. 報送投標申請書，購買招標文件

物業服務企業在進行了可行性投標分析后決定投標，在規定時間內報送投標申請書。若招標人接受投標申請，物業服務企業應當按照招標公告或投標邀請書指定的地點和方式登記並取得招標文件。要特別注意以下幾點：

(1) 仔細閱讀標書並盡可能找出錯誤

投標企業應本著仔細謹慎的原則，閱讀並盡可能找出錯誤，再按其不同性質與重要性將這些錯誤與遺漏劃分為「招標前由招標人明確答復」和「計入索賠項目」兩類。

(2) 注意標書的翻譯

從事國際投標的企業還應注意標書的翻譯，不同的翻譯可能會導致標書內容的面目全非。

(3) 注意招標文件中的各項規定

投標企業還應注意招標文件中的各項規定，如開標時間、定標時間、投標保函等，尤其是對圖樣、設計說明書和管理服務標準、要求和範圍予以足夠重視，作出仔細研究。

4. 考察物業項目現場，參加標前會議

參加投標方組織的現場勘察、標前會議，掌握物業項目情況，以便合理進行方案制訂和標價估算。考察時應注意以下事項：

(1) 物業竣工前期介入，應現場查看工程土建構造、內外安裝的合理性，尤其是消防安全設備、自動化設備、安全監控設備、電力交通通信設備等，必要時做好日后養護、維修要點記錄和圖紙更改要點記錄，並與開發商商議。

(2) 物業已經竣工，應按以下標準視察項目：工程項目施工是否符合合同規

定與設計圖紙要求；技術經檢驗是否達到國家規定的質量標準，能否滿足使用要求；是否確保外在質量無重大問題；周圍公用設施分佈情況。

（3）主要業主情況，包括收入層次、主要服務要求與所需特殊服務等。

（4）當地的氣候、地質、地理條件。這些條件與接管后的服務密切相關，不同地區物業服務的內容有很大的差異。

5. 編製投標書

作出投標報價決策后，投標人按照招標文件的要求正確編製標書，投標書的編寫及具體內容詳見第二部分。

6. 辦理投標保函

為防止投標單位違約給招標單位帶來經濟上的損失，在投遞物業管理標書時，招標單位通常要求投標單位出具一定金額和期限的保證文件，以確保在投標單位中標后不能履約時，招標單位可通過出具保函的銀行，用保證金額的全部或部分為招標單位賠償經濟損失。投標保函通常由投標單位開戶銀行或其主管部門出具。除辦理投標保函外，投標方還可以採用保證金的形式提供違約擔保，此時，投標方保證金將作為投標文件的組成部分之一。投標方應將保證金於投標截止之日前交到招標機構指定處。未按規定提交投標保證金的投標，將被視為無效投標。

7. 送封標書

全部投標文件編製好以後，投標人就可派專人或通過郵寄將所有標書投送給招標人。封送標書一般是由投標人將所有投標文件按照招標文件的要求，準備正本和副本（通過正本1本，副本2本）。標書的正本及每一份副本應分別包裝，而且都必須用內外兩層封套分別包裝和密封，密封后打上「正本」或「副本」的印記，兩層封套上均應按投標邀請信的規定寫明投遞地址及收件人姓名或名稱，並注意投標文件的編號、物業名稱、在某日某時之前不要啓封等。所有投標文件都必須按招標方在投標邀請中規定的投標截止時間之前送至招標方，招標方將拒絕在截止時間后收到的投標文件。

8. 參加開標和現場答辯

在接到開標通知后，投標人應按規定的時間、地點參加開標會議。招標人要求進行現場答辯時，投標人應事先作好準備，按時參加，注意答辯時的儀容儀表，做到談吐大方、答題準確。有的招標文件要求參加的答辯人員必須是投標單位擬派項目管理人員時，投標人必須按照投標文件中的承諾派人應辯，未經招標人的同意不得更換。

9. 簽約並執行合同

中標物業服務企業按照招標文件和投標書，與招標方簽訂物業服務合同。雙方還應及時協調，做好人員進駐、實施管理前的各項準備工作。

10. 資料整理與歸檔

無論中標與否，在競標結束后投標人都應將投標過程中的一些重要文件進行分類歸檔保存，以備查核。這樣既為中標企業在合同履行中解決爭議提供原始資料，也可為競標失利的企業分析失敗原因提供資料。

（二）物業管理投標書的編寫

物業管理投標書，是指投標人的投標意圖、報價策略與目標的集中體現，其

編製質量的優劣將直接影響投標競爭的成敗。因此，投標人除了應以合理報價、先進技術和優質服務為其競標成功打好基礎外，還應做好標書的編製、裝訂、密封工作，給評委留下良好的印象，以爭取關鍵性評分。

1. 物業管理投標書的編製要求

物業服務企業在編製標書的過程中除應特別注意投標書的質量、印刷、裝訂外，還應特別注意以下幾點：

（1）回應性

物業管理投標書的格式、具體內容、應提交的材料、投標報價等必須回應並符合招標文件的具體要求，不得缺項或漏項，否則很難競標成功。

（2）合法性

物業管理是一項法律法規要求很嚴的服務性工作，因此物業服務企業在編製投標書時，必須符合國家法律法規、規章的具體規定，否則同樣難以競標成功。

（3）客觀合理性

它包含了兩層含義：一是物業管理投標書本質上是物業服務企業根據對招標物業狀況的瞭解，利用自身管理經驗和知識編製的目標物業管理方案。因此，投標書中提出的各項管理措施必須結合投標物業的實際具有可操作性，切勿千篇一律，不切實際。二是物業服務費用的價格必須合理。投標方不能為了取得超額利潤而虛報物業服務成本。

2. 物業管理投標書的組成

物業管理投標書主要包括以下內容：

（1）投標函

投標函實際上就是投標者的正式報價信，其主要內容一般為：

① 表明投標人完全願意按招標文件中的規定承擔物業管理服務，按期、保質完成投標項目的物業管理工作；

② 表明投標人接受物業服務合同全部委託服務的期限；

③ 說明投標報價的有效期；

④ 說明投標人所有投標文件、附件的真實性和合法性，並願承擔由此造成的一切后果；

⑤ 表明如投標人中標，將按投標文件中的承諾與招標人簽訂物業服務合同；

⑥ 表明對招標人接受其他投標人的理解；

⑦ 本投標如被接受，投標人願意按照招標文件規定金額提供履約保證金。

（2）投標報價

投標報價的主要內容包括：

① 物業服務費用單價、總報價、年費用；

② 企業資質等級；

③ 出現問題服務回應的時間；

④ 有無其他的優惠條款。

（3）物業管理方案

物業管理投標書除了按規定格式要求回答招標書中的問題外，最主要的內容就是介紹物業管理要點和服務內容、服務形式和費用，即物業管理方案與投標報

價。物業管理方案沒有統一的模式，但一般包含以下內容：

① 介紹本物業服務企業的概況。

② 項目整體設想與策劃，如項目情況分析、物業管理的檔次及目標等。服務理念如「業主第一，服務至上」等。管理目標表現在兩個方面：一是總體達到的某種水平，一般指將參與不同級別的物業管理示範或優秀項目評比，獲得有關部門授予的榮譽稱號；二是管理達到的具體質量指標，如房屋完好率、小修及時率等。

③ 分析投標物業的管理要點，指出此次投標物業的特點和日後管理上的特點、難點，分析業主及使用人對物業管理服務的需求等。

④ 介紹本企業將提供的管理服務內容及功能。它主要包括開發設計建設期間、物業竣工驗收前、用戶入住及裝修期間、日常運作期間的服務內容等。

⑤ 說明將提供的服務形式、費用和期限。服務形式一般分為直接管理或顧問管理。投標方應仔細核算物業服務所需費用，列明各項物業管理服務費用測算明細表。若投標物業服務企業擬在中標後將某些專項服務業務委託給專業性服務企業，應在投標文件中加以說明。

⑥ 說明物業項目管理組織架構、各部門職責及人員配備。根據物業項目的特點確定組織架構及人員配備，說明各部門職責，擬派出的項目負責人簡歷、業績和擬用於完成招標項目的設備等。

(4) 附件

附件的數量及內容按照招標文件的規定確定。但應注意各種商務文件、技術文件等均應依據招標文件要求備全，缺少任何必需文件的投標將被排除在中標人之外。這些文件主要包括：

① 企業簡介，概要介紹投標企業的資質條件、以往業績等情況。

② 企業法人地位及法定代表人證明，包括資格證明文件、資信證明文件（保函、已履行的合同及商戶意見書、仲介機構出具的財務狀況書等）。

③ 企業對合同意向的承諾，包括對承包方式、價款計算方式、服務款項收取方式、材料設備供應方式等情況的說明。

④ 物業管理專案小組情況，包括主要負責人的職務、以往業績等。

⑤ 物業管理組織實施規劃等，說明對該物業管理運作中的人員安排、工作規劃、財務管理等。

(三) 物業管理投標原則與策略

1. 物業管理投標原則

在物業管理投標中，投標企業要想最大可能地爭取中標，應當遵循以下幾點原則，審慎研究，大膽出擊：

(1) 集中實力，重點突破

眾多的招標物業中，物業服務企業不可能面面俱到每一個都參加，而應當尋找那些符合自身經營目標的物業進行投標。

(2) 客觀分析，趨利避險

企業投標前必須對所投標物業進行仔細而客觀的分析，並及早要求招標方澄

清可能出現的差錯或不夠明確的地方。

(3) 精益求精，合理估算

投標企業應盡可能按嚴密的管理組織計劃計算標價，做到不漏項，不出錯。

(4) 適當加價，靈活報價

在同一項報價中，單價高低應視具體情況而定，並要加強調查，瞭解市場。

2. 物業管理投標策略

(1) 攻勢策略

攻勢策略是一種主動進攻性的策略。通過高於平均水平的投標報價、談判中強調突出自己的雄厚實力和優勢等來爭取中標。採用這種策略投標的企業往往對投標物業與業主的檔次已經充分瞭解，並擁有大量的類似物業的管理經驗。

(2) 守勢策略

運用守勢策略的物業服務企業通常是盡可能地突出自己的自身特殊優勢，避免在自身弱點上與其他投標企業發生正面衝突。他們可以盡可能地與其他投標企業接觸，獲取更多的信息，找出其他競爭者的弱點，伺機出動，以獲取勝利。

(3) 低成本策略

低成本策略是指投標企業在制定標價時，盡可能地壓低報價以爭取中標的策略。採用這種策略的投標企業既可以是為實現擴大市場份額目標的實力雄厚的大企業，也可以是剛剛開始打入市場的小企業的先行步驟。

(4) 差異策略

差異策略是指投標的物業服務企業根據招標物業的性質和自己企業的特點，在管理服務的方式方法上提出自己與眾不同的構思，頗具創意，與其他競爭對手形成差異，以獲取勝利的策略。

3. 物業管理投標現場答辯

物業管理投標的現場答辯是業主確定中標企業的重要環節，在評標到最後定標的定標期內，招標人和招標機構必要時要召集現場答辯會。業主可要求任何投標人澄清其投標書，包括單價分析表，但投標人不應尋求或提出對其報價價格或實質性內容進行修改。投標企業在投標的過程中，要做好現場答辯的準備工作，要求答辯人具有較強的語言表達能力，較高的專業水平，同時要熟悉標書。答辯人在答辯過程中要心理素質好，能迅速應對，樹立良好的企業形象和個人形象，對業主針對投標書提出的所有問題，要作好合理滿意的解釋說明。

四、物業管理開標、評標、定標

(一) 開標的組織

按照招標文件中規定的時間、地點，在法律公證機關公證員及有關投標管理部門工作人員、投標單位共同參與監督下進行開標。開標分為公開開標和秘密開標。公開開標允許所有投標人或其代表出席，秘密開標是指在無投標企業現場參與的情況下進行的開標。開標的程序一般包括：

(1) 宣布評標委員會成員名單。

（2）招標單位法定代表人講話，介紹此次招標情況。

（3）招標委員會負責人宣布唱標內容、評標紀律、內容事項和評標事項。

（4）宣布因投標書遲到或沒收到而被取消資格的投標單位的名單，並將此情況記錄在案，必要時由公證人員簽字。

（5）公證人員當場驗證投標函，主持抽簽決定唱標順序。

（6）唱標。由合格的投標單位公開宣讀投標文件。

（7）宣讀公證詞，表明本次開標經公證合法有效。

（8）開標會議結束，編寫會議紀要存檔。

（二）評標、定標的組織

評標委員會由招標人代表和物業管理方面的專家組成，成員為 5 人以上單數，且物業管理方面專家不得少於成員總數的 2/3。定標后發出中標通知，並在確定中標人之日起 15 日內向主管部門備案。

第四節　物業管理方案設計與物業管理工作移交

一、物業管理方案設計

（一）物業管理方案的概述

1. 概念

物業管理方案有廣義和狹義之分。廣義是指凡是涉及物業的管理和服務的一切文案，包括對小區、項目的管理方案和前期物業管理與正式物業管理的方案等。狹義主要是針對項目的方案，即指具有相應物業管理資質的物業服務企業，為管理某物業項目所編製的由管理思路、組織保障、技術保障、裝備保障、財務核算等所組成的具體的物業管理實施方案。本書主要是就后者而言。

2. 物業管理方案的特點

（1）針對性

每一個物業管理方案都是針對一個特定物業項目的設計和安排，不同的物業項目，其不同點存在於各個方面，由於其物業建築類型的差異、位置、地段、周邊環境的差異，業主和使用人身分、偏好、支付能力、對物業需求的差異等，都使每一個物業管理方案存在著極其顯著的針對性。方案可制訂在物業項目的規劃設計階段，或制訂在物業項目基本建成的招標議標階段，也可制訂在物業項目更替物業服務企業的階段，或制訂在企業內部物業項目正常管理的工作過程階段。總之，應根據物業項目實現的實際需要而有針對性地制訂方案。

（2）局限性

與針對性相對應的是物業管理方案的局限性，這種局限性是指方案因針對特定物業項目而編製。因此，每一個方案一旦生成，它的適用範圍就已經非常明確了，除了方案中有關經營理念、質量特色等屬於企業共有的、宏觀範疇上的內容可以與其他項目的物業管理方案一樣外，其適用範圍僅局限於特定的物業項目。

(3) 可操作性

物業管理方案是物業管理服務實施的指導和依據，一方面方案會就物業管理為物業項目業主或使用人提出在規劃、設計、開發、建設中需要考慮的意見和建議，也為將來管理作好組織上和裝備上的準備；另一方面，方案將更多地具體反應業主需求和行業服務標準要求而設計和制訂的服務過程、服務狀態和服務規範，是在實施物業管理中可執行的、可操作的、可實現的服務。

(4) 制約性

物業管理方案的制約性是由物業項目本身的制約性所決定的，這種制約性是指每一個物業項目在一定程度上有客觀條件的制約。客觀條件對於項目的制約涉及各個方面，其中最主要的制約是資源條件，包括人力資源、財務資源、物質資源、時間資源、技術與設備資源、信息資源等。物業管理方案正是根據物業項目的這些制約條件而形成的，因此物業管理方案具有顯著的制約性。

3. 制訂物業管理方案的原則

(1) 規範調研

規範調研是科學制訂物業管理方案的基礎，應按照規範的調研工作程序進行，遵從先文獻後實地、先內部後外部的原則，調查分析目標物業的項目情況、同類競爭性物業的情況以及業主和使用人的服務需求，以確定一個合理的物業管理服務方案。

(2) 業主需求導向

物業管理實施過程中管理的是項目，但真正服務的是人，要做到使業主或使用人滿意，必須尊重業主及使用人的需求。因此，「業主需求導向原則」，即物業管理方案的制訂應充分考慮具體物業項目的業主及使用人的消費需求和實際情況。

(3) 實事求是

物業管理方案的內容必須實事求是。一方面，要根據業主和使用人的實際需要、支付物業服務費用的能力、被服務的願望，設計服務內容、服務範圍和服務頻次與深度，貼近消費需求；另一方面，也應根據企業的自身條件和能力，實事求是地設計服務過程和服務承諾。

(4) 紮實細緻

一方面物業管理是一個勞動密集型行業，它的服務產品的實現有賴於人的具體操作，因此，用於指導操作的物業管理方案必須紮實細緻，便於操作執行；另一方面業主和使用人千差萬別，物業管理方案必須在有針對性的基礎上充分考慮人的需求差異和可能的變化，要盡可能體現預見性，並作出紮實細緻的具體安排。

(5) 科學適用

為了使物業管理方案科學適用，符合標的物業的實際情況。物業管理方案初稿擬定后，應反覆進行討論、修改，在方案實施過程中還要不斷充實和完善。

(二) 制定物業管理方案的主要工作

1. 成立工作小組

方案制訂工作小組一般由物業服務企業市場人員牽頭，或由物業服務企業總經理、副總經理或經驗豐富、知識全面的部分經理牽頭，組織包括物業經營、管

理、技術、財務等人員組成的物業管理方案編製小組。必要時也可以聘請企業外部的高水平物業管理專家擔任，指導物業管理方案的制訂。

2. 培訓工作人員

工作小組成立后，還需要對參與制訂方案的工作人員進行必要的業務培訓。培訓內容主要有目標物業項目的情況介紹、制訂方案的要求、內容、方法和程序、優秀的物業管理方案的學習和考察等。

3. 準備資料、設備和經費

主要應準備相關的法規政策、參考書、必要的文件表格、以往制訂的其他同類物業項目的管理方案，調查研究和制訂方案所需交通工具、工作設備和經費等。

4. 調查分析目標物業項目的基本情況

對物業項目的基本情況調查瞭解是進行物業管理方案制訂的基礎。一般包括：物業項目的地理位置、物業類型、建設週期、物業項目的規模及建築物情況、物業項目建築情況、物業項目配套基本情況、物業項目的供電、消防、安保、衛生等設施狀況、物業項目周邊環境狀況、物業項目開發商的背景、物業項目工程設計單位、施工單位和監理單位的背景及業績。

5. 調查業主和使用人的服務需求

調查的主要內容包括業主和使用人的自然狀況、業主和使用人的經濟收入狀況和支付能力、業主和使用人對各項物業管理服務內容、服務檔次的現實需要和潛在需求情況。

6. 市場競爭情況調查

主要瞭解本地區同類型物業項目的管理措施、管理模式、服務項目、服務費水平等情況。市場競爭情況包括兩個方面，一方面是競爭企業的情況，另一方面是具有競爭管理的物業項目的情況。

7. 研究分析調查資料

將調查搜集到的資料通過定性和定量的方法進行分類、篩選、統計和分析，編寫出簡明扼要、客觀反應實際狀況的調查報告。

8. 初步確定物業管理方案要點

略。

9. 進行可行性研究

從技術、經濟等方面對初步物業管理方案要點的可行性進行評價。

10. 草擬方案文本

在對物業管理方案作出可行性評價以后，需要著手編寫具體的物業管理方案文本。

11. 討論修改

方案編寫小組寫出具體的物業管理方案文本后，需向專家顧問、本企業其他相關物業管理人員諮詢意見，進行討論修改。

12. 領導審閱

經過討論修改的方案，須送企業領導審閱。

13. 文本定稿

經領導審閱、簽字、必要時再作出修改后，方案即可定稿。

14. 方案的實施和完善

完稿後的物業管理方案即可付諸實施，而且需要在實踐中不斷地修改和完善。

(三) 物業管理方案的基本框架

1. 物業項目管理的整體設想與策劃

它包括物業項目情況分析、物業管理檔次及目標、物業管理特點、管理服務措施。

2. 管理模式

它包括管理運作模式、管理工作流程、管理組織架構、激勵機制、信息反饋處理機制等。

3. 人力資源管理

它包括管理服務人員配備、管理服務人員培訓、管理服務人員管理。

4. 內部規章制度建設

它包括管理規章制度的建立、檔案的建立與管理、辦公自動化管理。

5. 外部管理制度建設

它包括前期介入、業主入住、業主投訴、安全管理、環境管理等。

6. 物業維修養護計劃與實施

它包括物業維修養護管理、共用部分的維修與養護、共用設施設備的維修與養護。

7. 經營管理指標

它包括經營指標承諾及採取的措施、管理指標承諾及採用的措施。

8. 財務管理及經費收支測算

它包括財務管理、日常物業管理經費收入測算。

9. 社區文化建設與社會服務

它包括社區文化建設、社區服務與特約服務。

(四) 物業管理方案的內容

1. 物業服務企業基本情況展示與介紹

要做到如實介紹，突出優勢與實務，具有競爭力。

2. 物業項目的可行性研究及物業管理定位

投標人要根據物業性質、地理位置、物業類型以及業主構成、服務需求確定採用的物業服務模式，針對重點難點提出有針對性的相應措施。

3. 組織結構和人員配置

物業管理屬於勞動密集型行業，人員配置將直接影響管理成本。

4. 費用測算與成本控製

一般是根據服務要求測算成本，根據成本測算服務單價。

5. 具體管理方式和管理措施

物業管理方案一般包括以下內容：工作計劃、物資裝備、人員培訓與管理、費用測算、管理制度制訂、早期介入服務內容、提供物業服務的內容及功能、管理指標承諾與措施、檔案的建立與管理、便民服務的物業項目和內容、社區文化活動的開展等。

二、物業管理工作移交

(一) 新建物業的移交

1. 移交雙方

新建物業的物業管理工作移交中，移交方為該物業開發建設單位，承接方為物業服務企業。雙方應簽訂前期物業服務合同。建設單位應按照國家規定的要求，及時完整地提供物業有關資料並做好移交工作。物業服務企業也必須嚴肅認真地做好承接工作。

2. 移交的內容

移交的物業資料包括：產權資料，竣工驗收資料，設計、施工資料，機電設備資料，物業保修和物業使用說明資料，業主資料。移交的對象包括：物業共用部位、共用設施設備以及相關清單（如房屋建築清單、共用設施設備清單、園林綠化工程清單和公共配套設施清單等）。建設單位應按照有關規定，向物業服務企業配備物業管理用房。

(二) 物業管理機構更迭時的移交

物業管理機構更迭時管理工作的移交包括：一是原有物業服務企業向業主大會或物業產權單位移交；二是業主大會或物業產權單位向新的物業服務企業移交。前者的移交方為物業服務企業，承接方為業主大會或物業產權單位。后者的移交方為業主大會或物業產權單位，承接方為新的物業服務企業。

(三) 物業管理工作移交的注意事項

（1）明確交接主體和次序。

（2）各項費用和資產的移交，共用配套設施和機電設備的接管，承接時的物業管理運作銜接是物業管理移交中的重點和難點，承接單位應盡量分析全面、考慮周全，以利交接和今后工作的開展。

（3）如承接的部分物業項目還在保修期內，承接單位應與建設單位、移交單位共同簽訂移交協議，明確具體的保修項目、負責保修的單位及聯絡方式、保修方面遺留問題的處理情況，並在必要時提供原施工或採購合同中關於保修的相關條款文本。

（4）在簽訂移交協議或辦理相關手續時應注意作出相關安排，便於后續發現的問題也能妥善解決。

第五節　業主入住與裝修管理

一、業主入住的程序

(一) 業主入住前的準備工作

入住在物業管理服務中是一項瑣碎細緻的工作，業主在短時間內集中辦理入

住手續，物業服務企業的工作頻度高、勞動強度大，加上又是物業服務企業首次面對業主提供服務。因此，物業服務企業要抓緊時間做好準備工作，以便在業主與物業使用人中樹立好第一印象，為今后的物業管理打下基礎。

1. 組建入住服務機構

業主入住前應成立由物業管理機構領導和管理人員、財務人員及工程技術人員等相關人員組成的入住服務機構，各成員分工負責，各司其職，如入住服務方案設計、資料準備、入住時環境布置、對外單位聯絡、財務收費準備、驗樓協助、后勤物資準備、現場入住服務等。各項工作都要落實到責任人和落實完成時間。所有人員都要接受培訓，使入住工作規範化。

2. 入住服務方案的編製

在入住前由物業服務企業制訂入住服務方案，內容包括：

（1）入住時間、地點；

（2）物業類型、位置、幢號、入住的戶數；

（3）入住服務的工作流程；

（4）負責入住服務的工作人員及職責分工；

（5）需要使用的文件和表格；

（6）入住儀式策劃及場地布置設想；

（7）注意事項及其他的情況。

入住服務方案制訂后，物業服務企業應與建設單位就方案中的相關事項交換意見，聽取建設單位的建議，以便在入住服務現場物業服務企業與建設單位保持協調一致。

3. 準備入住資料

（1）「住宅質量保證書」「住宅使用說明書」《臨時管理公約》由建設單位提供，也可由物業服務企業配合建設單位制定。其中《臨時管理規約》是建設單位在銷售物業之前制定的，當業主大會成立后，經業主共同決定，按業主委員會制定的《管理公約》執行。

（2）結合物業區域實際情況，編印住戶手冊、防火公約等。其中住戶手冊是由物業服務企業編製，向業主和使用人介紹物業基本情況、物業管理服務項目及相關管理規定的文件。

（3）根據《住宅室內裝飾裝修管理辦法》並結合實際情況，編印住宅（大廈）《裝修管理規定》《臨時用電管理規定》等。

（4）印製「入住通知書」「收樓須知」「入住手續書」「繳款通知書」「樓宇驗收書」「樓宇交接書」等入住手續文件，以及入住所需各類表格，如入住登記表、鑰匙發放登記表、入住統計表及返修統計表等。

（5）制定其他規定，如「空調安裝管理規定」（附空調安裝平面示意圖和空調架的式樣圖）「防盜網（窗）管理規定」等。

（6）以上各類文件資料分類袋裝，連同準備交接的配套物品（如鑰匙、IC卡等）按戶袋裝。

4. 協調各方的關係

物業服務企業要聯繫建設單位，統一辦理地點，集中服務。此外，還應同建

設單位一起做好以下協調工作。
(1) 協調供水、供電、供氣等公用事業部門，保證水、電、氣的正常供應；
(2) 聯繫電信公司安裝電話、網絡事宜，爭取現場放號，方便業主；
(3) 聯繫學校、派出所及社區居民委員會，方便業主辦理孩子入學、轉學及遷移戶口的相關手續。

5. 其他工作的準備

(1) 物業的清潔與「開荒」

開荒是指物業竣工綜合驗收后，業主入住前，對物業內外進行全面、徹底的清潔，目的是將乾淨漂亮的物業交到物業所有人的手中。清潔開荒也是物業服務企業承接的較為大宗的有償服務，是承接物業后的第一項繁重的工作。開荒工作量大，質量要求高，時間緊、任務重，對物業服務企業來說是一個嚴峻的考驗。一般可以採取以下三種方式：

① 物業服務企業開荒，對於物業規模不大、時間較充裕的物業可以採取此辦法。

② 物業服務企業與專業保潔公司相結合，請專業保潔公司承擔一些專業性較強或風險較高的項目，如高空外牆清洗等。

③ 聘請專業公司承做。專業公司一般配備較多先進的清洗設備，如商業大廈大堂、大廳天花板清洗需要升降機，清理地面需配備拋光機、高壓水槍、打蠟機、打磨機等專業機械。

(2) 設備的試運行

物業的入住，各設備設施系統必須處於正常的工作狀態。照明、空調、電梯、給排水、消防報警、治安防範等系統的正常運行是必備的條件。物業服務企業在業主入住、開業之前要對設備進行連續運轉檢驗，發現異常及時修理，必要時可在入住前對電梯作滿負荷載人運行檢測，以確保電梯的正常使用。

(3) 物料準備

為保證入住之后的物業日常管理服務的全面啟動，準備充足的物料是必不可少的：

① 工具類物料，如各類儀表、檢修工具、對講機等；

② 易耗品的物料，如清潔劑、燈泡、清潔用具等；

③ 辦公用品的物料，如電腦、複印機、傳真機、電話等。

(4) 其他

① 準備及布置辦理入住手續的場地，如布置彩旗、標語，設立業主休息等待區等。

② 準備及布置辦理相關業務的場地，如電信、郵政、有線電視、銀行等相關單位業務開展的安排。應相對集中，方便業主辦理相關業務。

③ 準備資料及預先填寫有關表格，為方便業主，縮短工作流程，應對表格資料預先作出必要處理，如預先填上姓名、房號和基本資料等。

④ 準備辦公用品，如複印機、打印機、電腦和文具等。

⑤ 製作標示牌、導視牌、流程圖，如交通導向標誌、入住流程示意圖、有關文明用語的標誌等。

⑥針對入住過程中可能發生的緊急情況，如交通堵塞、矛盾糾紛等，制定必要的應急預案。

（二）入住流程

（1）業主憑入住通知書、購房發票及身分證進行業主登記確認。

（2）房屋驗收，填寫「業主入住房屋驗收表」，建設單位和業主核對無誤后簽署確認。

建設單位或物業服務企業陪同業主一起驗收其名下的物業，登記水表、電表、氣表起始數，根據房屋驗收情況、購房合同雙方在「業主入住房屋驗收表」上簽字確認。對於驗收不合格的部分，物業服務企業應協助業主督促建設單位進行工程不合格整改、質量返修等工作。若發現重大的質量問題，可暫時不發鑰匙。

（3）產權代辦手續，提供辦理產權的相關資料，繳納辦理產權證所需費用，一般由建設單位承辦。

（4）建設單位開具證明，業主持此證明到物業服務企業繼續辦理物業入住手續。

（5）業主和物業服務企業簽署物業管理的相關文件，如物業管理收費協議、車位管理協議和裝修管理協議等。

（6）繳納入住當月物業服務費用及其他相關費用。

（7）領取提供給業主的相關文件資料，如「住宅質量保證書」「住宅使用說明書」和「業主（住戶）手冊」等。

（8）領取物業鑰匙。

業主入住手續辦理完結之后，物業服務企業應將相關資料歸檔。

上述程序用圖4-1表示如下：

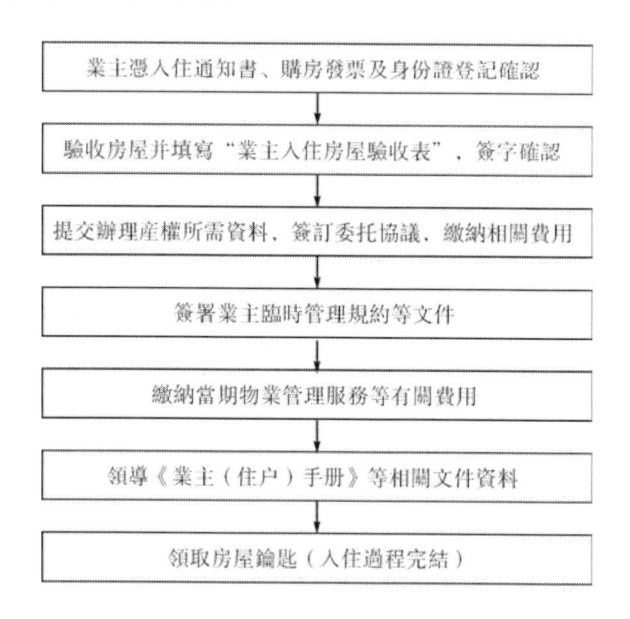

```
┌─────────────────────────────────────────┐
│ 業主憑入住通知書、購房發票及身份證登記確認 │
└─────────────────────────────────────────┘
                    ↓
┌─────────────────────────────────────────┐
│ 驗收房屋并填寫"業主入住房屋驗收表"，簽字確認 │
└─────────────────────────────────────────┘
                    ↓
┌─────────────────────────────────────────┐
│ 提交辦理產權所需資料，簽訂委托協議，繳納相關費用 │
└─────────────────────────────────────────┘
                    ↓
┌─────────────────────────────────────────┐
│ 簽署業主臨時管理規約等文件 │
└─────────────────────────────────────────┘
                    ↓
┌─────────────────────────────────────────┐
│ 繳納當期物業管理服務等有關費用 │
└─────────────────────────────────────────┘
                    ↓
┌─────────────────────────────────────────┐
│ 領導《業主（住戶）手冊》等相關文件資料 │
└─────────────────────────────────────────┘
                    ↓
┌─────────────────────────────────────────┐
│ 領取房屋鑰匙（入住過程完結） │
└─────────────────────────────────────────┘
```

圖4-1　入住流程圖

二、裝修管理的程序

（一）房屋裝修管理的概念

房屋裝修管理是指對房屋裝飾裝修過程的管理、服務和控製，規範業主、物業使用人裝修行為，協助政府行政主管部門對裝修過程中的違規行為進行監督和糾正，從而確保物業的正常運行使用，維護全體業主合法權益。

物業服務企業應根據國家和地方政府的有關規定制定所管物業的裝修管理制度，一般包括報批程序、裝修範圍、裝修時間、裝修保證金、垃圾清運、電梯使用、裝修責任、管理權限、違約處理規定等。

（二）物業服務企業對業主房屋裝修的管理責任

（1）在發給每位業主的「住戶手冊」或「客戶手冊」中寫明業主或使用人進行房屋裝修時應遵循的有關管理規定和程序。

（2）接受業主或使用人（以下簡稱裝修人）的房屋裝修申報登記。

（3）將房屋裝修工程的禁止行為和注意事項告知裝修人和裝修人委託的裝修企業。

（4）與裝修人，或者裝修人和裝修企業簽訂房屋裝修管理服務協議。房屋裝修管理服務協議中應當約定裝修工程的實施內容、裝修工程的實施期限、允許施工的時間、廢棄物的清運及處置、房屋外立面設施及防盜窗的安裝要求、禁止行為和注意事項，管理服務費用、違約責任及其他需要約定的事項。

目前，物業服務企業進行裝修管理所依據的有關法規主要包括《物業管理條例》《住宅室內裝飾裝修管理辦法》《建築裝飾裝修管理規定》等。

（5）按照房屋裝修管理服務協議實施管理，進行現場檢查，對違反法律法規和裝修管理服務協議的，應當要求裝修人和裝修企業糾正，並將檢查記錄存檔，甚至可以追究違約責任。已造成事實后果或者拒不改正的，應當及時報告有關部門依法處理。

（三）裝修管理的程序

1. 收集裝修人和裝修企業的信息

收集裝修人和裝修企業信息包括物業所有權證明，申請裝修人的身分證原件和複印件，裝修設計方案，裝修施工單位資質，原有建築、水電氣等改動設計和相關審批以及其他法規規定的相關內容。物業使用人對物業進行裝修時，還應當取得業主的書面同意。

2. 登記備案，填寫「裝修申報表」

物業服務企業在裝修登記備案時，可以以書面形式將裝修工程的禁止行為和注意事項告知裝修人和裝修企業，並督促裝修人在裝修開工前主動告知鄰里。

物業服務企業應詳細核查裝修申請表中的裝修內容。有下列情況之一將不予登記：

（1）未經原設計單位或者具有相應資質等級的設計單位提出設計方案，擅自

變動建築主體和承重結構的；
（2）將沒有防水要求的房間或者陽臺改為衛生間、廚房的；
（3）擴大承重牆上原有的門窗尺寸，拆除連接陽臺的磚、混凝土牆體的；
（4）損壞房屋原有節能設施，降低節能效果的；
（5）未經城市規劃行政主管部門批准搭建建築物、構築物的；
（6）未經供暖管理單位批准拆改供暖管道和設施的；
（7）未經燃氣管理單位批准拆改燃氣管道和設施的；
（8）其他影響建築結構和使用安全的行為。

第六節　前期物業管理

一、前期物業管理的概念和特點

（一）前期物業管理的概念

前期物業管理概念的提出，最早出現在 1994 年 11 月 1 日起實施的《深圳經濟特區住宅區物業管理條例》中。該條例規定：開發建設單位應當從住宅開始入住前六個月，自行或委託物業服務企業對住宅進行前期管理，管理費用由開發建設單位自行承擔。建設部 2003 年頒布的《前期物業管理招標投標管理暫行辦法》中所下的定義為：前期物業管理，是指在業主、業主大會選出物業服務企業之前，由建設單位選出物業服務企業實施的物業管理。

根據該辦法，並結合《物業管理條例》一些原則規定，可對前期物業管理作如下狹義定義：所謂前期物業管理，是指房屋出售後至業主委員會與業主大會選聘的物業服務企業簽訂的物業服務合同生效時止，由建設單位選聘物業服務企業對房屋及配套的設施設備和相關場地進行維修、養護、管理，維護相關區域內的環境衛生和秩序活動。廣義前期物業管理是指物業服務企業從早期介入開始到業主委員會成立之前的物業管理。實際工作中一般多指狹義的前期物業管理。

（二）前期物業管理的特點

相對於常規的物業管理而言，前期物業管理具有以下基本特徵：

1. 建設單位的主導性

為業主提供物業管理服務的物業服務企業並非由業主來選擇，無論是招投標方式還是協議方式，選擇物業服務企業的決定權在建設單位。前期物業活動的基礎性文件——臨時管理規約的制定權在建設單位。物業管理服務的內容與質量、服務費用、物業的經營與管理、物業的使用與維護、專項維修資金的繳存、管理、使用、統籌，均由建設單位確定。

2. 業主地位的被動性

相對於建設單位、物業服務企業而言，業主除享有是否購置物業的自由外，其他的權利義務均處於從屬地位。如業主在簽訂物業買賣合同時應當對遵守臨時

管理規約予以書面承諾；建設單位與物業服務企業達成的前期物業服務合同約定的內容，業主在物業買賣合同中不能變更；前期物業管理中，有關物業的使用、維護、專項維修資金的繳存、管理、使用、統籌等方案，業主無權決定等。

3. 前期物業服務合同期限的不確定性

建設單位雖可與物業服務企業在簽訂前期物業服務合同時約定期限，但是期限雖未滿，只要業主委員會與物業服務企業簽訂的物業服務合同生效的，前期物業服務合同即告終止。

4. 監管的必要性

在前期物業管理中，建設單位、物業服務企業處於優勢地位，如果對其失去監督，那麼業主的合法權益就不能得到有效保障。《物業管理條例》及原建設部與之配套的規章對建設單位前期物業管理活動的行為作了一些具體的限制性規定。如建設單位制定的臨時管理規約，不得侵犯買受人的合法權益；前期物業服務企業的選擇要遵守《前期物業管理招標投標管理暫時辦法》的規定等。

二、前期物業管理的內容和注意事項

（一）建立物業管理機構與人員的培訓

物業服務企業在簽訂物業服務合同后的首要任務就是要建立管理機構。管理機構的設置應根據委託物業的用途和規模，確定崗位的設置和人員配備，除考慮管理人員的選派之外，還要考慮服務人員，如物業維修養護、保安、綠化、客戶服務、社區文化人員等的選聘，並依據職責分別進行培訓，要求員工從一開始就要瞭解企業的管理理念和管理目標。

（二）制定相關的管理制度

在建立管理機構之後，物業服務企業應根據委託物業的具體情況、業主的需要、管理的目標和要求，制定相關的管理制度，包括物業服務企業內部的崗位責任制度和運行管理制度（如員工的崗位職責、工作程序、管理規程、員工培訓、物業管理財務預算等）和外部的管理制度（主要是物業轄區的各種公眾管理制度）。在前期物業管理過程中，物業服務項目管理機構應根據實際情況對已經制定的管理制度與服務規範進行調整、補充和完善。

（三）深入物業現場及前期溝通協調

簽訂物業服務合同后，物業服務企業要盡快深入現場，熟悉物業情況和業主情況。如果簽訂物業服務合同后，物業尚未竣工，物業服務企業要選派管理人員深入物業施工現場，瞭解施工質量、施工進度等情況，參與建築安裝工程檢查與驗收，並就物業的內部設計、功能配置等提出合理化建議。

物業管理是一個綜合性較強的行業，物業管理所涉及的單位和部門也較多，其中直接涉及的管理部門和單位有政府行政主管部門、社區居民委員會、開發建設單位、物業服務企業、業主、業主大會及業主委員會等，還有相關部門和單位如城市供水、供電、供氣、供暖等公用事業單位，市政、環衛交通、治安、消防、

工商、稅務、物價等行政管理部門。通過溝通協調與相關部門建立良好的合作支持關係，不僅有利於前期物業管理工作的順利開展，也為正常的物業管理與服務打下良好的基礎。

(四) 物業的承接查驗

物業的承接查驗是依照住房和城鄉建設部及省市有關工程驗收的技術規範與質量標準對已建成的物業進行檢驗，它是直接關係到今后物業管理工作能否正常開展的一個重要環節。物業承接查驗是房地產開發企業向接收委託的物業服務企業移交物業的過程，移交應辦理移交手續。房地產開發企業還應向物業服務企業移交整套圖紙資料，以方便今后的物業管理與維修養護，在物業保修期間，接收委託的物業服務企業還應與房地產開發企業簽訂保修實施合同，明確保修項目、內容、進度、原則與方式。

(五) 業主入住管理

1.「入住」是業主領鑰匙入住

入住又稱為「入伙」，是指業主與物業使用人正式進駐使用物業。此項工作不僅是將房屋完好移交，而且涉及首期收費和法律文件的簽署，具有為今后管理與服務開展打下良好基礎的重要意義。入住時要做好以下兩點：

(1) 入住資料的準備

它包括業主在入住時簽署的法律文書、入住時向業主遞交的文件、業主入住后需要使用的文件。

(2) 入住辦理

它包括預先策劃、組織接待、驗房交鑰匙。

2. 入住手續文件

入住手續文件是指業主辦理入住手續時要知道並簽訂的相關文件，如入住通知書、入戶手續書、收樓須知、繳款通知書、業戶登記表、驗房書等。這些文件由物業服務企業負責擬定，以開發商和物業服務企業的名義在業主辦理入住手續前發給他們。

入住時往往是物業服務企業和開發商一起在現場辦公，一般入住時的手續文件如下：

(1) 入住通知書

入住通知書是物業服務企業在物業驗收合格后通知業主準予入住，可以辦理入住手續的文件。

(2) 入住手續書

入住手續書是物業服務企業為方便業主，對已具備入住條件的樓宇在辦理手續時的具體程序而制定的文件。業主在辦理手續時，每辦完一項手續，有關部門便在其上面蓋章證明，在入住手續書上留有有關部門確認的證明。

(3) 收樓須知

收樓須知是物業服務企業告知業主收樓時應注意的事項、收樓時的程序，以及辦理入住手續時應該攜帶的各種證件、合同及費用的文件。

（4）繳款通知書

繳款通知書是物業服務企業通知業主在辦理入住手續時應該繳納的款項及具體金額的文件。

（5）業戶登記表

業戶登記表是物業服務企業為了便於日後及時與業戶保持聯繫，提高管理和服務的效率、質量而制定的文件。

(六) 裝修搬遷管理

為了搞好裝修搬遷管理，必須做好以下幾個方面的工作：

1. 大力宣傳裝修規定

（1）裝修不得損壞房屋承重結構，破壞建築物外牆外貌；

（2）不得擅自占用共用部位，移動或損壞共用設施設備；

（3）不得排放有毒、有害物質和噪聲超標；

（4）不得隨地亂扔建築垃圾；

（5）遵守用火用電規定，履行防火職責；

（6）因裝修而造成他人或共用部位、共用設施或設備損壞的，責任人負責修復或賠償。

2. 加強裝修監督管理

審核裝修設計圖紙，派人定期或不定期巡視施工現場，發現違約行為及時勸阻並督促其改正。

3. 積極參與室內裝修

略。

4. 合理安排搬遷時間

略。

(七) 開展日常的管理服務工作

物業接管驗收和用戶入住後，物業服務企業就要開展日常的管理服務工作。這一階段的主要工作是接受業主和物業使用人的各種諮詢，協調和理順各方的關係，建立完善的服務系統與網絡，包括聘請社會專業服務企業（如保安、保潔、綠化等專業公司）承擔專業服務，與街道、公安、交通、環衛等部門進行聯絡、溝通，全面開展公共服務、專項服務和特約服務。

(八) 協助業主召開首次業主大會

首次業主大會一般由業主籌備召開，物業服務企業應協助業主籌備召開首次業主大會，並在物業所在地的區、縣人民政府房地產行政主管部門和街道辦事處的指導下，完成業主大會的籌備工作，召開首次業主大會，成立業主委員會。物業服務企業應接受業主委員會的監督，由業主委員會配合其搞好物業服務活動。

專業指導

☆案情簡介一☆

在某高檔住宅小區內設有一座300個車位的停車場。陳先生在該小區買下一套三居室的商品房，入住後他把車停放進了停車場。小區物業服務企業要求其每月交納300元的停車費，就此問題與陳先生發生了糾紛。陳先生認為，開發商在明確宣稱有提供停車的配套服務，而且停車場是小區的共用部分，其權屬應歸全體業主所有，既然是業主自己的，理應不該向小區物業交費。因此，陳先生拒絕交納每月300元的停車費。在保安干涉其車輛進入停車場時，陳先生強行進入，撞倒保安，造成保安小腿骨折，物業服務企業遂向法院起訴，請求法院判決陳先生交納停車費及賠償保安醫藥費。

☆經典評析☆

法院應判決陳先生交納停車費和賠償保安醫藥費。

停車場作為住宅小區配套的附屬物，所有權屬於全體業主共有，所以全體業主對停車場具有共同的使用權。但業主在享有共同使用權的同時，也必須承擔相應的義務。目前，居住小區停車場收費一般由物業服務企業收取，該項收費主要用於彌補物業管理費的不足。最終體現在物業對停車場的日常管理、維護等支出上，所以使用者應當付費。另外，從公平角度來看，按照誰受益誰付費的原則，使用停車場的人理應承擔付費的義務。開發商宣稱的提供停車服務，並非是免費提供，除非在合同中有明確約定不用交費。

☆案情簡介二☆

李女士買了一套全裝修商品房。購房合同對房屋內部及外牆面裝修材料的品牌和型號進行了約定。在交房驗收時，開發商要求李女士簽署一份房屋裝修驗收單，表明已對房屋及裝修進行了驗收。李女士入住後發現，房屋裝修與合同約定不一致。按合同約定，屋內地板應當是直紋的，而實際裝修的卻是橫紋地板，外牆面本應採用進口塗料卻改成了釉面磚。為此，李女士要求開發商賠償。開發商認為交房時李女士已簽收了房屋裝修驗收單，表明她對房屋裝修及設備狀況已予以認可，所以自己並未違約，不願承擔責任。無奈之下，李女士一紙訴狀將開發商告上法庭。法院該如何認定呢？

☆經典評析☆

法院判決：庭審中，法院委託房屋質量檢測站按合同約定的裝修標準進行了鑒定。鑒定結果表明，開發商未按合同約定提供裝修設施，故開發商須承擔違約責任。最後，法院判令開發商按照合同約定，對屋內地板進行更換。至於不符合合同約定的外牆面裝修，考慮到外牆雖未採用約定的進口塗料，但現採用釉面磚不影響房屋質量，且外牆為整幢房屋的產權人共有，其他業主未對此提出異議，故外牆不宜鏟除重做。因此，通過補差價方式，即按合同約定的進口塗料與現用的釉面磚市場差價乘以購房人外牆面積的價款，賠償了李女士的損失。

實驗實訓

1. 劉某物業管理專業剛剛畢業就進入成都一家具有二級資質的物業服務企業，正好趕上公司與成都另一家置業公司簽約，為其開發的仁和商廈提供物業管理早期顧問服務。公司組建了由管理、土建、機電、智能化等方面的6名專業人士組成的早期介入工作隊抵達現場，開始前期顧問服務工作。隊長要劉某先起草一個早期介入工作的程序文本，供大家討論，並在此基礎上形成早期介入工作運行的程序控製文件，以指導該物業項目的早期介入工作。請為劉某設計一個早期介入工作的程序文本。

2. 目前，一些住宅小區在業主正式入住前，其地理位置和市場口碑都好，業主群體也很富裕，且多是毛坯房，一旦入伙自然孕育著不少商機。許多商家特別看重此點。於是，一些大大小小的裝飾公司和家具、家電、建築材料等公司紛至沓來。因此，對此類住宅小區的前期管理和服務就顯得十分必要和重要。但是，有的物業服務企業對此的現行通常做法是：要麼將這些公司堵在小區外，任其攬客兜售；要麼將其放在小區裡，任其擺攤設點。這兩種做法實際上都是放任自流，也等於放棄了管理，放棄了責任。這既容易造成小區秩序的混亂，也容易導致業主在魚龍混雜中選擇失誤而受損。當地知名的一家物業服務企業正在積極塑造一流品牌，已接管了該物業並進駐了該小區。於是公司老總楊超安排其助理李華盡快擬定出一份管理方案，以便在下週一的總經理辦公會上討論。李華是北京林業大學物業管理專業的應屆畢業生，剛進入公司並當上助理，正想展示自己的所學，便欣然接受了此任務。請你為李華助力撰寫出一份像樣的前期物業管理方案。

3. 調查當地物業管理前期介入和前期物業管理的實施情況，撰寫出一份真實的調查報告提供給當地的物業管理主管部門，以便為其規範前期介入和前期物業管理做決策參考。

第五章　管理規約與物業服務合同

本章要點：本章主要講述管理規約和物業服務合同的概念、內容、性質、特點以及訂立、生效、變更等。

本章目標：本章的學習使學生瞭解管理規約和物業服務合同的制定，重點掌握管理規約和物業服務合同的效力，熟練掌握管理規約和物業服務合同的寫作方法及實際工作中的應用。

第一節　管理規約

一、管理規約的基本概念和特點

1. 管理規約

管理規約又叫住房規約、住戶規定、公共契約等，有狹義和廣義之分。廣義的管理規約包括臨時管理規約和管理規約，是指基於同一物業管理區域內公共物業利益需要而對全體業主使用、維護和管理物業以及維護區域內公共秩序，管理其他重大事務等進行權力、義務、責任的共同約定而成的一種協議。管理規約是物業管理區域內涉及業主共同利益的自律性規範和行為準則，是調整業主之間權利和義務關係的基礎性文件和實現物業自治管理的「先鋒性」法律文件，是針對特定物業管理區域在物業管理法律規範外所作的一種補充性和具體化規定，具有普遍的約束力和廣泛的認同度。狹義的管理規約一般指首次業主大會制定的業主規約，是開發建設單位、物業服務企業、社區居委會和業主（代表）共同制定的規範區分所有建築物或者建築區劃內業主權利、義務、責任的法律文件。

管理規約具有如下特點：

（1）管理規約一般由業主通過業主大會共同規定，並由業主簽署意見承諾遵守的共同協定。

（2）管理規約遵守的是業主自治原則和契約自由主義，業主可以通過共同協商的方式自由設定管理規約的內容，但不得違反憲法和法律。

（3）管理規約訂立的目的是確定業主等物業共同關係人的行為準則，建立民主協商、自我管理、平衡利益的機制，形成良好的共同財產管理秩序，維護物業的安全，增進業主的共同利益，確保物業管理區域內的良好生活環境。

（4）管理規約的內容主要為區分所有的建築物、基地和附屬設施等物業的管理、使用規則，業主委員會的組織程序及業主的權利、義務及其相互關係，業主居住的基本道德要求，違反規約的責任等。

（5）管理規約是物業管理區域內業主自主管理、自治管理的最高規則，是物業管理法律規範的必要補充，對物業管理區域內的物業所有人、使用人、管理人、繼受人及其他物業管理主體具有普遍的約束力。同時，業主大會的一般性決議、業主委員會的決定均不得與之抵觸。

（6）管理規約主要是書面形式訂立，並在物業管理區域內公示；其訂立、變更、修改等都需要符合規定程序和條件（如經專有部分占建築物總面積過半數的業主且總人數過半數的業主同意）。

2. 臨時管理規約

臨時管理規約是建設單位在銷售物業之前，參照政府公布的示範文本，結合本物業管理區域的實際，對有關物業的使用、維護、管理、業主的共同利益、業主應當履行的義務，違反公約應當承擔的責任等事項依法作出的臨時性約定。

臨時管理規約與管理規約的約定內容基本相同，都是對物業使用、管理諸事項進行相關約定的一種協議。但它自身也有其鮮明的特點：

（1）臨時管理規約的制定時間在業主入住前。根據《物業管理條例》第二十二條規定，臨時管理規約由建設單位在銷售物業之前制定。而管理規約則是在業主入住後的首次業主大會會議上宣布後實施。

（2）臨時管理規約由建設單位單方制定，具有一定的強制性，業主在買房時應對臨時管理規約強制予以書面承諾遵守，其效力隨著房屋銷售擴大而涉及全體房屋買受人。管理規約則是業主經業主大會協商投票通過，儘管其對區域內的每一個業主（包括反對者）都有約束力，但其訂立過程卻充分體現了業主的意思自由和表達自主。

（3）臨時管理規約是格式化的約定，可能存在不合理的條款，因其訂立是由建設單位預先設定，且在簽訂時未與房屋買受人平等協商，其不公正、不合理甚至侵害房屋買受人利益的條款都會存在。為此，在《物業管理條例》第二十二條第二款和第二十三條都對禁止損害房屋買受人權益作出了相應規定。管理規約的內容則是由業主自身草擬確定，是業主平等協商的結果，極少出現侵害業主自身權益的條款。

（4）臨時管理規約具有臨時性特點，只適合業主大會成立前的前期物業管理階段，待首次業主大會通過業主管理規約後就自動失效。

二、管理規約的性質與作用

1. 管理規約的性質

關於管理規約的性質，學術界還沒有形成統一的認識，總體上有四種觀點：

（1）「契約說」。該觀點認為管理規約是由區分所有權人共同協定，通過業主大會制定的，反應大多數業主的意願，是業主意願意志的結果。也有的學者認為管理規約不是單純的債權債務契約，是特殊的更社會化的契約；也有學者認為管理規約是集團性的契約，具有合夥的性質。但是，不論哪種觀點，「契約說」意味著管理規約不能適用於承租人，因為契約具有相對性，只能約束契約的當事人，可現實管理規約的效力不僅僅只針對契約的當事人，同時還涉及特定繼承人與管

理人。

（2）「協約說」。該學說是根據規約效力擴張和業主具有的身分權力，認為規約是類似於勞動協議和合夥協議的協約。但是規約往往還會規定業主違反規約的，可以採取一定的強制性措施，而這點「協約說」又難以闡述清楚。

（3）「行為說」。該學說認為管理規約是一種法律行為，是業主同意接受規約規定義務約束的共同民事法律行為。臺灣的一些學者，如王澤鑒先生等支持此種觀點。

（4）「自治規則說」。這種說法提出規約具有自治性的本性，是全體業主共同的自治規則。從規約的內容來看，規約是區分所有權人管理團體的最高自治規範，其內容構成業主、業主自治組織及管理等享有權利，承擔義務，行駛職權的基本依據。中國學者多認同此觀點。

上述觀點均有一定的道理，但不夠準確全面，因為物業管理的私法性質決定了管理規約必然是一種特殊的合同，而其公法性質又決定了這種特殊的合同兼具自治規則的特徵。所以，對管理規約的性質應放在物業管理的公共管理特徵上去深刻把握，並與一般的合同和物業服務合同區別開來。（從《物業管理條例》第十七條和三十五條中可以管窺管理規約和物業服務合同的區別）

2. 管理規約的作用

（1）保障物業正常運行。

（2）維護業主全體利益。管理規約是針對所管轄的區域內所有業主及使用人必須遵守的規則，以及承擔相應的義務與責任。

（3）對物業管理區域內全體業主及使用人都有其約束力。

三、管理規約的內容

管理規約的內容可以由業主自由協商確定，其具體內容因物業管理區域的性質、規模、用途及其業主習慣、生活水平等而有所不同。《物業管理條例》第十七條和《業主大會規程》第十一條就明確規定：「管理規約應對有關物業的使用、維護、管理，業主的共同利益，業主應當履行的義務，違反公約應當承擔的責任等事項依法作出約定。」但一般來講，應當包括以下內容：

（1）物業的基本情況。介紹物業的名稱、地點、面積、類型、戶數、範圍、場所、物業產權、物業專有部分和約定專有部分的界定、物業共有部分的狀況和持份比例計算、物業共用部分和公用設施設備狀況及使用約定等。

（2）業主共同事務管理。業主身分和投票權的界定，業主大會召開的條件、方式、程序，業主委員會的基本設置原則、架構和權力，物業管理區域內各類管理資金和相關費用的分擔方式、用途、財務監督和分配等。

（3）業主的權利義務。明確業主基於物業所有權的物業使用權及作為小區成員的成員權，包括表決權、參與權、選舉權、請求權及監督權；明確業主合理使用、維護和管理物業的權利與義務及違約相鄰關係的協調處理，明確維持業主利益共同體秩序的做法、公共環境的維護，以及涉及物業管理強制性和禁止性規定的強調和重申；業主行為守則和對一些重大管理事務的共同約定等。

（4）違反規約的責任。業主違反規約須承擔的違約責任，比如擅自拆改房屋結構、外貌、設計用途、功能和佈局，對房屋的內外承重牆、梁、柱、板、陽臺進行違章鑿、拆、搭，對外牆立面添裝防護欄、網和曬衣架，損壞、拆除或者改造供水、供電、供氣、供暖、通信、排水排污公用設施等。物業使用人違反管理規約，相關業主應承擔相應的責任。承擔違約責任的方式有停止侵害、排除妨礙、消除危險、賠償損失等法定方式，也可以另行設定承擔責任的方式，如交納保證金、支付違約金方式，當業主有違約行為時，從中予以扣除，但不得設定罰款。

（5）對管理規約本身程序性適用規則的約定事項，包括管理規約的效力和修改程序，管理規約的公示、查閱和保管，其他相關的程序性約定事項（如爭議的解決方法等）。

四、管理規約的生效、變更和效力

1. 管理規約的擬定、生效和保管

管理規約是物業管理中的一個重要基礎文件，目前在中國一般由業主委員會根據政府制定的示範文本，結合物業管理工作實際進行修改補充。

管理規約的生效時間是指管理規約開始對相關當事人產生法律約束力的時間。這對於管理規約何時發揮其自治規範的功能具有重要的意義。但可惜的是，中國《物權法》和《物業管理條例》均未規定管理規約的生效時間。根據民法理論中私法自治原則的要求，民事法律行為一般自成立之日起開始生效，但有相關法律、行政法規規定應當事先辦理批准、登記等手續生效的，依照其相應規定。中國《合同法》第四十四條也有類似的規定。因此，管理規約原則上應當自其被業主（代表）大會決議通過之日起生效。至於業主（代表）大會決議通過的程序要件，根據中國《物權法》第七十六條第二款的規定，制定和修改管理規約應當經專有部分占建築物總面積過半數的業主且占總人數過半數的業主同意管理規約才能生效，即一般所說的訂立生效。當然，業主入住之時對臨時管理規約的承諾遵守以及物業使用人及物業繼受人對管理規約的承諾遵守，這是一種承諾生效。另外，若管理規約本身定有生效日期的，應依管理規約的規定。關於管理規約的效力終止時間，法律上並沒有作出統一規定。

管理規約應報物業所在地區、縣人民政府房地產主管部門備案，並在物業管理區域出入口明示，或每個區分所有權人都有一份。

管理規約一般由管理者（業主委員會或其他管理人）予以保管。在無管理者時，則由使用建築物的區分所有權人或其代理人根據規約或大會決議所定的保管人予以保管。保管人在有利害關係的人請求查閱時，除有法定的正當理由外，不得拒絕。

2. 管理規約的變更

管理規約的變更是指在規約的有效存續期間，根據一定的程序對規約進行的修改。變更的程序一般包括變更動議的提出和表決、通過。

（1）變更動議的提出。一般認為，有權提出規約變更動議的應為區分所有權人和管理團體。但中國《物業管理條例》僅將提議權委諸業主即區分所有權人。

（2）變更動議的表決、通過。由於物業管理規約的變更涉及全體區分所有權人的利益，因此對規約變更的表決程序都有嚴格規定，通常要以全體區分所有權人三分之二或四分之三以上絕對多數通過才有效。

（3）變更的效力。經全體區分所有權人大會以絕對多數通過的對物業管理規約的變更，其效力及於全體區分所有權人。

3. 管理規約的效力

（1）管理規約的對人效力

管理規約對人的效力，除及於當事人外，規約也應當及於區分所有權人的繼受人、非業主使用人以及物業服務企業和開發商等。管理規約解決的是區分所有建築物的使用與管理問題，各類使用人均受其拘束，才可能實現管理規約的目的。

中國的《物權法》對於建築物的權利主體稱為是「業主」，因而業主就成為建築物區分所有權的主體。不同的業主對同一整體建築形成一種共有關係，由業主對各自區分所有的建築物進行佔有、使用、管理，這是業主作為所有權人行使所有權的一種正當方式，具有合法的權源。因此，對整個建築物進行管理的主體歸根究柢是每個業主，由於現代建築物面積龐大、結構複雜，因而同一建築物內可能有上萬的業主居住在其中。如果讓每一個業主都行使自己的管理權，不僅會出現忽略物業部分的現象，而且完全不符合效益原則。為了維持建築物的良好狀態，保證舒適的居住生活環境和業主間擁有的共同利益，不同的所有人基於建築物實體而形成一個團體。因此，成立業主大會，選舉出業主委員會，由業主大會訂立規約便成為業主對建築物進行管理的最好方式。

①管理規約對業主的約束力

管理規約是進行物業管理的基礎和依據，是所有業主基於對建築物進行使用、管理等相關關係以書面形式制定的自治行為規範。物業管理過程中，規約調整的是全體業主之間的關係，規約既然是經過全體業主一致同意的，那麼管理規約對所有業主理當具有約束力。

中國《物權法》第八十三條第一款和《物業管理條例》第十七條第二款均明確規定了業主應遵守管理規約，全體業主共同制定的管理規約對所有業主都具有約束力。管理規約對全體業主都具有約束力，這裡的業主應作廣泛的理解。首先，根據建築物區分所有權人擁有人數與面積上的雙重多數的物權決策機制，規約是經過全體業主一致同意的，自然約束規約締結時的業主。

②管理規約對用戶的約束力

區分所有建築物使用人是指那些雖然對建築物不擁有所有權，但卻擁有合法使用權的人。在建築物小區的日常管理中，管理規約除了對業主有效外，對建築物使用人也具有約束力。使用人不是物業的所有權人，因此並不具有基於所有權產生的共同管理權，正常情況下不參加業主大會，不擁有參與制定管理規約的權利，但是使用人卻是物業領域的重要成員之一。為了能夠對建築物使用人的行為進行約束同時保障其合法權益，物業管理相關法律中都明確了建築物使用人的法律地位。由於管理規約是對物業的使用、維修、管理等一系列行為而設定的規定，所以物業區域內的使用人理應受到物業的使用、管理等相關規約的約束。

③管理規約對於開發商的約束力

開發商是小區物業原始業主，其業主身分貫穿於物業銷售全過程，尤其是以開發商為主導創設管理規約的模式，在物業銷售完畢之後開發商依然擁有對部分建築物的物權，所以開發商也應接受管理規約的約束。中國的管理規約一般由房地產開發企業或物業服務企業根據政府房地產行政主管部門統一制定的示範文本，制定物業服務項目的管理規約草案，將草案提交業主大會討論修改，業主簽字通過後，管理規約生效。由於業主委員會的成立與業主大會或業主代表大會的召開需要物業服務區域入住業主達到一定的比例，在物業入住率符合要求前，管理規約無法通過上述標準程序由業主大會民主決議產生。

(2) 管理規約的對地效力

管理規約的對地效力即地域效力，是指管理規約在特定物業管理區域具有約束力，對於區分所有建築物，特定區域就是指整個物業區域，包括區分所有權人的專有部分和共有部分。臺灣「公寓大廈規約範本」第一條第二款規定：「本公寓大廈之範圍如附件一中所載之基地、建築物及附屬設施。」雖然中國《物業管理條例》就地域效力沒有作出直接規定，但根據《物業管理條例》第二十九條：「在辦理物業承接驗收手續時，建設單位應向物業服務企業移交下列資料：（一）竣工總平面圖，單體建築、結構、設備竣工圖，配套設施、地下管網工程竣工圖等竣工驗收資料……」，應當可作與臺灣之相關規定相同的解釋。

①管理規約對共有部分的效力

管理規約是業主大會為了維護業主的共同利益和保障其良好的生活環境，就區分所有建築物的所有關係和管理事項以決議的方式形成的自治規章。在區分所有建築物中，如何對業主共有部分進行有效的管理和利用，是需要全體業主共同商議解決的，同時這也是管理規約的重要內容。可以說，管理規約的空間效力涉及整體建築物和其附屬設施的管理和使用情況。在管理規約的實體內容一節中，我們已詳細闡述關於區分所有權人之間基礎法律關係的事項都是規約的必備內容，包括共有部分的持份比例、共有部分的所有關係——部分共有與全體共有部分的比例都是規約的內容，受其約束。對於這一點，中國《物權法》第七十六條給予了充分的肯定。

②管理規約對專有部分的效力

區分所有建築物的專有部分是所有權人根據自己意願使用、收益、處分並排除他人干涉的部分。區分所有權人對於專有部分擁有完整的所有權，業主對共有部分的共有權以及成員權，都是在專有部分的所有權基礎上取得。因此每個業主都不能任意對其他業主的專有部分進行干涉，否則構成對他人權利的侵犯。

③管理規約的地域效力判斷

管理規約的地域效力其實就是對區分所有建築物共有部分、專有部分的效力。在區分所有建築物中，管理規約主要涉及的內容是針對業主的共有部分，如何對業主共有部分進行有效的管理和利用，是管理規約的重要內容。因此，對管理規約共用部分的效力範圍進行界定就至關重要。但也不排除涉及其他業主的專有部分，就業主所擁有的專有權、共有權、成員權中，專有權是其他兩種權利的根源，所以應該尊重和保護業主的專有部分的權利，這也是區分所有業主進行意思自治的前提條件。

第二節　物業服務合同

一、物業服務合同概述

（一）物業服務合同的界定

1. 物業服務合同的概念

在物業管理活動中，合同佔有舉足輕重的地位。合同大量存在於物業管理的各個環節，物業管理的各種行為都與合同有關。

物業服務合同有廣義和狹義的區分。狹義的物業服務合同即一般所說的物業服務合同（后文就指此類合同），是指物業服務企業與業主個體或其組織——業主委員會訂立的，規定由物業服務企業提供對房屋及其配套設備設施和相關場地進行專業化維修、養護、管理以及維護相關區域內環境衛生和公共秩序，由業主支付報酬的服務合同。廣義的物業服務合同是指物業服務企業接受物業所有人、使用人個體或其組織以及相關各方的聘任或委託行使物業管理、服務與經營等職能，與物業所有人、使用人個體或其組織以及相關各方簽訂的書面合同。它包括與開發商簽訂的前期物業服務合同和后期物業服務合同，與物業所有人、使用人個體或其集體以及相關各方簽訂的特約服務合同，與專業公司或其他機構或組織簽訂的專項物業管理合同和狹義的物業服務合同等。

2. 物業服務合同的主體

物業服務合同的主體是指物業服務合同權利的享有者和義務的承擔者。狹義的物業服務合同的主體主要包括業主、業主委員會、物業服務企業。

（1）業主

如果就物業管理區域內業主的專有部分或業主的生活消費、服務享受等需求進行相關約定而簽訂物業服務合同，則由業主個體獨立地與物業服務企業進行簽訂服務合同。

（2）業主委員會

業主委員會是經業主代表大會選舉產生的，是業主大會的執行機構。它代表業主利益，實行自治管理，維護業主合法權益。業主委員會經政府有關管理機關依法核准登記后，取得合法資格。業主委員會有權代表業主就物業管理區域內的公共部位、公共設施設備及相關場地，環境、衛生和秩序進行有關約定而與物業服務企業簽訂物業服務合同，並有權監督物業服務企業的服務水準、服務合同的執行情況，物業管理服務收費及其使用情況等。

（3）物業服務企業

物業服務企業是指取得物業服務企業資質證書和工商營業執照，接受業主或者業主大會的委託，根據物業服務合同進行專業管理，實行有償服務的企業。物業服務企業有權依照物業管理辦法和物業服務合同對物業實施管理，有權依照物業服務合同收取管理費或服務費，有權選聘專業服務公司承擔物業管理區域內的

專項服務業務，但不得將整項服務業務委託他人。

(二) 物業服務合同的性質和特徵

1. 物業服務合同的性質

物業管理服務合同是物業管理活動得以實現的一個基本的法律文件，在整個物業管理活動中處於核心地位，是業主和物業服務企業雙方的權利保障書。

(1) 物業服務合同屬於平等主體之間的民事合同，適用於民事法律關係「平等、自願、公平、等價有償和誠實信用」的基本原則，也適用於合同法的一般原則。

(2) 物業服務合同是一種非典型合同。中國《合同法》規定了 15 種有名合同，物業服務合同不在其中，但《物業管理條例》第二十一條和第三十五條卻對物業服務合同確定了「名分」。可以說，物業服務合同是一種獨立類別的新型合同。

(3) 物業服務合同是一種混合型契約。物業服務企業被聘任或被委託而與相關方面簽訂物業服務合同，從合同的內容看，它涉及多種有名合同和無名合同的內容，甚至有人認為物業服務合同是雇傭合同、服務合同、保管合同、租賃合同、承攬合同、承包合同、委託合同、代理合同以及民事信託合同等。

(4) 物業服務合同與委託合同有類似之處，但又獨立於委託合同。兩者的本質區別在於處理事務的主體、合同的解除等方面。從處理事務的主體看，委託合同是委託人和受託人約定，由受託人按照委託人的指示處理委託事務的合同，受託人處理受託事務產生的法律後果由委託人承擔；而物業服務合同是由獨立的法人單位——物業服務企業接受業主委託後，根據合同約定的服務管理事務以自己的名義自主開展業務，並獨立承擔對外法律後果。從合同的解除看，委託合同可以隨時解除；而物業服務合同除合同約定的條款失效外，雙方不得隨意解除合同。

2. 物業服務合同的特徵

(1) 物業服務合同是相關主體真實意思表示一致而簽訂的書面合同（指合同書，信件和包括電報、傳真、電子數據交換和電子郵件在內的數據電文等）；

(2) 物業服務合同的訂立以相關主體相互信任為前提，是建立在平等、自願基礎上的民事合同；

(3) 物業服務合同是有償合同（委託合同區分有償合同和無償合同），是以勞務為標的的要式合同（委託合同可以採取書面、口頭或其他形式，是非要式合同）；

(4) 物業服務合同是諾誠合同和雙務合同；

(5) 物業服務合同受到較多國家干預（從合同主體資格、合同訂立和履行等都受到國家相關方面的指導、監督、核准等）。

(三) 物業服務合同的內容

物業服務合同是規範物業管理各當事人之間權利和義務關係的文件。通常，物業服務合同的主要內容如下：

1. 總則

總則是對物業服務合同的總的說明。總則中，一般應當載明下列主要內容：

（1）合同當事人，包括委託方（一般簡稱為甲方，為業主委委員會）和受託方（一般簡稱為乙方，即物業服務企業）的名稱、住所和其他簡要情況介紹。

（2）簽訂本物業服務合同的依據，即主要依據哪些法律法規和政策規定。

（3）委託物業的基本情況，包括物業的建成年月、類型、功能佈局、坐落、四至、占地面積和建築面積概況等。

2. 物業管理事項

物業管理事項，也就是物業服務企業為業主提供的管理、服務等具體內容。

（1）物業共用部位和共用設施設備的使用、養護和修繕

①物業共用部位的維修和養護，如公共道路保養、公共綠地綠化、花木養護等；

②物業共用設備設施及其運行的使用管理、維修、養護和更新，如文化體育設施、電梯、電視、水泵、避雷、消防、污水處理系統等。

（2）物業裝飾裝修管理服務

①告知業主裝飾裝修的禁止性行為和注意事項；

②查驗業主裝飾裝修方案，與業主、裝修公司簽訂裝修管理協議；

③制定和宣傳裝飾裝修管理與服務制度；

④對進出物業管理區域的裝修車輛、人員進行出入管理；

⑤裝飾裝修現場管理及為業主和裝修公司提供相關服務。

（3）物業管理區域環境的維護

①公共環境衛生管理，如對共用部位和公共場所的除塵、擦洗、清掃、垃圾收集清運、雨（污）水管理和疏通等；

②公共綠化的養護與管理，如公共綠地和植物的養護與管理，公共場所的綠化和物業管理區域的美化，建築小品等的養護、營造與管理。

（4）物業管理區域的安全防範和公共秩序維護

①物業使用中的安全防範；

②物業管理區域公共秩序的安全防範，如治安管理、消防管理和車輛道路安全管理等。

（5）物業檔案資料的保管

①物業產權產籍檔案資料的收集與管理；

②房屋及其附屬的各類設施設備資料及其維護變動情況的保管、記載工作。

（6）物業管理區域相關的其他管理事項

①物業區域內市政公用設施和附屬建築物、構築物的使用管理、維修、養護與更新；

②附屬配套建築和設施，包括商業網點等的維修、養護與管理。

③社區文化建設。

3. 物業服務收費

它包括計費和交費方式、收費內容和項目、收費標準、交費期限與時間、費用結算、費用標準調整、逾期繳納費用的處理辦法、費用的使用管理和監督等。

4. 專項服務和特約服務的收費標準

略。

5. 專項維修基金的管理與使用

略。

6. 雙方的權利與義務

不同的物業，其物業管理的項目和具體的內容也不同，物業管理服務的需求和雙方的權利與義務也不可能完全一致。所以，對於不同類型的物業，合同雙方都要根據該物業的性質和特點，在物業服務合同中制訂出有針對性的、適宜的權利與義務關係。

7. 管理服務質量

明確物業管理服務的要求和標準，對於合同雙方來說都是有益無害的。它既有利於物業服務企業提高管理效率和管理水平，從而增強市場競爭力，也有利於業主做到心中有數，針對明確的監督參考標準，更好地實施對物業服務企業的監督、檢查。

8. 物業管理用房的使用

略。

9. 合同期限

合同期限是指當事人履行合同和接受履行的時間。物業服務合同期限一般應根據各地的實踐經驗以及具體的實際情況而定，但一定要明確合同的起止時間。當然，這個起止時間一定要具體。實際中經常規定到某日的 24 時止。另外，還要規定管理合同終止時物業及物業資料如何交接等問題。

10. 違約責任

所謂違約責任，是指合同一方或雙方當事人違反合同規定的義務，依照法律規定或合同約定由過錯一方當事人所應承擔的以經濟補償為內容的責任。違約責任應盡可能制訂得具體明確。

11. 附則

附則一般記錄合同雙方對合同生效、變更、續約和解除的約定。通常應註明合同何時生效，即合同的生效日期；合同期滿后，是否續約的約定；對合同變更的約定；合同爭議解決辦法的約定；當事人雙方約定的其他事項等。

二、物業服務合同的生效

(一) 物業服務合同的訂立程序

1. 要約

即物業服務合同主體一方向另一方作出的與其訂立合同的意思表示。該意思表示應當符合兩個條件：一是內容具體；二是表明經受要約人承諾，要約人即受該意思表示的約束。由此可見，招標公告不是要約而是要約邀請，投標書則屬於要約；物業服務企業作出的商業廣告、為業主提供特約服務的價目表一般也不屬於要約。

2. 承諾

承諾是指受要約人同意要約的意思表示。它一經作出，並送達要約人，合同即告成立，要約人不得拒絕。

(二) 物業服務合同的簽訂和生效

1. 物業服務合同的簽訂

物業服務合同當事人經過要約和承諾並就相關條款達成一致，就可在此基礎上簽訂書面的物業服務合同。

2. 物業服務合同的生效

物業服務合同當事人一經簽字或蓋章，合同即成立生效。如果合同附生效條件，則在該條件成立時生效。

3. 物業服務合同簽訂的注意事項

(1) 明確業主委員會的權利義務

除了《物業管理條例》規定的業主委員會應有的權利義務之外，業主委員會的其他一些權利義務，也應在服務合同裡明確約定。例如，業主委員會有權對物業服務企業的服務質量，按照合同規定的程序提出意見並要求限期整改。同時，業主委員會應承擔相應的義務，包括督促業主按時交納物業費，積極配合物業服務企業工作，尊重物業服務企業專業化的管理方式和措施等。

(2) 明確物業服務企業的權利和義務

本著權利和義務對等的原則，在賦予物業服務企業管理整個小區日常事務的權利時，也要明確物業服務企業所承擔的義務與責任，並且盡可能予以細化。

(3) 對違約責任的約定

履行合同中如有一方違約就應該賠償另外一方的損失。損失的計算及賠償標準應該按照《中華人民共和國合同法》的規定進行具體表述。對於不可抗力，如地震、戰爭等造成的損失應該免於賠償。要在服務合同裡明確雙方違反約定應承擔的違約責任，約定的責任要具有實用性和可操作性。

(4) 對免責條款的約定

在物業服務合同的約定中，訂立合同各方應本著公平合理、互諒互讓的原則，根據物業的具體情況設立免責條款，明確免責的事項和內容。例如，在物業服務合同中應當明確約定物業服務費不包含業主與物業使用人的人身保險、財產保管等費用，排除物業服務企業對業主及物業使用人的人身、財產安全保護、保管等義務，以免產生歧義，引發不必要的糾紛。

(5) 物業服務合同的主要條款宜細不宜粗

物業管理服務及相關活動規範是合同簽訂的主要目的。在簽訂物業服務合同時，要特別注意以下主要條款：

①項目，即應逐項寫清管理服務項目。如「房屋建築公用部位的維修、養護和管理」「共用設施設備的維修、養護、運行和管理」「環境衛生」等。

②內容，即各項目所包含的具體內容，越詳細越好。例如，房屋建築公用部位的維修、養護和管理項目內容應包括樓蓋、屋頂、外牆面、承重結構，環境衛生應覆蓋的部分，安全防範的實施辦法等。

③標準，即各項目具體內容的管理服務質量標準。例如，垃圾清運的頻率（是一天一次，還是兩天一次）、環境衛生的清潔標準、安全防範具體標準（門衛職責、是否設立巡邏崗）等。此外，還要注意在明確質量標準時要少用或不用帶有模糊概念的詞語，例如，要避免採用「整潔」等用詞，因為在合同的執行過程中很難對是否整潔作出準確判斷。

④費用，即在前述的管理服務內容與質量標準下應收取的相應費用。物業管理服務是分檔次的，不同檔次收取的費用是有較大差異的。在明確瞭解了項目、內容和標準後，費用的確定往往是雙方爭論和討論的焦點。在確定合理的費用時，要經過詳細的內容測算和橫向比較。

為防止合同過長，雙方還可就具體問題增加合同附件。

(6) 合同的簽訂要實事求是

物業的開發建設是一個過程，有時需分期實施。在訂立合同尤其是簽訂前期物業管理服務協議時應充分考慮這點，既要實事求是，又要留有餘地。比如，對於「24小時熱水供應」的服務承諾，在最初個別業主入住時，一般無法提供，因此在合同中應給予說明，並給出該項服務提供的條件與時機以及承諾在未提供該項服務時應適當減免物業管理服務費。又如，當分期規劃建造一個住宅區時，在首期的合同中就不應把小區全部建成后才能夠提供的服務項目內容列入。

(7) 明確違約責任的界定及爭議的解決方式

在物業管理實踐中，難免會產生各種各樣的問題。這些問題既可能發生在物業服務企業與業主之間，也可能發生在業主之間；既有違法的問題，也有違約、違規以及道德和認識水平不足的問題。顯然，對於不同性質、不同層面的問題、矛盾與糾紛，要通過不同的途徑，採取不同的處理方式來解決。

一般情況下，有爭議的合同應該通過友好協商解決。如果協商不成，則可依照合同中約定的仲裁條款請求仲裁委員會仲裁，或者向人民法院提起訴訟。

三、物業服務合同的效力

(一) 無效的物業服務合同

(1) 具有下列情形之一，當事人請求認定物業服務合同或合同條款無效的，應予支持：

①房地產開發企業未依照《物業管理條例》第二十四條第二款規定選聘物業服務企業的。

②房地產開發企業在住宅小區業主委員會依法成立后，仍以自己名義與物業服務企業簽訂物業服務合同的。

③商品房預售合同中有關物業服務的約定，有排除業主以后選擇物業服務企業和商定物業服務費權利條款的。

④物業服務企業沒有依法取得相應物業管理資質的。

⑤業主委員會未徵得業主大會的同意或未按業主大會決定的範圍而簽訂的物業服務合同，起訴前或者一審期間未取得業主大會或50%以上業主追認的。

⑥物業服務企業擅自將整體管理服務轉托、轉讓給第三人或將其肢解后以分包的名義發包給第三人的。

⑦其他違反法律或行政法規強制性規定的。

另外，合同被確認無效后，物業服務企業已提供服務的，可請求業主按當地政府規定的最低價格支付物業服務費用。

（2）符合下列情形之一，當事人請求確認物業服務合同無效的，不予支持：

①經法定程序選舉產生的業主委員會雖未經房地產行政主管部門登記備案，但根據業主大會的決定與物業服務企業簽訂物業服務合同的。

②經法定程序選舉產生的業主委員會未徵得業主大會的同意或未按業主大會決定的範圍而簽訂的物業服務合同，但在起訴前或者一審期間取得業主大會或50%以上業主追認的。

③未經法定程序選舉產生的業主委員會與物業服務企業簽訂的物業服務合同，但在起訴前或者一審期間有50%以上的業主事后追認的。

（二）物業服務合同的變更與解除及終止

1. 物業服務合同的履行

合同的履行，是指合同雙方當事人正確、適當、全面地完成合同中規定的各項義務的行為。物業服務合同的履行不僅是指簽訂合同雙方最后的交付行為，而且還包括雙方一系列行為及其結果的總和。物業服務合同的履行通常在法律上規定為全部履行，即當事人必須按照合同規定的標的及其質量、數量，由適當的主體在適當的履行期限、履行地點，以適當的履行方式，全面完成合同中規定的各項義務。它實際上包含兩方面的含義：

（1）實際履行。實際履行是指按照合同規定的標的履行。按照實際履行的定義，如果一方發生違約，其違約責任不能以其他財物或賠償金代替。即使違約方支付了違約金或賠償金，如果一方要求繼續履行的，仍應繼續履行合同。只有在實際履行已成為不可能或不必要時，才允許不實際履行。

（2）適當履行。適當履行是指履行物業服務合同時，在合同標的（物業服務）的種類、數量、質量及主體、時間、地點、方式等方面都必須適當。按照適當履行的定義，如果不履行或不適當履行，有過錯的一方應及時向對方說明情況，以避免或減少損失，同時賠償責任。當締約一方只履行合同的部分義務時，另一方有權拒絕，並可就因一方部分義務導致其費用增加要求賠償，但部分履行不損壞當事人利益的除外。當事人一方如果一方不能履行合同的確切證據時，可以暫時中止合同，但應立即通知另一方。如果另一方，履行合同提供了充分的保證，則應繼續履行合同。

2. 物業服務合同的變更

在物業服務企業接管物業之后，可能會由於業主的其他要求或環境的變化，導致部分內容不再符合實際，此時應由物業服務企業與業主委員會商議，對委託服務合同及時進行修改。

（1）物業服務合同變更的特點

①協商一致性。即合同的修改須經雙方當事人協商一致，並在原有合同基礎

之上達成新的協議。

②局部變更性。即委託服務合同的變更只能是對原有合同內容的局部修改和補充。

③相對消滅性。合同的變更必然意味著有新的內容產生，它的履行相應不能再按照原有合同進行，而應按變更後的權利和義務關係履行。

(2) 物業服務合同變更的要件

要構成委託管理合同的變更，還必須具有以下一些形式要件：

①已存在合同關係基礎。合同的變更必須建立在已有合同基礎之上，否則就不可能發生變更問題。

②具有法律依據或當事人約定。物業服務合同的變更可以依據法律規定產生，也可通過當事人雙方協商產生。

③具備法定形式合同的變更。應當從形式和實質上符合法律規定。

④非實質性條款發生變化。非實質性條款是指不會導致原合同關係破滅和新合同關係產生的合同條款，即除合同標的之外的其他條款。

(3) 物業服務合同變更的效力。

物業服務合同的當事人應當就合同變更的內容作出明確的規定，若變更內容不明確，則從法律上可推定為未變更。委託服務合同一旦發生變化，當事人就應當按照變更後的內容履行合同，任何一方違反變更後的合同內容都將構成違約。如果合同的變更對一方當事人造成了損害，則另一當事人應付相應的賠償責任。

3. 物業服務合同的解除

合同的解除是指由於發生法律規定或當事人約定的情況，使得當事人之間的權利和義務消滅，從而使合同終止法律效力。

導致物業服務合同解除的事項主要如下：

(1) 合同規定的期限屆滿。

(2) 當事人一方違約，經法院判決解除合同。

(3) 當事人一方侵害另一方權益，經協商或法院判決解除合同。

(4) 當事人雙方商定解除合同。

合同的解除，無論是當事人雙方協議解除，還是依據法律規定解除，均須遵照一定程序。協議解除，應在雙方達成一致協議的基礎上經過簽約和承諾兩個階段，方可使解除行為產生效力。若法律規定了特別程序的，則應遵守特別程序規定。合同解除後，尚未履行合同的終止履行；已經履行的，根據履行情況，當事人可以要求採取補救措施，並有權要求賠償損失。

4. 物業服務合同的終止

物業服務企業有下列行為之一的，業主委員會或者委託方有權予以制止並責令限期改正；逾期不改正的，業主委員會或委託方可以終止委託管理合同。

(1) 擅自擴大收費範圍，提高收費標準的。

(2) 改變共用設施專用基金和住宅維修基金的用途，或未按規定定期公布收支帳目的。

(3) 改變專用房屋的用途，未按規定使用的。

(4) 管理制度不健全，管理混亂，造成對住宅區的房屋管理、維修、養護不善，經市、區住宅主管部門認定應當予以處罰的。

(5) 對住宅區的管理未能達到市住宅主管部門和委託管理合同規定的標準的。

(6) 違反委託管理合同規定的。

(三) 物業服務合同的違約責任

在物業管理不斷走入市場化的今天，對物業管理服務合同的違約責任的正確認識，對於依法行使和維護業主、業主大會以及物業服務企業的合法權益有著重要的現實意義。

1. 違約責任的概念和特徵

違約責任是指合同當事人因違反合同即不履行合同義務或者履行合同義務不符合約定條件而應承擔的繼續履行、賠償損失等民事責任。為了維護合同行為的公開、公平、公正的經濟秩序，確保合同基本原則的實現，各國民事法律都建立了違約責任制度，為合同中民事權利的實現提供了切實保障。《中華人民共和國民法通則》第一百一十一條規定：「當事人一方不履行合同義務或者履行合同義務不符合約定條件的，另一方有權要求履行或者採取補救措施，並有權要求賠償損失。」《中華人民共和國合同法》第一百零七條也規定：「當事人一方不履行合同義務或者履行合同義務不符合約定的，應當承擔繼續履行、採取補救措施或者賠償損失等違約責任。」

違約責任是一種民事責任，與其他民事責任相比，具有以下特徵：

(1) 違約責任是合同當事人違反合同而發生的責任

違約即指當事人違反其約定的義務。因此，違約責任以存在合同義務為前提。例如，物業管理服務合同中約定業主要按月交納物業管理費、維修基金。如果業主不按時交納就構成違約責任，物業服務企業就可以依據物業管理服務合同要求業主履行按時交納物業管理費、維修基金的違約責任，同時要業主承擔繳納滯納金的違約責任。當事人間無約定的合同義務，也就不會發生違約，當然也就不能成立違約責任。

(2) 違約責任是財產責任

違約當事人一方依法應承擔違反合同的不利後果，這種後果為財產性的。因此，違約責任是財產責任，而不能是非財產責任。

(3) 違約責任只能發生在特定當事人之間

因違約責任以合同義務存在為前提，而合同義務只能發生在合同當事人之間。不為合同義務人的，不承擔違約責任。物業管理服務合同的特定當事人就是業主、業主大會和物業服務企業。當然，當事人一方違約可能是因第三人的行為或者上級機關的行為造成的，但於此情形下也應由違約方向對方承擔違約責任，違約方可以在承擔責任后以債務的形式向第三人或上級機關追償。例如，業主用租約或其他形式約定由租戶或非業主使用人交納物業管理費，而租戶或非業主使用人卻不按時交納，造成了物業管理費、維修基金的拖欠，物業服務企業自然要依據物業管理服務合同找業主承擔未按時交費的違約責任，業主也只有先承擔違約責任

后，再追討租戶或非業主使用人。

（4）違約責任可由當事人約定

違約責任不同於侵權的民事責任，當事人可以在合同中約定。當事人既可以在合同中約定違約的責任形式，也可以約定違約責任的範圍及損失的計算方法等。但是，違約責任可由當事人約定，絕非是說當事人未約定違約責任的，不發生違約責任。當事人一方違約應承擔違約責任，這是法律賦予合同的效力。即使當事人未在合同中規定違約責任，違約方也須依法律的直接規定承擔違約責任。

2. 違約責任的構成要件

違約責任的形式不同，所要求的責任構成要件也不同。就各種違約責任的共同要件而言，違約責任的構成要件為違約行為和過錯兩類。

（1）違約行為

違約行為，又稱為違反合同的行為，是指合同當事人不履行合同義務或者履行合同義務不符合約定的條件。所謂不履行合同義務，是指義務人完全未履行合同義務，例如，義務人拒絕履行合同義務或因無能力履行合同義務。所謂履行合同義務不符合條件，是指義務人雖履行合同義務，但其未按照合同約定或者法律規定的要求履行合同義務。例如，業主雖然履行了交納物業管理費的合同義務，但交納的物業管理費卻遠低於物業管理服務合同中規定的應該交納的標準，或者不按規定的時間交納等。

違約行為可以是積極的行為，也可以是消極的行為。例如，業主違反物業管理服務合同不得違章裝修的規定，違章裝修，為積極的違約行為；業主違反交納物業管理費的義務，而不交納物業管理費的，為消極的行為。

廣義的違約包括預期違約。所謂預期違約，是指在合同履行期到來之前合同當事人一方無正當理由而向另一方明確表示不履行合同或者以其行為表明不履行合同義務。例如，在物業管理招投標中標后，要求更改物業管理費收費標準等標的的行為就是典型的預期違約。發生預期違約時，另一方當事人可以在合同履行屆滿前請求違約方承擔違約責任。又例如，在物業管理服務合同未屆滿，物業服務企業自動撤除自己公司的員工，而停止物業管理服務工作也屬於預期違約。

違約行為是多種多樣的，常見的違約形態有以下三種：

①拒絕履行，是指合同履行屆滿后，合同當事人無正當理由拒不履行合同的行為。拒絕履行是一種公然毀約行為，因而是一種極嚴重的違約，違約的過錯程度較重，應承擔的法律責任也重。

②不適當履行，有廣義與狹義之分。廣義的不適當履行包括履行合同義務不符合約定的或者規定的條件的行為；狹義的不適當履行僅指合同當事人未按照規定或約定的質量要求履行合同的行為。

③遲延履行，是指超過合同規定的時間期限而延遲履行合同的行為。

（2）過錯

過錯，包括故意和過失。違約責任也以過錯責任為原則。除法律另有規定外，只有違約方有過錯時，才能發生違約責任。但是，在違約責任中，實行過錯推定原則。也就是說，只要當事人一方有違約行為，就推定其有過錯，違約方須證明

自己在違約上沒有過錯。

除上述條件外，違約方承擔賠償損失的違約責任時，還須具備以下兩個條件：

①當事人另一方受到損失。損失僅指當事人的財產利益的減少，而不包括精神損害。這裡的損失既包括現有財產利益的損失，也包括可得利益的損失。

②另一方的損失與一方的違約行為有因果關係。只有另一方的損失是因違約方違約造成的，即違約與損失間有因果關係時，才能構成賠償損失的違約責任。因為違約當事人只對自己的違約行為所造成的損失負責。如果合同當事人的損失並非違約方的違約行為造成的，則違約方並不承擔賠償損失的違約責任。

3. 物業管理的違約責任形式

物業服務合同的違約責任具體的形式就是指業主、業主大會、物業服務企業違反物業管理服務合同所應承擔的繼續履行、採取補救措施、支付違約金、賠償損失等民事責任。

(1) 繼續履行合同

繼續履行合同即強制履行合同，是指業主、業主大會或物業服務企業違約後，另一方得請求強制違約方繼續履行未履行的物業管理服務合同的合同義務，以實現物業管理服務合同預期目標。從合同的本質看，合同之所以存在，主要在於促進交易、保護交易、救助交易。當一項交易出現問題時，合同的作用就像醫生治病一樣盡力使交易脫離危險及重新獲得新生，而不是動輒將其扼殺。繼續履行合同是合同當事人不履行或不完全履行下的一種補救方法。在合同當事人一方違約后，請求強制履行合同是法律賦予另一方當事人的一項權利。

(2) 採取補救措施

採取補救措施是指合同當事人一方違約，另一方有權要求違約方採取補救措施予以補正。例如，物業服務企業未按物業管理服務合同的規定作好公用設施維修養護，業主、業主大會可以要求採取補救措施對公用設施重新進行維修養護或者進行修理、更換等。合同當事人採取補救措施若於履行期內完成予以補正的，不承擔其他違約責任；若於履行期屆滿後完成的，違約的合同當事人還應承擔延遲履行的違約責任。

(3) 違約金

違約金是指合同當事人在合同中約定的或者法律規定的一方違約后應向另一方支付的金額。例如，業主、業主大會違反招投標法的規定，不與中標的物業服務企業簽署物業管理服務合同，或者在中標后要更改物業管理費這種招投標的核心內容，物業服務企業就有權按照招投標的約定要求違約的業主、業主大會支付違約金。又例如，在物業管理服務合同中雙方約定，經過約定的期限，物業管理服務要達到某種程度的水平，而在期限屆滿後未達到，則應按照合同的約定，由違約方支付違約金。

(4) 賠償損失

賠償損失是指一方違約給對方造成損失時依法應承擔的賠償對方損失的違約責任。賠償損失是最常用的重要救濟措施。它既可以與其他責任形式並用，也可以單獨使用。

賠償損失的範圍，在物業管理服務合同中有約定的依其約定。在物業管理服務合同中對賠償範圍的約定，可以是對具體賠償數額的約定，也可以是對損失計算方法的約定。只要合同中有關於賠償的約定，當事人就有權依約定請求違約方賠償。在物業管理服務合同中未約定賠償範圍的，違約方應賠償因違約所造成的全部損失，包括合同履行後可以獲得的可得利益損失，但不能超過違反合同一方訂立合同時能夠預見到的損失。

違約方違約后，對方可以採取適當措施防止損失的擴大而沒有採取適當措施的，無權就因此而擴大的損失要求賠償。合同當事人因違約方違約同時受到損失和利益的，在計算損失時應扣除其所受利益。

賠償損失，除物業管理服務合同另有約定外，應以支付賠償金的方式進行。

4. 物業管理違約責任的免責條件

違約責任是以國家強制力保證實施的民事權利救濟措施，是合同權利的公力救濟，違約方只能無條件地接受，沒有討價還價的余地。這就是法律的強制性。合同法將違約責任的歸責原則明文表述為嚴格責任，即不以過錯為要件，當然也不需要證明什麼過錯。當事人只要違反合同就要承擔責任，沒有價錢可講。要求免責，唯一的一個途徑是證明自己有免責事由。如果證明了有免責事由就給予免責，證明不了，就追究責任。這有利於促使當事人認真地對待合同，嚴格遵守合同、合同法、合同紀律。按照誠實信用原則和民法的精神，自己約定的違約責任一旦具備了該條件就要承擔責任，不需要講其他什麼理由，這本身就具有合理性。這一點與一般的侵權責任不一樣，因為侵權責任通常發生在沒有權利義務關係的當事人之間。

通常物業管理違約責任的免責條件有以下三個方面：

（1）不可抗力

不可抗力是指不能預見、不能避免並不能克服的客觀現象。當事人一方因不可抗力不能履行合同的，不承擔民事責任。但是，在因不可抗力不能履行合同時，第三人應當及時通知另一方，以減輕可能給另一方造成的損失，並且應當在合理期間內提供有關機構出具的證明。當事人未及時通知的，應就未及時通知而給另一方造成的損失承擔民事責任。具體而言，以下情況屬於不可抗力：①自然災害，即天災人禍類的事實，例如地震、臺風、洪水等。但對臺風而言，明知臺風可能會使廣告牌或建築物的某一部分吹落而墜地，卻不採取有效的防護措施，這種不作為的行為屬於濫用不可抗力的免責權，同樣也要承擔違約責任。②某些政府行為，指當事人在訂立合同后，政府頒布新政策、法律和採取行政措施而導致合同不能履行。③社會異常事件，例如罷工、戰爭等。

（2）合同約定的免責條款中免責事由出現

免責條款是合同條款之一，其目的是免除或者限制合同當事人的責任，因而當免責條款中約定的免責事由出現時，第三人可依其約定不承擔民事責任或者減輕責任。但是，免責條款與合同其他條款一樣，必須具有合法性、公平合理性，否則不能有效，違約方仍應承擔違約責任。

（3）另一方當事人的過錯

合同當事人一方不履行合同或未按合同的要求履行合同，是因另一方當事人的過錯造成的，不承擔民事責任。但是，若雙方都有過錯，都違反合同，則應當分別承擔各自應承擔的違約責任。

四、物業服務合同與前期物業服務合同的關係

1. 前期物業服務合同的概念

前期物業服務合同，是指物業建設單位與物業服務企業就前期物業管理階段雙方的權利義務所達成的協議，是物業服務企業被授權開展物業管理服務的依據。《物業管理條例》第二十一條規定：「在業主、業主大會選聘物業服務企業之前，建設單位選聘物業服務企業的，應當簽訂書面的前期物業服務合同。」第二十五條規定：「建設單位與物業買受人簽訂的買賣合同應當包含前期物業服務合同約定的內容。」前期物業服務合同的當事人不僅涉及建設單位與物業服務企業，也涉及業主。

在實踐中，物業的銷售及業主入住是持續的過程。這個階段要求 2/3 以上投票權的業主投票形成業主大會決定是不現實的，而這個階段的物業管理服務又是必需的。因此，為了避免在業主大會選聘物業服務企業之前出現物業管理的真空，明確前期物業管理服務的責任主體，規範前期物業管理活動，《物業管理條例》明確地規定前期物業管理服務由建設單位選聘物業服務企業。

2. 前期物業服務合同與物業服務合同的銜接

前期物業服務合同與物業服務合同的銜接問題，關係到業主能否正常使用物業。如果沒有安排好銜接工作，可能會發生前期物業服務合同的期限已經屆滿，而業主大會、業主委員會又沒有選聘好物業服務企業，此時就可能會造成物業服務的斷檔，而影響業主對物業的正常使用。也有可能會出現前期物業服務合同的期限還沒結束，但業主大會選聘了新的物業服務企業，並由業主委員會與其簽訂了物業服務合同，此時容易導致兩家物業服務企業的衝突。

為解決前期物業服務合同與物業服務合同的銜接問題，《物業管理條例》第二十六條規定，前期物業服務合同可以約定期限，但是，期限未滿、業主委員會與物業服務企業簽訂的物業服務合同生效的，前期物業服務合同終止。根據物業管理的實踐，前期物業服務合同一般在以下三種情況下終止：

（1）前期物業服務合同約定的合同終止時間屆滿，則前期物業管理的截止時間為前期物業服務合同約定的合同終止時間。

（2）前期物業服務合同約定的合同期尚未屆滿，業主委員會另行選聘物業服務企業並簽訂物業服務合同，則前期物業管理的截止時間為另行選聘物業服務企業的物業服務合同鎖定的起始時間。

（3）前期物業服務合同約定的合同期限屆滿，業主委員會尚未成立，或尚未選聘任何物業服務企業，原物業服務企業可以不再進行管理，也可以與開發商繼續簽訂前期物業服務合同，繼續對物業進行管理。在繼續進行管理的情況下，前

期物業管理的截止時間為新的物業服務合同生效時。

3. 物業服務合同與前期物業服務合同的主要區別

物業服務合同中關於服務內容的條款與前期物業服務合同基本相同，主要差別在於：

（1）訂立合同的當事人不同。前期物業服務合同的當事人是物業開發建設單位與物業服務企業；物業服務合同的當事人是業主（或業主大會）與物業服務企業。

（2）合同期限不同。前期物業服務合同的期限雖然可以約定，但是期限未滿、業主委員會與物業服務企業簽訂的物業服務合同又開始生效的，前期物業服務合同將會終止。物業服務合同期限則由訂立合同雙方約定，與前期物業服務合同相比，具有期限明確、穩定性強等特點。

專業指導

物業管理法律責任

（一）物業管理法律責任概述

物業管理法律責任制度體系主要包括法律責任種類法定制度、法律責任追究和認定制度、法律責任實現制度三類制度。

（二）物業管理法律責任的主要特點

物業管理法律責任的主要特點可以概括為四個方面：

(1) 法定責任與協議責任相結合。
(2) 法律責任的種類和複合關係複雜性。
(3) 技術規範確定的責任分量比較大。
(4) 法律責任的承擔主體具有特定的身分。

（三）物業管理法律責任的歸責條件和原則

物業管理法律責任的一般構成即在一般情況下物業管理法律責任的歸責條件由下列四要素構成：

(1) 行為違法。
(2) 損害結果。
(3) 因果聯繫。
(4) 行為人主觀過錯。

現代法律確立的歸責原則主要有三項，相應形成三種歸責類型：

(1) 過錯責任原則。
(2) 無過錯責任原則，又稱嚴格責任原則。
(3) 公平責任原則，又稱平衡責任原則。

（四）物業管理法律責任的分類

物業管理法律責任的理論分類有多種，按物業管理法規規定的法律責任內容

所屬法律部類不同，分別為刑事責任、行政責任、民事責任三類法律責任。

1. 刑事法律責任

刑事法律責任是指行為人（包括自然人和單位）的違法行為已構成觸犯刑事法律的犯罪，而依刑事審判判決確定必須承擔的刑法懲戒性後果。承擔刑事責任的方式是具體的刑事處罰，分為兩類：一是主刑，包括管制、拘役、有期徒刑、無期徒刑和死刑；二是附加刑，主要包括罰金、沒收財產和剝奪政治權利。

2. 行政法律責任

物業管理行政法律責任，是指物業管理行政主體和物業管理行政相對人的行為違反物業管理法律法規、行政規章而依法必須承擔的懲戒性法律後果。行政責任按承擔責任主體行政法律地位不同可劃分為兩類：一類稱為違法行政責任，另一類稱為行政違法責任。

違法行政責任是指行政主體（行政機關及其工作人員、法律法規授權的組織或行政機關授權、委託的組織或個人）在行使行政管理職權過程中或實施行政管理活動中的違法行為和不當行為（合法但不合理的）而導致的依法應承擔的行政懲戒性法律後果。違法行政法律責任的承擔方式主要有兩種：一種是行政侵權賠償方式，一種是行政處分方式。

行政違法責任是指行政相對人的行為違反法律法規和行政規章而應依法承擔的懲戒性法律後果。行政違法責任的具體承擔種類較多，主要包括行政處罰、行政處分、勞動教養和限期改正。

物業管理行政違法責任可按承擔責任主體的不同主要分為六類情形：

（1）業主團體管理過程中的行政違法責任。
（2）業主個體管理與物業使用人的行政違法責任。
（3）物業管理企業經營活動中行政違法責任。
（4）開發建設單位、公房出售單位的行政違法責任。
（5）其他單位、個人的行政違法責任。
（6）行政相對人妨礙監督管理的行政違法責任。

3. 民事法律責任

物業管理民事法律責任是指物業管理法律關係民事主體因自己行為違反法定義務、合同約定義務或法律的特別規定而按照民法（包括合同法）規定必須承擔的懲戒性法律後果。民事法律責任與其他法律責任不同的主要特點表現為一種財產責任，而且民事責任的內容可以在法律允許的範圍內由當事人自行商定，處理和解決民事責任糾紛適用調解原則。

民事法律責任主要是由違約和侵權兩類法律事實所引起的。侵權包括了違約以外的一切不法民事行為。所以，民事責任一般劃分為違約責任和侵權責任兩大類。物業管理涉及的法律責任多是複合責任。

實驗實訓

1. 花樣房屋開發公司在開發已規劃的 40 萬平方米（分兩期施工）居住小區的初期，由其行政后勤部招聘了五名秩序維護員維護施工現場秩序。小區建成后，則在原行政后勤部的基礎上註冊了物業服務公司，負責該小區的前期物業管理和服務。為了全力配合銷售，物業服務公司以低於市場物業服務費平均水平的價格與開發商簽訂了前期物業服務合同。該公司也盡力按照此前期物業服務合同的約定為業主提供服務，但業主入住后卻常常以房屋質量、水電供應、施工噪音等理由拒交物業服務費。物業服務公司將欠費業主告到法院，卻被欠費業主以合同的簽訂程序不合法、存在詐欺為由要求法院判令前期物業服務合同無效。請你為該小區設計一份合理的前期物業服務合同。

2. 調查當地或你居住地所在的居住小區管理規約和物業服務合同的現狀、問題。請你撰寫相關的調查報告或學術論文，或為某小區設計一份管理規約，為某物業服務企業和某居住小區擬定一份物業服務合同。

國家圖書館出版品預行編目(CIP)資料

物業管理學 / 靳能泉、余瀅、王躍 主編. -- 第一版.
-- 臺北市：崧博出版：財經錢線文化發行，2018.10
　面； 公分
ISBN 978-957-735-606-2(平裝)
1.物業管理
489.1　　　　107017325

書　名：物業管理學
作　者：靳能泉、余瀅、王躍 主編
發行人：黃振庭
出版者：崧博出版事業有限公司
發行者：財經錢線文化事業有限公司
E-mail：sonbookservice@gmail.com
粉絲頁　　　　　　網　址：
地　址：台北市中正區延平南路六十一號五樓一室
8F.-815, No.61, Sec. 1, Chongqing S. Rd., Zhongzheng Dist., Taipei City 100, Taiwan (R.O.C.)
電　話：(02)2370-3310　傳　真：(02) 2370-3210
總經銷：紅螞蟻圖書有限公司
地　址：台北市內湖區舊宗路二段 121 巷 19 號
電　話：02-2795-3656　傳真：02-2795-4100　網址：
印　刷：京峯彩色印刷有限公司（京峰數位）

　　本書版權為西南財經大學出版社所有授權崧博出版事業有限公司獨家發行電子書及繁體書繁體版。若有其他相關權利及授權需求請與本公司聯繫。

定價：500元
發行日期：2018 年 10 月第一版
◎ 本書以POD印製發行